Das Ergebnis auf die Frage „Warum jobben Schüler?" ist in dem Kreisdiagramm dargestellt. Ausgewertet wurden 600 Antworten.

a) Was bedeutet der Hinweis: „Mehrfachnennung möglich?"

Warum jobben Schüler?
Mehrfachnennungen möglich

- 18 % Sammeln von Erfahrungen
- 89 % Aufbesserung des Taschengeldes
- 31 % Mehr Unabhängigkeit von den Eltern
- 15 % Kauf von Kleidung
- 27 % Sparen für Führerschein, Moped, Handy u.s.w.

Sprechblase links: *Den Schülern geht es doch ganz gut. Nur ungefähr die Hälfte der Schüler muss jobben, um ihr Taschengeld aufzubessern.*

Sprechblase rechts: *Da liegst du aber falsch, 89 % sind doch fast alle!*

b) Wie kommen die beiden verschiedenen Meinungen zustande?
   Hinweis: Wie hoch ist die Gesamtprozentzahl im dargestellten Kreisdiagramm?
c) Wie viele Schüler haben die Antwort „Aufbesserung des Taschengeldes" gegeben?
d) Beschreibe, wie die Autoren bei der Erstellung des Kreisdiagramms vorgegangen sind.
e) Stelle die Umfrageergebnisse in einem Säulendiagramm so dar, dass die Meinungsverschiedenheiten in Aufgabenteil b) vermieden werden.
f) Führt eine entsprechende Befragung an eurer Schule durch.

REALSCHULE BAYERN

Mathematik 10

Wahlpflichtfächergruppe I

Autoren

Christa Englmaier
Franz-Josef Götz
Katja Mohr
Josef Widl

westermann

Zeichenerklärung

 Aufgaben zum Tüfteln (Detektiv Knödelmeier)

 Definition, Merksätze, Regeln

 Hinweis auf Wiederholungsaufgaben, hier z. B. auf Seite 8

 Beispiele, Hinweise, Lösungsverfahren

 PC-Einsatzmöglichkeit

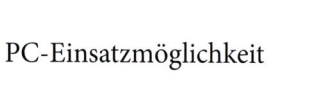 historische Exkurse

Beweise

 Aufgaben mit TR- oder GTR-Einsatzmöglichkeit

 Aufgaben mit Prüfzahlen zur Selbstkontrolle

 Offene Aufgaben

 Suche in geeigneten Medien (z. B. Lexikon, Atlas, Internet, …)

 Üben an Stationen

 Themenseiten

 Methodenseiten

 Lösungsstrategie

Dieses Zeichen gibt an, wie groß du das Gitternetz zeichnen musst (hier 5 Längeneinheiten [LE] nach rechts, 5 Längeneinheiten [LE] nach oben). In der Regel gilt: 1 LE entspricht 1 cm.

© 2015 Bildungshaus Schulbuchverlage
Westermann Schroedel Diesterweg Schöningh Winklers GmbH, Braunschweig
www.westermann.de

Das Werk und seine Teile sind urheberrechtlich geschützt. Jede Nutzung in anderen als den gesetzlich zugelassenen Fällen bedarf der vorherigen schriftlichen Einwilligung des Verlages.
Hinweis zu § 52a UrhG: Weder das Werk noch seine Teile dürfen ohne eine solche Einwilligung gescannt und in ein Netzwerk eingestellt werden. Dies gilt auch für das Intranet von Schulen und sonstigen Bildungseinrichtungen.

Druck A^2 / Jahr 2016
Alle Drucke der Serie A sind inhaltlich unverändert.

Lektorat: Ulrike Voigt
Typografie und Layout: Jennifer Kirchhof
Herstellung: Reinhard Hörner
Umschlaggestaltung: Klaxgestaltung, Braunschweig
Satz: media service schmidt, Hildesheim
Repro, Druck und Bindung: westermann druck GmbH, Braunschweig

ISBN 978-3-14-**121760**-5

Inhaltsverzeichnis

1	**Wiederholung**		**6**
	Prozentrechnung – Binomische Formeln		6
	Reelle Zahlen – Bruchgleichungen		7
	Kongruenzsätze – Kreise am Dreieck		8
	Flächeninhalt ebener Vielecke		9
	Lineare Funktionen		11
	Lineare Gleichungssysteme		12
	Quadratische Funktionen und Gleichungen		13
	Zentrische Streckung		14
	Rechnen mit Vektoren		15
	Flächensätze im rechtwinkligen Dreieck		16
	Kreis – Raumgeometrie		17
2	**Abbildungen I**		**19**
	Orthogonale Affinität		20
	Besondere Abbildungen		23
	Parallelverschiebung		24
	Vermischte Übungen		25
3	**Potenzen und Potenzfunktionen**		**26**
	Potenzen		27
	Potenzen mit rationalen Exponenten		28
	Potenzfunktionen		30
	Wir untersuchen Graphen von Potenzfunktionen		32
	Graphen von Potenzfunktionen		33
	Potenzfunktionen mit rationalen Exponenten		34
	Vermischte Übungen		35
	Aus der Technik		37
	Liftanlage in Schneewinkel		38
	Ameise stärker als der Mensch?		39
4	**Exponential- und Logarithmusfunktionen**		**40**
	Exponentialfunktionen		41
	Treibhauseffekt – Erwärmung der Erde		45
	Logarithmen		46
	Rechnen mit Loarithmen		47
	Rechengesetze für Logarithmen		48
	Logarithmusfunktionen		50
	Vermischte Übungen		52
	Wachstumsarten		54
	Exponentielle Wachstumsprozesse		55
	Exponentielle Abklingprozesse		56
	Radioaktiver Zerfall		57
	Vermischte Übungen		58
	Darstellung von Exponentialfunktionen am Computer		59
	Biologisches oder chemisches Wachstum		60
	Abbauprozesse im Körper		61
	Kredit-Konditionen – Wer die Regeln kennt, holt mehr raus		62
	Lösungsstrategie für die Abschlussprüfung		63
	Team 10 auf Vorbereitungs-Tour		64

5 Trigonometrie – Rechtwinklige Dreiecke 66

Tangens 67
Tangens – Berechnungen am rechtwinkligen Dreieck 69
Definition des Tangens am Einheitskreis – Steigung einer Geraden 70
Bestimmung der Winkelmaße von Tangenswerten 71
Vermischte Übungen 72
Sinus und Kosinus eines Winkels 74
Berechnungen im rechtwinkligen Dreieck 76
Definition von Sinus und Kosinus am Einheitskreis 77
Sinus- und Kosinuswerte für besondere Winkelmaße 78
Zusammenhang zwischen Sinus, Kosinus und Tangens von Winkeln ... 79
Vermischte Übungen 81
Aus der Geometrie 82
Aus der Raumgeometrie 85
Aus der Technik und der Umwelt 87
Licht und Schatten 89
Albrecht Dürer – Blickwinkel 90
Trägergraphen 91
Polarkoordinaten 93
Bogenmaß 96
Auf und ab 98
Trigonometrische Funktionen 99
Eigenschaften trigonometrischer Funktionen 102
Trigonometrische Funktionen in der Technik 103
Team 10 auf Vorbereitungs-Tour 104

6 Trigonometrie – Beliebige Dreiecke 106

Sinussatz 107
Kosinussatz 109
Kosinussatz oder Sinussatz? 111
Der Flächeninhalt eines Dreiecks 112
Vermischte Übungen 113
Berechnungen am Kreis 116
Berechnungen im Raum 118
Aus dem Alltag 119
Höhenmessung 121
Winddreiecke 122
Kugelkoordinaten – Standortbestimmung auf der Erde 123
Additionstheoreme für Sinus und Kosinus 124
Sinus und Kosinus für doppelte und halbe Winkelmaße 126
Lösung trigonometrischer Gleichungen 127
Drei Quadrate – Funktionale Abhängigkeiten 129
Funktionale Abhängigkeiten – Extremwertaufgaben 130
Funktionale Abhängigkeiten in der Ebene 131
Funktionale Abhängigkeiten im Raum 134
Funktionale Abhängigkeiten bei Rotationskörpern 136
Funktionale Abhängigkeiten in der Technik 138
Aus dem Sport 141
An der Kletterwand des Alpenvereins Grünstein 142
Lösungsstrategie für die Abschlussprüfung 143
Team 10 auf Vorbereitungs-Tour 144

Inhaltsverzeichnis

7	**Skalarprodukt von Vektoren**	**146**
	Skalarprodukt von Vektoren	147
	Abstand eines Punktes von einer Geraden	149
	Vermischte Übungen	150
	Skalarprodukt beliebiger Vektoren	151
	Vermischte Übungen	153
8	**Abbildungen II**	**155**
	Abbildung durch Drehung	156
	Drehung mit besonderen Winkelmaßen	159
	Drehung eines Pfeils um einen beliebigen Punkt	160
	Achsenspiegelung	162
	Spiegelung an besonderen Geraden	163
	Vermischte Übungen	164
	Weitere Abbildungen – Matrixform	165
	Vermischte Übungen	166
	Fixpunkte – Fixgeraden bei Abbildungen	167
	Verknüpfung von Abbildungen	168
	Vermischte Übungen	170
	Aufgaben aus dem Alltag	173
	Lösungsstrategie für die Abschlussprüfung	174
	Team 10 auf Vorbereitungs-Tour	176
9	**Vorbereitung Abschlussprüfung**	**178**
	Aufgaben ohne Hilfsmittel	178
	Funktionen	182
	Trigonometrie	190
	Abbildungen	200
10	**Lösungen**	**206**
	Lösungen zu „Wiederholung"	206
	Lösungen zu „Aufgaben ohne Hilfsmittel"	218
	Lösungen zu „Funktionen"	221
	Lösungen zu „Trigonometrie"	227
	Lösungen zu „Abbildungen"	238
	Mathematische Zeichen	246
	Stichwortverzeichnis	247

So arbeiten wir am Stationszirkel „Team 10 auf Vorbereitumgs-Tour"

Der Zirkel besteht aus mehreren Stationen.

Die Stationen findest du an den Tischen im Klassenzimmer.

Gleiche Stationen können auch öfters aufliegen, müssen aber nur einmal bearbeitet werden.

Du arbeitest allein, mit deinem Partner oder mit deiner Gruppe.

Die Reihenfolge der Stationen könnt ihr selbst festlegen.
Gebt nicht auf, wenn ihr mit der gestellten Aufgabe nicht zurechtkommen solltet. Vielleicht bringt euch ein Nachschlagen an geeigneter Stelle im Buch weiter.

Notiert die Ergebnisse auf dem Laufzettel, den ihr von eurem Lehrer oder eurer Lehrerin bekommt.

1 Wiederholung

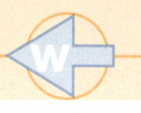

Prozent- und Zinsrechnung
Ein Hundertstel der Gesamtgröße nennt man ein **Prozent** $\frac{1}{100} = 1\%$.

Die Zinsrechnung ist eine Anwendung der Prozentrechnung.

Gesucht ist das Kapital bei 56,25 € Zinsen zu einem Zinssatz von 1,5 %.

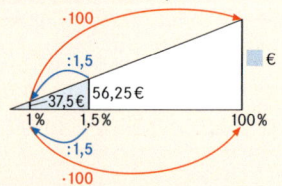

Antwort: Das Kapital beträgt 3 750 €.

---

1. Binomische Formel
$(a + b)^2 = a^2 + 2ab + b^2$
$(x + 0{,}5)^2 = x^2 + 2 \cdot x \cdot 0{,}5 + 0{,}5^2$
$\qquad\qquad = x^2 + x + 0{,}25$

2. Binomische Formel
$(a - b)^2 = a^2 - 2ab + b^2$
$(3x - 4)^2 = (3x)^2 - 2 \cdot 3x \cdot 4 + 4^2$
$\qquad\qquad = 9x^2 - 24x + 16$

3. Binomische Formel
$(a + b)(a - b) = a^2 - b^2$
$(x + 1)(x - 1) = x^2 - 1^2$
$\qquad\qquad = x^2 - 1$

Extremwerte
Terme der Form $a(x - m)^2 + n$ besitzen
ein **Minimum n** für $a > 0$ und
ein **Maximum n** für $a < 0$.
Man schreibt: $T_{min} = n$ für $x = m$
bzw. $T_{max} = n$ für $x = m$

Quadratische Ergänzung
$T(x) = -0{,}5x^2 - 5x + 11$
$= -0{,}5 \,[x^2 + 10x \qquad\qquad] + 11$
$= -0{,}5 \,[x^2 + 2 \cdot x \cdot 5 \qquad\quad] + 11$
$= -0{,}5 \,[x^2 + 2 \cdot x \cdot 5 + 5^2 - 5^2] + 11$
$= -0{,}5 \,[(x + 5)^2 - 25 \qquad] + 11$
$= -0{,}5 \,(x + 5)^2 - 25 \cdot (-0{,}5) + 11$
$= -0{,}5 \,(x + 5)^2 + 23{,}5$

$T_{max} = 23{,}5$ für $x = -5$

---

1 Ergänze die Platzhalter im Heft.

a)	$\frac{1}{2}$	0,5	50 %	65 von 130
b)	$\frac{1}{8}$			▨ von 200
c)				186 von 465
d)		0,03		72 von ▨
e)			$66\frac{2}{3}\%$	66 von ▨
f)	$\frac{4}{9}$			

2 Schuhe der aktuellen Kollektion kosten 150 €. Nach der Saison wird der Preis um 10 % reduziert. Da sich das Modell nicht verkaufen lässt, wird der Preis nochmals um 15 % gesenkt. Um wie viel Prozent wurde der Preis der Schuhe insgesamt herabgesetzt?

3 Familie Klein legt 5 000 € Festgeld an für 1,2 % Zinsen im Jahr. Familie Groß bekommt bei ihrer Anlage für dasselbe Kapital im Jahr 65 € Zinsen.
 a) Wie viel Euro Zinsen bekommt Familie Klein?
 b) Welchen Zinssatz hat Familie Groß?
 c) Würde Familie Klein einen höheren Betrag anlegen, bekäme sie bei 1,5 % Zinsen im Jahr 112,50 €. Wie hoch wäre der Betrag?

4 Wende die binomischen Formeln an.
 a) $(x + 3)(x - 3)$ b) $(2 + y)^2$
 c) $(5 - x)^2$ d) $(3x + 2)^2$
 e) $(5x + 1)(5x - 1)$ f) $(0{,}5x - 1)^2$
 g) $4x^2 + 12x + 9$ h) $0{,}01x^2 - 1{,}4x + 49$
 i) $36 - x^4$ k) $25x^2 - 2x + 0{,}04$

5 Setze in deinem Heft für die Platzhalter richtig ein.
 a) $(3 + ▨)^2 = ▨ + ▨ + x^2$ b) $(x - ▨)^2 = ▨ - ▨ + 25$
 c) $(x + ▨)(x - ▨) = ▨ - 1$ d) $▨ + 8x + ▨ = (▨ + 2x)^2$

6 Gib die Extremwerte der Terme und die zugehörige Belegung von x an ($\mathbb{G} = \mathbb{Q}$).
 a) $T(x) = -x^2 + 5$ b) $T(x) = x^2 + 5$
 c) $T(x) = -(x + 2)^2 + 5$ d) $T(x) = (x + 2)^2 + 5$
 e) $T(x) = -(x + 3)^2$ f) $T(x) = (x + 3)^2 - 7$
 g) $T(x) = 3 - 2(x - 8)^2$ h) $T(x) = 9 + 4(x - 1)^2$

7 Bestimme den Extremwert durch quadratische Ergänzung ($\mathbb{G} = \mathbb{Q}$). Überprüfe mit dem GTR.
 a) $T(x) = x^2 + 6x + 3$ b) $T(x) = 2x^2 + 4x + 5$
 c) $T(x) = -3x^2 + 9x$ d) $T(x) = 0{,}5x^2 + x + 1$
 e) $T(x) = -x^2 - x + 2{,}5$ f) $T(x) = 3x^2 + 1{,}2x + 3$

Reelle Zahlen – Bruchgleichungen

Reelle Zahlen
Die Quadratwurzel aus a ist die nicht negative Zahl x, die beim Quadrieren a ergibt:
$x^2 = (\sqrt{a})^2 = a$
Man schreibt: $x = \sqrt{a}$, mit $a, x \in \mathbb{R}_0^+$
Der Term unter der Wurzel heißt **Radikand**. Wurzeln mit negativem Radikanden sind nicht zulässig.
$\sqrt{5x+6} \geq 0; \quad 5x+6 \geq 0; \quad x \geq -\frac{6}{5}$
$\mathbb{D} = \{x \mid x \geq -\frac{6}{5}\}$
Die Lösung der Gleichung $x^2 = 2$ ist eine **irrationale Zahl**.
Rationale und irrationale Zahlen bilden zusammen die Menge $\mathbb{R}$ der **reellen Zahlen**.

Allgemein gilt für $x^2 = a$ mit $a \in \mathbb{R}_0^+$
$a > 0; \mathbb{L} = \{\sqrt{a}; -\sqrt{a}\} \quad a = 0; \mathbb{L} = \{0\}$

Terme mit gleichen Radikanden lassen sich beim Addieren und Subtrahieren zusammenfassen:
$3\sqrt{a} + 5\sqrt{a} - 2\sqrt{a} = 6\sqrt{a} \quad a \in \mathbb{R}_0^+$
Beachte: $\sqrt{4^2 + 3^2} \neq \sqrt{4^2} + \sqrt{3^2}$
Für die Multiplikation und Division gilt:
$\sqrt{a} \cdot \sqrt{b} = \sqrt{a \cdot b} \quad a, b \in \mathbb{R}_0^+$
$\sqrt{a} : \sqrt{b} = \sqrt{\frac{a}{b}} \quad a \in \mathbb{R}_0^+, b \in \mathbb{R}^+$

Teilweises Radizieren
Man kann aus einem Radikanden teilweise die Wurzel ziehen, wenn er sich so zerlegen lässt, dass ein Faktor ein Quadrat ist.
$\sqrt{147} = \sqrt{49 \cdot 3} = \sqrt{49} \cdot \sqrt{3} = 7\sqrt{3}$

Rationalmachen des Nenners
heißt das Beseitigen der Wurzel im Nenner.
$\frac{8x}{2\sqrt{12x}} = \frac{8x}{2\sqrt{12x}} \cdot \frac{\sqrt{12x}}{\sqrt{12x}} = \frac{8x \cdot \sqrt{12x}}{24x} = \frac{2}{3}\sqrt{3x}$

Gleichungen mit mindestens einem Bruchterm heißen **Bruchgleichungen**.
$\frac{x-3}{x} - \frac{x}{x+3} = \frac{1}{2x} \quad \mathbb{D} = \mathbb{R} \setminus \{-3; 0\}$
Die Terme auf der linken Seite werden gleichnamig gemacht und addiert.
$\frac{(x-3) \cdot (x+3) - x \cdot x}{x \cdot (x+3)} = \frac{1}{2x}$
$\frac{-9}{x \cdot (x+3)} = \frac{1}{2x}$
Bruchgleichungen dieser Form löst man durch „**über Kreuz multiplizieren**".
$-9 \cdot 2x = 1 \cdot x(x+3)$
$0 = x^2 + 21x \quad x = 0 \lor x = -21$
Es gilt: $\mathbb{L} \subseteq \mathbb{D} \quad \mathbb{L} = \{-21\}$

① Bestimme die Definitionsmenge ($\mathbb{G} = \mathbb{R}$).
a) $\sqrt{x-2}$ b) $\sqrt{3a+1}$ c) $\frac{2}{3\sqrt{a}}$ d) $\frac{1+\sqrt{x}}{\sqrt{1-x}}$

② Vereinfache. Alle Variablen sind aus $\mathbb{R}^+$.
a) $\sqrt{x} + 5\sqrt{x} + 10\sqrt{x}$
b) $\left(\sqrt{27} - \sqrt{12} + \sqrt{8\frac{1}{3}}\right) \cdot \sqrt{3}$
c) $(\sqrt{x} + \sqrt{y}) \cdot (\sqrt{x} - \sqrt{y})$
d) $8\sqrt{a^4 b^3} : 4\sqrt{a^2 b}$
e) $\sqrt{a-b} + \sqrt{16a - 16b} + \sqrt{ax^2 - bx^2} - \sqrt{9(a-b)}$

③ Bestimme die Lösungsmenge. ($\mathbb{G} = \mathbb{R}^+$)
a) $3\sqrt{x} = 12$ b) $15 - 2\sqrt{x} = 7$
c) $\sqrt{2x} = \sqrt{18}$ d) $\sqrt{3a} = 5\sqrt{27}$

④ In die Terme wird die gleiche Zahl für x ($x \geq 1$) eingesetzt.
a) Bei welchem Term ist der Wert am größten? Begründe.
$T_1(x) = \sqrt{x} \cdot \sqrt{x} + 1$
$T_2(x) = x \cdot \sqrt{x} + 1$
$T_3(x) = \sqrt{x+1} \cdot \sqrt{x+1}$
b) Gilt die Aussage in a) auch für $0 < x < 1$?

⑤ Radiziere teilweise. Alle Variablen sind so zu wählen, dass die Terme definiert sind.
a) $\sqrt{360}$ b) $\sqrt{25xy^3}$
c) $\sqrt{4x^2 + 4y^2}$ d) $\sqrt{x^2 y - 2xy + y}$

⑥ Bestimme zuerst die Definitionsmenge und mache anschließend den Nenner rational.
a) $\frac{45}{3\sqrt{5x}}$ b) $\frac{a}{6-\sqrt{3}}$ c) $\frac{\sqrt{2}}{\sqrt{a}+\sqrt{2}}$ d) $\frac{5a}{a+\sqrt{a}}$

⑦ Bestimme die Lösungsmenge ($\mathbb{G} = \mathbb{R}$).
a) $\frac{13}{4x-12} = -\frac{1}{4}$ b) $\frac{3x}{x-2} - 2 = \frac{2x+11}{2x}$
c) $\frac{x-1}{2x+5} = \frac{2x-5}{4x+5}$ d) $\frac{4}{x} + \frac{x-1}{x+1} = \frac{x+8}{x}$

⑧ Addiert man zu den Zählern der Brüche $\frac{5}{9}$ und $\frac{23}{11}$ die gleiche Zahl und subtrahiert man gleichzeitig das Doppelte dieser Zahl von deren Nennern, so haben die neuen Brüche denselben Wert.

⑨ An einer Realschule befinden sich insgesamt 736 Schülerinnen und Schüler. Das Verhältnis von Jungen zu Mädchen ist $65 : 27$. Wie viele Jungen und Mädchen sind an der Schule? Löse mit Hilfe einer Bruchgleichung.

Kongruenzsätze – Kreise am Dreieck

Beziehungen bei Seiten und Winkeln
Die Summe zweier Seitenlängen ist stets größer als die dritte Seitenlänge.
Der längeren Seite liegt stets der größere Winkel gegenüber.

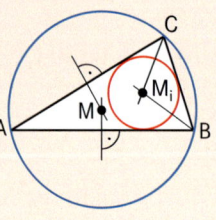

Kongruenzsätze
Zwei Dreiecke sind kongruent, wenn sie in folgenden Größen übereinstimmen:
- drei Seiten (**SSS**)
- zwei Seiten und dem Zwischenwinkel (**SWS**)
- einer Seite und den anliegenden Winkeln (**WSW**)
  Hinweis: Wegen der Winkelsumme im Dreieck kann der dritte Winkel immer berechnet werden.
- zwei Seiten und dem Gegenwinkel der größeren Seite (**SSW$_g$**)

In- und Umkreis des Dreiecks
Die Mittelsenkrechten eines Dreiecks schneiden sich im Mittelpunkt M des Umkreises, die Winkelhalbierenden im Mittelpunkt M_i des Inkreises.

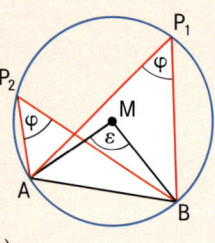

Randwinkel
Alle Punkte P_n auf einem Kreisbogen über der Strecke [AB] sind Scheitel von maßgleichen Winkeln.
$\sphericalangle AP_nB = \varphi$
Der Mittelpunktswinkel AMB ist stets doppelt so groß wie der Randwinkel AP_nB. Ist [AB] Durchmesser, so gilt $\varepsilon = 180°$ und $\varphi = 90°$ (**Thaleskreis**).

Tangenten am Kreis
Jede Tangente t an einen Kreis k steht im Berührpunkt senkrecht auf dem Berührradius.

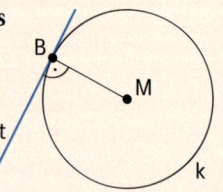

---

1 Gibt es ein Dreieck ABC mit folgenden Maßen? Begründe.
a) $a = 7{,}5$ cm; $b = 3{,}0$ cm; $c = 3{,}5$ cm;
b) $a = 7{,}5$ cm; $b = 5{,}0$ cm; $c = 3{,}5$ cm
c) $a > b$; $b > c$; $\alpha > \gamma$
d) $\gamma = 90°$; $a > c$

2 Gib an, welche der Dreiecke $A_1B_1C_1$ und $A_2B_2C_2$ zueinander kongruent sind. Nenne den zugehörigen Kongruenzsatz.
a) $\alpha_1 = 45°$; $\beta_1 = 62°$; $b_1 = 6{,}5$ cm
   $\alpha_2 = 62°$; $\beta_2 = 45°$; $a_2 = 6{,}5$ cm
b) $\alpha_1 = 40°$; $a_1 = 4{,}5$ cm; $b_1 = 6{,}5$ cm
   $\beta_2 = 40°$; $a_2 = 4{,}5$ cm; $b_2 = 6{,}5$ cm

3 Konstruiere das Dreieck ABC mit den angegebenen Größen. Begründe, ob die Lösung eindeutig ist.
a) $c = 5$ cm; $\beta = 60°$; $\gamma = 80°$
b) $b = 6$ cm; $c = 7$ cm; $\alpha = 35°$
c) $a = 5{,}3$ cm; $c = 3{,}9$ cm; $\alpha = 40°$
d) $c = 6$ cm; $b = 3{,}3$ cm; $\beta = 106°$

4 Trage das Dreieck ABC in ein Koordinatensystem ein. Es gilt: $A(-4|-1)$; $B(-1|6)$; $C(-7|2)$.
a) Konstruiere den Umkreis dieses Dreiecks.
b) Konstruiere in einer neuen Zeichnung den Inkreis.

5 Die Punkte $A(-1|1)$ und $C(6|2)$ sind Eckpunkte von Rechtecken AB_nCD_n.
a) Auf welcher Ortslinie liegen die anderen Eckpunkte B_n und D_n?
b) Trage das Recketck für $B_1(1|y)$ in ein Koordinatensystem ein.
   Platzbedarf: $-2 \leqq x \leqq 7$; $-4 \leqq y \leqq 6$
c) Finde das Quadrat unter den Rechtecken und trage es in das Koordinatensystem ein.
d) Gibt es für $D_2(x|3)$ Rechtecke? Geht das auch für $B_3(x|-3)$?

6 Von einem Dreieck ABC ist sein Umkreismittelpunkt $M(3|1)$ bekannt sowie der Eckpunkt $A(7|-1)$. C liegt auf der y-Achse, der Punkt B auf einer Parallelen zur y-Achse durch den Punkt $P(5|0)$. Zeichne das Dreieck in ein Koordinatensystem.
Platzbedarf: $-2 \leqq x \leqq 8$; $-4 \leqq y \leqq 6$

7 Gegeben sind ein Kreis k ($M(3|2)$; $r = 5$ LE) sowie der Punkt $P(4|-5)$.
a) Der Punkt $A(7|5)$ liegt auf k. Trage die Tangente an k im Punkt A ein.
   Platzbedarf: $-4 \leqq x \leqq 8$; $-6 \leqq y \leqq 7$
b) Konstruiere von P aus die Tangenten an den Kreis k.

Flächeninhalt ebener Vielecke

Haus der Vierecke

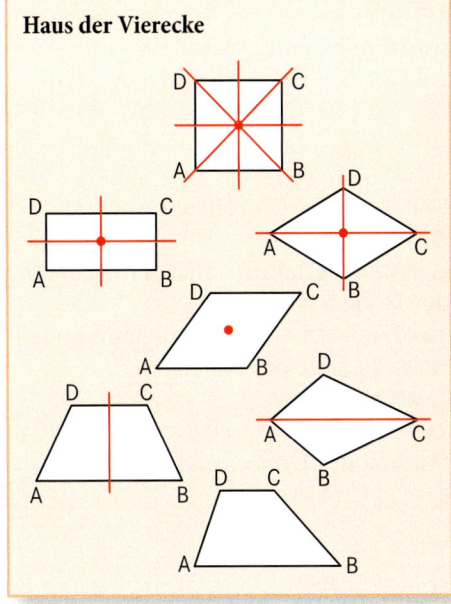

Flächeninhalte

Parallelogramm

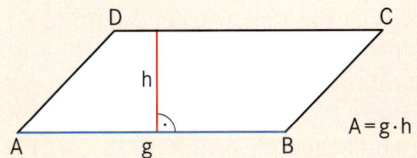

$A = g \cdot h$

Drachenviereck, Raute

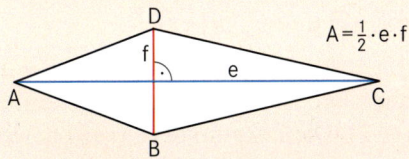

$A = \frac{1}{2} \cdot e \cdot f$

$A = 18\ cm^2$; $e = 4{,}5\ cm$; $f = x\ cm$

$18 = \frac{1}{2} \cdot 4{,}5 \cdot x$

$x = 8$ Ergebnis: $f = 8\ cm$

Trapez

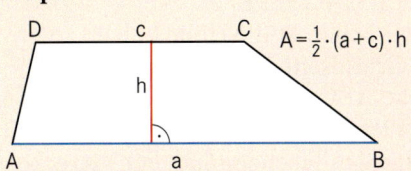

$A = \frac{1}{2} \cdot (a + c) \cdot h$

$A = 35\ cm^2$; $a = 8\ cm$; $h = 5\ cm$; $c = x\ cm$

$35 = 0{,}5 \cdot (8 + x) \cdot 5$

$14 = x + 8$

$x = 6$ Ergebnis: $c = 6\ cm$

---

1 Sind folgende Aussagen wahr oder falsch?
   a) Die Diagonalen im Parallelogramm sind gleich lang.
   b) Gegenüberliegende Winkel in einer Raute haben gleiches Maß.
   c) Im Parallelogramm liegen sich gleich große Winkel gegenüber.
   d) Im Trapez ergänzen sich an der gleichen Grundlinie liegende Winkel zu 180°.

2 Trage alle Eigenschaften der einzelnen Vierecke zusammen, die sich aus ihren Symmetrieeigenschaften ergeben.

3 Zeichne die Raute ABCD. Berechne den Flächeninhalt A des Vierecks.
Es gilt: $a = 5{,}5\ cm$; $e = 10\ cm$

4 Zeichne das gleichschenklige Trapez ABCD. Berechne den Umfang und den Flächeninhalt A.
Es gilt: $a = 6\ cm$; $h = 4\ cm$; $c = 2\ cm$

5 Ein gleichschenkliges Trapez mit 29 cm Umfang hat die Schenkellänge 5,5 cm und den Flächeninhalt $18{,}9\ cm^2$. Berechne die Höhe des Trapezes.

6 Die abgebildete Giebelseite wird mit Windschutzplatten verkleidet. Wie viel m^2 Platten müssen gekauft werden, wenn man mit 15 % Verschnitt rechnet.

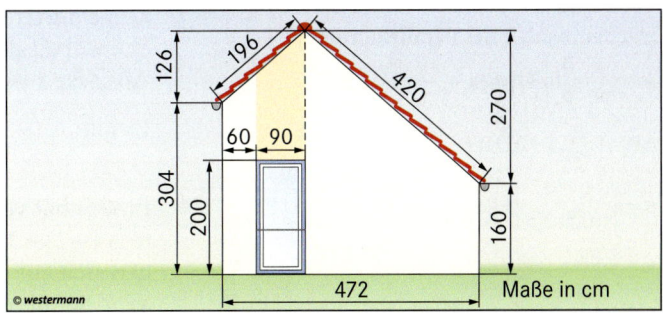

7 Gegeben ist das Drachenviereck ABCD.
Es gilt: $A\ (2\,|\,-4)$, $B\ (5\,|\,2)$, $C\ (2\,|\,6)$ und $D\ (-1\,|\,2)$
Es entstehen neue Drachen $A_n B_n C D_n$, wenn man gleichzeitig [AC] von A aus um x cm verkürzt und [BD] über B und D hinaus um 0,5x cm verlängert.
   a) Zeichne den Drachen ABCD, einen neuen Drachen $A_1 B_1 C D_1$ für $x = 3$ und berechne dessen Flächeninhalt.
   b) Welche Werte kann x annehmen?
   c) Bestimme den Flächeninhalt der neuen Drachen $A_n B_n C D_n$ in Abhängigkeit von x.
   d) Zeige, dass der Drachen mit dem größten Flächeninhalt ein Quadrat ist. Berechne A_{max}.

Flächeninhalt ebener Vielecke

Flächeninhalt des Dreiecks

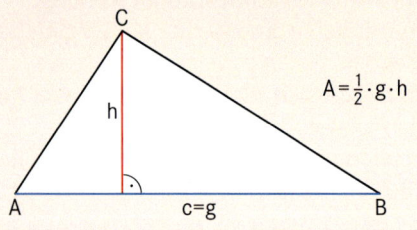

$A = \frac{1}{2} \cdot g \cdot h$

c = 7,8 cm; A = 21,84 cm²; h = x cm
$21,84 = \frac{1}{2} \cdot 7,8 \cdot x \quad |:3,9$
x = 5,6   Ergebnis: h = 5,6 cm

Flächeninhalte im Koordinatensystem

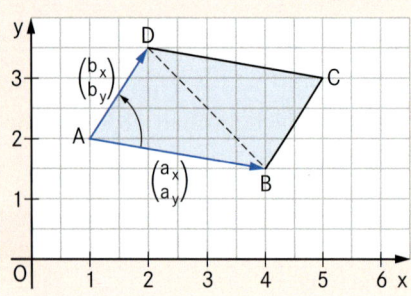

Flächeninhalt eines Parallelogramms

$A = \begin{vmatrix} a_x & b_x \\ a_y & b_y \end{vmatrix}$ FE $= (a_x b_y - a_y b_x)$ FE

$\vec{AB} = \begin{pmatrix} 3 \\ -0,5 \end{pmatrix}; \vec{AD} = \begin{pmatrix} 1 \\ 1,5 \end{pmatrix}$

$A = \begin{vmatrix} 3 & 1 \\ -0,5 & 1,5 \end{vmatrix}$ FE $= [3 \cdot 1,5 - (-0,5) \cdot 1]$ FE
$= 5$ FE

Flächeninhalt eines Dreiecks

$A = \frac{1}{2} \cdot \begin{vmatrix} a_x & b_x \\ a_y & b_y \end{vmatrix}$ FE $= \frac{1}{2} \cdot (a_x b_y - a_y b_x)$ FE

Das Dreieck ABC hat den Flächeninhalt 14 FE.
Es gilt: A (−3|−1); B (5|0); C (1|y)
$\vec{AB} = \begin{pmatrix} 8 \\ 1 \end{pmatrix}; \vec{AC} = \begin{pmatrix} 4 \\ y+1 \end{pmatrix}$

14 FE $= \frac{1}{2} \cdot \begin{vmatrix} 8 & 4 \\ 1 & y+1 \end{vmatrix}$ FE

14 FE $= \frac{1}{2} \cdot [8(y+1) - 1 \cdot 4]$ FE

$14 = \frac{1}{2} \cdot (8y + 8 - 4)$

y = 3   C (1|3)

---

8 Berechne im Dreieck ABC:
 a) gegeben: g = 5,5 cm; h = 3,7 cm; gesucht: A
 b) gegeben: a = b = 4,2 cm; γ = 90°; gesucht: c, A
 c) gegeben: b = 7,6 cm; A = 12,92 cm²; α = 90°; gesucht: c, a

9 Die folgenden Figuren haben alle den Flächeninhalt 32 cm². Berechne die Länge
 a) der Seiten eines Parallelogramms mit dem Umfang u = 23,8 cm und der Höhe h = 5 cm;
 b) der Grundseite eines Dreiecks, wenn die zugehörige Höhe nur ein Achtel dieser Länge besitzt;
 c) der Diagonalen eines Quadrates.

10 Berechne den Flächeninhalt des Dreiecks ABC.
 a) A (−6|−4); B (3|−1); C (4|3)
 b) A (−4|2); B (3|−6); $\vec{BC} = \begin{pmatrix} -2 \\ 6 \end{pmatrix}$

11 Zeichne das Fünfeck ABCDE mit A (−2|−4); B (1|−3); C (2,5|0); D (0,5|3); E (−4|1) und berechne seinen Flächeninhalt.

12 Das Parallelogramm ABCD hat den Flächeninhalt 30 FE. Es gilt: A (−2|−2,5); B (6|−1,5); C (x|2). Berechne die x-Koordinate des Eckpunktes C.

13 Zeige durch Rechnung und begründe geometrisch: Der Flächeninhalt der Dreiecksschar ABC_n ist unabhängig von der Abszisse x der Punkte C_n.
Es gilt: A (−1|−4); B (5|−2) und C_n (x|$\frac{1}{3}$x)

14 Eine Schar von Dreiecken ABC_n ist gegeben durch die Punkte A (−2|−2) und B (4|−2). Die Eckpunkte C_n (x|y) bewegen sich auf der Geraden g mit y = −0,5x + 3.
 a) Zeichne die Gerade g und ein Dreieck ABC_1 für x = 2 in ein Koordinatensystem ein und berechne dessen Flächeninhalt A_1.
 b) Bestimme den Flächeninhalt der Dreiecke ABC_n in Abhängigkeit von der Abszisse x der Punkte C_n.
 [Ergebnis: A(x) = (−1,5x + 15) FE]
 c) In einem Dreieck der Schar ist die Höhe h_c halb so groß wie die zugehörige Grundseite [AB].
 d) Ergänze die Dreiecke ABC_n durch den Punkt D (−5|1) zu einer Schar von Vierecken ABC_nD. Zeichne das Viereck ABC_1D. Berechne den Flächeninhalt der Vierecke in Abhängigkeit von x.
 e) Für welche Belegung von x entstehen Trapeze?

Lineare Funktionen

Relation – Funktion – Umkehrfunktion
Eine Funktion f ist eine Menge geordneter Zahlenpaare, die durch eine Vorschrift aus einer Produktmenge A x B aussortiert wird. Dabei wird jedem $x \in A$ genau ein $y \in B$ zugeordnet.
Sind mindestens einem x-Wert mehrere y-Werte zugeordnet, spricht man von einer **Relation R**.
Vertauscht man die Komponenten x und y einer Funktion, erhält man die **Umkehrfunktion** f^{-1} oder Umkehrrelation R^{-1}.

① — Gegeben ist eine Relation $R = \{(x|y) \mid y + 0{,}5x^2 = 3\}$ in der Grundmenge $M \times \mathbb{Z}$, wobei $M = \{-4;\ -2;\ -1;\ 0;\ 1;\ 2;\ 4\}$.
 a) Bestimme die Elemente der Relation.
 b) Fertige eine grafische Darstellung an.
 c) Bilde grafisch die Umkehrrelation. Entscheide, ob jeweils eine Funktion vorliegt.

② — Zeichne die Graphen zu folgenden Funktionen in ein Koordinatensystem:
 a) f: $y = 3x$
    g: $y = x + 3$
    h: $y = 3$
 b) f: $y = -1{,}5x + 2$
    g: $1{,}5x + 2 - y = 0$
    h: $2x + \frac{1}{2}y + 2 = 0$

③ — Bestimme aus der Zeichnung die Gleichungen der Geraden.

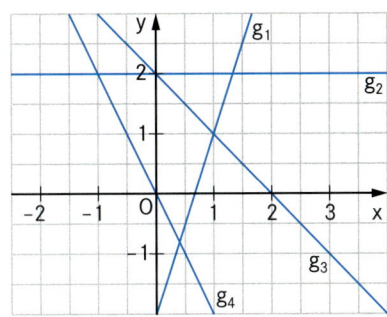

Lineare Funktion
Die Gleichung f: $y = mx + t$ stellt eine lineare Funktion dar mit der Steigung m und dem y-Achsenabschnitt t. Der Graph ist eine Gerade.
$y = \frac{1}{2}x + 2$
Gleichung von f^{-1}:
$x = \frac{1}{2}y + 2$
$f^{-1}: y = 2x - 4$

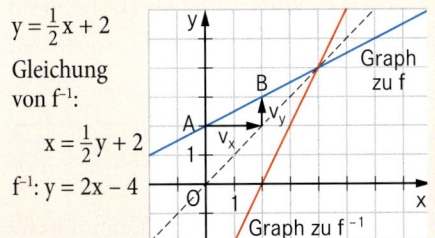

④ — Stelle die Geradengleichungen auf für $g = AB$.
 a) $A(-5|3);\ B(2|1)$
 b) $A(4{,}5|1);\ B(1|4{,}5)$
 c) $A(0{,}5|-0{,}5);\ B(0|5{,}5)$
 d) $A(-2|5);\ B(13|30)$

⑤ — Gegeben sind Dreiecke AB_nC mit $A(-2|3)$, $B_n(x_B|-1)$ und $C(5|1)$.
 a) Es gibt vier rechtwinklige Dreiecke. Fertige eine Zeichnung an.
    Platzbedarf: $-4 \leq x \leq 6;\ -2 \leq y \leq 4$
 b) Bestimme die Koordinaten der Eckpunkte B_n. Für zwei der Punkte kannst du die Koordinaten rechnerisch ermitteln.

Steigung einer Geraden
Für $g = AB$ gilt: $\vec{AB} = \begin{pmatrix} v_x \\ v_y \end{pmatrix};\ m = \frac{v_y}{v_x}$
$A(2|1),\ B(4|4);\ \vec{AB} = \begin{pmatrix} 2 \\ 3 \end{pmatrix};\ m = \frac{3}{2}$
Es gilt: $g \parallel h$, wenn $m_g = m_h$.
Parallele Geraden bilden eine **Parallelenschar** p(t) mit der Gleichung $y = m_0 x + t$.

Punkt-Steigungs-Form
g mit $y = m(x - x_p) + y_p$ mit $P(x_p|y_p) \in g$
$m = \frac{3}{2};\ P(-1|4) \in g$
g mit $y = \frac{3}{2}(x + 1) + 4$ bzw. $y = 1{,}5x + 5{,}5$

⑥ — Ein Motorroller fährt mit durchschnittlich $40\ \frac{km}{h}$ eine 96 km lange Strecke.
 a) Stelle die Fahrt in einem Diagramm dar (Zeitachse waagerecht, 1 cm $\triangleq$ 15 min; Wegachse 1 cm $\triangleq$ 10 km).
 b) Stelle eine Gleichung auf, die die Fahrtstrecke in Abhängigkeit von der Zeit beschreibt.
 c) Wie lange braucht der Fahrer für die gesamte Strecke? Wie weit ist er nach 45 min gekommen?

Senkrechte Geraden
Zwei Geraden g und h stehen senkrecht aufeinander, wenn gilt:
$m_g \cdot m_h = -1$ bzw. $m_g = -\frac{1}{m_h}$

Lineare Gleichungssysteme

Verknüpft man zwei lineare Gleichungen mit zwei Variablen durch „∧", so entsteht ein **lineares Gleichungssystem**.
(I) y + x = 2 $\mathbb{G} = \mathbb{R} \times \mathbb{R}$
(II) ∧ y = x − 1

Grafische Lösung
Löse beide Gleichungen nach y auf und zeichne die zugehörigen Geraden g und h.

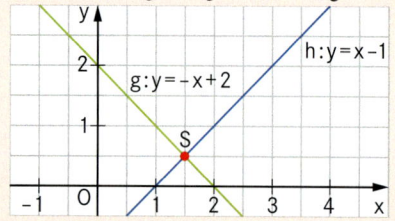

Die Lösung erhält man als Koordinaten des Schnittpunktes S (1,5 | 0,5) der beiden Geraden g und h. Die Lösung muss beide Gleichungen gleichzeitig erfüllen:
(I)   0,5 + 1,5 = 2 (w)
(II) ∧ 0,5 = 1,5 − 1 (w) $\mathbb{L} = \{(1,5 | 0,5)\}$

Gleichsetzungsverfahren
(I)   y + x = 2
(II) ∧ y = x − 1

Löse beide Gleichungen z. B. nach y auf.
(I)   y = −x + 2
(II) ∧ y = x − 1

(I) = (II)   −x + 2 = x − 1
             x = 1,5

Setze für x in (I) oder (II) ein.
(II) y = 1,5 − 1
     y = 0,5 $\mathbb{L} = \{(1,5 | 0,5)\}$

Einsetzungsverfahren
(I)   y + x = 2
(II) ∧ y = x − 1

Löse – wenn nötig – eine Gleichung, z. B. (II) nach y auf.
(II) y = x − 1; setze in (I) ein.
(I) x − 1 + x = 2
            x = 1,5 $\mathbb{L} = \{(1,5 | 0,5)\}$

Additionsverfahren
(I)   y = −x + 2
(II) ∧ y = x − 1

Addiere beide Seiten der Gleichung. Dabei muss eine Variable herausfallen.
(I) + (II) y + y = −x + 2 + x − 1
                y = 0,5 $\mathbb{L} = \{(1,5 | 0,5)\}$

---

1 Ermittle die Lösung des Gleichungssystems mit einem geeigneten Verfahren ($\mathbb{G} = \mathbb{R} \times \mathbb{R}$).

a) y = 2x + 3
   ∧ y = x − 2

b) y = −1,5x + 2
   ∧ y + 2 = 0,5x

c) y = −5 + x
   ∧ y = −4x + 1,8

d) x = 4y + 6
   ∧ 5,2y + 7,8 = 1,3x

e) 3x + y = 2
   ∧ −x + y = −4

f) −3,5y + 2x = 1
   ∧ 7y + 4 = 4x

2 Lies die Lösung ab. Gib das zugehörige Gleichungssystem an.

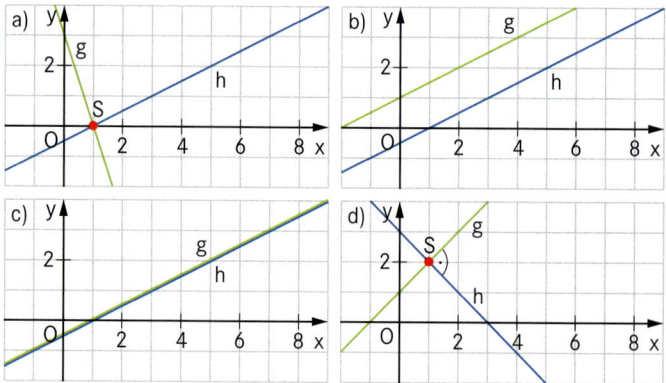

e) Nenne Bedingungen, für die ein lineares Gleichungssystem genau eine Lösung, keine Lösung oder unendlich viele Lösungen hat.

f) Wähle m aus {−0,6; 0,6} und t aus {−2,4; 2,4}, sodass folgendes lineares Gleichungssystem
   y = −0,6x + 2,4
 ∧ y = mx + t
(1) genau eine Lösung,
(2) keine Lösung,
(3) unendlich viele Lösungen hat.

3 Bei der Festwoche des Sportvereins „Weiß-Blau" ist eine Rocknacht mit der Band „The Darks" geplant. Für ihren Auftritt verlangen die Musiker einen Grundbetrag von 8 000 € und dazu noch 25 % aus den Einnahmen des Kartenverkaufs. Die Verantwortlichen des Vereins kalkulieren mit zusätzlichen Kosten für Versicherungen, Werbung, usw. von 4 000 €. Die Eintrittskarten für das 2 500 Besucher fassende Festzelt sollen 10 € kosten. Außerdem erwartet man pro Besucher einen Gewinn von durchschnittlich 5 € aus dem Verzehr von Essen und Getränken. Berechne, wie viele Besucher die Veranstaltung mindestens besuchen müssen, damit dem Verein kein Verlust entsteht.

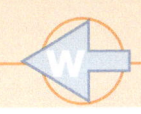

Quadratische Funktionen und Gleichungen

Quadratische Funktion
Die Gleichung $y = a(x-x_s)^2 + y_s$ legt eine quadratische Funktion f fest. Der Graph der Funktion f ist eine Parabel p mit dem Scheitel $S(x_s|y_s)$ und dem Öffnungsfaktor a.

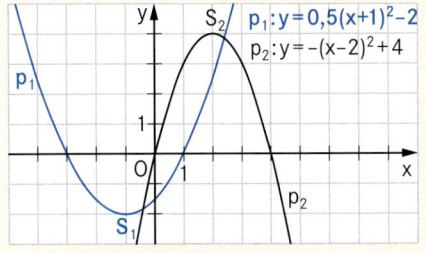

$a > 0$	oben offene Parabel
$a < 0$	unten offene Parabel
$|a| > 1$	schmal, gestreckt
$|a| < 1$	breit, gestaucht
$|a| = 1$	Normalparabel

Die **allgemeine Form** der Parabelgleichung $y = ax^2 + bx + c$ kann durch **quadratische Ergänzung** in die **Scheitelform** umgeformt werden.
$y = a(x-x_s)^2 + y_s$
$y = -0,5x^2 + 2x + 1$
$y = -0,5(x^2 - 4x + \boxed{2^2 - 4}) + 1$
$y = -0,5(x-2)^2 + 3$; $S(2|3)$

Quadratische Gleichungen
Eine Gleichung der Form $ax^2 + bx + c = 0$ ist eine quadratische Gleichung.
Der Term $D = b^2 - 4ac$ heißt **Diskriminante** und bestimmt die Anzahl der Lösungen:
$D > 0$ 2 Lösungen
$D = 0$ 1 Lösung
$D < 0$ keine Lösung

Lösungsformel: $x_{1,2} = \dfrac{-b \pm \sqrt{b^2 - 4ac}}{2a}$

$2x^2 - 4x - 2,5 = 0$
$D = (-4)^2 - 4 \cdot 2 \cdot (-2,5) = 36$
$x_{1,2} = \dfrac{4 \pm 6}{4}$; $\mathbb{L} = \{-0,5;\ 2,5\}$

Tangente an eine Parabel
Eine Gerade g ist Tangente an eine Parabel p, wenn es genau einen Schnittpunkt gibt.
p mit $y = x^2$; g(t) mit $y = -0,5x + t$
Schnittpunktbedingung: $x^2 = -0,5x + t$
Diskriminante: $D = 4t + 0,25$
Tangentenbedingung: $D = 0$; $4t + 0,25 = 0$
Tangente t mit $y = -0,5x - \dfrac{1}{16}$

---

1 Bestimme die Scheitelkoordinaten und zeichne die Parabeln in ein Koordinatensystem.
a) $y = x^2 + 8x + 12$
b) $y = x^2 + 2x - 6$
c) $y = x^2 - 6x + 8$
d) $y = \dfrac{2}{3}x^2 - 4x + 6$
e) $y = -2x^2 + 6x + 4,5$
f) $y = 0,25x^2 - 1$

2 Bestimme jeweils die Gleichung der Parabel p mit P, Q ∈ p.
a) $P(4|5)$; $Q(1|0,5)$; $a = 1,5$
b) $P(0|2,5)$; $Q(5|-5)$; $a = -0,5$
c) $P(1|-2)$; $Q(6|-7)$; unten offene Normalparabel
d) $P(2|-1)$; $Q(-1|2)$; $a = 1$
e) $P(-3|12)$; Symmetrieachse $x = -2$; unten offene Normalparabel

3 a) Zeichne die Parabel p mit $y = -(x-2)^2 + 3$ in ein Koordinatensystem.
b) Die Punkte $A_n(x|-(x-2)^2+3)$ und $B_n(x_B|y_B)$ liegen auf der Parabel p. Dabei ist die Abszisse x_B der Punkte B_n stets um 2 größer als die Abszisse x der Punkte A_n. Stelle die Koordinaten der Punkte B_n in Abhängigkeit von x dar.
c) Zeige, dass sich der Flächeninhalt A der Dreiecke OB_nA_n in Abhängigkeit von x wie folgt darstellen lässt:
$A(x) = (x^2 + 2x - 1)$ FE
d) Begründe, dass es keine Dreiecke OB_nA_n mit minimalem Flächeninhalt gibt.
e) Für welches x gilt $A = 10,25$ FE?

4 Bestimme in $\mathbb{G} = \mathbb{R}$ die Lösungen der quadratischen Gleichungen.
a) $x^2 - 5x + 12 = 0$
b) $x^2 + 7x - 3 = 0$
c) $(x+1)(x-2) = 0$
d) $4x + 12,5 - 3x^2 = 2x(3 - 2x)$

5 Ein gleichseitiges Dreieck hat eine Seitenlänge von 2 cm. Verlängert man alle Seiten um x cm, so entstehen neue Dreiecke. Für welche Werte von x ist der Flächeninhalt der neuen Dreiecke um 4 cm² größer als der ursprüngliche?

6 Gegeben ist die Parabel p mit $y = -x^2 + 8x - 13$ und die Parallelenschar g(t) mit $y = -x + t$.
a) Eine Gerade der Schar ist Tangente an die Parabel. Berechne ihre Gleichung. Bestimme die Koordinaten des Berührpunktes B.
b) Die Gerade h mit $y = -x + 1$ schneidet p in den Punkten P und Q.

Zentrische Streckung

Zentrische Streckung
Durch eine zentrische Streckung mit dem Streckungszentrum Z und dem Streckungsfaktor k mit k ≠ 0 wird jedem Urpunkt P ein Bildpunkt P′ zugeordnet.

Man schreibt: P $\xmapsto{Z;k}$ P′
Es gilt: $\overline{ZP'} = |k| \cdot \overline{ZP}$ (k ≠ 0)
Z ist einziger Fixpunkt.

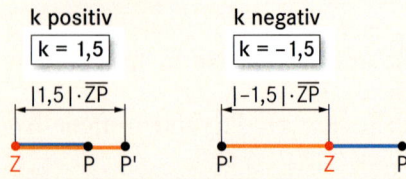

Für die Flächeninhalte A und A′ von Ur- und Bildfigur gilt: **A′ = k² · A**

Ähnliche Dreiecke
Zwei Dreiecke ABC und A′B′C′ heißen ähnlich, wenn man sie durch zentrische Streckung (und zusätzliche Kongruenzabbildungen) aufeinander abbilden kann.
Man schreibt: Dreieck ABC ~ Dreieck A′B′C′
Dreiecke sind ähnlich, wenn
– die Maße zweier Winkel übereinstimmen
– das Verhältnis zweier Seitenlängen und das Maß des eingeschlossenen Winkels übereinstimmen;
– entsprechende Streckenlängen im gleichen Verhältnis stehen.

Umgekehrt gilt: In ähnlichen Dreiecken stehen entsprechende Seitenlängen im gleichen Verhältnis, entsprechende Winkel haben gleiches Maß.

Dreieck ABC ~ Dreieck DEC $\dfrac{\overline{AC}}{\overline{AB}} = \dfrac{\overline{DC}}{\overline{DE}}$

$\dfrac{\overline{AB}}{h_{[AB]}} = \dfrac{\overline{DE}}{h_{[DE]}}$

Werden zwei sich schneidende Geraden von zwei Parallelen geschnitten, ergeben sich ähnliche Dreiecke.
In beiden Fällen gilt: $\dfrac{\overline{ZA}}{\overline{ZB}} = \dfrac{\overline{ZC}}{\overline{ZD}}$; $\dfrac{\overline{ZA}}{\overline{AB}} = \dfrac{\overline{ZC}}{\overline{CD}}$

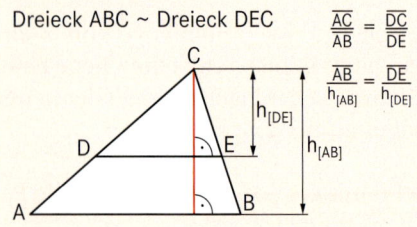

1 Dreieck ABC $\xmapsto{Z;k}$ Dreieck A′B′C′
Zeichne das Ur- und das Bilddreieck. Berechne die Flächeninhalte der beiden Dreiecke.
Es gilt: A (0 | −2); B (3 | 0); C (−1 | 2)
Für die Zeichnung: −4 ≦ x ≦ 8; −7 ≦ y ≦ 4
a) Z (0 | 0); k = 2 b) Z (1 | 0); k = −3
c) Z (3 | 1); k = 1,5 d) Z (1 | 2); k = −0,5

2 Begründe, dass die Dreiecke ähnlich sind und berechne die Maßzahlen x und y.

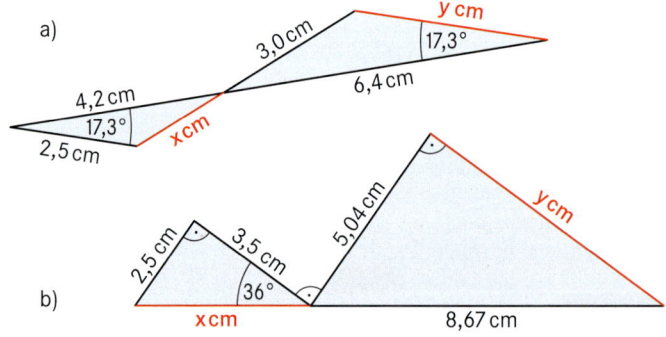

3 In den Dreiecken ABC und A′B′C sind folgende Längen gegeben: $\overline{AB}$ = 6 cm; $\overline{A'B'}$ = 3,6 cm; h_c = 4 cm
a) Begründe: Dreieck ABC ~ Dreieck A′B′C
b) Berechne die Höhe h_c'.

Es gilt:
[AB] ∥ [A′B′]

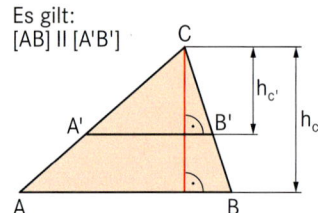

4 Einem gleichschenkligen Dreieck ABC mit der Basislänge $\overline{AB}$ = 8 cm und der Höhe h = 4,5 cm soll ein Quadrat PQRS so einbeschrieben werden, dass die Strecke [PQ] auf der Dreiecksseite [AB] liegt, R auf [BC] und S auf [AC].
a) Skizziere den Sachverhalt.
b) Berechne die Seitenlänge x des Quadrats.
c) Wie viel Prozent der Dreiecksfläche wird vom Quadrat bedeckt?

5 Dem Dreieck ABC wird ein Rechteck DEFG einbeschrieben (siehe Zeichnung, Maßzahlen in cm).
a) Zeige, dass für die Seitenlänge $\overline{EF}$ = y cm des Rechtecks in Abhängigkeit von x gilt: y = −0,75x + 9
b) Bestimme die Seitenlängen des Rechtecks mit dem größten Flächeninhalt.

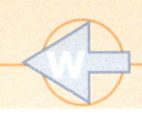

Rechnen mit Vektoren

Strecken im Koordinatensystem

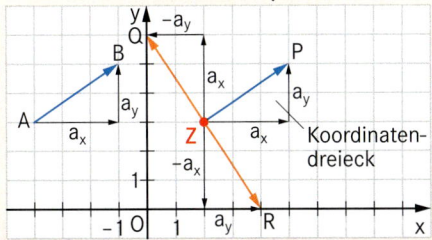

Mit Hilfe der Koordinatendreiecke folgt:
gleichlange Strecken: $\overline{AB} = \overline{ZP} = \overline{ZQ} = \overline{ZR}$
parallele Strecken: $[AB] \parallel [ZP]$; $[ZQ] \parallel [RZ]$
senkrechte Strecken: $[ZP] \perp [ZQ]$; $[ZP] \perp [ZR]$

Schwerpunkt eines Dreiecks
Die Seitenhalbierenden (Schwerlinien) eines Dreiecks schneiden sich im Schwerpunkt S. Er teilt jede Seitenhalbierende im Verhältnis 2:1. Es gilt: $\vec{AS} = 2 \cdot \vec{SM_a}$

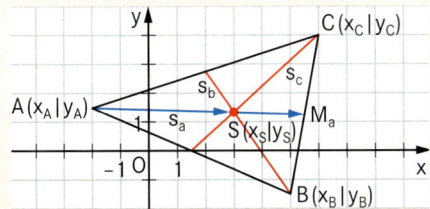

Koordinaten von S
$x_S = \dfrac{x_A + x_B + x_C}{3}$; $y_S = \dfrac{y_A + y_B + y_C}{3}$

Zentrische Streckung
Abbildung der Parabel p mit $y = (x-2)^2$
$P(x \mid (x-2)^2) \xmapsto{Z(-1 \mid 1); k = -2} P'(x' \mid y')$

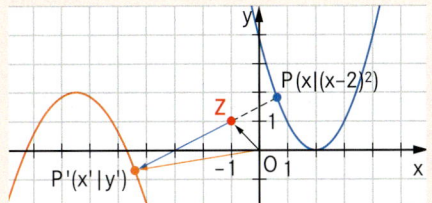

Es gilt: $\vec{ZP'} = k \cdot \vec{ZP}$
$\begin{pmatrix} x' + 1 \\ y' - 1 \end{pmatrix} = -2 \cdot \begin{pmatrix} x + 1 \\ (x-2)^2 - 1 \end{pmatrix}$

somit (I) $\quad x' = -2(x+1) - 1$
(II) $\wedge\ y' = -2[(x-2)^2 - 1] + 1$
(I) $\quad x' = -2x - 3$
(II) $\wedge\ y' = -2(x-2)^2 + 3$
(I) nach x auflösen: $x = -0,5x' - 1,5$
in (II): $\quad y' = -2(-0,5x' - 3,5)^2 + 3$
$\quad\quad\quad y' = -2(-0,5)^2(x' + 7)^2 + 3$
Bildparabel p': $y = -0,5(x + 7)^2 + 3$

1 Überprüfe, ob die Strecken [AB] und [ZP] gleich lang und parallel sind ($x \in \mathbb{R}$).
a) $A(-4 \mid 1)$; $B(0 \mid 3)$; $Z(8,3 \mid -5)$; $P(4,3 \mid -3)$
b) $A(1,4 \mid 1,9)$; $B(2,9 \mid -0,4)$; $Z(5,8 \mid -6)$; $P(4,3 \mid -3,7)$
c) $A(2 \mid -1,5)$; $B(x \mid x^2 - 1)$; $Z(4 \mid 2x + 0,5)$; $P(x+2 \mid (x+1)^2)$

2 Gegeben sind die Punkte $A(-2 \mid -1)$ und $D(1 \mid 4)$. Fertige jeweils eine Zeichnung an.
a) Berechne die Koordinaten eines Punktes C so, dass das Dreieck ACD gleichschenklig-rechtwinklig ist mit $\sphericalangle ADC = 90°$.
b) Berechne die Koordinaten eines Punktes B so, dass das Viereck ABCD ein Quadrat ist.

3 Die Punkte $D(-1 \mid 1,5)$ und $B(3 \mid 0,5)$ sind Eckpunkte eines Quadrates ABCD. Konstruiere das Quadrat und berechne die Koordinaten der Eckpunkte A und C.

4 Der Punkt S ist Schwerpunkt des Dreiecks ABC. Berechne die fehlenden Koordinaten.
a) $A(-3 \mid 1)$; $B(1,5 \mid 2)$; $C(0 \mid 4,5)$; $S(x_S \mid y_S)$
b) $A(2,5 \mid 2)$; $B(5 \mid 4)$; $C(0 \mid x_C)$; $S(x_S \mid 4)$
c) $A(3 \mid -1)$; $B(x_B \mid -2)$; $C(1,5 \mid 5,7)$; $S(4,2 \mid y_S)$
d) $A(-4 \mid 1)$; $B(8 \mid 2)$; $M_a(3 \mid 5)$; $S(x_S \mid y_S)$

5 Der Punkt P wird durch zentrische Streckung mit dem Streckungszentrum Z und dem Streckungsfaktor k ($k \in \mathbb{R}\setminus\{0\}$) auf den Punkt P' abgebildet. Setze in deinem Heft für die Platzhalter richtig ein.
a) $P(3 \mid 1)$; $Z(5 \mid 4)$; $k = 2,5$; $P'(\Box \mid \Box)$
b) $P(\Box \mid 1)$; $Z(-1 \mid 2)$; $k = \Box$; $P'(1 \mid 1,5)$
c) $P(x \mid 0,5x - 4)$; $Z(0 \mid -3)$; $k = 1,5$; $P'(\Box \mid \Box)$
d) $P(x \mid x^2 + 4)$; $Z(2 \mid -1)$; $k = \Box$; $P'(2x - 2 \mid \Box)$

6 Dreieck ABC $\xmapsto{Z;\ k}$ Dreieck A'B'C'
a) Berechne den Streckungsfaktor k und die Koordinaten des Streckungszentrums Z.
b) Vergleiche die Flächeninhalte der beiden Dreiecke.

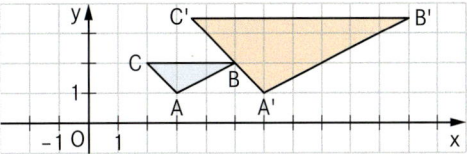

7 Berechne die Gleichung der Bildgeraden bzw. Bildparabel und überprüfe durch eine Zeichnung.
a) $g \xmapsto{Z(1,5 \mid 2);\ k = -1,5} g'$; $g: y = 2x + 1$
b) $p \xmapsto{Z(-2 \mid 1);\ k = -2} p'$; $p: y = (x+1)^2 - 2$
c) $p \xmapsto{Z(4 \mid -1);\ k = 3} p'$; $p: y = 0,5(x-3)^2 + 1$

Flächensätze im rechtwinkligen Dreieck

Flächensätze

Satz des Pythagoras
$a^2 + b^2 = c^2$

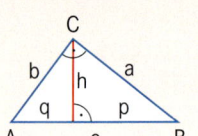

Kathetensätze:
$a^2 = c \cdot p$
$b^2 = c \cdot q$

Höhensatz:
$h^2 = p \cdot q$

$c = 7$ cm; $a = 4$ cm; $\gamma = 90°$;
$b = x$ cm; $q = y$ cm

Satz des Pythagoras:
$4^2 + x^2 = 7^2$
$x = \sqrt{7^2 - 4^2}$
$x = \sqrt{33} = 5{,}74$

Ergebnis: $b = 5{,}74$ cm

Kathetensatz: $5{,}74^2 = 7 \cdot y$
$y = 4{,}71$

Ergebnis: $q = 4{,}71$ cm

Gleichschenkliges Dreieck

Berechnung der Höhe in einem **gleichschenkligen Dreieck**
$c = 6$ cm; $a = 9$ cm; $a = b$; $h = x$ cm

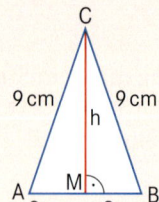

Satz des Pythagoras im rechtwinkligen Teildreieck AMC:
$x^2 + 3^2 = 9^2$
$x = \sqrt{9^2 - 3^2}$
$x = 8{,}49$
Ergebnis: $h = 8{,}49$ cm

Sonderfall: **gleichseitiges Dreieck**
$h = \frac{a}{2}\sqrt{3}$ $A = \frac{a^2}{4}\sqrt{3}$

Streckenlängen im Koordinatensystem

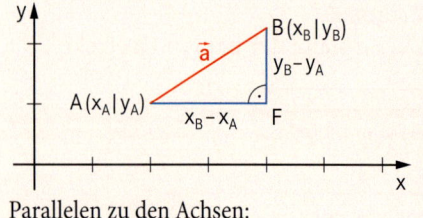

Parallelen zu den Achsen:
$\overline{AF} = (x_B - x_A)$ LE
$\overline{BF} = (y_B - y_A)$ LE

beliebige Strecke:
$\overline{AB} = \sqrt{(x_B - x_A)^2 + (y_B - y_A)^2}$ LE

Betrag des Vektors $\vec{a} = \begin{pmatrix} a_x \\ a_y \end{pmatrix}$
$|\vec{a}| = \sqrt{a_x^2 + a_y^2}$

---

1 In einem rechtwinkligen Dreieck mit $\gamma = 90°$ sind die Höhe $h_c = 4{,}32$ cm und die Kathetenlänge $\overline{AC} = 5{,}83$ cm gegeben. Berechne die anderen Seitenlängen und den Flächeninhalt des Dreiecks.

2 Im Drachenviereck ABCD mit der Symmetrieachse AC und dem Diagonalenschnittpunkt M gilt:
$\beta = \delta = 90°$; $\overline{DC} = 9$ cm; $\overline{MC} = 7$ cm
Fertige eine Skizze an, berechne die Längen $\overline{AC}$, $\overline{BD}$ und $\overline{AB}$ und konstruiere das Drachenviereck.

3 Ein Würfel hat 6 cm Kantenlänge.
a) Berechne die Länge e seiner Raumdiagonalen.
b) Es entstehen Quader, wenn man die Seiten [AB], [DC] des Würfels um x cm verlängert und gleichzeitig die Seiten [AE], [BF] um x cm verkürzt. Für welche Belegung von x wird die Raumdiagonale des Quaders $2\sqrt{30}$ cm lang?

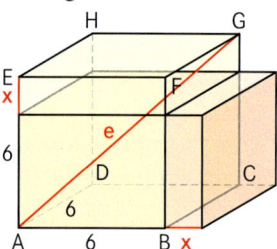

4 Die Punkte A (2|−1), B (3|2), C (2|3) und D (1|2) bilden das Drachenviereck ABCD im Koordinatensystem.
a) Zeichne das Drachenviereck ABCD.
b) Beschreibe die besondere Lage des Drachenvierecks im Koordinatensystem und berechne seinen Flächeninhalt.
c) Berechne die Seitenlängen des Vierecks ABCD.

5 Gegeben ist das Dreieck ABC mit A (−6|−4,5), B (3,5|−0,5) und C (2|1,5).
a) Zeichne das Dreieck ABC in ein Koordinatensystem und zeige durch Rechnung, dass es rechtwinklig ist.
b) Verkürzt man die Seite [AC] von A aus um 2x cm und verlängert gleichzeitig die Seite [BC] über B hinaus um x cm, so entstehen neue rechtwinklige Dreiecke $A_n B_n C$. Zeichne das Dreieck $A_1 B_1 C$ für x = 2 in das Koordinatensystem zu a) ein.
c) Für welche Belegung von x wird die Hypotenusenlänge $\overline{A_n B_n}$ minimal? Berechne $\overline{AB}_{min}$.

6 Gegeben ist eine Schar von gleichschenkligen Dreiecken ABC_n mit der Basis [AB]. Es gilt: A(−1|2); B(3|0)
a) Zeichne ein Dreieck ABC_n und begründe, dass die Eckpunkte C_n dieser Dreiecke auf der Geraden mit der Gleichung y = 2x − 1 liegen.
b) Zeige, dass sich die Schenkellänge $\overline{AC_n}$ wie folgt in Abhängigkeit von x darstellen lässt:
$\overline{AC_n} = \sqrt{5x^2 - 10x + 10}$ LE
c) Die Schenkellänge des Dreiecks ABC_1 beträgt $\sqrt{10}$ LE. Berechne die Belegung für x und die Koordinaten von C_1.
d) Zeige, dass das Dreieck ABC_1 rechtwinklig ist.

Kreis, Raumgeometrie

Kreis

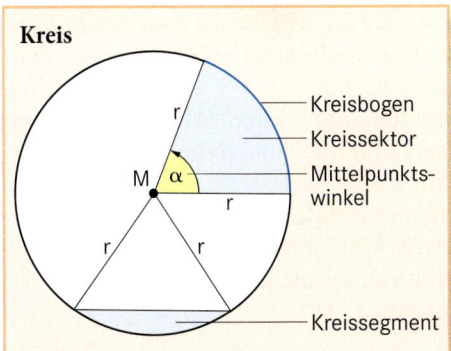

Kreisumfang: $u = d \cdot \pi$
$u = 2r \cdot \pi$
Flächeninhalt: $A = r^2 \pi$

Länge des **Kreisbogens**: $b = 2r\pi \dfrac{\alpha}{360°}$

Flächeninhalt des **Kreissektors**:
$A_S = r^2 \pi \dfrac{\alpha}{360°}$; $A_S = \dfrac{1}{2} rb$

Flächeninhalt des **Kreissegments**:
$A_{Segment} = A_{Sektor} - A_{Dreieck}$

Schrägbild
Im **Schrägbild** erscheinen alle zur Zeichenebene parallel verlaufenden Strecken, Flächen und Winkel in wahrer Größe. Strecken, die senkrecht zur Zeichenebene verlaufen, werden um den Winkel ω verzerrt und den Faktor q verkürzt dargestellt.

Pyramide mit rechteckiger Grundfläche;
ω = 45°; q = 0,5;
Schrägbildachse [AB]

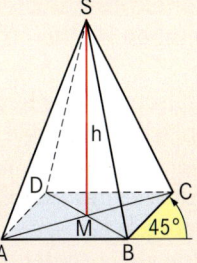

Prisma
In einem Prisma liegen Grund- und Deckfläche parallel zueinander und sind kongruent.

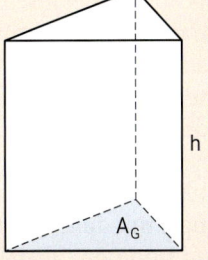

Für ein gerades Prisma gilt:
Inhalt der Mantelfläche: $M = u \cdot h$
Inhalt der Oberfläche: $O = 2 \cdot A_G + M$
Volumen: $V = A_G \cdot h$

---

1 Berechne von den Größen A_S, b, r, α die jeweils fehlenden.
a) α = 20°; $A_S = 2\pi$ cm²
b) α = 300°; b = 25π cm
c) b = 10 cm; $A_S = 200$ cm²

2 Berechne die Bogenlänge b und die Länge der Sehne [AB] für r = 3,5 cm.

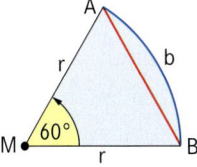

3 Gegeben ist ein Quader ABCDEFGH mit $\overline{AB}$ = 8 dm; $\overline{AE}$ = 5 dm und $\overline{AG}$ = 11,18 dm.
a) Zeige, dass gilt: $\overline{BC}$ = 6 dm
b) Berechne den Oberflächeninhalt und das Volumen des Quaders. Runde sinnvoll.

4 Berechne die fehlenden Größen des Prismas.

	a)	b)	c)
A_G in cm²	120		60
h in cm		3,7	
V in cm³	256	15	

5 Ein gleichseitiges Dreieck ist die Grundfläche eines Prismas. Es gilt: A_G = 530,44 cm²; h = 52 cm
Berechne den Flächeninhalt des Mantels.

6 Gegeben ist eine Pralinenschachtel in Form eines Prismas mit einem regelmäßigen Sechseck (Seitenlänge 6 cm) als Grundfläche. Die Schachtel ist 3 cm hoch. In der Schachtel befinden sich 24 würfelförmige Nougatpralinen mit der Seitenlänge 2,1 cm. Ist diese Pralinenschachtel eine Mogelpackung, wenn man eine Verpackung dann als Mogelpackung bezeichnet, wenn sie mehr als 30 % Luft enthält?

7 Gegeben ist ein Quader ABCDEFGH mit rechteckiger Grundfläche. Es entstehen neue Quader, wenn man die Seiten [AB] und [DC] um jeweils x cm verlängert und die Höhe h um 0,5x cm verkürzt.
Es gilt: a = 5 cm; b = 3 cm; h = 7 cm
a) Zeichne ein geeignetes Schrägbild.
b) Aus welchem Intervall darf man x wählen?
c) Stelle das Volumen der Quader in Abhängigkeit von x dar.
d) Für welchen Wert von x erhält man ein maximales Volumen? Gib V_{max} an.
e) Überprüfe, ob der Quader mit dem größten Volumen auch die größte Oberfläche besitzt.
f) Stelle die Länge der Raumdiagonalen in Abhängigkeit von x dar.
g) Für welche Belegung von x hat die Raumdiagonale die Länge 10 cm?

Kreis, Raumgeometrie

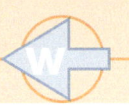

Pyramide
Inhalt der Oberfläche:
$O = A_G + M$

Volumen:
$V = \frac{1}{3} \cdot A_G \cdot h$

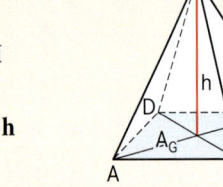

Zylinder
Durch Rotation eines Rechtecks um eine Symmetrieachse oder eine Seite entsteht ein Zylinder.
Inhalt der Mantelfläche:
$M = 2 \cdot \pi \cdot r \cdot h$
Inhalt der Oberfläche:
$O = 2 \cdot A_G + M$
$O = 2 \cdot \pi \cdot r \cdot (r + h)$
Volumen:
$V = r^2 \cdot \pi \cdot h$

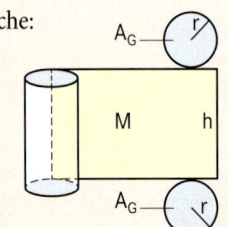

Kreiskegel
Durch Rotation eines gleichschenkligen Dreiecks um die Symmetrieachse entsteht ein Kegel.

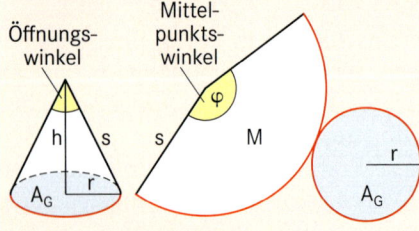

Inhalt der Mantelfläche:
$M = r \cdot \pi \cdot s$
Mittelpunktswinkel des Mantels:
$\varphi = \frac{r}{s} \cdot 360°$
Inhalt der Oberfläche:
$O = r^2 \cdot \pi + r \cdot \pi \cdot s$
$O = r \cdot \pi \cdot (r + s)$
Volumen:
$V = \frac{1}{3} \cdot r^2 \cdot \pi \cdot h$

Kugel
Durch Rotation eines Kreises um eine Symmetrieachse entsteht eine Kugel.
Inhalt der Oberfläche:
$O = 4 \cdot r^2 \cdot \pi$
Volumen:
$V = \frac{4}{3} \cdot r^3 \cdot \pi$

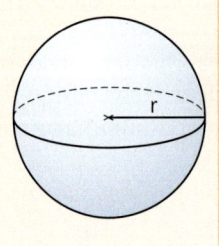

8 Die Grundfläche der Pyramide ABCDS ist das Quadrat mit der Seitenlänge 5 cm. Die Spitze steht senkrecht über dem Diagonalenschnittpunkt M mit $\overline{MS}$ = 7 cm. Es entstehen neue Pyramiden, wenn man die Kanten [AB] und [CD] um jeweils 2x cm verlängert und die Höhe h um x cm verkürzt.
a) Gib das Intervall für x an.
b) Zeichne ein räumliches Bild für x = 1.
c) Stelle das Volumen in Abhängigkeit von x dar.
d) Für welche Belegung von x erhält man ein maximales Volumen.

9 In einem Kreiszylinder wird der Radius r um x cm verlängert und gleichzeitig die Höhe h um 0,5x cm verkürzt.
Es gilt: r = 2 cm; h = 5 cm
a) Stelle das Volumen in Abhängigkeit von x dar.
b) Tabellarisiere V(x) im Intervall [–5; 10] mit $\Delta x = 1$ und zeichne den Graphen. Runde auf cm^3.
c) Für welche Belegung von x erhält man eine maximale Mantelfläche?

10 Gegeben ist ein Kreiszylinder, dessen Grundfläche einen Flächeninhalt von 80 cm² besitzt und dessen Höhe 9 cm beträgt. Aus diesem Zylinder wird ein Kreiskegel mit gleicher Höhe herausgeschnitten, dessen Volumen um 80 % kleiner ist als das Volumen des Zylinders. Berechne den Inhalt der Oberfläche des neu entstandenen Körpers.

11 In einen Kegel mit dem Grundkreisradius r = 3 cm und der Höhe h = 8 cm werden Kegel K_n mit dem Grundkreisradius x cm und der Höhe y cm einbeschrieben (vergleiche Skizze).
a) Zeichne einen Axialschnitt des Kegels mit dem einbeschriebenen Kegel K_1 für x = 1,5.
b) Berechne das Volumen und den Oberflächeninhalt des einbeschriebenen Kegels K_1.
c) Für welche Belegung von x ist der Axialschnitt des einbeschriebenen Kegels K_2 ein rechtwinkliges Dreieck?
d) Für welchen Wert von x ist der Axialschnitt des einbeschriebenen Kegels K_3 ein gleichseitiges Dreieck?
e) Stelle das Volumen des Kegels in Abhängigkeit von x dar.

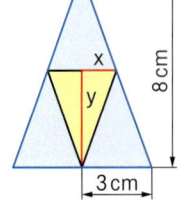

12 Ein Handball hat eine Oberfläche von 1333 cm². Welchen Umfang hat der Handball?

13 Einem Würfel ist eine Kugel mit dem Radius r = 3 cm einbeschrieben und eine Kugel mit dem Radius R umbeschrieben. Berechne das Volumen und den Oberflächeninhalt der ein- und umbeschriebenen Kugel. Vergleiche.

2 Abbildungen I

Das Wasserschloss Mespelbrunn liegt im Spessart zwischen Frankfurt und Würzburg. Da es sehr versteckt liegt, hat es alle Kriegswirren unversehrt überstanden. 2012 feierte das Wasserschloss sein 600jähriges Jubiläum. Es diente auch als Kulisse für mehrere Filme.

In das Foto wurde ein Koordinatensystem so einkopiert, dass die x-Achse exakt zwischen dem Originalschloss und dem Spiegelbild im Wasser liegt.
Suche dir einige Punkte auf dem Schloss und die dazugehörigen Spiegelpunkte im Wasser. Überprüfe, ob es sich um eine Achsenspiegelung an der x-Achse handelt?
Bestimme die Abstände einiger Punkte und der dazugehörigen Punkte auf dem Spiegelbild von der x-Achse. Was fällt dir auf?

Orthogonale Affinität

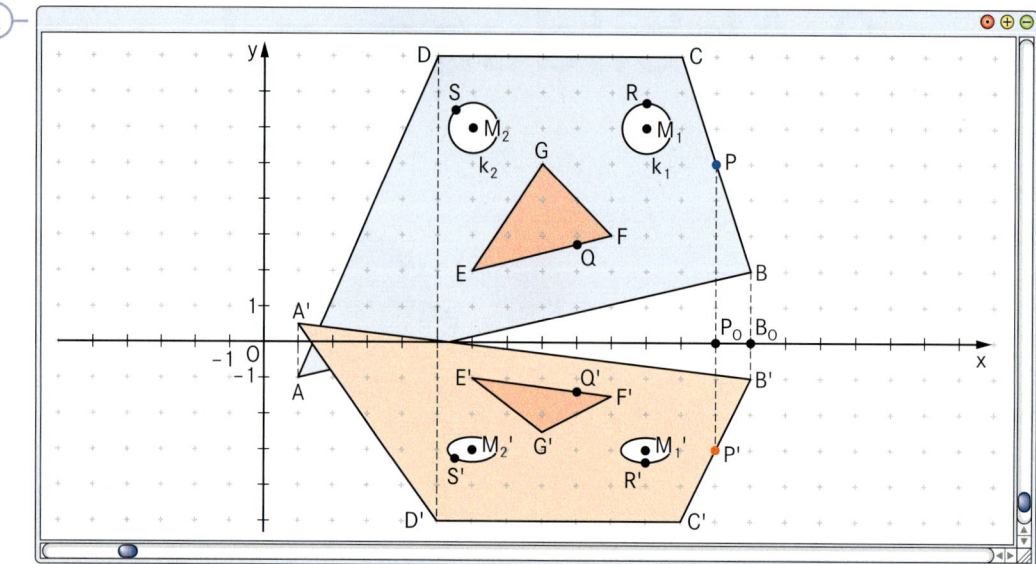

a) Zeichne mit einem Geometrieprogramm das Viereck ABCD, das Dreieck EFG, den Kreis k_1 und den Kreis k_2.
Es gilt: A(1|−1); B(14|2); C(12|8); D(5|8); E(6|2); F(10|3); G(8|5); M_1(11|6); r_1 = 1 LE; M_2(6|6); r_2 = 1 LE

b) Lass auf dem Rand des Vierecks ABCD einen Punkt P(x|y) wandern.
Zeichne zum Punkt P einen Bildpunkt P′(x′|y′) mit x′ = x und y′ = k · y, z. B. k = − 0,5.
Lass die Ortslinie des Punktes P′ aufzeichnen.

c) Führe die Aufgabe b) mit einem Punkt Q auf dem Rand des Dreiecks EFG sowie mit den Punkten R bzw. S auf den Kreisen k_1 bzw. k_2 durch.

d) Führe die Aufgaben b) und c) mit anderen Werten von k durch.

e) Die in b) und c) durchgeführten Vorgänge legen eine Abbildung fest. Begründe.

Orthogonale Affinität

Eine Abbildung heißt **orthogonale Affinität** (senkrechte Achsenstreckung), wenn jedem Urpunkt P ein Bildpunkt P′ so zugeordnet wird, dass gilt: $\overrightarrow{P_0P'} = k \cdot \overrightarrow{P_0P}$
Der Punkt P_0 ist der Fußpunkt des Lotes vom Urpunkt P auf die x-Achse.
Die x-Achse heißt **Affinitätsachse** (Streckungsachse).
Der Faktor k heißt **Affinitätsfaktor**.

Man schreibt: P $\xmapsto{\text{x-Achse; k}}$ P′
Lies: Der Punkt P wird durch orthogonale Affinität mit der x-Achse als Affinitätsachse und dem Affinitätsfaktor k auf den Punkt P′ abgebildet.

2 a) P_0 ist der Fußpunkt des Lotes vom Urpunkt P auf die x-Achse. Welche Lagen haben die Strecken [PP_0] und [$P'P_0$] bezüglich der x-Achse? Welche Längen haben sie?

b) Beschreibe ein Verfahren, wie man zum Punkt P den zugehörigen Bildpunkt P′ durch Konstruktion erhält. Welche Besonderheiten ergeben sich für k = 1 und k = − 1?

3 a) Für welche Fälle gibt es Fixpunkte bzw. Fixgeraden?

b) Wie verändern sich Streckenlängen, Winkelmaße, Kreise bei den oben durchgeführten Abbildungen? Mache Aussagen über den Umlaufsinn.

c) Wann wird eine Strecke auf eine Strecke gleicher Länge abgebildet?

Orthogonale Affinität

Abbildungsvorschrift

Jedem Punkt P, der nicht auf der x-Achse liegt, wird ein Punkt P' wie folgt zugeordnet: Man fällt vom Punkt P das Lot auf die x-Achse. Der Fußpunkt des Lotes ist der Punkt P_0. Für den Bildpunkt P' gilt: $\overrightarrow{P_0P'} = k \cdot \overrightarrow{P_0P}$

Für die Koordinaten der Punkte $P(x|y)$ und $P'(x'|y')$ gilt folgende **Abbildungsgleichung**:
$$x' = x \land y' = k \cdot y$$

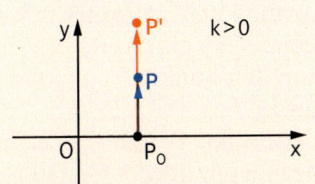
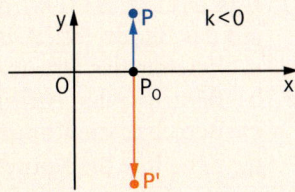

Jeder Punkt auf der x-Achse ist Fixpunkt. Es gilt: P = P'

Spezialfälle: Für $k = 1$ wird der Punkt P auf sich selbst abgebildet (Identität).
Für $k = -1$ wird der Punkt P an der x-Achse gespiegelt.

Eigenschaften der Abbildung durch orthogonale Affinität
– Jeder Punkt P wird auf einen Bildpunkt P' abgebildet.
– Die Abbildung ist geradentreu, parallelentreu, aber nicht winkeltreu, längentreu und kreistreu.
– Für $k < 0$ ändert sich der Umlaufsinn eines Vielecks.
– Alle Punkte auf der x-Achse sind Fixpunkte.
– Die x-Achse ist Fixpunktgerade.
– Geraden, die senkrecht zur x-Achse verlaufen, sind Fixgeraden.
– Geraden, die parallel zur x-Achse verlaufen werden auf parallele Geraden abgebildet.
– Strecken, die parallel zur x-Achse verlaufen, werden auf parallele, gleich lange Strecken abgebildet.

Übungen

4 Bestimme den Affinitätsfaktor k. Es gilt: $P \xrightarrow{\text{x-Achse; k}} P'$
a) $A(0|3)$; $A'(0|1)$
b) $B(4,5|3,25)$; $B'(4,5|6,5)$
c) $C(1|2,5)$; $C'(1|-1,25)$
d) $D(-2|-2)$; $D'(-2|3,5)$
e) $E(2|1,15)$; $E'(2|1,61)$
f) $F(1,7|0,8)$; $F'(1,7|-1,8)$

5 Die Figur wird durch orthogonale Affinität mit der x-Achse als Affinitätsachse auf die Bildfigur abgebildet. Der Affinitätsfaktor ist k. Berechne die Koordinaten der fehlenden Punkte bzw. den Affinitätsfaktor k. Zeichne die Figuren.
a) $A(-2|-1,5)$; $B(3|0)$; $C(1|3)$; $D(-4|1,5)$; $k = 0,75$
b) $A(-3|-2)$; $B(3,3|-1,1)$; $B'(x_B|1,65)$; $C(4|2)$; $D(1|3)$
c) $A(-3|-2)$; $B'(4|5)$; $C(2|1)$; $D'(-1|-2,5)$; $k = -2,5$
d) $A(-4|1)$; $A'(x_{A'}|-0,5)$; $B(x_B|-2)$; $B'(-2|y_{B'})$; $C(2|-1)$; $D(x_D|3)$; $D'(3|y_{D'})$; $E(-1|3)$

6 Es gilt: $k(M(0|2); r = 2 \text{ cm}) \xrightarrow{\text{x-Achse; k}} k'(M'; r')$
a) Zeichne den Kreis und bilde ihn mit $k = -0,5$ ab. Beschreibe dein Vorgehen.
b) Für welche Affinitätsfaktoren wird der Kreis auf einen Kreis abgebildet?
c) Gibt es einen Affinitätsfaktor, bei dem sich Ur- und Bildfigur nicht berühren oder in zwei Punkten schneiden? Begründe deine Entscheidung.

Orthogonale Affinität

⑦
```
g: y = x − 3
g′: y = −0,25x + 0,75
P ∈ g; P(1|−2)
P′ ∈ g′; P′(1|0,5)
0,5 = k · (−2)
k = −0,25
```

Bestimme den Affinitätsfaktor k. Es gilt: g $\xrightarrow{\text{x-Achse; k}}$ g′
a) g: y = −2x; g′: y = 0,5x
b) g: y = 0,5x + 1; g′: y = −1,5x − 3
c) g: 2x − y − 1 = 0; g′: 4x + y − 2 = 0
d) g: y = 0,75x − 1,5; g′: y = 1,5x − 3
e) g: y + 1,2x = 0,8; g′: y = −0,48x + 0,32

⑧ Das Dreieck ABC wird durch orthogonale Affinität mit der x-Achse als Affinitätsachse auf das Bilddreieck A′B′C′ abgebildet. Es gilt: A(−2|2); B(4|1); C(0|4); A′(−2|−1,5)
a) Zeichne das Dreieck ABC und den Punkt A′.
b) Berechne den Affinitätsfaktor k.
c) Berechne die Koordinaten der Punkte B′ und C′. Zeichne das Dreieck A′B′C′.
d) Berechne die Koordinaten der Fixpunkte der Geraden AC und BC.

⑨ Das Dreieck ABC wird durch orthogonale Affinität mit der x-Achse als Affinitätsachse so abgebildet, dass der Punkt B den Bildpunkt B′ besitzt.
Es gilt: A(−3|−4), B(4|−2), C(2|4), B′(x′|3)
a) Zeichne das Dreieck ABC und das Bilddreieck A′B′C′.
b) Wie lautet die Abbildungsgleichung?
c) Berechne die Koordinaten der Punkte A′ und C′.
d) Zeige am Beispiel und auch allgemein, dass für den Flächeninhalt gilt: A′ = |k| · A
e) Der Punkt D teilt die Strecke [AC] im Verhältnis $\overline{AD} : \overline{DC}$ = 5 : 3. Zeichne den Teilpunkt ein und berechne seine Koordinaten.
f) Zeige: Der Punkt D′ teilt die Strecke [A′C′] ebenfalls im Verhältnis 5 : 3.

⑩ Die Gerade g wird durch orthogonale Affinität mit der x-Achse als Affinitätsachse und dem Affinitätsfaktor k auf die Bildgerade g′ abgebildet.
Zeichne die Geraden g und g′ und bestimme die Gleichung der Bildgeraden durch Rechnung.

```
g: y = 2x;  k = −0,5
g $\xrightarrow{\text{x-Achse; k}}$ g′
x = x′
∧ y′ = −0,5 · 2x
g′: y = −x
```

a) g: y = x + 1; k = 2
b) g: y = $\frac{3}{2}$x − 2; k = $\frac{1}{3}$
c) g: y = −$\frac{4}{5}$x + 2; k = −$\frac{1}{2}$
d) g: x + 2y + 1 = 0; k = −$\frac{2}{3}$

⑪ Ermittle rechnerisch die Gleichung der Bildparabel. Es gilt: p $\xrightarrow{\text{x-Achse; k}}$ p′
Zeichne die Parabeln p und p′.

```
p: y = 2x² − 3x + 1;  k = 0,5
p $\xrightarrow{\text{x-Achse; k}}$ p′
x = x′
∧ y′ = k · y
y′ = 0,5 · (2x′² − 3x′ + 1)
y′ = x′² − 1,5x′ + 0,5
p′: y = x² − 1,5x + 0,5
```

a) y = x² − 3; k = 0,5
b) y = x² + 2x; k = 0,5
c) y = −(x − 2)²; k = 2
d) y = 3x² − 12x; k = −$\frac{1}{4}$
e) y = $\frac{1}{2}$x² − 2x + 3; k = 2
f) y = −$\frac{1}{2}$(x + 1)² − 5; k = 0,5
g) y = −$\frac{2}{3}$x² − 1,25x − 1,4; k = −0,6
h) 3x² + 2x − y = 1; k = −$\frac{4}{3}$

Lösungen: $\frac{1}{2}$x − $\frac{2}{3}$; 2x + 2; $\frac{1}{3}$x + $\frac{1}{3}$; $\frac{2}{5}$x − 1; 0,5x² + x; 0,5x² − 1,5; −2(x − 2)²; −$\frac{1}{4}$(x + 1)² − 2,5; −$\frac{3}{4}$x² + 3x; 0,4x² + 0,75x + 0,84; x² − 4x + 6; −4x² − $\frac{8}{3}$x + $\frac{4}{3}$

Welcher Wert ergibt sich, wenn du die Brüche addierst? $\frac{1}{2} + \frac{1}{4} + \frac{1}{8} + \frac{1}{16} + ...$

Besondere Abbildungen

1 Durch eine Hintereinanderausführung von Achsenspiegelungen erhält man ausgehend vom Punkt P(4|–1) die Punkte Q, R, S, T und U des Sechsecks PQRSTU.
  a) Finde die einzelnen Abbildungen und ergänze die Platzhalter in deinem Heft.

  $P \mapsto Q \mapsto R \mapsto S \mapsto T \mapsto U$

  b) Vergleiche für jede Abbildung die Koordinaten des Bildpunktes mit denen des zugehörigen Urpunktes.
  c) Gib für jede Abbildung die Abbildungsgleichung an.
  d) Der Punkt P kann direkt auf den Punkt T abgebildet werden.

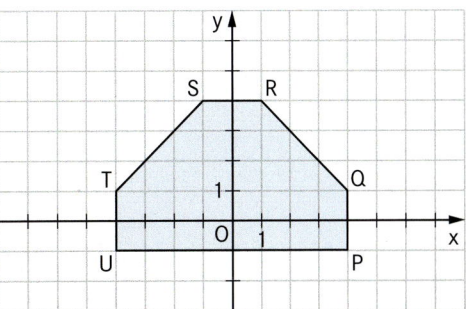

M

Achsenspiegelung an der x-Achse

$x' = x$
$\wedge \ y' = -y$

Achsenspiegelung an der y-Achse

$x' = -x$
$\wedge \ y' = y$

Achsenspiegelung an der Winkelhalbierenden des I. und III. Quadranten

$x' = y$
$\wedge \ y' = x$

Achsenspiegelung an der Winkelhalbierenden des II. und IV. Quadranten

$x' = -y$
$\wedge \ y' = -x$

Punktspiegelung an O(0|0)

$x' = -x$
$\wedge \ y' = -y$

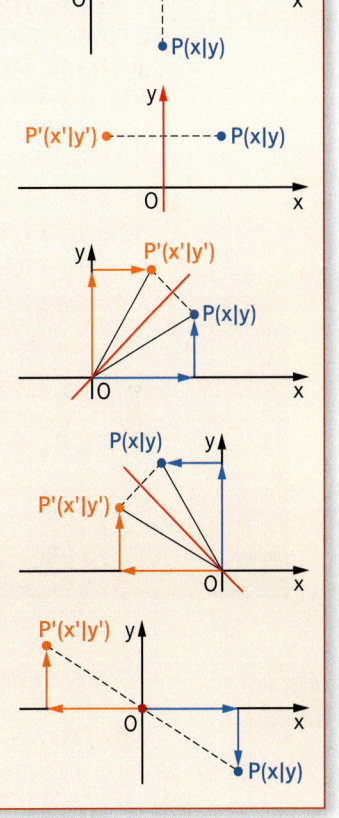

Übungen

2 Die Gerade g mit y = x + 3 wird durch Spiegelung an s bzw. O auf die Gerade g' abgebildet. Berechne ihre Gleichung.
  a) s: w mit y = –x
  b) O(0|0)
  c) s: y-Achse
  d) s: x-Achse

3 Die Parabel p mit $y = (x - 4)^2 + 3$ wird durch Spiegelung an der Achse s auf die Parabel p' abgebildet. Berechne die Gleichung der Parabel p'.
  a) s: x-Achse
  b) s: y-Achse
  c) s: w mit y = x

Parallelverschiebung

1

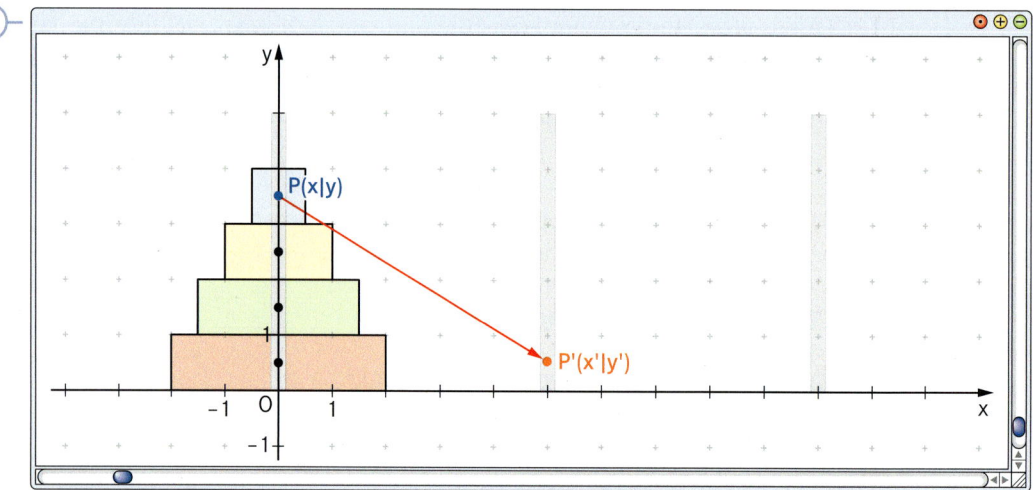

Der Turm soll abgebaut und an einer der beiden grauen Säulen wieder neu errichtet werden. Bewegt werden darf jeweils nur eine Scheibe. Nur eine kleinere Scheibe kann auf eine größere Scheibe geschoben werden. Dieses Spiel kann mit dem Computer simuliert werden. Dazu müssen die Steine auf die neue Stelle verschoben werden.
a) Gib für jeden Verschiebungsvorgang der einzelnen Scheiben die Koordinaten des Verschiebungspfeiles an.
b) Gib für einen Verschiebungsvorgang die Abbildungsgleichung an.

Bei 64 Scheiben ca. 18 Trillionen Verschiebungen

Benares oder Varanasi ist eine heilige Stadt in Indien mit mehr als 500 000 Einwohnern am Ganges gelegen. Sie wird jährlich von über 1 Million Wallfahrern besucht.
Im großen Tempel, der als Mittelpunkt der Welt bezeichnet wird, stehen drei diamantene Säulen. Die erste hat 64 Scheiben, deren Durchmesser von unten nach oben immer kleiner werden. Man sagt, Tempelpriester sind Tag und Nacht damit beschäftigt, den Turm umzubauen. Sie dürfen die Scheiben einzeln nur auf größere Scheiben legen und dafür alle drei Säulen benutzen. Wenn der Turm von der ersten auf die zweite Säule umgesetzt ist, ist das Ende der Welt gekommen und alles zerfällt in Staub.

c) Wie viele Bewegungen sind bei vier Scheiben insgesamt mindestens erforderlich?
   A 4^2 **B** 2^4 **C** $2^4 - 1$
d) Das Spiel ist bekannt als der „Turm von Ionah".

Parallelverschiebung

Abbildungsgleichung bei einer **Parallelverschiebung** eines Punktes $P(x|y)$ auf einen Punkt $P'(x'|y')$ mit dem Vektor $\vec{v} = \begin{pmatrix} v_x \\ v_y \end{pmatrix}$

$$x' = x + v_x$$
$$\wedge \ y' = y + v_y$$

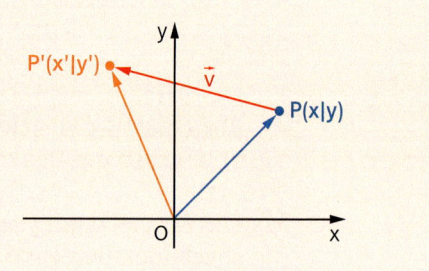

Vermischte Übungen

1 Das Fünfeck ABCDE wird durch orthogonale Affinität mit der x-Achse als Affinitätsachse und dem Affinitätsfaktor k abgebildet.
Es gilt: $A'(-3|1)$; $B(4|-3)$; $C(5|4)$; $C'(5|-2)$; $D(1|5)$; $E(-2|2,5)$
a) Zeichne das Fünfeck ABCDE und das dazugehörige Bildfünfeck.
b) Gib die Abbildungsgleichung an und berechne die Koordinaten der fehlenden Punkte.
c) Das Fünfeck A'B'C'D'E' wird durch Parallelverschiebung mit dem Vektor $\vec{v}$ auf das Fünfeck $A_0B_0C_0D_0E_0$ abgebildet. Es gilt: $C_0(3|-5)$. Bestimme A_0, B_0, D_0, E_0.
d) Durch welche Abbildungen kann das Fünfeck $A_0B_0C_0D_0E_0$ auf die Urfigur abgebildet werden?

2 Bei einem gleichschenkligen Trapez ABCD mit den Grundseiten [AB] und [CD] ist die Gerade g mit $y = x$ die Symmetrieachse. Es gilt: $A(-3|1)$; $C(3,5|1)$
a) Zeichne die Punkte A und C sowie die Gerade g in ein Koordinatensystem ein und ermittle die fehlenden Punkte zeichnerisch.
b) Gib eine Abbildungsgleichung an und berechne die Koordinaten der Punkte B und D.

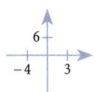

3 Die Gerade g mit der Gleichung $y = -x$ ist die Winkelhalbierende des Winkels ACB des Dreiecks ABC.
Es gilt: $A(-3|1)$; $B(3|2)$
a) Zeichne die Punkte A und B sowie die Winkelhalbierende in ein Koordinatensystem und ermittle den Punkt C zeichnerisch. Begründe dein Vorgehen.
b) Berechne die Koordinaten des Eckpunktes C.

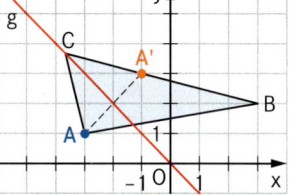

4 Das Rechteck ABCD wird durch orthogonale Affinität mit der x-Achse als Affinitätsachse und dem Affinitätsfaktor k so abgebildet, dass die Bildfigur A'B'C'D' ein Quadrat wird.
Es gilt: $A(-3|0)$; $B(2|0)$; $C(2|4)$; $D(-3|4)$; $k > 0$
a) Zeichne das Rechteck ABCD und ermittle zeichnerisch die Bildfigur A'B'C'D'.
b) Berechne den Affinitätsfaktor k und die Koordinaten der Bildpunkte.

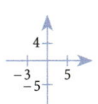

5 Die Eckpunkte A_n der Dreiecke A_nBC liegen auf der Parabel p mit $y = -2x^2 + 2$.
Es gilt weiterhin: $B(4|-2)$; $C(3|3)$
a) Zeichne die Parabel p und das Dreieck A_1BC für $x = 1$ in ein Koordinatensystem.
b) Berechne den Flächeninhalt des Dreiecks A_1BC.
c) Stelle den Flächeninhalt der Dreiecke A_nBC in Abhängigkeit von x dar.
 [Ergebnis: $A(x) = (x^2 - 2,5x + 8)$ FE]
d) Bestimme den Wert für x, für den man ein Dreieck A_2BC mit minimaler Fläche erhält und zeichne das Dreieck A_2BC in das Koordinatensystem ein.
e) Die Parabel p wird, wie in der Zeichnung dargestellt, durch orthogonale Affinität auf die Parabel p' abgebildet. Die Dreiecke A_nBC werden ebenso abgebildet.
Ermittle die Gleichung des Trägergraphen der Punkte A_n'.

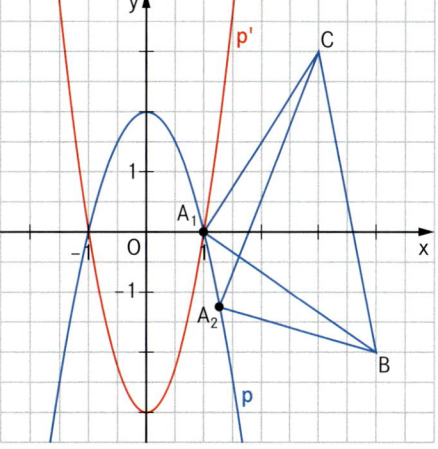

f) Überprüfe rechnerisch, ob das Dreieck $A_2'B'C'$ für den gleichen Wert von x wie in Aufgabe d) das Dreieck mit minimaler Fläche ist. Zeige an diesem Beispiel die Gültigkeit der Formel $A' = |k| \cdot A$ für den Flächeninhalt.

3 Potenzen und Potenzfunktionen

Mount Everest

Archaeon (Urbakterium)

Eiffelturm

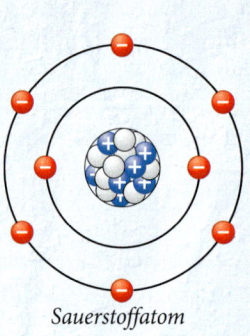
Sauerstoffatom

Entfernung Erde–Mond

Ordne die Größenangaben den Bildern richtig zu:
A $5 \cdot 10^{-7}$ m **B** $8{,}85 \cdot 10^{3}$ m **C** $3{,}8 \cdot 10^{8}$ m
D $3{,}248 \cdot 10^{2}$ m **E** $1{,}5 \cdot 10^{-6}$ m **F** ca. 10^{-13} m

Ein Archaeon (früher Urbakterium) ist etwa 1,5 μm lang und kann sich in 1 Sekunde um das 400-fache seiner Körpergröße fortbewegen.
Wie schnell müsste ein Auto fahren (in $\frac{km}{h}$), um das gleiche Verhältnis von Entfernung zu Länge zu erreichen?

Potenzen

1 Sehr große und sehr kleine Zahlen lassen sich einfacher mit Hilfe von Zehnerpotenzen darstellen (Exponentialdarstellung oder **Normdarstellung**). Der Zahlenwert wird aufgeteilt in eine Zahl a und eine Potenz zur Basis 10:
$a \cdot 10^b$, zum Beispiel $48\,000\,000 = 4{,}8 \cdot 10^7$.

In der Normdarstellung ist a eine Dezimalzahl kleiner als 10 und b eine ganze Zahl. Bei physikalischen Einheiten verwendet man auch ganzzahlige Potenzen von 1000 und Kurzsymbole (siehe Tabelle).

10^N	Symbol	Name	Dezimalzahl	Zahlwort
10^{18}	E	Exa	1 000 000 000 000 000 000	Trillion
10^{15}	P	Peta	1 000 000 000 000 000	Billiarde
10^{12}	T	Tera	1 000 000 000 000	Billion
10^{9}	G	Giga	1 000 000 000	Milliarde
10^{6}	M	Mega	1 000 000	Million
10^{3}	k	Kilo	1 000	Tausend
10^{0}	–	Einheit	1	Eins
10^{-1}	d	Dezi	0,1	Zehntel
10^{-2}	c	Centi	0,01	Hundertstel
10^{-3}	m	Milli	0,001	Tausendstel
10^{-6}	μ	Mikro	0,000 001	Millionstel
10^{-9}	n	Nano	0,000 000 001	Milliardstel
10^{-12}	p	Pico	0,000 000 000 001	Billionstel
10^{-15}	f	Femto	0,000 000 000 000 001	Billiardstel

a) Gib die Größe in der Einheit an, die in der Klammer steht.
  (1) 5 kJ (J)   (2) 9 MW(W)   (3) 4 TJ (kJ)
      35 kg (g)   6,3 GJ (MJ)   5 TW (MW)
      71 GW(W)   3 km(m)   2,5 nm (m)

b) Wandle die angegebenen Größen in Meter um. Verwende die Normdarstellung.
  (1) 5 mm   (2) 15 mm   (3) 250 nm
      12 μm   1725 pm   1295 nm
      157 pm   12 nm   459 μm

2 Schreibe alle Angaben sowie die Ergebnisse mit Hilfe von Zehnerpotenzen.
  a) Der Durchmesser eines Glühfadens beträgt 8 μm. Berechne den Inhalt der Querschnittsfläche.
  b) Streptokokken (Bakterien) haben einen Durchmesser von etwa 2400 nm.
  c) Der Radius eines Atomkerns beträgt etwa 1 pm. Wie viele Atomkerne würden in 1 mm³ passen?

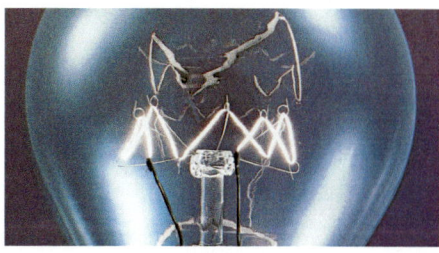

M **Potenzgesetze**
Für alle $a, b \in \mathbb{R}$ und $n \in \mathbb{Z}$ gilt:
$a^m \cdot a^n = a^{m+n}$ $a^m : a^n = a^{m-n}$ $3^4 \cdot 3^2 = 3^{4+2} = 3^6$ $3^4 : 3^2 = 3^{4-2} = 3^2$
$a^n \cdot b^n = (ab)^n$ $a^n : b^n = (a:b)^n; b \neq 0$ $3^4 \cdot 4^4 = (3 \cdot 4)^4 = 12^4$ $3^4 : 4^4 = (3:4)^4 = \left(\frac{3}{4}\right)^4$
$(a^m)^n = a^{m \cdot n}$

Übungen

Potenzen vor Punkt vor Strich

3 Vereinfache soweit wie möglich.
a) $1{,}25^5 \cdot 8^5$ b) $3a^5 \cdot 6a^3$ c) $(4a)^2 \cdot 3a^4$
d) $(12x^7)^2 : (3x^{12})$ e) $5^3 x^3 : (5^2 x)^2$ f) $5x^2 \cdot 7\,(x^3)^5 : (105 x^{15})$

$(3x^2)^3 \cdot 6x^4$
$= 3^3 \cdot (x^2)^3 \cdot 6 \cdot x^4$
$= 162 x^6 \cdot x^4 = 162 x^{10}$

4 Vereinfache mit Hilfe der Potenzgesetze.
a) $(x^2 y)^2 \cdot x^{-4} y^2$ b) $x^a \cdot x^b : x^{a-2}$ c) $2^{2x+1} : 2^{2(x-1)}$ d) $3^{x+3} \cdot \left(\frac{1}{3}\right)^{x+3}$

5 Zeige durch Umformung die Äquivalenz der Terme.
a) $(-2)^4 \cdot 2^n = 2^{n+4}$ b) $4^3 \cdot 4^{3x} = 64^{1+x}$
c) $2 \cdot 3^x \cdot 3^3 + 6 \cdot 3^{x+2} = 4 \cdot 3^{x+3}$ d) $2^{2(1-x)} = 4 \cdot \left(\frac{1}{4}\right)^x$
e) $3^{x+1} = 3^{2-x} \cdot 3^{2x} - 6 \cdot 3^x$ f) $27 \cdot \left(\frac{1}{3}\right)^{2x+2} = 3 \cdot 3^{-2x}$

$6 \cdot 2^x = 2^{x+2} + 2 \cdot 2^x$
$6 \cdot 2^x = 2^x \cdot 2^2 + 2 \cdot 2^x$
$6 \cdot 2^x = 4 \cdot 2^x + 2 \cdot 2^x$
$6 \cdot 2^x = 6 \cdot 2^x$

Potenzen mit rationalen Exponenten

1 a) Erkläre die Aussagen der drei Schüler im Bild oben.
b) Prüfe, ob diese Überlegungen auch für $(2^x)^3 = 2$ und $(2^x)^4 = 2$ gelten.
c) Prüfe ebenso: $(2^x)^n = 2$ und $(a^x)^n = a$

n-te Wurzel

> Für jede Gleichung der Form $x^n = a$ mit $a \in \mathbb{R}_0^+$ und $n \in \mathbb{N}$ gilt:
>
> $x = a^{\frac{1}{n}}$, wobei $x \in \mathbb{R}_0^+$
>
> Es gilt: $\mathbf{a^{\frac{1}{n}} = \sqrt[n]{a}}$
>
> *Lies:* n-te Wurzel aus a
>
> *Beispiele:* n = 2: $a^{\frac{1}{2}} = \sqrt{a}$ Wurzel oder Quadratwurzel aus a
>
>   n = 3: $a^{\frac{1}{3}} = \sqrt[3]{a}$ 3. Wurzel oder Kubikwurzel aus a

2 Ergänze in deinem Heft die Platzhalter.

(1) $2^{\frac{2}{3}} = (2^{\square})^2 = \sqrt[\square]{}^2$ (2) $3^{\frac{3}{2}} = (3^{\square})^{\frac{1}{2}} = \sqrt{}$ (3) $a^{\frac{m}{n}} = (a^{\square})^m = \sqrt[\square]{a^{\square}}$

> Der Term $a^{\frac{m}{n}}$ ist für alle Brüche $\frac{m}{n}$ mit $n \neq 0$ und $a \in \mathbb{R}_0^+$ definiert.
>
> Es gilt: $a^{\frac{m}{n}} = \left(\sqrt[n]{a}\right)^m = \sqrt[n]{a^m}$
>
> *Lies:*   a hoch m durch n ist n-te Wurzel aus a hoch m

Übungen

3 Schreibe als Potenz bzw. als Wurzel und berechne dann ohne Taschenrechner.

$\sqrt[3]{0{,}027} = \sqrt[3]{0{,}3^3}$
$= 0{,}3$

a) $8^{\frac{1}{3}}$ b) $\sqrt[3]{125}$ c) $\sqrt[4]{\frac{1}{81}} + 3^{-2}$

d) $\sqrt[3]{\frac{1}{8}}$ e) $\left(\frac{1}{256}\right)^{\frac{1}{4}}$ f) $0{,}2^5 \cdot \sqrt[5]{0{,}00032}$ g) $\sqrt[3]{\frac{8}{27}} - 1{,}5^{-1}$

4 Bestimme die Lösung der Gleichung in der Grundmenge $\mathbb{R}$.

a) $x^7 = 128$ b) $x^3 - 1 = 999$ c) $2x^{\frac{1}{3}} = 50$ d) $4^{2x} + 201 = 35^2$

Potenzen mit rationalen Exponenten

"Alle Variablen sind so zu wählen, dass die Terme definiert sind."

5 Berechne. Runde auf zwei Stellen nach dem Komma.

a) $5712^{\frac{1}{3}}$ b) $547{,}6^{\frac{3}{4}}$ c) $1{,}078^{\frac{1}{5}}$

d) $0{,}635^{\frac{2}{7}}$ e) $\sqrt[3]{125}$ f) $\sqrt[3]{1{,}25^3}$

g) $\sqrt[3]{1{,}25^5}$ h) $\sqrt[8]{1{,}25^4}$ i) $(14{,}5^{1{,}2})^{-0{,}5}$

> Mit den meisten Taschenrechnern geht das so: $5^{\frac{1}{3}}$
> 5 ∧ ((1 ÷ 3)) =
> Anzeige: 1.709975

Lösungen: 5,00; 113,20; 1,02; 1,12; 1,25; 0,20; 17,88; 1,33; 0,88; 1,45

6 Forme zunächst in eine Potenz um und berechne dann mit dem Taschenrechner. Runde sinnvoll. Die Lösungen ergeben in richtiger Reihenfolge ein Lösungswort.

a)	b)	c)	d)	e)	f)	g)	h)	i)	k)	l)
$(\sqrt[3]{5})^4$	$\sqrt{12^3}$	$9^{0,4}$	$1{,}4^{\frac{5}{4}}$	$(\sqrt[6]{8})^3$	$(\sqrt{2})^4$	$(\sqrt[8]{4})^4$	$\sqrt{2{,}5^2}$	$3^{1,5}$	$(\sqrt[5]{15})^3$	$\sqrt[3]{36^6}$

1,5	2	2,4	2,5	2,8	4	5,1	5,2	8,5	41,6	1296
O	U	F	N	R	M	E	G	U	M	N

7 Berechne den Wert von x ohne Verwendung des Taschenrechners. Mache dann die Probe mit dem Taschenrechner. ($\mathbb{G} = \mathbb{R}$)

a) $9 \cdot x^2 = 4^2 + 3^2$ b) $\frac{1}{4}x^3 + 16 = 32$

c) $0{,}5^{3-x} + 2 = 6$ d) $3 \cdot 4^{x+2} + 4^2 = 64$

e) $40 \cdot 0{,}1^{x+2} = 4 \cdot 10^{-4}$ f) $0{,}4^{2+x} - \left(\frac{1}{8}\right)^2 = 63 \cdot 8^{-2}$

> $\frac{1}{9} \cdot 3^{x+2} = 27$
> $\frac{1}{9} \cdot 3^x \cdot 3^2 = 27$
> $3^x = 27$; also $x = 3$

8 Vereinfache die Terme so weit wie möglich.

a) $\dfrac{x^{-2}y^{-1}}{v^{-3}w^{-6}} \cdot \dfrac{v^{-2}w^5}{x^{-3}y^2}$ b) $\dfrac{a^{\frac{2}{3}}}{a} \cdot \sqrt[4]{a^3}$

c) $\dfrac{\sqrt[3]{x} \cdot x^{-\frac{2}{3}}}{x^{\frac{2}{3}}}$ d) $\dfrac{a^{1,5} \cdot a^{-3} \cdot \sqrt[3]{a^4}}{\sqrt[4]{a^3} \cdot x^{-\frac{11}{12}}}$

> $\dfrac{x^{\frac{3}{4}}}{x} \cdot \sqrt[8]{x^3} = x^{\frac{3}{4}} \cdot x^{-1} \cdot x^{\frac{3}{8}}$
> $= x^{\left(\frac{3}{4} - 1 + \frac{3}{8}\right)}$
> $= x^{\frac{1}{8}} = \sqrt[8]{x}$

9 Forme mit Hilfe der Potenzgesetze in einfachere Terme um.

a) $\dfrac{x^{n+3}}{x^{2n+6}}$ b) $\dfrac{x^{2a-3}}{x^{a+3}}$ c) $x^a : x^{a+1} \cdot x^{2a}$ d) $(x+1)^{3x} \cdot (x+1)^{2-x}$

e) $\dfrac{(xy)^{k-3}}{(xy)^{1+k}}$ f) $\dfrac{(a+b)^{3+x}}{(a+b)^{1+x}}$ g) $(2x+2)^{x+2} : (2x-2)^{x+2}$ h) $\dfrac{(a-b)^{x+2}}{(a-b)^{2-x}}$

10 a) Gib für die Zahl $2^{\sqrt{2}}$ ein passendes Intervall an, wenn gilt: $1{,}4 < \sqrt{2} < 1{,}5$.
b) Gib zwei weitere kleinere Intervalle für $2^{\sqrt{2}}$ an.

11 Berechne mit Hilfe des GTR folgende Potenzen mit reellen Exponenten.

a) $3^{\sqrt{2}}$ b) $4^{-\sqrt{3}}$ c) 5^π d) $(-3)^{\sqrt{2}}$ e) $5^{(2+\sqrt{5})}$

Die vier Seiten eines Tetraeders sollen mit vier verschiedenen Farben bemalt werden. Wie viele Möglichkeiten gibt es, die nicht durch Drehen einer anderen Farbkombination entstehen?

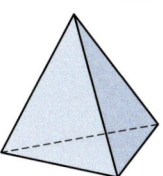

Potenzfunktionen

1 In der Abbildung siehst du Graphen, die durch Gleichungen der Form $y = x^n$ ($n \in \mathbb{Z}$) beschrieben werden.
   a) Welche der folgenden Gleichungen passt zu welchem Graphen?
   A $y = x^{-1}$ **B** $y = x^2$
   C $y = x^3$ **D** $y = x^4$
   b) Welche Eigenschaft haben alle Graphen gemeinsam?
   c) Begründe, dass durch jede der Gleichungen in A bis D eine Funktion festgelegt ist. Bestimme jeweils die Definitions- und Wertemenge.
   d) Kannst du vorhersagen, welche Form die Graphen der Funktionen mit folgenden Gleichungen haben?
   A $y = x^7$ **B** $y = x^8$
   C $y = x^{-2}$ **D** $y = x^{-5}$

2 Im Bild ist der Graph zur Funktion f mit $y = x^{-3}$ dargestellt.
   a) Prüfe rechnerisch, ob Ina recht hat.

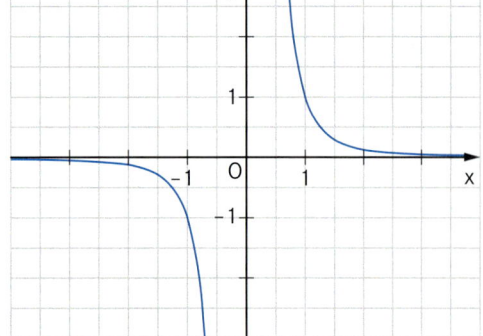

   b) Untersuche mit Hilfe des GTR die Funktionswerte für große und sehr kleine positive und negative x-Werte. Was stellst du fest?
   c) Untersuche den Graphen auf Symmetrie.
   d) Gib die Definitions- und Wertemenge an.
   e) Verfahre wie in Aufgabe a) bis c) mit dem Graphen zu $y = x^{-4}$.
   f) Vergleiche die Graphen von Funktionen mit positiven und negativen bzw. geraden und ungeraden Exponenten.

3 So kann man zeigen, dass die Graphen zu Potenzfunktionen ($y = x^n$) mit ungeraden Exponenten punktsymmetrisch sind.

Für alle $n \in \mathbb{N}$, n ungerade, gilt:

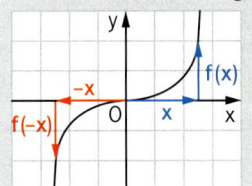

$$f(-x) = (-x)^n$$
$$= (-1)^n x^n$$
$$= -x^n$$
$$= -f(x)$$

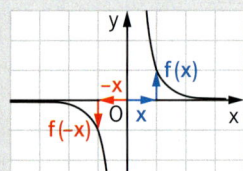

$$f(-x) = (-x)^{-n}$$
$$= (-1)^{-n} x^{-n}$$
$$= -x^{-n}$$
$$= -f(x)$$

Zeige ebenso: Für Potenzfunktionen ($y = x^n$) mit geraden Exponenten sind die Graphen achsensymmetrisch.

Potenzfunktionen

Potenzfunktion

Gleichungen mit $y = x^n$ stellen für $n \in \mathbb{Z}$ in der Grundmenge $\mathbb{R} \times \mathbb{R}$ Funktionen dar. Diese heißen **Potenzfunktionen**. Dabei unterscheiden wir:

$n \in \mathbb{N}$; n gerade

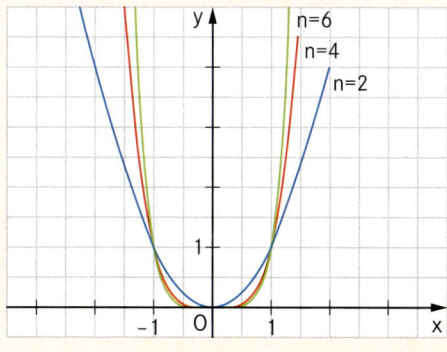

$\mathbb{D} = \mathbb{R}$; $\mathbb{W} = \mathbb{R}_0^+$; Scheitelpunkt $S(0|0)$
achsensymmetrische Parabel

$n \in \mathbb{Z}^-$; n gerade

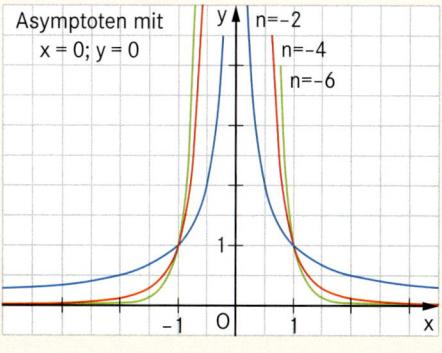

$\mathbb{D} = \mathbb{R}\setminus\{0\}$; $\mathbb{W} = \mathbb{R}^+$
achsensymmetrische Hyperbel

$n \in \mathbb{N}\setminus\{1\}$; n ungerade

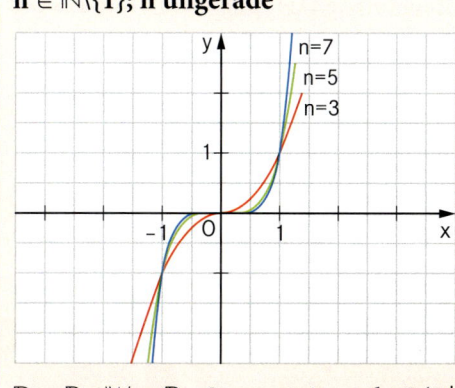

$\mathbb{D} = \mathbb{R}$; $\mathbb{W} = \mathbb{R}$; Symmetriepunkt $S(0|0)$
punktsymmetrische Parabel

$n \in \mathbb{Z}^-$; n ungerade

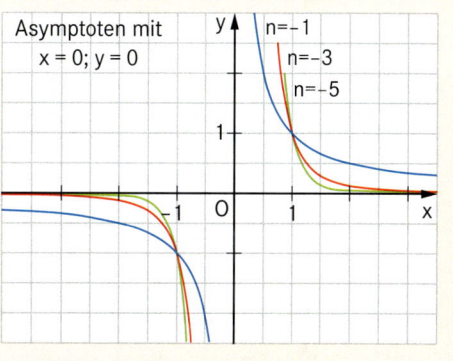

$\mathbb{D} = \mathbb{R}\setminus\{0\}$; $\mathbb{W} = \mathbb{R}\setminus\{0\}$
punktsymmetrische Hyperbel

Übungen

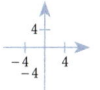
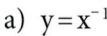

4 Zeichne mit Hilfe des GTR die Graphen zu folgenden Funktionsgleichungen in dein Heft. Gib die Definitions- und Wertemenge sowie die Gleichungen der Asymptoten an. Wähle für $x \in [-3; 3]$ sinnvolle Werte und eine geeignete Einheit auf der y-Achse.
a) $y = x^{-1}$ b) $y = x^6$ c) $y = x^{-4}$ d) $y = x^5$

5 Die Punkte A und B liegen jeweils auf dem Graphen der Funktion f. Berechne die fehlenden Koordinaten. Runde auf zwei Stellen nach dem Komma.
a) f mit $y = x^4$; $A(5|y_A)$; $B(x_B|7)$ b) f mit $y = x^{-5}$; $A(-8|y_A)$; $B(x_B|14)$

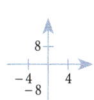

6 Die Punkte $C_n(x|x^3)$ der Dreiecke ABC_n bzw. AC_nB liegen auf dem Graphen der Funktion f mit $y = x^3$. Es gilt: $A(-3|0)$; $B(3|0)$
a) Zeichne den Graphen der Funktion f in ein Koordinatensystem.
b) Unter den Dreiecken ABC_n bzw. AC_nB gibt es rechtwinklige Dreiecke ABC_1 und AC_2B mit der Hypotenuse [AB]. Trage diese in die Zeichnung ein.
c) Zeige: Für die Koordinaten der Punkte C_1 und C_2 aus b) gilt der Zusammenhang $x^6 + x^2 = 9$. Berechne daraus die Koordinaten von C_1 und C_2 mit dem GTR.
d) Es gibt gleichschenklige und weitere rechtwinklige Dreiecke.

Wir untersuchen Graphen von Potenzfunktionen

Die Klasse wird in 5 Gruppen eingeteilt (**Expertenteams**). Jede Gruppe löst im Heft eine der Aufgaben A bis E.

① Gegeben sind die Funktionen f_1 mit $y = x^3$ und f_2 mit $y = x^{-2}$. Zeichne die Graphen zu f_1 und f_2 in ein Koordinatensystem. Verändere den Funktionsterm wie in den Gruppen angegeben und ergänze die Zeichnung mit den Graphen zu f_1' und f_2'. Um welche Abbildung handelt es sich jeweils?
Für die Zeichnungen: $-5 \leq x \leq 5$; $-8 \leq y \leq 8$
Gruppe A: f_1' mit $y = x^3 - 2$ $\qquad$ f_2' mit $y = x^{-2} + 1$
Gruppe B: f_1' mit $y = (x - 2)^3$ $\qquad$ f_2' mit $y = (x + 1)^{-2}$
Gruppe C: f_1' mit $y = (x - 2)^3 + 1$ $\qquad$ f_2' mit $y = (x + 1)^{-2} - 2$
Gruppe D: f_1' mit $y = 0{,}5x^3$ $\qquad$ f_2' mit $y = 0{,}5x^{-2}$
Gruppe E: f_1' mit $y = -1{,}5x^3$ $\qquad$ f_2' mit $y = -1{,}5x^{-2}$

Nun werden 5 neue Gruppen so gebildet, dass in jeder Gruppe mindestens ein Schüler (Experte) aus jeder ursprünglichen Gruppe vertreten ist. Somit ist jede der Aufgaben A bis E in jeder Gruppe vorhanden.

② Berichtet euren Mitschülern über die Aufgabe, die ihr gelöst habt. Jeder skizziert dabei die neuen Ergebnisse im Heft.

③ Vergleicht eure Graphen und Funktionsgleichungen mit:
$y = k(x - c)^n + d$
Erstellt in eurem Heft eine Zusammenfassung.

Graphen von Potenzfunktionen

1 So kann man zeigen, dass der Graph der Funktion f' mit $y = 0{,}1(x-3)^{-5} + 2$ durch orthogonale Affinität und Parallelverschiebung aus dem Graphen der Funktion f mit $y = x^{-5}$ entsteht.

f mit $y = x^{-5}$ $\mathbb{D} = \mathbb{R}\setminus\{0\}$; $\mathbb{W} = \mathbb{R}\setminus\{0\}$

Für alle Punkte P auf dem Graphen zu f gilt:

$P(x \mid x^{-5}) \xmapsto{\text{x-Achse};\ k\ =\ 0{,}1} P^*(x^* \mid y^*)$

$x^* = x$
$\wedge\ y^* = 0{,}1 \cdot x^{-5}$

Es folgt: f* mit $y = 0{,}1x^{-5}$

Für alle Punkte P* auf dem Graphen zu f* gilt:

$P^*(x^* \mid 0{,}1(x^*)^{-5}) \xmapsto{\vec{v}\ =\ \binom{3}{2}} P'(x' \mid y')$

$x' = x^* + 3 \qquad x^* = x' - 3$
$\wedge\ y' = 0{,}1(x^*)^{-5} + 2$

Es folgt: f' mit $y = 0{,}1(x - \boxed{3})^{-5} + \boxed{2}$ $\mathbb{D} = \mathbb{R}\setminus\{3\}$; $\mathbb{W} = \mathbb{R}\setminus\{2\}$
Gleichungen der **Asymptoten**: $x = \boxed{3}$; $y = \boxed{2}$

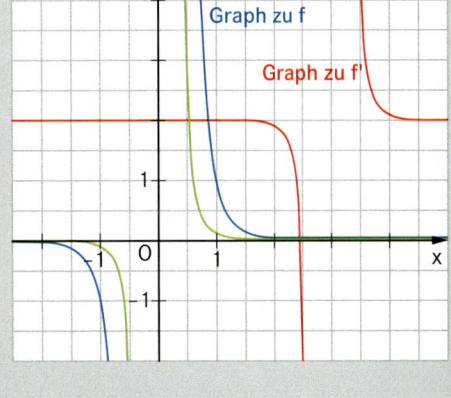

Graph zu f*
Graph zu f
Graph zu f'

Führe den Nachweis für f mit $y = x^n$ und eine orthogonale Affinität mit dem Faktor k und einer Parallelverschiebung mit $\vec{v} = \binom{c}{d}$ durch.

M

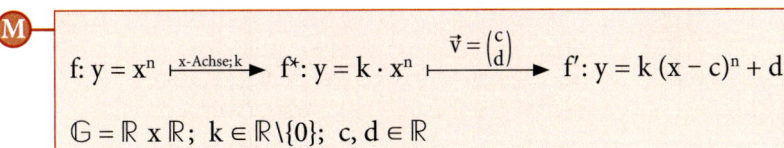

f: $y = x^n \xmapsto{\text{x-Achse};\ k} f^*: y = k \cdot x^n \xmapsto{\vec{v}\ =\ \binom{c}{d}} f': y = k(x-c)^n + d$

$\mathbb{G} = \mathbb{R} \times \mathbb{R}$; $k \in \mathbb{R}\setminus\{0\}$; $c, d \in \mathbb{R}$

Übungen

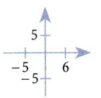

2 Zeichne die Graphen zu den Funktionen mit den folgenden Gleichungen. Gib jeweils Definitions- und Wertemenge sowie gegebenenfalls die Gleichungen der Asymptoten an.
 a) $y = -0{,}2(x-3)^{-3} + 1$ b) $y = (x+2)^4 - 4$ c) $y = 0{,}4(x-2)^3 - 1$

3 Der Punkt P liegt auf dem Graphen zu f. Berechne die fehlende Koordinate. Runde auf zwei Stellen nach dem Komma.
 a) $P(x \mid 4)$;   f mit $y = 0{,}5(x+2)^3 + 1$
 b) $P(2 \mid y)$;   f mit $y = -3(x+4)^{-5} + 2$
 c) $P(x \mid 2{,}25)$; f mit $y = 0{,}01(x+2)^4 - 2$
 d) $P(x \mid 4)$;   f mit $y = (x-4)^4 - 4$

$P(x \mid 2)$ f mit $y = 0{,}5(x+2)^3 + 1$
$y = 2$ einsetzen: $2 = 0{,}5(x+2)^3 + 1$
$2 = (x+2)^3$
$2^{\frac{1}{3}} = x + 2$
$-0{,}74 = x$
Ergebnis: $P(-0{,}74 \mid 2)$

4 Der Punkt P liegt auf dem Graphen zu f. Berechne den fehlenden Wert in der Funktionsgleichung. Runde auf zwei Stellen nach dem Komma.
 a) $P(1 \mid 2)$; f mit $y = (x+1)^3 + c$ b) $P(-2 \mid 1)$; f mit $y = a(x+1)^{-2} + 2$
 c) $P(3 \mid -2)$; f mit $y = -1{,}2(x-b)^4 + 1$ d) $P(5 \mid 12)$; f mit $y = a(x-3)^{-3} + 2$

Lösungen zu 3 und 4: 1,74; 2,54; −0,18; 80; 5,68; −6; 2,00; −1

Potenzfunktionen mit rationalen Exponenten

1 Im Bild ist der Graph f einer quadratischen Funktion und ihrer Umkehrrelation in $\mathbb{G} = \mathbb{R} \times \mathbb{R}$ dargestellt.
a) Begründe, warum die Umkehrrelation keine Funktion ist.
b) Wir schränken die Definitionsmenge von f auf $\mathbb{R}_0^+$ ein. Ermittle die Gleichung der Umkehrfunktion.
c) Wie verhält es sich bei $\mathbb{D} = \mathbb{R}^-$?
d) Verfahre wie in a) und b) mit der Funktion f mit der Gleichung $y = x^4$.

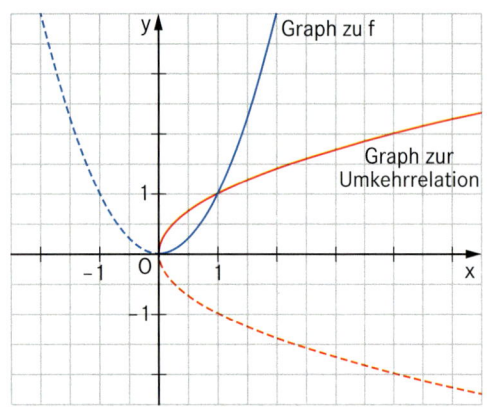

2 Gegeben sind die folgenden Funktionen mit der Definitionsmenge $\mathbb{R}^+$.

$f_1: y = x^{-3}; \quad f_2: y = x^{\frac{2}{3}}; \quad f_3: y = x^{-\frac{4}{5}}$

a) Zeichne die Graphen der Funktionen und ihrer Umkehrfunktionen in ein Koordinatensystem.
b) Ermittle die Gleichungen der Umkehrfunktionen. Gib die Definitions- und Wertemenge sowie gegebenenfalls die Gleichungen der Asymptoten an.

> **M** Funktionen mit $y = x^k$ sind für $k \in \mathbb{Q}$ ebenfalls Potenzfunktionen.
>
> $k \in \mathbb{Q}^+$ $\qquad\qquad$ $k \in \mathbb{Q}^-$
>
>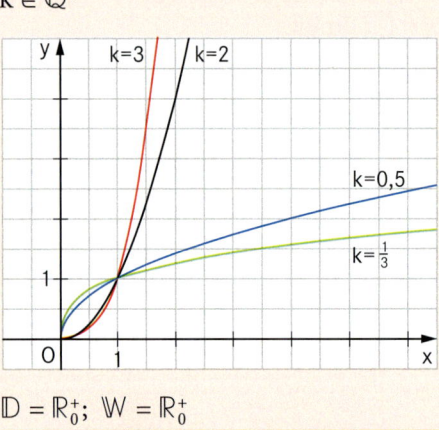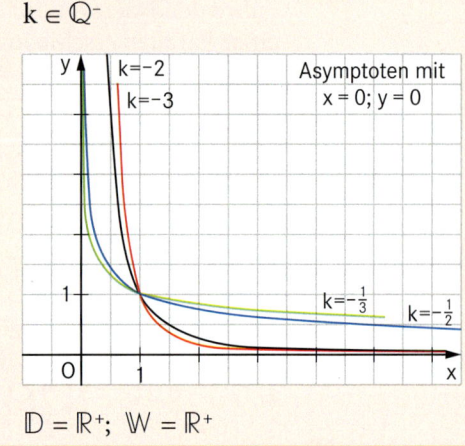
>
> $\mathbb{D} = \mathbb{R}_0^+; \; \mathbb{W} = \mathbb{R}_0^+$ $\qquad\qquad$ $\mathbb{D} = \mathbb{R}^+; \; \mathbb{W} = \mathbb{R}^+$

Übungen

3 Zeichne die Graphen zu den Funktionen mit den folgenden Gleichungen in ein Koordinatensystem. Gib jeweils die Definitions- und Wertemenge an.

a) $y = x^{0,5}$ b) $y = x^{-\frac{2}{3}}$ c) $y = x^{1,5}$

4 Zeichne die Graphen zu den Funktionen mit den folgenden Gleichungen in ein Koordinatensystem. Gib jeweils die Definitions- und Wertemenge an.

a) $y = (x+1)^{0,2} + 1$ b) $y = -0,5(x-3)^{\frac{3}{4}} + 1$ c) $y = 2x^{2,1} - 3$

5 Der Graph einer Funktion f verläuft durch den Punkt P. Die Funktionsgleichung hat die Form $y = a(x-b)^k + c$. Ermittle die Gleichung, zeichne den Graphen und gib die Definitions- und Wertemenge an.

a) $P(-2|2); \; a = -1; \; c = 3; \; k = -4$ b) $P(5|1); \; b = 3; \; c = 0,5; \; k = -1,5$

Vermischte Übungen

1 Der Graph der Funktion f wird mit dem Vektor $\vec{v}$ auf den Graphen zu f' abgebildet. Berechne die Gleichung von f'.
   a) f mit $y = 0{,}5(x+2)^3 - 1$; $\vec{v} = \begin{pmatrix} -1{,}5 \\ 2 \end{pmatrix}$
   b) f mit $y = 1{,}5(x-2)^{-2} - 2$; $\vec{v} = \begin{pmatrix} 3 \\ 2{,}5 \end{pmatrix}$

2 Der Hyperbelast h ist Graph der Funktion f mit $y = -x^{-3}$ mit der Definitionsmenge $\mathbb{D} = \mathbb{R}^+$. Die Punkte $A_n(x \mid -x^{-3})$ sind Eckpunkte von Quadraten $A_n B_n C_n D_n$ mit dem Symmetriepunkt $O(0 \mid 0)$.
   a) Fertige eine Zeichnung für $x = 1{,}5$.
   b) Berechne den Flächeninhalt des Quadrates $A_2 B_2 C_2 D_2$, wenn A_2 auf der Geraden g mit $y = -x$ liegt.
   c) Das Quadrat $A_0 B_0 C_0 D_0$ hat minimalen Flächeninhalt. Berechne ihn mit dem GTR.

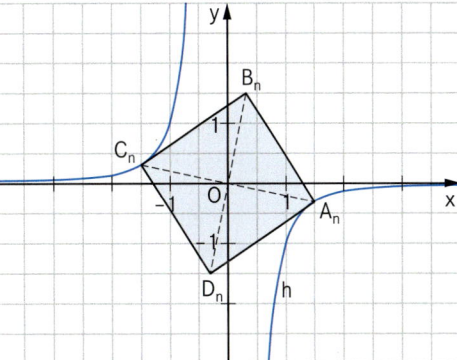

3 Gegeben ist eine Funktion f mit $y = a(x-3)^{-\frac{1}{4}} + 1$; $\mathbb{G} = \mathbb{R} \times \mathbb{R}$.
   a) Der Punkt $P\left(\frac{49}{16} \mid 5\right)$ liegt auf dem Graphen zu f. Berechne a.
   b) Zeichne den Graphen zu f. Gib die Definitions- und Wertemenge an.
   c) Die Punkte $C_n(x \mid 2(x-3)^{-\frac{1}{4}} + 1)$ liegen auf dem Graphen zu f. Zusammen mit $A(-3 \mid 8)$ und $B(-3 \mid -2)$ erhält man Dreiecke ABC_n. Trage das gleichschenklige Dreieck ABC_1 mit [AB] als Basis in die Zeichnung ein.
   d) Bestimme rechnerisch die Koordinaten von C_1.
   e) f^{-1} ist Umkehrfunktion zu f. Zeige, dass sich die Gleichung von f^{-1} wie folgt darstellen lässt: $y = \dfrac{16}{(x-1)^4} + 3$

4 So kann man die Gleichung von f' berechnen, wenn man den Graphen der Potenzfunktion f mit $y = (x-2)^{-3}$ an der y-Achse auf den Graphen zu f' spiegelt.

B
$x' = -x$
$\wedge\; y' = (x-2)^{-3}$

aus $x = -x'$ folgt $y' = (-x' - 2)^{-3}$

somit $y = (-x - 2)^{-3}$
$\qquad y = (-1)^{-3} \cdot (x+2)^{-3}$
f' mit $y = -(x+2)^{-3}$

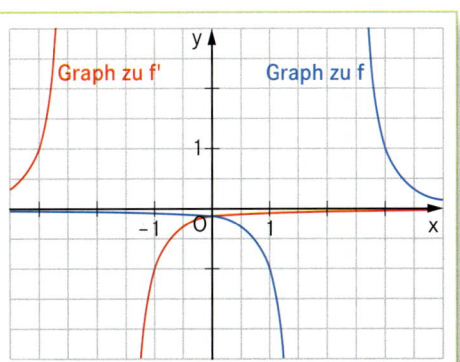

Berechne ebenso die Gleichung der Funktion f', die durch Spiegelung des Graphen von f an der y-Achse entsteht. Bestimme zunächst die Definitionsmenge.
   a) f mit $y = (x+1)^3 - 2$
   b) f mit $y = -(x-3)^{0{,}5} + 2$

5 Der Graph der Funktion f wird zunächst an der y-Achse gespiegelt und dann durch orthogonale Affinität an der x-Achse mit dem Affinitätsfaktor k auf den Graphen zu f' abgebildet. Fertige eine Zeichnung an und berechne die Gleichung von f'.
   a) f mit $y = 0{,}1x^5 + 2$; $k = -1{,}5$
   b) f mit $y = -(x+1)^4 + 6$; $k = 0{,}2$

Vermischte Übungen

6 Der Punkt B(8|8) ist Spitze von gleichschenkligen Dreiecken A_nBC_n mit der Winkelhalbierenden w des 1. Quadranten als Symmetrieachse.
Die Punkte $A_n(x|-2x^{-3}+3)$ liegen auf dem Graphen h einer Funktion f mit der Gleichung $y = -2x^{-3} + 3$ und $\mathbb{D} = \mathbb{R}^+$.
  a) Fertige für x = 4 und x = 7 eine Zeichnung an.
  b) Die Punkte C_n liegen auf dem Graphen h' einer Funktion f'. Ermittle deren Gleichung.
  c) Bestimme mit Hilfe eines Geometrieprogrammes die Werte für x so, dass Dreiecke A_nBC_n entstehen.

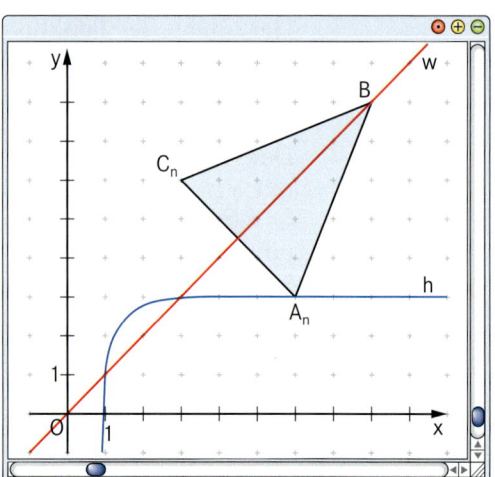

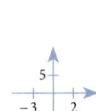

7 Die Punkte $A_n(x|y_A)$ liegen auf dem Graphen der Funktion f mit $y = 0{,}1(x+1)^4 + 2$. Die Punkte $B_n(x|-4)$ haben die gleiche Abszisse x wie die Punkte A_n und bilden zusammen mit diesen die Strecken $[A_nB_n]$.
  a) Zeichne den Graphen zu f und die Strecken $[A_1B_1]$ für x = −1,5 und $[A_2B_2]$ für x = 1 in ein Koordinatensystem.
  b) Zeige, dass sich die Streckenlängen $\overline{A_nB_n}$ in Abhängigkeit von x so darstellen lassen:
    $\overline{A_nB_n}(x) = [0{,}1(x+1)^4 + 6]$ LE
  c) Für den Punkt A_0 hat die Strecke $[A_0B_0]$ eine Länge von 7 LE.

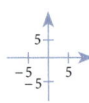

8 Gegeben sind die Funktionen f_1 mit der Gleichung $y = \frac{2}{x}$ und f_2 mit der Gleichung $y = \frac{1}{2}x + 1$ in der Grundmenge $\mathbb{R} \times \mathbb{R}$.
  a) Erstelle eine Wertetabelle für f_1 und zeichne die Graphen zu f_1 und f_2 in ein Koordinatensystem ein.
  b) Aus der Zeichnung ist zu erkennen, dass sich die Graphen schneiden. Berechne die Koordinaten der Schnittpunkte.
  c) Es gibt Geraden, die den Graphen zu f_1 nicht schneiden oder berühren.

9* Gegeben ist die Funktion f mit $y = 3 \cdot x^{-1} - 4$ ($\mathbb{G} = \mathbb{R}^+ \times \mathbb{R}$).
  a) Gib die Wertemenge der Funktion f an.
  b) Tabellarisiere f für $x \in \{0{,}5;\ 1;\ 2;\ 3;\ 4;\ 5;\ 6\}$ und zeichne den Graphen zu f in ein Koordinatensystem.
    Für die Zeichnung: 1 LE $\triangleq$ 1 cm; $-3 \leq x \leq 7$; $-11 \leq y \leq 3$
  c) Ermittle die nach y aufgelöste Gleichung der Umkehrfunktion f^{-1} zu f.
  d) Die Punkte $C_n(x|3 \cdot x^{-1} - 4)$ auf dem Graphen zu f sind zusammen mit den Punkten A(−2|−2) und B(1|−10) jeweils die Eckpunkte von Dreiecken ABC_n.
    Zeichne das Dreieck ABC_1 für x = 1 und das Dreieck ABC_2 für x = 4 in das Koordinatensystem zu b) ein.
  e) Unter den Dreiecken ABC_n gibt es ein gleichschenkliges Dreieck ABC_3 mit der Basis [AB]. Zeichne dieses Dreieck in das Koordinatensystem zu b) ein und berechne die Koordinaten des Punktes C_3. (Runde auf zwei Stellen nach dem Komma.)
  f) Zeige durch Rechnung, dass es unter den Dreiecken ABC_n genau ein Dreieck ABC_4 mit dem Flächeninhalt $(6\sqrt{2} + 5)$ FE gibt.
    [Teilergebnis: $A(x) = (4{,}5 \cdot x^{-1} + 4x + 5)$ FE]

Aus der Technik

① Ein parabelförmiger Torbogen ist 5 m hoch und an der Fahrbahn 10 m breit. Ein Lkw mit rechteckiger Querschnittfläche, der über dem Boden 0,60 m „Luft" hat, nutzt die Fahrspur bis zur Mitte voll aus.
  a) Zeige, dass der Torbogen durch die folgende Gleichung beschrieben werden kann: $y = -\frac{1}{5}x^2 + 5$
  b) Stelle den Inhalt A der Querschnittsfläche des Lkws in Abhängigkeit von der Breite x m dar.
     [Ergebnis: $A(x) = (-\frac{1}{5}x^3 + 4{,}4x)$ m²]
  c) Berechne die Breite des Lkws, dessen Querschnittfläche 7,2 m² groß ist.
  d) Passt ein Lastwagen mit einer Breite von 2,5 m durch das Tor?
  e) Ermittle mit dem GTR die größte Querschnittsfläche des Lkws.
  f) Die maximal zulässige Höhe für Lkws ist 4 m. Wie breit darf ein solcher Lastwagen höchstens sein, wenn er die Fahrbahnmitte nicht überschreiten soll?

② Der Luftwiderstand eines Fahrzeugs hat großen Einfluss auf den Verbrauch. Zu dessen Überwindung wird stets ein Teil der Leistung benötigt.
  a) Der Pkw *Bavaria* hat eine „Anblasfläche" von A = 2 m². Sein c_w-Wert (Strömungswiderstandskoeffizient) wurde im Windkanal bei einer Luftdichte von 1,2 g pro dm³ mit 0,30 ermittelt.
     Der Luftwiderstand y Newton des *Bavaria* kann in Abhängigkeit von der Geschwindigkeit $x \frac{km}{h}$ durch eine Funktion f_1 mit $y = 0{,}5 \cdot 1{,}2 \cdot c_w \cdot 2 \cdot x^■$ dargestellt werden.
     Bei einer Geschwindigkeit von $20 \frac{km}{h}$ beträgt der Luftwiderstand 144 N.
     Zeige, dass man für f_1 die Gleichung $y = 0{,}36 x^2$ erhält.

Einfluss von c_w-A auf den Kraftstoffverbrauch

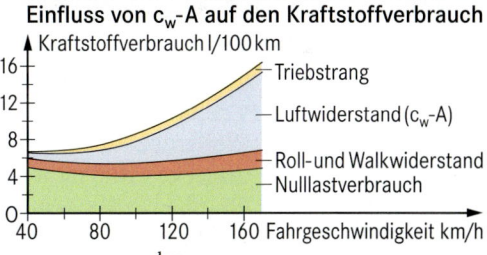

  b) Stelle f_1 grafisch dar. Wähle auf der x-Achse 1 cm für $20 \frac{km}{h}$ und auf der y-Achse 1 cm für 1000 N.
  c) Entnimm dem Graphen, wie sich der Luftwiderstand bei Verdopplung der Geschwindigkeit verhält.
  d) Die Motorleistung z kW, die zur Überwindung des Luftwiderstandes bei der Geschwindigkeit $x \frac{km}{h}$ nötig ist, lässt sich durch eine Funktion f_2 mit der Gleichung $z = 10^{-5} \cdot x^3$ darstellen. Erstelle eine Tabelle für $x \in [0;\ 160]$ mit $\Delta x = 20$ und zeichne den Graphen zu f_2 in ein neues Koordinatensystem. Wähle auf der z-Achse 1 cm für 5 kW.
  e) Welche Leistung ist bei $50 \frac{km}{h}$ (bei $170 \frac{km}{h}$) zur Überwindung des Luftwiderstandes erforderlich?
  f) Wie schnell fährt das Fahrzeug, wenn 50 kW zur Überwindung des Luftwiderstandes benötigt werden?
  g) Wie versucht die Autoindustrie den c_w-Wert zu verkleinern?

1 Das Schigebiet in Schneewinkel (900 m über NN) soll für Feriengäste attraktiver gestaltet werden. Entgegen den Protesten von Umweltschützern entschließt sich der Gemeinderat für den Ausbau des Skigebiets am Weißkogel. Für die Planung werden Karten studiert, mit deren Hilfe das Profil des Geländes dargestellt werden kann.

Das Ingenieurbüro Fuxx hat am Trödlhang für die horizontale Entfernung vom vorhandenen Gamslift und die Höhendifferenz zum Ortskern (900 m) folgende Tabelle ermittelt.

Entfernung x m	0	20	40	60	80	100	120	140	160	180	200	220
Höhendifferenz y m	60	61	63	69	75	83	90	94	95	93	81	65

a) Zeichne das Profil des Trödlhangs. Für die Zeichnung: 1 cm ≙ 20 m

b) Zum Präparieren der Hänge sind Pistenraupen nötig. Je nach Steigfähigkeit sind sie unterschiedlich teuer. Mit wie viel Prozent Steigung muss man für $x \in [0; 160]$ rechnen? Verwende die Wertetabelle und zeichne Steigungsdreiecke, die näherungsweise an den Graphen angepasst werden.

c) Warum ist das Gelände im Bereich für $x \in [180; 220]$ für den Liftbetrieb vermutlich ungeeignet?

d) Mit dem GTR lässt sich das Hangprofil ebenfalls darstellen. Wähle stets folgende WINDOW-Einstellungen: $0 \leq x \leq 220$; $0 \leq y \leq 100$:

Bei mir geht das ganz einfach:
Im Menü wähle ich STAT und gebe die Werte der Tabelle in die Listen L1 und L2 ein.
Mit GRAPH(=F1), SELECT(F4) und DRAW(F6) wird der Graph angezeigt. Wenn ich dann X oder X^3 drücke, erhalte ich die Gleichung.

Mit meinem GTR geht das so:
Mit STAT EDIT lege ich ebenfalls die Listen L1 und L2 an.
Unter STAT CALC wähle ich CubicReg. Mit dem Ergebnis muss ich einen Funktionsterm bei Y= eingeben, dann mit GRAPH den Graphen anzeigen.

Bei mir geht das so:
Die Eingabe der Werte funktioniert wie bei euch.
Bei STAT muss ich REG und Rg_x³ wählen. Dann gebe ich den Term ein und lasse den Graphen anzeigen.

Zeige, dass du folgende Funktionsgleichung erhältst:
$y = -0{,}0000256x^3 + 0{,}00649x^2 - 0{,}1671x + 60{,}8059$

Ameise stärker als der Mensch?

1 Eine Ameise kann etwa das 30fache ihres Körpergewichts tragen, ein normal kräftiger Mensch nur das einfache. Wenn ein Mensch auf Ameisengröße (etwa 1,5 mm) schrumpft, so ändert sich die Körpergröße mit einem Faktor k, der Muskelquerschnitt mit k^2 und das Volumen und das Gewicht mit k^3.

Allerdings ist die Tragfähigkeit proportional zum Muskelquerschnitt, nicht zur Muskelmasse. Sie ändert sich demnach mit k^2.

a) Wäre der Schrumpfmensch so stark wie die Ameise?
b) Drehe die Überlegung um und untersuche, wie stark eine 170 cm große „Monster-Ameise" wäre.

2 Vergleiche nun den Menschen mit dem Pferd oder dem Elefanten. Rechne dazu die Körpergröße des Menschen auf die Länge von Pferd oder Elefant hoch. Erhältst du realistische Werte für die Tragfähigkeit?

3 Beim Baby oder Kleinkind sind die Arme im Verhältnis zur Körpergröße deutlich kürzer als beim Erwachsenen. Erst bei etwa 1,50 m Größe (mit rund 12 Jahren) stellt sich das endgültige Verhältnis ein. Man hat herausgefunden, dass für die Beziehung Körpergröße h = x cm und Armlänge a = y cm etwa folgender Zusammenhang gilt: $y = 0{,}15 \cdot x^{1{,}2}$

a) Berechne die zugehörigen Werte für $x_1 = 120$ und $y_2 = 64$ und stelle jeweils das Verhältnis y : x auf.
b) Aus der Grafik links lässt sich das Verhältnis Armlänge zu Körpergröße leicht bestimmen. Überprüfe mit Hilfe der beiden Grafiken deine berechneten Werte.

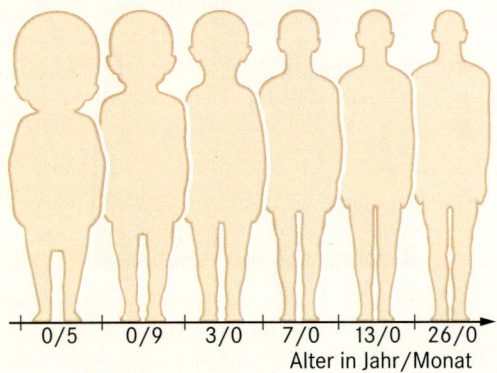
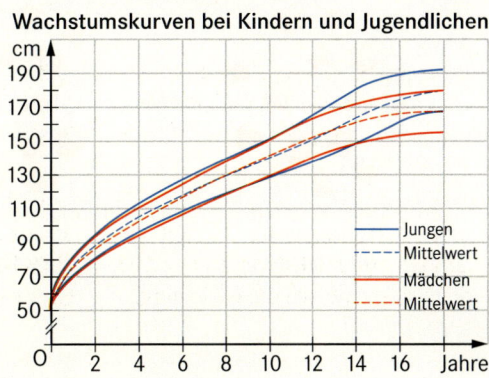

4 Exponential- und Logarithmus-Funktionen

Manche Pflanzen können große Flächen bedecken. Informiere dich über Seerosen oder Wasserlinsen.

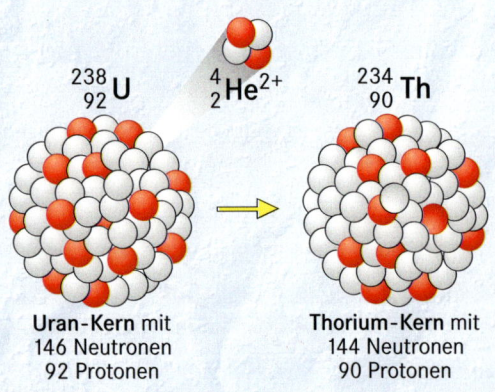

Uran-Kern mit
146 Neutronen
92 Protonen

Thorium-Kern mit
144 Neutronen
90 Protonen

Welche Bedeutung hat das Schild?
Was weißt du über radioaktiven Zerfall?

Exponentialfunktionen

1 Falte ein großes Blatt Papier in der Mitte, dann noch einmal. Jetzt sind 4 Lagen aufeinander, nach der nächsten Faltung liegen dann 8 Schichten übereinander. Wenn du noch ein paar Mal faltest, wird das Papier zu dick.
  a) Stelle dir nun vor, du könntest beliebig oft weiter falten. Schätze, wie oft du falten musst, damit der Stapel bis zum Mond reicht.
     A höchstens 100-mal   B weniger als 10 000-mal   C über 1 000 000-mal
  b) Ein Blatt Papier hat etwa eine Dicke von 0,1 mm. Ergänze in deinem Heft die Tabelle.

Anzahl x der Faltungen	0	1	2	3	4	…	12
Anzahl y der Lagen	1	2	4			…	
Dicke z in mm	0,1 · 1	0,1 · 2	0,1 · ▮	0,1 · ▮		…	

  c) Wie ändert sich die Anzahl y der Lagen, wenn du eine neue Faltung durchführst?
  d) Versuche, für diesen Zusammenhang eine Gleichung der Form $y = a^x$ zu finden.
  e) Stelle den Zusammenhang zwischen der Dicke z mm und der Anzahl x der Faltungen grafisch dar. Für die Zeichnung:
     1 cm ≙ 1 Faltung
     1 cm ≙ 2 mm
  f) Berechne nun mit Hilfe des grafischen Taschenrechners die Dicke des Papiers nach 10, 20 und 30 Faltungen. Gib das Ergebnis in Kilometern an.
  g) Bei welcher Faltung x ist der Stapel Papier dicker als die Entfernung Erde–Mond (380 000 km)? Vergleiche mit deiner Schätzung.

2 Ein Blatt Papier im Format DIN A0 hat einen Flächeninhalt von 1 m². Faltet man es einmal in der Mitte, erhält man das Format A1 mit 0,5 m² Flächeninhalt.
  a) Erstelle eine Tabelle bis zum Format A5.

	A0	A1	A2
Anzahl x der Faltungen	0	1	2
Flächeninhalt y in m²	1	0,5	

  b) Versuche, wie bei Aufgabe 1d) eine Gleichung für diesen Zusammenhang zu finden.

3 Untersuche mit dem GTR für k ∈ {−3; −2; 0,2; 1; 2; 3} die Graphen zur Funktion mit $y = k \cdot 2^x$. Finde Zusammenhänge zwischen dem Verlauf des Graphen und der Funktionsgleichung.

Graph einer Exponentialfunktion

M Eine Gleichung der Form $y = k \cdot a^x$, $\mathbb{G} = \mathbb{R} \times \mathbb{R}$; $k \in \mathbb{R}\setminus\{0\}$; $a \in \mathbb{R}^+\setminus\{1\}$, bestimmt eine **Exponentialfunktion** mit der Definitionsmenge $\mathbb{D} = \mathbb{R}$.
Für den Graphen einer Exponentialfunktion gilt:
Für a > 1 steigt der Graph erst langsam, dann schnell (exponentielles Wachstum),
für a < 1 fällt der Graph erst schnell, dann langsam (exponentielle Abnahme).
Beispiele: f_1 mit $y = 2^x$
          f_2 mit $y = 0,5^x$
          f_3 mit $y = 0,1 \cdot 2^x$

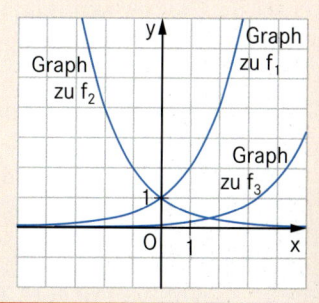

Exponentialfunktionen

Übungen

4 a) Erstelle zu folgenden Funktionen jeweils eine Wertetabelle und zeichne den Graphen.

$f_1: y = 3^x \quad f_2: y = 2^x \quad f_3: y = \left(\frac{1}{3}\right)^x$

b) Untersuche die Graphen auf besondere Punkte. Formuliere eine Aussage über den Verlauf der Graphen.

5 Der Graph zu f mit $y = 2^x$ wird auf den Graphen zu f' durch unterschiedliche Vorschriften abgebildet. Fertige jeweils eine Zeichnung an und ermittle die Gleichung von f'.
a) Spiegelung an der x-Achse.
b) Spiegelung an der y-Achse.
c) Finde einen Zusammenhang zwischen den Gleichungen von f und f' in a) und b).
d) Führe die Aufgaben a) bis c) für die Funktion f mit $y = -1{,}5^x$ durch.
e) Wird auch durch die Gleichung $(-2)^x$ eine Funktion festgelegt. Begründe.

 Die Graphen von Exponentialfunktionen mit $y = a^x$ mit $\mathbb{G} = \mathbb{R} \times \mathbb{R}$, $a \in \mathbb{R}^+\setminus\{1\}$ besitzen folgende Eigenschaften:

Eigenschaften einer Exponentialfunktion

– Der Punkt $P(0|1)$ liegt auf allen Graphen mit positivem Funktionsterm.

– Für negative Funktionsterme liegt der Graph unterhalb der x-Achse.

– Die Gerade g mit $y = 0$ (x-Achse) ist Asymptote an alle Graphen.

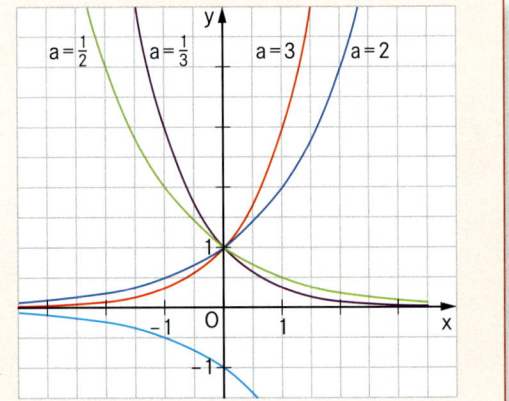

Übungen

6 So kann man zum Punkt $P(x|5)$, der auf dem Graphen zu f mit $y = 1{,}4^x$ liegt, die fehlende Koordinate bestimmen.

Aus der Zeichnung:
Erstelle eine Wertetabelle.

x	0	1	2	3	4	5
y	1	1,4	1,96	2,74	3,84	5,37

Stelle die Funktion f grafisch dar.

Eine Parallele zur x-Achse durch $A(0|5)$ schneidet den Graphen im Punkt P. Das Lot auf die x-Achse ergibt $x = 4{,}8$. Es folgt: $P(4{,}8|5)$

Mit dem grafischen Taschenrechner:
Der Punkt $P(x|5)$ liegt auf dem Graphen, also gilt $1{,}4^x = 5$
Gib den Links- und den Rechtsterm als Funktionsterme ein.
Lass dir die Grafik in einem geeigneten Fenster anzeigen.
Verwende die Funktion für den Schnittpunkt.
$x = 4{,}8$

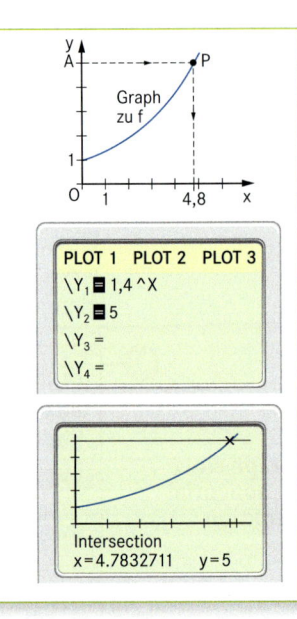

a) $P(x|3)$; f_1 mit $y = 0{,}4^x$
b) $P(x|0{,}5)$; f_2 mit $y = 3{,}5^x$
c) $P(x|2{,}45)$; f_3 mit $y = 0{,}3^x$
d) $P(x|-3{,}85)$; f_4 mit $y = -1{,}25^x$

Exponentialfunktionen

7 Wir untersuchen Graphen von Exponentialfunktionen. Bildet dabei Gruppen wie auf Seite 32 erklärt.

a) Gegeben sind die Funktionen f_1 mit $y = 2^x$ und f_2 mit $y = 0{,}5^x$. Zeichne die Graphen zu f_1 und f_2 in ein Koordinatensystem. Verändere den Funktionsterm wie in den Gruppen angegeben und ergänze die Zeichnung mit den Graphen zu f_1' und f_2'. Um welche Abbildung handelt es sich jeweils? Für die Zeichnungen: $-5 \leq x \leq 5$; $-8 \leq y \leq 8$

Gruppe A:	f_1' mit $y = 2^x - 2$	f_2' mit $y = 0{,}5^x + 1$
Gruppe B:	f_1' mit $y = 2^{x-2}$	f_2' mit $y = 0{,}5^{x+2}$
Gruppe C:	f_1' mit $y = 2^{x-2} + 1$	f_2' mit $y = 0{,}5^{x+2} - 3$
Gruppe D:	f_1' mit $y = 0{,}5 \cdot 2^x$	f_2' mit $y = 0{,}5 \cdot 0{,}5^x$
Gruppe E:	f_1' mit $y = -1{,}5 \cdot 2^x$	f_2' mit $y = -1{,}5 \cdot 0{,}5^x$

b) Wechselt nun die Gruppen und berichtet aus eurer Gruppe.
c) Vergleicht eure Ergebnisse. Erstellt eine Zusammenfassung.

$$f: y = a^x \xmapsto{\text{x-Achse; k}} f^*: y = k \cdot a^x \xmapsto{\vec{v} = \binom{c}{d}} f': y = k \cdot a^{x-c} + d$$

$$\mathbb{G} = \mathbb{R} \times \mathbb{R}; \; k \in \mathbb{R}\setminus\{0\}; \; a \in \mathbb{R}^+; \; c, d \in \mathbb{R}$$

Übungen

8 Im Koordinatensystem siehst du einen Ausschnitt des Graphen der Funktion f mit der Definitionsmenge $\mathbb{D} = \mathbb{R}$ und der Funktionsgleichung $f: y = 3 \cdot 2^x$.

a) Lege eine Wertetabelle für x-Werte mit $-3 \leq x \leq 3$ (Schrittweite 0,5) an und zeichne den Funktionsgraphen.
b) Lege für die Funktion g mit $y = \frac{1}{3} \cdot 2^x$ eine Wertetabelle für x-Werte mit $-3 \leq x \leq 3$ an. Zeichne den Funktionsgraphen in dasselbe Koordinatensystem.
c) Gib jeweils den Schnittpunkt der Graphen mit der y-Achse an.

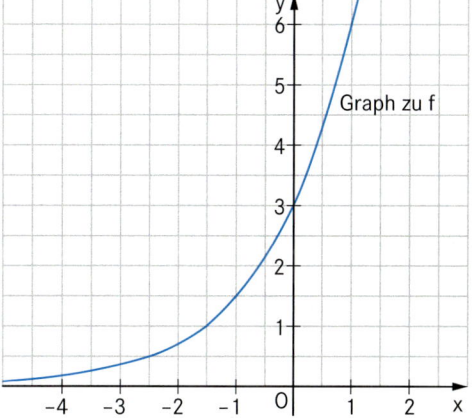

Graph zu f

9 Lege für die Funktionen eine Wertetabelle für x-Werte mit $-3 \leq x \leq 3$ an. Zeichne die Graphen in ein Koordinatensystem und gib jeweils den Schnittpunkt des Graphen mit der y-Achse an.

a) $f: y = 2 \cdot 3^x$; $g: y = \frac{1}{2} \cdot 3^x$ b) $f: y = 3 \cdot 0{,}5^x$; $g: y = \frac{1}{3} \cdot 0{,}5^x$

10 Gegeben sind die Gleichungen von Exponentialfunktionen

A $y = -0{,}1 \cdot 2^x$ **B** $y = 0{,}5^x$ **C** $y = 3 \cdot 1{,}5^x$ **D** $y = -2 \cdot 2^x$

a) Ordne die Gleichungen den Graphen richtig zu.

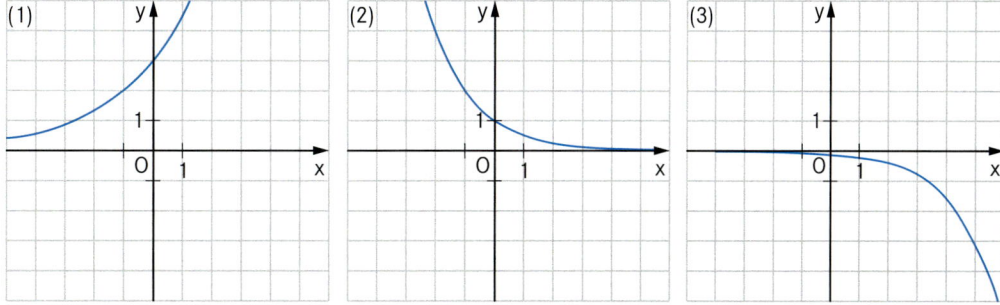

b) Skizziere den Graphen zur Funktionsgleichung, die du nicht zugeordnet hast.

Exponentialfunktionen

11 Überprüfe, ob der Punkt P auf dem Funktionsgraphen von f liegt.
a) f: y = 2 · 3^x P (3|54)   b) f: y = –3 · 4^x P (0,5|–9)   c) f: y = $\frac{1}{2}$ · 5^x P (–1|0,1)

12 So kann man die Funktionsgleichung einer Exponentialfunktion der Form y = k · a^x bestimmen, deren Graph die y-Achse im Punkt Q schneidet und durch den Punkt P geht.

B

Setze die Koordinaten von Q in die Funktionsgleichung y = k · a^x ein.	Q (0|0,25)	y = k · a^x 0,25 = k · a^0 0,25 = k · 1
Du erhältst den Wert für k.		0,25 = k
Setze die Koordinaten von P und den Wert für k in die Funktionsgleichung y = k · a^x ein. Löse nach a auf.	P (2|1)	y = k · a^x 1 = 0,25 · a^2 4 = a^2 (a ∈ ℝ$^+$) 2 = a
Setze die Werte für k und a in die Funktionsgleichung ein.		y = 0,25 · 2^x

a) P (–2|12); Q (0|3)   b) P (2|0,02); Q (0|0,5)

13 In einem Gewässer verringert sich die Lichtstärke je Meter um 15 %. Ein Belichtungsmesser zeigt bei einem Meter Wassertiefe eine Lichtstärke von 3570 Lux. Dieser Zusammenhang wird durch eine Gleichung der Form y = k · a^x beschrieben. Dabei steht x m für die Wassertiefe, y Lux für die Lichtstärke.
a) Bestimme die Funktionsgleichung und berechne die Lichtstärke in 15 m Tiefe.
b) In welcher Tiefe beträgt die Lichtstärke 1000 Lux?

14 Der Luftdruck p nimmt mit zunehmender Höhe ab. Er lässt sich in Abhängigkeit von der Höhe x km bei einer bestimmten Wetterlage mit folgendem Term recht gut berechnen:
p = 1000 · a^x hPa
a) Zeige mit Hilfe des Diagramms, dass für a gilt: a = 0,86.
b) Bestimme mit Hilfe einer Tabelle die Höhe, in der ein Luftdruck von 100 hPa herrscht.
c) Zeige, dass bei unveränderten Wetterbedingungen der Luftdruck in 1500 m Höhe ca. 800 hPa beträgt.

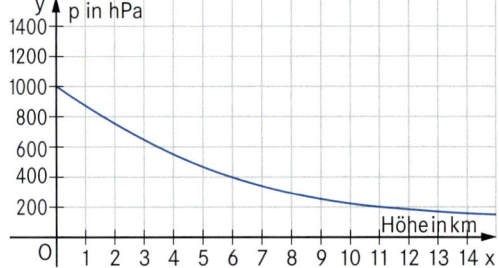

d) Ein Bergsteiger eicht bei einer auf 1500 m hoch gelegenen Hütte seinen Höhenmesser. Anschließend steigt er eine Stunde lang weiter auf. Zu seiner Überraschung stellt er dann fest, dass der Höhenmesser wieder 1500 m anzeigt. Hat sich die Wetterlage geändert? Begründe. Wie hoch ist er ab der Hütte gestiegen, wenn man annimmt, dass der Luftdruck überall um 5% gestiegen ist? Ermittle mit Hilfe einer Tabelle.

Mary is 24 years old. She ist twice as old as Anne was when Mary was as old as Anne is now. How old is Anne?

Treibhauseffekt – Erwärmung der Erde

1 Die Sonnenstrahlung erreicht die Erde mit einer Intensität I = 1300 $\frac{W}{m^2}$. Davon wird ein bestimmter Anteil reflektiert, der Rest absorbiert. Dadurch wird auf der Erde im Mittel eine Oberflächentemperatur von 22 °C erzeugt. Infolge des Treibhauseffektes wird der Anteil der Strahlung, der wieder ins All zurück reflektiert, kleiner.

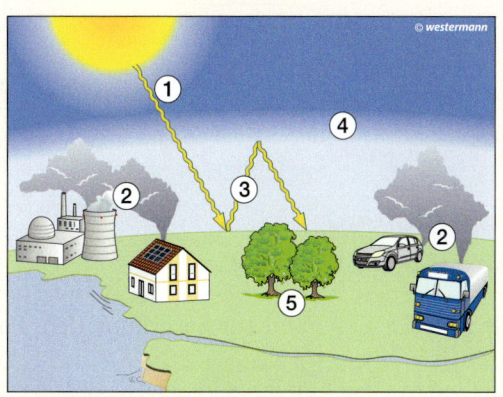

a) Erkläre mit Hilfe der Abbildung das Zustandekommen des Treibhauseffektes. Welche Auswirkungen sind zu erwarten?

b) Die Folgen der Veränderungen infolge des Treibhauseffektes versucht man mit Modellrechnungen zu erfassen. Physikalische Experimente und Theorien haben ergeben: Die Sonnenstrahlung erwärmt einen Gegenstand so lange, bis dieser die Temperatur ϑ erreicht hat, bei der er genau so viel Wärme abstrahlt, wie er erhält.

Die Gleichgewichtstemperatur ϑ = y °C hängt von der Intensität I = x $\frac{W}{m^2}$ der absorbierten Strahlung ab. Es gilt folgende Maßzahlengleichung: y = 64,8 $\sqrt[4]{x}$ − 273

Berechne, auf welche Temperatur die Sonnenstrahlung die Erdoberfläche erhitzen würde, wenn nichts reflektiert würde, d. h. wenn die Einstrahlung mit 1300 $\frac{W}{m^2}$ vollständig von der Erde absorbiert wird.

c) Bei welcher Intensität wird ein Gegenstand auf 100 °C erwärmt?

d) Welcher Anteil der auftreffenden Strahlung wird absorbiert bzw. reflektiert, damit sich auf der Erde eine Oberflächentemperatur von 22 °C einstellt?

e) Bei bestimmten Modellrechnungen nimmt man an, dass der Anteil der reflektierten Strahlung auf 65 % der einfallenden Strahlung sinken wird. Um wie viel Grad würde dadurch die Oberflächentemperatur der Erde im Vergleich zu d) steigen?

2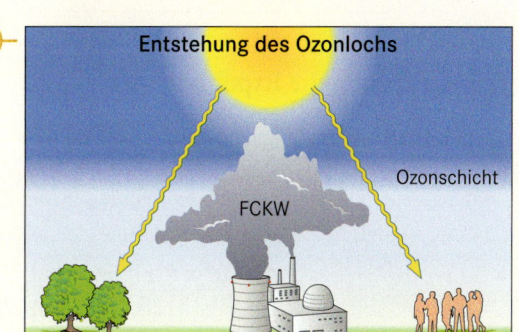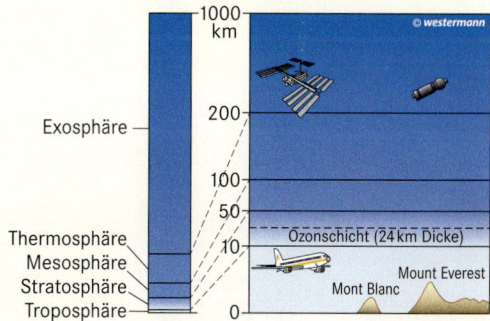

Nach neuesten Forschungsergebnissen von Klimawissenschaftlern hat der Treibhauseffekt Auswirkungen auf die Ozonschicht in der Stratosphäre. Diese Schicht ist ein lebensnotwendiger Schutzfilter gegen die UV-Strahlung. Unter bodennahen Luftdruckbedingungen hätte diese intakte Schicht nur eine Dicke von 3,5 mm.

Die Intensität I der UV-Strahlung nach dem Durchdringen der x mm dicken Ozonschicht beträgt I = $I_0 \cdot 10^{-\frac{4}{7}x}$ (I_0 ist die Intensität vor Eintritt der Strahlung in die Ozonschicht.)

a) Berechne, wie viel Prozent der UV-Strahlung eine intakte Ozonschicht durchdringen kann.

b) Eine Person verwendete bisher für ein Sonnenbad in Bavarien ein Sonnenschutzmittel mit dem Faktor 20. Die Ozonschicht unter bodennahen Bedingungen ist nun auf ca. 2 mm gesunken.

c) Erkundige dich, welche Maßnahmen den Abbau der Ozonschicht bremsen könnten.

Logarithmen

1 Gegeben ist eine Funktion f mit $y = 2^x$.
 a) Zeichne den Graphen zu f und gib die Definitions- und Wertemenge an.
 b) Bestimme den Wert von x für $2^x = 8$ und $2^x = 5$.

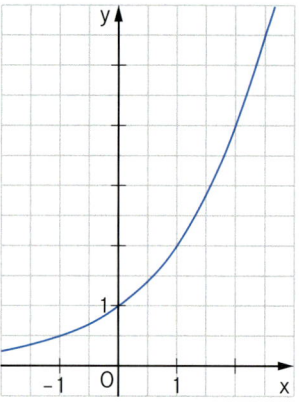

 c) Ermittle aus dem Graphen zu f den x-Wert für $2^x = 3$.

2 Für die Gleichung $2^x = 8$ gilt: x ist der Exponent zur Basis 2 mit dem Potenzwert 8; $2^3 = 8$, somit x = 3.
Formuliere ebenso für die folgenden Gleichungen. Gib jeweils den Wert für x an.

 a) $5^x = 125$ b) $2^x = 64$ c) $\left(\frac{1}{2}\right)^x = \frac{1}{8}$ d) $\left(\frac{2}{3}\right)^x = \frac{8}{27}$

M

Logarithmus

Für die Gleichung $a^x = c$ gilt: x ist der Exponent zur Basis a mit dem Potenzwert c.

Man spricht: x ist der **Logarithmus** von c zur Basis a.
Man schreibt: x = **log$_a$ c** $c \in \mathbb{R}^+$; $a \in \mathbb{R}^+ \setminus \{1\}$

$2^x = 8$ $x = \log_2 8$;   x = 3
$3^x = 243$ $x = \log_3 243$;   x = 5
$2^{x+1} = 16$ $x + 1 = \log_2 16$; $x + 1 = 4$; x = 3

Übungen

3 Bestimme den Logarithmus. Forme dazu in die Exponentialgleichung um.

$x = \log_3 81$
$3^x = 81$
$3^4 = 81$;   x = 4

 a) $x = \log_2 32$ b) $x = \log_{0,5} 0,25$ c) $x = \log_9 81$
 d) $x = \log_{25} 625$ e) $x = \log_{10} 10\,000$ f) $x = \log_8 512$

Aha, Basis bleibt Basis.

4 Berechne x.
 a) $2^x = 512$ b) $7^x = 343$ c) $10^x = 0,1$ d) $0,5^x = 0,125$
 e) $2^x = 0,25$ f) $10^x = 0,001$ g) $5^x = 3125$ h) $0,2^x = 0,008$
 i) $3^{x-1} = 81$ k) $10^{5-x} = 0,01$ l) $5^{x+5} = 625$ m) $0,1^{2x+3} = 100$

5 Forme in eine Exponentialgleichung um und berechne x.
 a) $\log_2 x = 4$ b) $\log_2 x = 3$ c) $\log_{10} x = 2$ d) $\log_5 x = 1$
 e) $\log_6 x = 2$ f) $\log_7 x = 0$ g) $\log_{12} x = 4$ h) $\log_2 x = -2$
 i) $\log_2 (x + 4) = 1$ k) $\log_5 (x - 1) = 0$ l) $\log_2 (4x) = 9$ m) $\log_9 (2x - 1) = 1$

Lösungen zu 4 und 5: 3; 8; 3; 5; 7; 100; 128; 5; 0,25; −1; 2; 36; −2,5; 3; 9; 5; 8; 16; 5; 1; 20 736; −1; −2; −3; −2

6 Berechne die Basis x.
 a) $\log_x 9 = 2$ b) $\log_x 125 = 3$ c) $\log_x 10 = 1$ d) $\log_x 0,25 = -2$

Rechnen mit Logarithmen

1 Mit Hilfe der Taste LOG des Taschenrechners kann man Logarithmen zur Basis 10 (dekadische Logarithmen) direkt berechnen. Was fällt dir auf? Begründe.
a) $\log_{10} 10$ b) $\log_{10} 100$ c) $\log_{10} 1000$ d) $\log_{10} 10\,000$

lg x   Für Logarithmen mit der Basis 10 schreibt man: $\log_{10} x = \lg x$

2 Berechne mit dem Taschenrechner.
a) $\lg 0{,}5$ b) $\lg \frac{1}{3}$ c) $\lg 4^3$ d) $\lg \sqrt{2}$ e) $\lg 0{,}01$

3 a) $x = \lg 7$ b) $x = \log_2 \frac{1}{8}$ c) $x = \lg 2$ d) $x = \lg 0{,}1$ e) $x = \log_3 81$

$$x = \lg 5$$
$$10^x = 5$$
$$10^{\lg 5} = 5$$

4 So kann man $\log_a b$ mit Hilfe von Zehnerlogarithmen darstellen.

Prima, jetzt kann ich jeden Logarithmus mit dem Taschenrechner bestimmen.

Wegen $10^x = a$; $x = \lg a$ gilt:	(I)	$10^{\lg a} = a$ bzw. $10^{\lg b} = b$
Somit folgt für:	(II)	$a^x = b$ $x = \log_a b$
Aus (I) und (II) folgt:		$(10^{\lg a})^x = 10^{\lg b}$
Wegen der Potenzgesetze gilt:		$10^{x \lg a} = 10^{\lg b}$
Es folgt:		$x \lg a = \lg b$
		$x = \frac{\lg b}{\lg a}$

Forme in Zehnerlogarithmen um und berechne mit dem Taschenrechner.
a) $\log_5 3$ b) $\log_4 0{,}5$ c) $\log_{0{,}2} 10$ d) $\log_{1{,}5} \frac{2}{3}$ e) $\log_4 0{,}2$

Basisumrechnung   Für die Umrechnung in Zehnerlogarithmen gilt:
$$\log_a b = \frac{\lg b}{\lg a} \quad a, b \in \mathbb{R}^+; a \neq 1$$

Übungen

5 Löse die Gleichungen.
a) $3^x + 3 = 5$
b) $0{,}5 + 4 \cdot 0{,}5^x = 1$
c) $200 + 10^{x-1} = 4000$
d) $2{,}25 + 0{,}5 \cdot 4^{2x} = 6{,}25$
e) $\sqrt{2} \cdot 2^x = 3\sqrt{2} + 2$

	$4 \cdot 2^{x+1} + 3 = 5$
Löse nach der Potenz auf:	$2^{x+1} = 0{,}5$
Bestimme den Exponenten:	$x + 1 = \log_2 0{,}5$
	$x = \log_2 0{,}5 - 1$
Verwende Zehnerlogarithmen	$x = \frac{\lg 0{,}5}{\lg 2} - 1 = -2$

6 Die Schallstärke I ist diejenige Energie, die pro Sekunde senkrecht auf 1 m² auftrifft.
Daraus wird nach der Formel $E = 10 \cdot \lg \frac{I}{10^{-12} \frac{W}{m^2}}$ die Lautstärke E in Phon berechnet.

Setzt man für $I = 10^{-12}$, erhält man E = 0 Phon (Hörgrenze).
a) Welche Lautstärke E erhält man bei Unterhaltungssprache $\left(I = 10^{-8} \frac{W}{m^2}\right)$ bzw. neben einem Presslufthammer $\left(I = 10^{-2} \frac{W}{m^2}\right)$?
b) Berechne die Schallstärke I in einem Büroraum für E = 50 Phon.

Rechengesetze für Logarithmen

1 a) Berechne: $\log_5 5$; $\log_6 6$; $\lg 10$; $\log_5 1$; $\log_6 1$; $\lg 1$. Was fällt dir auf?
b) Begründe mit Hilfe der Definitionen des Logarithmus: $\log_b b = 1$ und $\log_b 1 = 0$.

2 Ermittle die Logarithmen mit dem Taschenrechner. Was fällt dir auf?
a) $\lg 6$; $\lg 2 + \lg 3$; $\lg 2 \cdot \lg 3$ $\qquad$ $\log_3 10$; $\log_3 5 + \log_3 2$; $\log_3 5 \cdot \log_3 2$
b) $\lg 2$; $\lg 16 - \lg 8$; $\lg 16 : \lg 8$ $\qquad$ $\log_4 15$; $\log_4 45 - \log_4 3$; $\log_4 45 : \log_4 3$
c) $\lg 16$; $\lg 4^2$; $2 \cdot \lg 4$ $\qquad$ $\log_5 3^3$; $3 \cdot \log_5 3$

3 So kann man zeigen, dass gilt: $\log_b(x \cdot y) = \log_b x + \log_b y$

	$a^u = x$, also $u = \log_a x$; $a^v = y$, also $v = \log_a y$
Bilde das Produkt:	$x \cdot y = a^u \cdot a^v$
Wende die Potenzgesetze an:	$x \cdot y = a^{u+v}$
Löse nach dem Exponenten auf:	$u + v = \log_a(xy)$
Setze ein:	$\log_a x + \log_a y = \log_a(xy)$

Zeige, dass gilt: $\log_a(x : y) = \log_a x - \log_a y$ und $\log_a(x^c) = c \cdot \log_a x$.

Logarithmen-Gesetze

M **Logarithmen-Gesetze:**
$$\log_a x + \log_a y = \log_a(xy) \qquad x, y, a \in \mathbb{R}^+; a \neq 1; c \in \mathbb{R}$$
$$\log_a x - \log_a y = \log_a\left(\frac{x}{y}\right)$$
$$\log_a(x^c) = c \cdot \log_a x$$

Sonderfälle: $\log_a a = 1$; $\log_a 1 = 0$

Übungen

4 Forme um.
a) $\log_2 \frac{10}{x}$ $\qquad$ b) $\log_3 30 + \log_3 0{,}1$ $\qquad$ c) $\log_a(ab)$
d) $1 + \log_5 c$ $\qquad$ e) $\log_r(r^2 s)$ $\qquad$ f) $\log_5(5x^2 y)$
g) $\log_a \sqrt{ab}$ $\qquad$ h) $\log_x \sqrt[3]{xy}$ $\qquad$ i) $\lg \sqrt[5]{a^{10} b^2}$

> $\log_a x^2 y$
> $= \log_a x^2 + \log_a y$
> $= 2 \log_a x + \log_a y$

5 Berechne: $\lg 2$; $\lg 20$; $\lg 200$; $\lg 2000$
Was fällt dir auf? Begründe mit Hilfe der Logarithmen-Gesetze.

6 Fasse zu einem Logarithmus zusammen.
a) $\log_a x + \log_a y - \log_a z$ $\qquad$ b) $\lg a + 3 \lg a^2 - 6 \lg a^3$
c) $2 \log_a p + 3 \log_a q + \log_a q^3$ $\qquad$ d) $4 \lg x^3 - 12 \lg x$
e) $\lg \sqrt{a^3} + 0{,}5 \lg a - 2 \lg a^{0{,}25}$ $\qquad$ f) $3 \log_a x^5 - \frac{\lg x^4}{\lg a}$

> $\lg a + 2 \lg b - \lg 2$
> $= \lg a + \lg b^2 - \lg 2$
> $= \lg(ab^2) - \lg 2$
> $= \lg \frac{ab^2}{2}$

7 Fasse folgende Terme soweit wie möglich zusammen. Die zugehörigen Buchstaben der Tabelle ergeben in der Reihenfolge der Aufgaben das Lösungswort.

$\log_3 3x$	$\log_3 x^3$	1	2	0	$6 \log_3 x$	$\log_3 x^2$
K	P	P	R	I	E	A

a) $\log_3 x + \log_3 x + \log_3 x$ $\qquad$ b) $\log_3 x - \log_3 x^3 + 4 \log_3 x$ $\qquad$ c) $\log_3 3x - \log_3 x$
d) $-4 \log_3 x + \frac{1}{2} \log_3 x^6 + \log_3 x$ $\qquad$ e) $2 \log_3 x + \log_3 x^4$ $\qquad$ f) $3^{\log_3 1} + \log_3 3$

Rechengesetze für Logarithmen

8 Löse die folgenden Gleichungen ($\mathbb{G} = \mathbb{R}$).
a) $2^{x+3} = 2^{2x-1}$
b) $2^{2x} = 16 \cdot 2^{x-1}$
c) $4^{x+2} = 2^{x+1}$
d) $125 \cdot 5^{2x+1} = 25^{x+2}$
e) $9^{x+4} = 27^{2x-3}$
f) $2^{6x} = 4^{5-x}$

$3^{2x} = 81 \cdot 3^{x+1}$
$3^{2x} = 3^4 \cdot 3^{x+1}$
$3^{2x} = 3^{x+5}$
Vergleich der Exponenten
$2x = x + 5$
$x = 5$

9 So kann man die Exponentialgleichung $3^{x-2} = 7 \cdot 5^{2x}$ ($\mathbb{G} = \mathbb{R}$) mit Hilfe der Logarithmenregeln lösen.

B Für $x \in \mathbb{R}$ sind beide Seiten der Gleichung positiv, also kann man logarithmieren:
Anwendung der Logarithmen-Gesetze:

$3^{x-2} = 7 \cdot 5^{2x}$
$\lg 3^{x-2} = \lg(7 \cdot 5^{2x})$
$(x-2)\lg 3 = \lg 7 + \lg 5^{2x}$
$(x-2)\lg 3 = \lg 7 + 2x \lg 5$
$x \lg 3 - 2 \lg 3 = \lg 7 + 2x \lg 5$
$x \lg 3 - 2x \lg 5 = \lg 7 + 2 \lg 3$
$x(\lg 3 - 2 \lg 5) = \lg 7 + 2 \lg 3$

$x = \dfrac{\lg 7 + 2 \lg 3}{\lg 3 - 2 \lg 5} = -1{,}95$

a) $2^x = 2 \cdot 3^x$
b) $3^{x+1} = 5^x$
c) $5 \cdot 5^x = 10^{x+1}$
d) $8^{5x-3} = 7 \cdot 3^{x+5}$
e) $7^{2x+3} = 12 \cdot 3^{x-4}$
f) $81 \cdot 4^{x+3} = 256 \cdot 3^{4x}$

10 Forme die Terme T_n in einen der Terme A bis D um. Setze dann die angegebene Belegung für x ein und addiere die Zahl für a. Ordne die Ergebnisse dem Schaubild zu. Runde auf ganze Zahlen.
$T_1(x) = -2^{2+x} + 3 \cdot 2^{x+1}$
$T_2(x) = \log_2(46x : 6) + \log_2 6 + \log_2 23x$
$T_3(x) = 2^{2x+2}$
$T_4(x) = 2 \log_2 6^x + 3 \log_2 6^{x+1}$

A $4 \cdot 4^x$ x = 4;   a = −770
B 2^{x+1} x = 8;   a = −381
C $1 + 2 \cdot \log_2 23x$ x = 1000; a = 96
D $5x \log_2 6 + \log_2 216$ x = 2;   a = 12,40

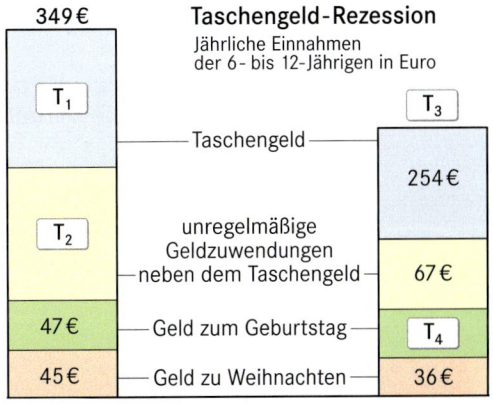

Taschengeld-Rezession
Jährliche Einnahmen der 6- bis 12-Jährigen in Euro

349 € T_1
47 € T_2
45 €

254 € T_3
67 €
36 € T_4

Taschengeld
unregelmäßige Geldzuwendungen neben dem Taschengeld
Geld zum Geburtstag
Geld zu Weihnachten

G Das Wort Logarithmus ist ein künstlich geschaffenes Wort. Es ist seit 1614 bekannt und wurde erstmals vom schottischen Mathematiker JOHN NAPIER eingeführt. Logarithmen wurden lange als wichtiges Hilfsmittel zum Rechnen verwendet, um an Stelle der Multiplikation und Division von Zahlen die einfachere Addition bzw. Subtraktion verwenden zu können. Bis weit über 1970 hinaus wurden die Logarithmen in so genannten Logarithmentafeln abgedruckt und auf Logarithmenstäben verwendet. Erst mit Einführung des Taschenrechners verschwanden diese Hilfsmittel.

Logarithmusfunktionen

1 Der Punkt P(3|3,375) liegt auf dem Graphen der Funktion f mit $y = a^x$.
($\mathbb{G} = \mathbb{R} \times \mathbb{R}$; $a \in \mathbb{R}^+$)
  a) Ermittle die Gleichung der Funktion f.
  b) Die Funktion f^{-1} ist Umkehrfunktion zu f. Ermittle ihre Gleichung.
  c) Die Punkte Q(5|y_Q) und R(x_R|3) liegen auf dem Graphen zu f^{-1}. Ermittle rechnerisch die fehlenden Koordinaten.

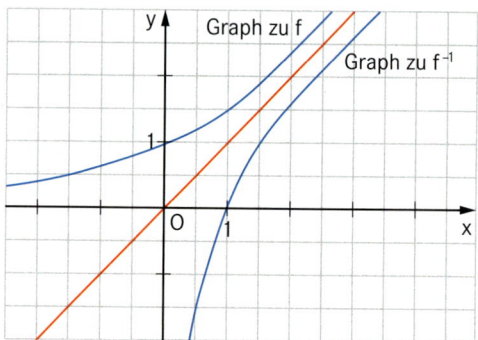

Logarithmusfunktion

M Die Umkehrfunktion f^{-1} einer Exponentialfunktion f mit $y = a^x$ ist eine **Logarithmusfunktion** mit der Gleichung $y = \log_a x$. Es gilt: $\mathbb{D} = \mathbb{R}^+$; $\mathbb{W} = \mathbb{R}$
Lies: Logarithmus von x zur Basis a.

Übungen

2 Zeichne die Graphen der Funktion f und ihrer Umkehrfunktion f^{-1} in ein Koordinatensystem. Bestimme die Gleichung von f^{-1} und gib die Definitions- und Wertemenge an.
  a) f mit $y = 0{,}5^x$
  b) f mit $y = \left(\frac{2}{3}\right)^x$
  c) f mit $y = 0{,}25 \cdot 2^x$

3 Der Punkt A liegt auf dem Graphen zu f. Berechne die fehlende Koordinate.
  a) A(x|3); f mit $y = 2^x$
  b) A(x|1); f mit $y = 0{,}2^x$
  c) A(x|4); f mit $y = 1{,}2^x$
  d) A(4,25|y); f mit $y = 3^x$
  e) A(x|0,5); f mit $y = 1{,}25^x$
  f) A(x|90); f mit $y = 10^x$

4 Erstelle jeweils eine Wertetabelle für $x \in [1;\,6]$ mit $\Delta x = 1$ und zeichne den Graphen der Funktion. Gib die Definitions- und Wertemenge an.
  a) f mit $y = \log_{0,3} x$
  b) f mit $y = \log_5 x$
  c) f mit $y = \lg x$

5 a) Ordne den Graphen die Funktionsgleichungen zu.
  A $y = \log_{2,5} x$
  B $y = \log_{0,5} x$
  C $y = \log_{1,5} x$
  D $y = \log_{0,25} x$
  E $y = \log_2 x$
  F $y = \log_3 x$
  b) Für welche Basis fällt (steigt) der Graph?
  c) Gib zu jeder Funktion die Definitions- und Wertemenge an.
  d) Finde den Zusammenhang zwischen den Graphen (2), (5) und ihren Gleichungen.
  e) Gib zu den anderen Graphen, für die der Zusammenhang aus Aufgabe d) gilt, die Gleichungen an.

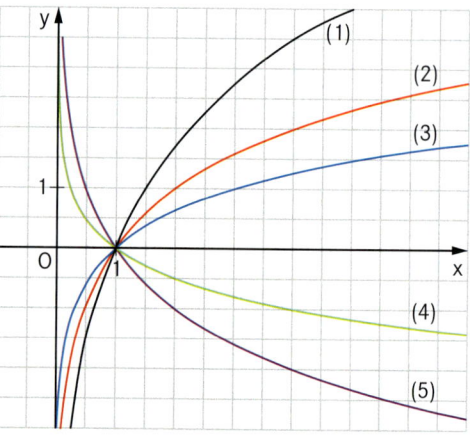

Eigenschaften einer Logarithmusfunktion

M Für die Funktion mit der Gleichung $y = \log_a x$, $a \in \mathbb{R}^+ \setminus \{1\}$ gilt:
– Der Punkt P(1|0) liegt auf allen Graphen.
– Der Graph fällt für $a < 1$ und steigt für $a > 1$.
– $\mathbb{D} = \mathbb{R}^+$; $\mathbb{W} = \mathbb{R}$
– Die Gerade mit $x = 0$ (y-Achse) ist Asymptote an alle Graphen.

Logarithmusfunktionen

6 Gleichungen der Form $y = k \cdot \log_a(x - c) + d$ beschreiben Logarithmusfunktionen.
  a) Untersucht in Gruppen, wie sich die Graphen bei unterschiedlichen Belegungen der Variablen verhalten. Gebt jeweils die Definitions- und Wertemenge an.
  Gruppe A: f mit $y = \log_2(x - c)$; $c \in \{-0{,}25;\ -1;\ 0{,}5;\ 1;\ 2\}$
  Gruppe B: f mit $y = \log_2 x + d$; $d \in \{-3;\ -1{,}5;\ 0;\ 1;\ 2\}$
  Gruppe C: f mit $y = k \cdot \log_2 x$; $k \in \{-3;\ -1{,}5;\ 0;\ 1;\ 2\}$
  b) Durch welche Abbildung kann der jeweilige Graph aus dem Graphen zu $y = \log_2 x$ hergeleitet werden?

7 So kann man zeigen, dass der Graph zu f mit $y = \log_2 x$ durch orthogonale Affinität und Parallelverschiebung auf den Graphen zu f' mit $y = 0{,}4 \log_2(x + 2) + 3$ abgebildet wird.

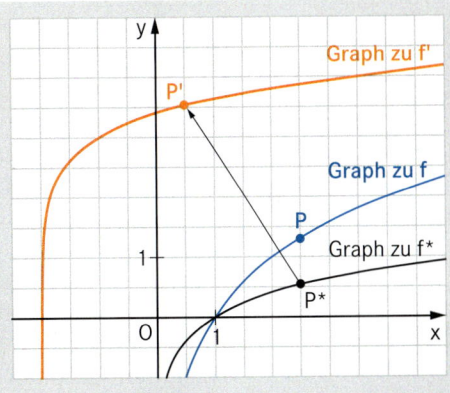

f mit $y = \log_2 x$ $\mathbb{D} = \mathbb{R}^+$; $\mathbb{W} = \mathbb{R}$

$P(x \mid \log_2 x) \xmapsto{\text{x-Achse; k = 0,4}} P^*(x^* \mid y^*)$
$x^* = x$
$\land\ y^* = 0{,}4 \cdot \log_2 x$
Es folgt: f^* mit $y = 0{,}4 \cdot \log_2 x$

$P^*(x^* \mid 0{,}4 \cdot \log_2 x^*) \xmapsto{\vec{v} = \binom{-2}{3}} P'(x' \mid y')$
$x' = x^* - 2$ $x^* = x' + 2$
$\land\ y' = 0{,}4 \cdot \log_2 x^* + 3$
somit $y' = 0{,}4 \cdot \log_2 (x' + 2) + 3$

Ergebnis: f' mit $y = 0{,}4 \cdot \log_2 (x + 2) + 3$
$\mathbb{D} = \{x \mid x > -2\}$; $\mathbb{W} = \mathbb{R}$; Asymptote mit $x = -2$

Führe den Nachweis mit beliebiger Basis a, variablem Faktor k und $\vec{v} = \binom{c}{d}$ durch.

M
$$f: y = \log_a x \xmapsto{\text{x-Achse; k}} f^*: y = k \cdot \log_a x \xmapsto{\vec{v} = \binom{c}{d}} f': y = k \cdot \log_a(x - c) + d$$
$$\mathbb{G} = \mathbb{R} \times \mathbb{R};\ k \in \mathbb{R}\setminus\{0\};\ a \in \mathbb{R}^+\setminus\{1\};\ c, d \in \mathbb{R}$$

Übungen

8 Zeichne die Graphen der Logarithmusfunktionen in ein Koordinatensystem. Gib jeweils die Definitions- und Wertemenge und die Gleichung der Asymptoten an.
  a) $y = \log_{0{,}2}(x + 1) - 3$
  b) $y = \log_{1{,}5}(x - 3) + 1$
  c) $y = \lg(x - 2) - 1$

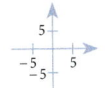

9 Berechne zur Funktion f die Gleichung der Umkehrfunktion f^{-1} und zeichne beide Graphen in ein Koordinatensystem.

  a) f: $y = \log_3(x - 2) + 1$
  b) f: $y = \lg x + 5$
  c) f: $y = 0{,}2 \log_5(x + 3) - 1$
  d) f: $y = 0{,}4^{x + 0{,}5} - 2$
  e) f: $y = \frac{1}{2} \cdot 3^x - 2$
  f) f: $y = \log_{0{,}3}(x - 2) + 1$

> f mit $y = \log_2(x + 1) - 3$
> f^{-1} mit $x = \log_2(y + 1) - 3$
> $x + 3 = \log_2(y + 1)$
> $2^{x+3} = y + 1$
> f^{-1} mit $y = 2^{x+3} - 1$

10 Der Punkt A liegt auf dem Graphen zu f. Berechne die fehlende Koordinate.
  a) $A(x \mid 1{,}2)$; f mit $y = \log_2(x + 1)$
  b) $A(4{,}25 \mid y)$; f mit $y = -\log_3 x + 2{,}5$
  c) $A(x \mid -0{,}5)$; f mit $y = 0{,}25 \log_{0{,}5}(x + 1)$
  d) $A(x \mid 10)$; f mit $y = \lg(x - 10) + 10$

Vermischte Übungen

1 Der Graph einer Funktion f mit $y = 0{,}5 \cdot 0{,}5^x + 2$ wird durch orthogonale Affinität mit der x-Achse als Affinitätsachse und dem Affinitätsfaktor $k = -0{,}5$ auf den Graphen einer Funktion f_1 abgebildet.
a) Zeichne die Graphen zu f und f_1 in ein Koordinatensystem.
b) Ermittle die Gleichung von f_1.
c) Der Graph zu f_1 wird nun durch Parallelverschiebung mit $\vec{v} = \binom{3}{5}$ auf den Graphen zu f_2 abgebildet. Ergänze die Zeichnung und berechne die Gleichung von f_2.

2 Gegeben ist eine Funktion f_1 mit der Gleichung $y = \log_3(x-1) + 2$.
a) Zeichne den Graphen zu f_1 in ein Koordinatensystem. Gib die Definitions- und Wertemenge sowie die Gleichung der Asymptoten an.
b) Der Graph zu f_1 wird durch Parallelverschiebung mit $\vec{v} = \binom{-3}{-1}$ auf den Graphen zu f_2 abgebildet. Ergänze im Koordinatensystem zu a) den Graphen.
c) Berechne die Gleichung von f_2. Bestimme die Definitions- und Wertemenge. Gib die Gleichung der Asymptoten an.
d) Die Graphen zu f_1 und f_2 schneiden sich in einem Punkt P. Berechne seine Koordinaten.
e) Spiegelt man den Graphen zu f_1 an der Geraden mit $y = x$, so erhält man den Graphen der Umkehrfunktion f_1^{-1}. Ergänze die Zeichnung mit dem Graphen und berechne die Gleichung von f_1^{-1}.

3 Die Punkte $A(-2|-1)$ und $D_n(x_D|y_D)$ sind Eckpunkte von gleichschenkligen Trapezen ABC_nD_n mit der y-Achse als Symmetrieachse. Die Punkte D_n liegen auf dem Graphen der Funktion f mit $y = 0{,}5 \cdot 0{,}5^{(x+1)} + 2$.
a) Trage den Graphen der Funktion f und die Vierecke ABC_1D_1 für $x = -3{,}5$ und ABC_2D_2 für $x = -1$ in ein Koordinatensystem ein. Berechne jeweils den Flächeninhalt.
b) Welche Werte für x sind sinnvoll?
c) Zeige durch Rechnung, dass alle Punkte C_n auf dem Graphen zu f_1 mit $y = 0{,}25 \cdot 0{,}5^{-x} + 2$ liegen. Ergänze in der Zeichnung den Graphen.
d) Ein Trapez hat eine Höhe von 4,5 LE. Berechne die Koordinaten des Eckpunktes D_3.

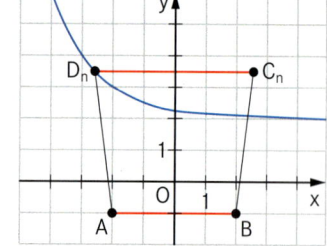

> **G** **Der Funktionsbegriff als Leitidee in der Mathematik**
> In der Mathematik hat der Begriff der Funktion eine lange Geschichte. Bereits bei GALILEI (1564–1642) und CAVALIERI (1598–1647) sind grafische Darstellungen zu finden. Der Name „Funktion" tauchte erstmals bei LEIBNIZ (1646–1716) auf. EULER (1707–1783) entwickelte den Begriff weiter. Der heutige Funktionsbegriff als eindeutige Zuordnung stammt im Wesentlichen von DIRICHLET (1805–1859).
>
>
>
> GALILEO GALILEI (1564–1642)   BONAVENTURA CAVALIERI (1598–1647)   GOTTFRIED WILHELM LEIBNIZ (1646–1716)   LEONHARD EULER (1707–1783)   PETER GUSTAV LEJEUNE DIRICHLET (1805–1859)

Vermischte Übungen

4 O(0|0), P(8|0) und $Q_n(x|0{,}1 \cdot 2^{x-2} + 1)$ sind Eckpunkte von Dreiecken OPQ_n. Die Punkte Q_n liegen auf dem Graphen zu f mit $y = \frac{1}{10} \cdot 2^{x-2} + 1$.

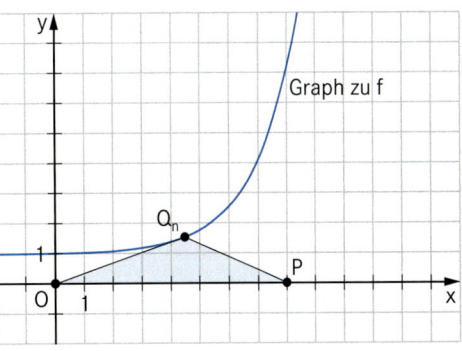

a) Zeichne den Graphen und das Dreieck OPQ_1 für x = 6 in ein Koordinatensystem.
b) Zeige, dass man für den Flächeninhalt A der Dreiecke in Abhängigkeit von der Abszisse x der Punkte Q_n erhält:
$A(x) = \left(\frac{1}{10} \cdot 2^x + 4\right)$ FE
c) Berechne x so, dass das Dreieck OPQ_2 einen Flächeninhalt von 7 FE besitzt. Runde auf eine Stelle nach dem Komma.

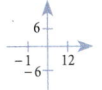

5 Die Funktion f ist festgelegt durch $y = \log_2(x - 4) + 2$ in der Grundmenge $\mathbb{R} \times \mathbb{R}$.

a) Bestimme die Definitions- und Wertemenge und zeichne den Graphen zu f in ein Koordinatensystem.
b) Der Graph zu f wird durch Parallelverschiebung mit dem Vektor $\vec{v} = \binom{-3}{-4}$ auf den Graphen zu f' abgebildet. Ergänze die Zeichnung und zeige rechnerisch, dass gilt: f' mit $y = \log_2(x - 1) - 2$.
c) Berechne die Koordinaten des Schnittpunktes S der beiden Graphen. Runde, wo erforderlich, auf zwei Stellen nach dem Komma.
d) Der Punkt $P(x|y_p)$ mit x > 4,2 liegt auf dem Graphen zu f, der Punkt Q auf dem Graphen zu f'. P und Q besitzen die gleiche y-Koordinate. Für die Länge der Strecke [PQ] gilt: $\overline{PQ} = 2$ LE
Zeichne zunächst einige Probierstrecken $[P_nQ_n]$ mit $P_n \in f$ und $Q_n \in f'$. Finde durch Konstruktion die gesuchten Punkte P und Q.
e) Berechne die Koordinaten der Punkte P und Q.

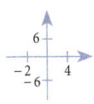

6 Gegeben ist die Funktion f mit $y = -0{,}2^x + 3$ in $\mathbb{G} = \mathbb{R} \times \mathbb{R}$. Auf dem Graphen zu f liegen Punkte $A_n(x|-0{,}2^x + 3)$ mit $y_A > 0$. Für die Punkte $B_n(x|y_B)$ mit gleicher Abszisse x gilt: Ihre y-Koordinate ist doppelt so groß wie die y-Koordinate der Punkte A_n.

a) Zeichne den Graphen zu f. Welche Werte kann x annehmen?
b) Zeichne die Strecken $[A_1B_1]$ für x = −0,5 und $[A_2B_2]$ für x = 2 ein.
c) Berechne x so, dass für die Strecke $[A_3B_3]$ die Länge 1,75 LE beträgt.

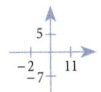

7* Die Funktion f hat die Gleichung $y = -0{,}5 \cdot 1{,}5^{x-3} + 4$ mit $\mathbb{G} = \mathbb{R} \times \mathbb{R}$.

a) Gib die Definitions- und Wertemenge an und berechne die Nullstelle der Funktion f (auf zwei Stellen nach dem Komma gerundet).
b) Zeichne den Graphen zu f in ein Koordinatensystem.
c) Der Graph zu f wird durch orthogonale Affinität (Affinitätsachse ist die x-Achse) auf den Graphen zu f' abgebildet. Der Punkt P'(3|−5,25) ist dabei Bildpunkt von $P(3|y_p)$. Berechne den Affinitätsfaktor k und zeichne den Graphen zu f'.
[Teilergebnis: k = −1,5]
d) Die Punkte $B_n(x|0{,}75 \cdot 1{,}5^{x-3} - 6)$ liegen auf dem Graphen zu f', die Punkte $C_n(x|-0{,}5 \cdot 1{,}5^{x-3} + 4)$ auf dem Graphen zu f und haben dieselbe Abszisse x. Zusammen mit A(1|−0,5) sind sie Eckpunkte von Dreiecken AB_nC_n. Zeichne die Dreiecke AB_1C_1 für x = 4 und AB_2C_2 für x = 7 in das Koordinatensystem ein.
e) Das Dreieck AB_nC_n ist gleichschenklig mit der Basis $[B_0C_0]$. Berechne die Koordinaten des Mittelpunktes M_0 der Basis auf zwei Stellen nach dem Komma gerundet.

* nach einer früheren Abschlussprüfung

Wachstumsarten

1 Bei einer Quizshow werden den Kandidaten bis zu zehn Fragen gestellt. Wird eine Frage nicht oder falsch beantwortet, scheidet der Kandidat aus. Vor der Fragerunde muss sich der Kandidat zwischen drei Gewinnvarianten entscheiden.

Anzahl x der Fragen	Variante 1 Gewinn y €	Variante 2 Gewinn y €	Variante 3 Gewinn y €
1	100	20	20
2	200	80	40
3	300	180	80
4			

Variante 1: Jede richtig beantwortete Frage erbringt 100 € Gewinn.
Variante 2: Die erste richtige Antwort ergibt 20 €, bei der zweiten (dritten…) wird dieser Startwert multipliziert mit vier (mit neun…) usw.
Variante 3: Die erste richtige Antwort ergibt 20 €, jede weitere verdoppelt den Gewinn.

a) Welche Variante würdest du wählen? Begründe.
b) Schätze, ab welcher Frage der Gewinn bei Variante 2 (Variante 3) höher ist als bei Variante 1? Bei welcher Variante ist der höchste Gewinn möglich?
c) Erstelle mit einem Tabellenkalkulationsprogramm eine Tabelle wie oben und ergänze bis zur 10. Frage. Stelle die Werte auch grafisch dar.
d) Überprüfe nun deine Schätzungen aus Aufgabe b).

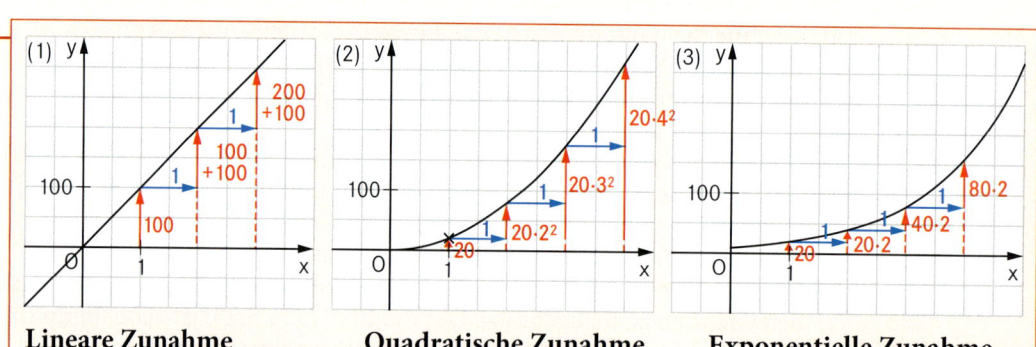

Lineare Zunahme
Nimmt die erste Größe um 1 zu, wächst die *zweite Größe* um einen festen Betrag.

Quadratische Zunahme
Nimmt die erste Größe um 1 zu, vervielfacht sich die *Anfangsgröße* quadratisch.

Exponentielle Zunahme
Nimmt die erste Größe um 1 zu, vervielfacht sich die *zweite Größe* um einen festen Faktor.

Exponentielle Wachstumsprozesse

1 Julia und Johannes legen zu ihrem 16. Geburtstag 1200 € bzw. 1400 € bei einer Bank an. Bestimme jeweils die Höhe ihres Guthabens, das ihnen mit 18 Jahren ausgezahlt wird, wenn die Beträge mit 2 % angelegt werden.

Jahr 1 $\quad (1200 + 1200 \cdot \frac{2}{100})$ €
$\quad\quad\quad = 1200 (1 + \frac{2}{100})$ €
$\quad\quad\quad = 1200 \cdot 1{,}02$ €

Jahr 2 $\quad 1200 \cdot 1{,}02 \cdot 1{,}02$ €
$\quad\quad\quad = 1200 \cdot 1{,}02^2$ €

Jahr x $\quad y = 1200 \cdot 1{,}02^x$
$\quad\quad\quad y = k \cdot a^x$

Wachstumsfaktor
Anfangswert

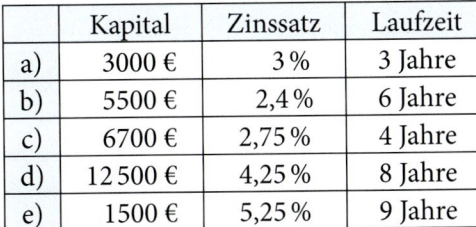

Der **Wachstumsfaktor** wird mit a bezeichnet, der **Anfangswert** mit k.

$a = 1 + \frac{p}{100}$

Endwert nach x Jahren:
$y = k \cdot a^x$

2 Berechne wie im Beispiel das Kapital am Ende der angegebenen Laufzeit.

	Kapital	Zinssatz	Laufzeit
a)	3000 €	3 %	3 Jahre
b)	5500 €	2,4 %	6 Jahre
c)	6700 €	2,75 %	4 Jahre
d)	12 500 €	4,25 %	8 Jahre
e)	1500 €	5,25 %	9 Jahre

Ein Kapital von 2400 € wird mit 6 % jährlich verzinst.
Wie groß ist das Kapital nach 7 Jahren?

k = 2400; a = 1,06; x = 7
$y = 2400 \cdot 1{,}06^7$
y = 3608,71

Kapital nach 7 Jahren: 3608,71 €

In der Zinsrechnung verwendet man auch eigene Begriffe wie Zinsfaktor q und Anfangskapital K_0.

3 In der Tabelle ist die Bevölkerungsentwicklung eines Landes dargestellt.
Liegt ein exponentielles Wachstum vor, kann die Bevölkerungsentwicklung mit einer Exponentialfunktion der Form $f(x) = k \cdot a^x$ beschrieben werden.

Jahr	Bevölkerung
1998	3 006 737
2000	3 134 348
2005	3 477 570
2010	3 858 377
2015	4 280 883

a) Beginne 1998 mit dem Jahr 0. Zeige mit Hilfe der Funktionswerte f(0) und f(2), dass das Wachstum durch die Gleichung $y = 3\,006\,737 \cdot 1{,}021^x$ beschrieben werden kann.
b) Überprüfe, ob in der Zeit von 1998 bis 2015 ein exponentielles Wachstum vorliegt, indem du die Wertepaare (7 | 3 477 570) und (12 | 3 858 377) in die Funktionsgleichung einsetzt.
c) Um wie viel Prozent wächst die Bevölkerung jährlich?
d) Berechne die Einwohnerzahl für die Jahre 2025 und 2035 bei gleich bleibender jährlicher Zuwachsrate.
e) In welchem Jahr werden bei gleichen Bedingungen erstmals mehr als 4,5 Mio Einwohner erreicht?

4 Die Tabelle zeigt die Bevölkerungsentwicklung eines Landes von 2003 bis 2015. Untersuche, ob die Entwicklung mit einer Funktionsgleichung der Form $y = k \cdot a^x$ beschrieben werden kann.

Jahr	Bevölkerung
2003	4 987 064
2005	5 040 640
2010	5 280 521
2015	5 963 325

Exponentielle Abklingprozesse

1 Während in vielen Ländern die Bevölkerungszahlen ansteigen, kommt es zum Beispiel in Deutschland zu einem jährlichen Bevölkerungsrückgang um 0,1 %.
a) Bestimme die Einwohnerzahlen in den folgenden 8 Jahren bei einer derzeitigen Einwohnerzahl von 80,2 Millionen.

Jahr 1	$(80,2 - 80,2 \cdot \frac{0,1}{100})$ Mio
	$= 80,2 \,(1 - \frac{0,1}{100})$ Mio
	$= 80,2 \cdot 0,999$ Mio
Jahr 2	$80,2 \cdot 0,999 \cdot 0,999$ Mio
	$= 80,2 \cdot 0,999^2$ Mio

Wachstumsfaktor

M Bei **Abnahmevorgängen** ist der **Wachstumsfaktor** kleiner als 1.

$a = 1 - \frac{p}{100}$

Endwert nach x Jahren: $y = k \cdot a^x$

Jahr x	$y = 80,2 \cdot 0,999^x$
	$y = k \cdot a^x$

b) Berechne die voraussichtliche Einwohnerzahl für das Jahr 2040, falls der Wachstumsfaktor sich nicht ändert und x = 0 für das Jahr 2013 gesetzt wird.
c) Erstelle eine Prognose für das Jahr 2050 bei einer jährlichen Abnahme von 0,2 %.

2 Berechne wie im Beispiel das Restdarlehen am Ende der angegebenen Laufzeit.

	Darlehen	Tilgung	Laufzeit
a)	8000 €	7 %	3 Jahre
b)	20 000 €	3,6 %	10 Jahre
c)	50 000 €	4 %	15 Jahre
d)	4500 €	2,5 %	4 Jahre

Ein Darlehen von 10 000 € wird mit einer Tilgung von 8,5 % im Jahr zurückgezahlt.
Wie groß ist das Restdarlehen nach 8 Jahren?

$k = 10\,000; \; a = 1 - \frac{8,5}{100} = 0,915; \; x = 8$
$y = 10\,000 \cdot 0,915^8$

Rest nach 8 Jahren: 4913,25 €

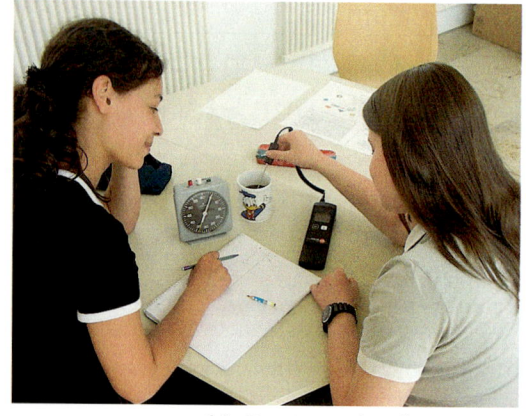

3 Heiße Flüssigkeiten (Wasser, Tee, Kaffee …) kühlen sich mit der Zeit ab. Die Temperatur y °C hängt dabei von der Zeit x min ab und wird durch eine Gleichung der Form $y\,°C = T_u + (T_a - T_u) \cdot 2{,}72^{-ax}$ beschrieben. Dabei steht T_u für die Temperatur der Umgebung und T_a für die Ausgangstemperatur der Flüssigkeit.
In einer Messreihe wurden bei $T_u = 22\,°C$ und $T_a = 60\,°C$ die folgenden Werte ermittelt.

x min	5	10	15	20	25
y °C	56,4	53,1	50,1	47,5	45,0

a) Stelle den Zusammenhang grafisch dar.
b) Bestätige durch Einsetzen geeigneter Werte, dass man für a den Wert 0,02 erhält.
c) Welche Temperatur hat die Flüssigkeit nach 8 min (30 min; 60 min)? Trage die Werte in den Graphen zu a) ein.
d) Nach welcher Zeit ist die Flüssigkeit auf 40 °C (35 °C) abgekühlt? Runde sinnvoll.
e) Führe die Aufgaben c) und d) durch, wenn a = 0,05 gilt.

Radioaktiver Zerfall

1 Bestimmte Atomkerne sind nicht stabil. Sie zerfallen unter Aussendung von radioaktiver Strahlung (α-, β-, γ-Strahlung). Da sie dabei Teilchen abgeben, wandelt sich das ursprüngliche Atom in ein Atom eines anderen chemischen Elements um. So wird zum Beispiel durch den Zerfall aus Blei-214 ein Wismut-214-Atom. Nach einiger Zeit ist von den urspünglichen Atomen nur noch die Hälfte radioaktiv. Diesen Zeitraum, in dem die radioaktive Masse auf die Hälfte abnimmt, nennt man **Halbwertszeit T.** Je nach dem chemischen Element kann sie mehrere tausend Jahre bis zu Bruchteilen einer Sekunde betragen.

Element	Halbwertszeit
Thorium-232	$1{,}4 \cdot 10^{10}$ Jahre
Uran-238	$4{,}5 \cdot 10^{9}$ Jahre
Strontium-90	28,5 Tage
Jod-131	8 Tage
Blei-214	27 min
Radon-220	56 s
Polonium-214	$1{,}6 \cdot 10^{-4}$ s

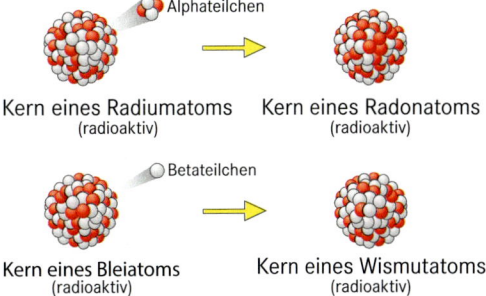

So kann man die Halbwertszeit für Cäsium-137 ermitteln, wenn von 400 mg nach 2 Jahren noch 382 mg vorhanden sind.

B Für die Berechnung gilt folgende Formel: $m = m_0 \cdot 0{,}5^{\frac{t}{T}}$
Dabei steht m_0 für die ursprünglich vorhandene Menge, m für die Menge nach der Zeit t und T für die Halbwertszeit. Die Größen T und t müssen in der gleichen Einheit angegeben sein.

Setze alle gegebenen Werte in die Formel ein: $\quad 382 \text{ mg} = 400 \text{ mg} \cdot 0{,}5^{\frac{2\text{ Jahre}}{T}}$

Forme um: $\quad 0{,}955 = 0{,}5^{\frac{2\text{ Jahre}}{T}}$

$$\frac{2\text{ Jahre}}{T} = \log_{0,5} 0{,}955$$

$$T = \frac{2\text{ Jahre}}{\log_{0,5} 0{,}955}$$

Die Halbwertszeit beträgt etwa 30 Jahre. $\quad T = 30{,}1$ Jahre

a) Berechne, wie viel strahlendes Material von ursprünglich 500 mg Blei-214 nach 2 h noch übrig ist.
b) Nach welcher Zeit sind vom gleichen Material noch 10 mg übrig?
c) Berechne die Halbwertszeit von Cäsium-143, wenn nach einem Jahr von ursprünglich 200 mg noch 141,4 mg vorhanden sind.
d) Wie lange dauert der Zerfall von Radon-220, wenn noch 25% der ursprünglichen Menge gemessen werden?

2 a) Stelle den Zerfall von 1 g Jod-131 über einen Zeitraum von 2 Monaten grafisch dar.
b) Finde eine Gleichung, mit deren Hilfe sich der Zerfall beschreiben lässt.

3 1 g Uran-238 zerfällt in 999,86 mg Thorium-234 und dieses dann in 12 Tagen in 707 mg Protactinium (Pa) und in weiteren 14 Sekunden in 615,5 mg Uran-234.
a) Berechne, wie lange der Zerfall von Uran-238 in Thorium dauert.
b) Bestimme die Halbwertszeiten von Thorium und Protactinium.

Vermischte Übungen

1 Zu medizinischen Diagnosezwecken wird radioaktives Jod-131 verwendet.

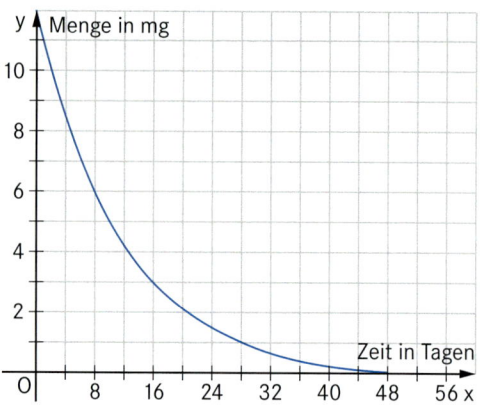

a) Einem Patienten wird Jod-131 verabreicht. Bestimme aus dem Diagramm die Anfangsmasse k und die Halbwertszeit T.
b) Wie viel mg radioaktives Material hat der Patient nach 4 (16, 32) Tagen noch im Körper?
c) Zeige, dass für y mg radioaktives Material und x Tage gilt: $y = 12 \cdot \left(\frac{1}{2}\right)^{\frac{x}{8}}$
d) Nach wie viel Tagen sind noch 10 mg des Materials vorhanden?

2 Für die Diagnose wird auch das Isotop Technetium-99 eingesetzt. Es hat eine 100fach geringere Strahlenbelastung als Jod-131 und eine Halbwertszeit von sechs Stunden.
a) Ein Patient erhält 12 mg des Isotops. Wie viel mg sind nach 12 (18, 24) Stunden noch im Körper des Patienten?
b) Zeichne die Zerfallskurve über 48 Stunden bei einer Menge von 12 mg.
c) Wie viel Prozent des Anfangswertes sind noch nach 20 Stunden vorhanden?

3 Das Guthaben auf einem Sparbuch wächst nach der Formel $y\,€ = K \cdot \left(1 + \frac{p}{100}\right)^x$.
Dabei ist K das Anfangskapital und y € das Kapital nach x Jahren.
a) Stell dir vor, Herr Sparsam hätte Anfang des Jahres 1005 genau 1 € zu 3 % Zinssatz angelegt, so wäre sein Kapital nach der Formel $y = 1{,}03^x$ angewachsen.
Stelle die Entwicklung des Kapitals für die ersten 120 Jahre grafisch dar.
Für die Zeichnung: $0 \leqq x \leqq 120$; $0 \leqq y \leqq 40$
b) Berechne, wie hoch sein Kapital im Jahr 2000 gewesen wäre (im Jahr 2020 sein würde). Runde auf ganze Millionen.

c) In welchem Jahr hätte das Kapital von Herrn Sparsam 1,8 Mio € überschritten? Welches weltgeschichtliche Ereignis fand in diesem Jahr statt?
d) Hätte Herr Schlau 40 Jahre später als Herr Sparsam den Betrag von 2 € zu 5 % angelegt, würde sich sein Kapital nach einer der Formeln vermehren, nach welcher? Ergänze die Zeichnung zu a) mit der grafischen Darstellung der Kapitalentwicklung.
A $y = 2 \cdot 1{,}05^{x+40}$ B $y = 2 \cdot 1{,}05^x + 40$ C $y = 2 \cdot 1{,}05^{x-40}$
e) Berechne, nach welcher Laufzeit Herr Sparsam und Herr Schlau das gleiche Kapital besitzen (auf eine Stelle nach dem Komma gerundet).
In welchem Jahr wäre dies der Fall?

4 Im Jahr 1930 lag die durchschnittliche wöchentliche Arbeitszeit bei 51 Stunden. Die Entwicklung dieser Arbeitszeit lässt sich etwa durch die Gleichung $y = 51 \cdot 0{,}9955^{(x-1930)}$ beschreiben. Dabei ist x die Jahreszahl und y Stunden die wöchentliche Arbeitszeit.
a) Berechne die Arbeitszeit für 1960 und 1980.
b) Nimm an, die Gleichung würde für alle Zeiten gelten. Welche Arbeitszeit würdest du für 1900, für 2050 erhalten?
c) Nimm an, 1930 wären in der Schweiz 48 Stunden und 1970 durchschnittlich 42 Stunden gearbeitet worden. Welche Gleichung erhältst du dann?
d) Wann ist dann die Arbeitszeit in Deutschland und der Schweiz gleich?

Darstellung von Exponentialfunktionen am Computer

1 Würfle gleichzeitig mit 50 Würfeln. Nimm dann alle Würfel mit der Augenzahl 6 weg und zähle die restlichen Würfel. Mit diesen würfelst du erneut, nimm wieder alle 6er weg und fahre fort bis nur noch ein Würfel übrig ist. Zähle dabei jeweils die restlichen Würfel.
a) Trage deine Werte wie im Bild in ein Tabellenkalkulationsprogramm ein und lass die Werte grafisch darstellen.

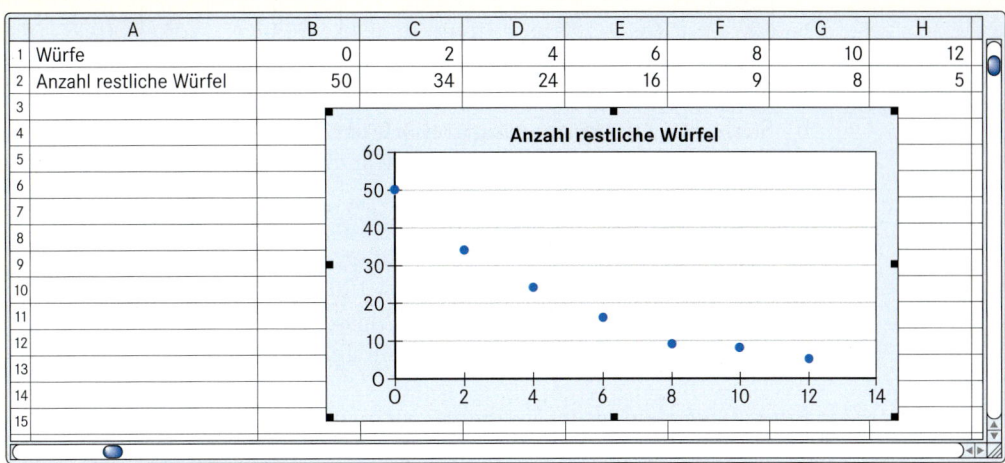

b) Die Punkte liegen zwar nicht genau auf dem Graphen einer Exponentialfunktion, aber doch mit guter Annäherung. Finde mit Hilfe zweier geeigneter Wertepaare eine mögliche Funktionsgleichung.
c) Bei welchem Wurf sind noch 20 Würfel übrig?
d) Führe das Spiel erneut durch. Nimm nun bei jedem Wurf die Augenzahlen 1, 3 und 5 heraus. Welche besondere Gleichung ergibt sich?

2 Eine Bank macht dir nebenstehendes Angebot für deine Spareinlagen.
a) Erstelle mit Hilfe eines Tabellenkalkulationsprogrammes eine Tabelle des Kapitalwachstums für die ersten 10 Jahre.
b) Wie lautet die Formel in Zelle C9?
c) Die unterschiedlichen Zinssätze kannst du leicht mit Hilfe der WENN-Formel berücksichtigen. Du findest sie unter Einfügen/Funktion/Logik.
Es öffnet sich ein Fenster, in dem du die Bedingung und die zugehörigen Berechnungen eingeben kannst.
d) Stell das Wachstum grafisch dar.
e) In welchem Jahr hast du 2500 € auf dem Konto?
f) Erkundige dich nach aktuellen Zinssätzen und führe das Beispiel mit diesen Werten durch.

Unser Angebot – Sparen 2000+

Guthaben bis 2000 €   zzt. 1,25 %
Guthaben bis 5000 €   zzt. 2,00 %
Guthaben ab 5000 €   zzt. 2,35 %
Mindestanlage 100 €;
Kündigungsfrist 3 Monate

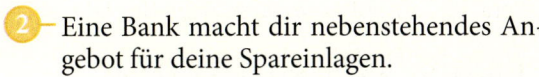
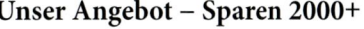

Biologisches oder chemisches Wachstum

1 Algen gehören zu den ältesten bekannten Organismen auf der Erde. Sie kommen seit etwa 3 Milliarden Jahren vor. Einige dieser Algen können sich bei günstigen Bedingungen täglich um 15 % vermehren.
  a) Übertrage die Tabelle in dein Heft und vervollständige sie. Verwende als Anfangswert 100 mg.

Zeit x Tage	0	1	2	3	4	5	6	7	8	9	...	20
Masse y mg											...	

  b) Stelle den Zusammenhang grafisch dar.
  c) Entnimm dem Diagramm, nach wie viel Tagen sich der Anfangsbestand verdoppelt hat.
  d) Verdoppelt sich nun dieser Bestand im gleichen Zeitraum erneut?
  e) Welche der Gleichungen beschreibt das Wachstum?
      A $y = 115^x$ B $y = 100 \cdot 1{,}15^x$ C $y = 10 \cdot 11{,}5^x$
  f) Berechne, nach welcher Zeit eine Masse von 350 mg (600 mg; 1 g) vorhanden ist.
  g) Informiere dich über das Wachstum anderer Algen- oder Bakterienarten.

2 Eine Bakterienkultur vermehrt sich in einer Nährlösung wie in der Tabelle dargestellt.

Zeit x h	0	2	4	6
Masse y mg	1,2	4,1	14,0	48,1

  a) Das Wachstum lässt sich durch eine Funktionsgleichung der Form $y = 1{,}2 \cdot a^x$ beschreiben. Bestimme a.
  b) Welche Masse wird nach 3 (5; 8; 10) Stunden erreicht?
  c) Stelle den Zusammenhang für die ersten 10 Stunden grafisch dar.
  d) Berechne, nach welcher Zeit 80 mg (100 mg; 500 mg) der Bakterienkultur vorhanden sind.

3 Wasserhyazinthen vergrößern die von ihnen bedeckte Fläche in einer Woche um rund 30 %. Dieses Wachstum kann durch eine Funktion dargestellt werden.
  a) Zeige rechnerisch, dass man für 10 m² Ausgangsfläche und y m² bedeckter Fläche nach x Wochen die Funktionsgleichung $y = 10 \cdot 1{,}3^x$ erhält.
  b) Der Bodensee ist rund 570 km² groß. Nach welcher Zeit wäre er ganz bedeckt? Wann zur Hälfte?

4 In der Wirklichkeit wächst eine Population von Lebewesen nicht unbegrenzt. Die Abbildung zeigt das Wachstum von Hefe.
  a) Beschreibe das Wachstum. Welche Faktoren könnten es beeinflussen?
  b) Das Hefewachstum lässt sich durch eine Gleichung der Form $y = \dfrac{660}{1 + 65 \cdot a^{-x}}$ beschreiben, wobei y die Hefemasse in mg nach x Stunden Wachstum darstellt. Zeige rechnerisch, dass die Anfangsmasse 10 mg beträgt.
  c) Berechne den Faktor a, wenn nach 5 h die Hefemasse 225 mg beträgt.
  d) Stelle mit Hilfe einer Wertetabelle das Wachstum für die ersten 30 h grafisch dar. Vergleiche mit a).
  e) In welchem Zeitraum ist das Wachstum exponentiell? Finde dafür eine Gleichung der Form $y = k \cdot b^x$.

Der Graph ist aber nur am Anfang exponentiell!

Abbauprozesse im Körper

1 Um ihre Beschwerden zu lindern, muss Frau Malad täglich eine Tablette einnehmen, die 5 mg der Substanz Veracick enthält. Der menschliche Körper baut innerhalb eines Tages ca. 60% dieser Substanz ab und scheidet diese aus. Untersucht wird, welche Menge der Substanz Veracick nach x Tagen noch im Körper ist.

a) Erkläre die Terme zur Berechnung der im Körper noch vorhandenen Substanz Veracick zu Beginn des 2. und 3. Tages.

Anzahl der Tage	1	2	3	…10
im Körper noch vorhandene Menge an Veracick in mg	5	$0{,}4 \cdot 5 + 5$	$0{,}4 \cdot (0{,}4 \cdot 5 + 5) + 5$	

b) Berechne die im Körper bei Frau Malad vorhandene Menge an Veracick für die ersten 10 Tage. Stelle den Zusammenhang zwischen der Anzahl der Tage, an denen die Tablette eingenommen wird und der im Körper noch vorhandenen Menge Veracick grafisch dar. Was stellst du fest?

c) Die Menge y mg an Veracick im Körper in Abhängigkeit von der Anzahl x der Tage, die das Medikament eingenommen wird, kann man durch eine der folgenden Funktionsgleichungen darstellen. Begründe deine Wahl.

A $y = 8\frac{1}{3} \cdot (1 - 0{,}6^x)$ **B** $y = 8\frac{1}{3} \cdot (1^x - 0{,}4)$ **C** $y = 8\frac{1}{3} \cdot (1 - 0{,}4^x)$

d) An welchem Tag befinden sich erstmals mehr als 8,30 mg Veracick im Körper?

2 $\frac{1}{1000} = 1‰ = \text{ein Promille}$ $\frac{4}{1000} = 4‰$ $\frac{10}{1000} = 10‰ = 1\%$

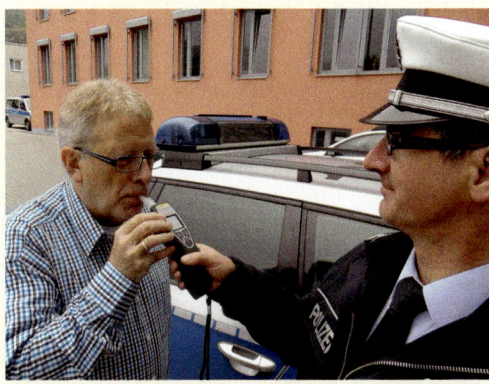

Wenn man von Promille spricht, geht es meistens darum, wie viel Alkohol ein Autofahrer vor der Fahrt getrunken hat.

Trinkt man Alkohol, so gelangen ca. 90% über den Magen und Dünndarm ins Blut. Die Blutalkoholkonzentration (BAK) wird in Promille (‰) angegeben und dient der Polizei zur Feststellung der Fahrtüchtigkeit. Pro Stunde baut der Körper wieder ca. 0,15‰ durch Umwandlung in der Leber ab. So kannst du die Blutalkoholkonzentration (BAK) berechnen.

 $BAK = \frac{A}{m \cdot r} - t \cdot 0{,}15‰$.

Dabei gilt:
A Masse des Alkohols im Blut in g
m Körpermasse in g
t Zeit in Stunden
r Verteilungsfaktor im Körper (0,6 bei Frauen und Jugendlichen; 0,7 bei Männern)

Beispiel: Herr Dimpfl wiegt 80 kg und trinkt in einer Stunde eine Halbe Bier (5 Vol% Alkohol, Dichte 0,8 $\frac{g}{ml}$)

Alkoholmenge im Bier: A* = 500 ml · 0,8 $\frac{g}{ml}$ · 0,05 = 20 g

Alkoholmenge im Blut: A = 0,9 · 20 g = 18 g

$BAK = \frac{18\,g}{80\,000\,g \cdot 0{,}7} - 1 \cdot \frac{0{,}15}{1000} = 0{,}00017 = 0{,}17‰$

a) Wenn Frau Dimpfl mit 60 kg ebenfalls in einer Stunde eine Halbe Bier trinkt, dann hat sie die doppelte BAK wie ihr Mann. Stimmt das? Begründe.

b) Herr Dimpfl trinkt über mehrere Stunden hinweg stündlich eine Halbe. Erstelle eine Funktionsgleichung zur Ermittlung der BAK y ‰ in Abhängigkeit von der Zeit x h.

c) Erfinde eine eigene Aufgabe zu Berechnungen zur BAK.

① Herr Blank braucht für den Kauf eines Hauses ein Darlehen von 100 000 €. Der Berater der RAU-Bank bietet ihm ein Darlehen zu 3,5 % Zins und 1 % anfänglicher Tilgung an. Herr Blank muss also im ersten Jahr 3500 € Zins und 1000 € Tilgung bezahlen.

a) In seiner Zeitung findet Herr Blank nebenstehenden Artikel. Überprüfe, ob das Rechenbeispiel richtig ausgeführt wurde.
b) Berechne mit dem Beispiel aus der Zeitung, wie hoch die Restschuld nach 10 Jahren ist.
c) Nach welcher Zeit hätte Herr Blank sein Darlehen bei der RAU-Bank getilgt.
d) Die Amigo-Bank verlangt ebenfalls 3,5 % Zins, schlägt jedoch eine monatliche Zahlung von 1000 € vor. Für die Berechnung der Restschuld verwendet die Bank die Tabelle unten. Erkläre die Berechnung der Restschuld R_1 (nach einem Jahr) und ergänze in deinem Heft die Berechnungen für R_2 und R_3.
e) Begründe mit Hilfe der Berechnungen von R_1 und R_2 die folgende Formel der Amigo-Bank:
$R_x = R_{x-1} \left(1 + \frac{3,5}{100 \cdot 12}\right) - 1000 \, \text{€}$
f) Mit dem GTR kannst du jetzt ganz einfach die Restschuld ermitteln. Speichere dazu den Ausdruck in der Klammer in einem Speicher, z. B. in F. Das Restdarlehen R_1 berechnest du wie folgt:

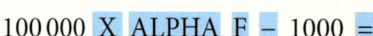

100 000 X ALPHA F − 1000 =

Mit dem Ergebnis kannst du sofort weiter machen.
Führe die weitere Darlehensentwicklung fort.

Diese Formel macht Kredite erst vergleichbar

Zinsen gut, alles gut? Nein, so einfach ist es leider nicht, den günstigsten Kredit ausfindig zu machen.
Auch auf die Restschuld kommt es an. Die ist leichter zu berechnen, als es aussieht.

& Restschuld

Die Restschuld, also der verbleibende zu finanzierende Betrag nach Ablauf der Zinsbindungsfrist, kann anhand folgender Formel selbst aus- oder nachgerechnet werden:

$R_n = D - A \cdot \dfrac{(1 + \frac{Z}{100})^n - 1}{\frac{Z}{100}}$

Erklärung:
R_n = Restschuld nach n Jahren
D = Darlehenssumme
A = Anfangstilgung
Z = Zinssatz

Beispiel:
Kredit über 100000 €
Tilgung im ersten Jahr 1% (1000 €)
Nominalzins 5,5 %

Das Gebilde in der Klammer (1 + 0,055), ergibt zehnmal mit sich selbst multipliziert 1,8021, minus 1 ergibt 0,8021, geteilt durch 0,055 ergibt 14,58348.
Multipliziert man diesen Wert mit 1000 € Anfangstilgung, ergibt sich die Summe von 14 583,48, die vom Darlehensbetrag abgezogen zur Restschuld führt.

Tabelle der Amigo-Bank

nach x Monaten	0	1	2
R_x	R_0	R_1	R_2
Restschuld R_x in €	100 000	$100\,000 + 100\,000 \cdot \frac{3,5}{100 \cdot 12} - 1000 =$ $100\,000 \left(1 + \frac{3,5}{100 \cdot 12}\right) - 1000 = \blacksquare$	$\blacksquare + \blacksquare \cdot \frac{3,5}{100 \cdot 12} - 1000 = \ldots$

Lösungsstrategie für die Abschlussprüfung

A — Nachdem der nordamerikanische Waschbär nach Deutschland eingeschleppt worden war, konnte in einigen Gebieten festgestellt werden, dass die Anzahl der Waschbären jährlich um 27 % zunimmt.

a) Legt man dieses Wachstum zugrunde und geht von einem Anfangsbestand von 250 Waschbären in einem Beobachtungsgebiet am Jahresende 2012 aus, lässt sich der Zusammenhang zwischen der Anzahl x der von diesem Zeitpunkt an vergangenen Jahre und der Anzahl y der Tiere annähernd durch die Exponentialfunktion f mit der Gleichung $y = 250 \cdot 1{,}27^x$ beschreiben ($\mathbb{G} = \mathbb{R}_0^+ \times \mathbb{R}_0^+$).
Zeichnen Sie den Graphen zu f für $x \in [0; 10]$ in das Koordinatensystem.
Für die Zeichnung: $0 \leq x \leq 10$; Einheit 1 cm; $0 \leq y \leq 2800$; 1 cm $\triangleq$ 200

b) Ermitteln Sie mit Hilfe des Graphen zu f, um wie viele Tiere der Bestand an Waschbären bis zum Ende des Jahres 2020 voraussichtlich zunehmen wird.

> *Beachte bei der Zeichnung: auf der x-Achse steht 0 für das Jahr 2012 und 1 für das Jahr 2013.*

c) Berechnen Sie, in welchem Jahr die Anzahl der Waschbären voraussichtlich erstmals größer als 4900 sein wird.

> *Setze 4900 (Anzahl der Tiere) in der Gleichung für y ein.*
> $$4900 = 250 \cdot 1{,}27^x$$
> *Löse nach x auf:* $\quad 19{,}6 = 1{,}27^x$
> $$x = \log_{1{,}27} 19{,}6$$
> $$x = 12{,}4$$
> *Die Variable x steht für Jahre ab 2012, dann ist man 12,4 Jahre später im Jahr 2025.*

d) Ermitteln Sie durch Rechnung, am Ende welchen Jahres voraussichtlich erstmals über 900 Waschbären mehr als im Jahr zuvor registriert werden.

> *Die Differenz zweier aufeinander folgender Jahre soll 900 Waschbären betragen. Für die Jahre kannst du also x und x−1 wählen.*
> $$250 \cdot 1{,}27^x - 250 \cdot 1{,}277^{x-1} = 900$$
> *Zerlege die Potenzen mit Hilfe der Potenzgesetze.*
> $$250 \cdot 1{,}27^x - 250 \cdot 1{,}27^x \cdot 1{,}27^{-1} = 900$$
> $$250 \cdot 1{,}27^x - 196{,}85 \cdot 1{,}27^x = 900$$
> $$53{,}15 \cdot 1{,}27^x = 900$$
> $$1{,}27^x = 16{,}93$$
> $$x = \log_{1{,}27} 16{,}93$$
> $$x = 11{,}84$$
> *Am Ende des 12. Jahres (2024) gibt es 900 Waschbären mehr als im Vorjahr.*

e) Durch die Zunahme des Waschbärenbestandes in einem Gebiet ging die Anzahl an Kormoranen von anfänglich 3600 Vögeln um jährlich 6 % zurück. Der Zusammenhang zwischen der Anzahl x der Jahre und der Anzahl y der Kormorane lässt sich näherungsweise durch eine Exponentialfunktion der Form $y = y_0 \cdot k^x$ beschreiben. Geben Sie die Funktionsgleichung an.

Weitere Beispiele zu Prüfungsaufgaben findest du in Kap. 9 ab Seite 182.

> *Setze für y_0 den Anfangswert ein:* $\quad y = 3600 \cdot k^x$
> *Den Wachstumsfaktor k erhältst du mit* $k = 1 - p\,\%$
> $$k = 1 - 0{,}06 = 0{,}94$$
> *Funktionsgleichung:* $\quad y = 3600 \cdot 0{,}94^x$

Team 10 auf Vorbereitungs-Tour

1 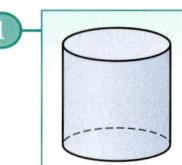 Mit einem DIN A4-Blatt kann man die Mantelfläche von Zylindern formen. Die jeweiligen Grund- und Deckkreise kann man sich dann vorstellen.
a) Forme aus einem DIN A4-Blatt den Mantel eines Zylinders Z_0. Berechne das Volumen.
b) Schneide das Blatt so durch, dass die Höhe deines Zylinders halbiert wird. Füge nun die beiden Blätter so zusammen, dass ein Zylinder Z_1 mit doppeltem Umfang entsteht. Berechne das Volumen des neuen Zylinders. Ergänze Heft die Tabelle.
c) Verfahre nochmals wie in Aufgabe b). Was stellst du fest?

	Zylinder$_0$	Zylinder$_1$	Zylinder$_2$	Zylinder$_x$
Anzahl der Schnitte	0	1	2	X
Grundkreisradius in cm				–
Grundfläche in cm²				–
Höhe in cm				
Volumen in cm³				
Oberfläche in cm²				

d) Stelle die Volumina y cm³ der Zylinder nach x Schnitten dar. Begründe.
  A $y = 1474 \cdot 2^x$ B $y = 1042 \cdot 2^x$
  C $y = 1042 \cdot x^2$ D $y = 1474 \cdot x$
e) Überprüfe die Aussage von Sarah.
f) Forme mit dem Blatt die Mantelfläche eines anderen Körpers.

Ein Professor behauptet, dass man aus dem Blatt einen Zylindermantel so gestalten kann, dass das gesamte Wasser des Chiemsees in den Zylinder passt.

4 Familie Spielsucht ist begeistert. Soeben wurde ihr per Email folgendes Gewinnspiel angeboten. An einen in der Mail genannten Mitspieler sind 100 € zu überweisen. Dann brauchen nur noch drei weitere Spieler mit der gleichen Mail angeworben werden und nach einigen Tagen würden 900 € bei Familie Spielsucht eingehen.
Das Spielschema kannst du dir wie folgt vorstellen. In jeder „Generation" werden von jedem Spieler drei Spieler der nächsten Generation geworben. Gezahlt wird an den Spieler der um zwei Stufen vorherigen Generation, z. B. alle Spieler C an A.

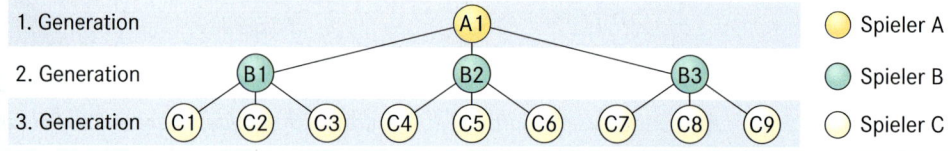

a) Berechne, wie viele Spieler in der vierten (sechsten, zehnten) Generation teilnehmen.
b) Entscheide, welche der Gleichungen die Anzahl y der Spieler in der Generation x richtig berechnet.
  A $y = 3x$ B $y = \frac{1}{3}x^3$ C $y = \frac{1}{3} \cdot 3^x$ D $y = 3^{x-1}$
c) Berechne, in welcher Generation sämtliche Einwohner Bayerns erfasst würden.
d) Bearbeite die Teilaufgaben a) bis c), wenn in jeder Generation vier Spieler der nächsten Generation geworben werden.
e) Herr Vorsicht, der Nachbar von Familie Spielsucht, warnt vor dem Mitspielen. Begründe warum.

Team 10 auf Vorbereitungs-Tour

2 Im Bild unten rechts siehst du das Netz einer quaderförmigen Pappröhre, die hinten und vorne offen ist. Das Netz soll mit Hilfe der Abbildung durch orthogonale Affinität mit der x-Achse als Affinitätsachse und dem Affinitätsfaktor k > 0 so verändert werden, dass die bisherige rechteckige Grundfläche ABCD quadratisch wird.
a) Berechne den Affinitätsfaktor k. Konstruiere das neue Netz.
  A k = 2   **B** k = 1,5   **C** k = $\frac{2}{3}$
b) Vergleiche Volumen und Mantelfläche der neuen und alten Pappröhre. Was stellst du fest?
c)

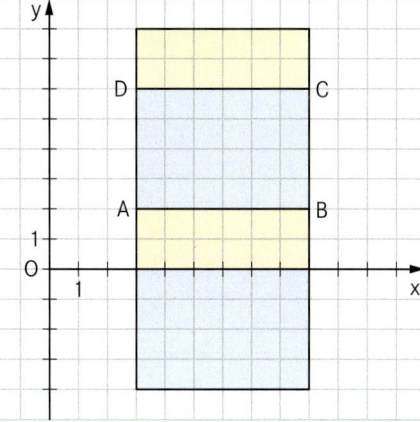

Das neue Netz aus Aufgabe a) könnte man zusätzlich durch orthogonale Affinität mit der y-Achse als Affinitätsachse und dem Faktor k abbilden.

Das Volumen der neuen Pappröhre beträgt dann das k^3-fache des Volumens der alten Röhre.

Das kannst du ohne Hilfsmittel.

3 Das Bild zeigt das Netz einer räumlichen Figur.
a) Zeichne das Netz, schneide es aus und falte es entlang der gestrichelten Linien zu einem Körper. Stelle ihn auf ein Dreieck und überlege, aus welchen zwei gleichen Teilfiguren der Körper besteht. Berechne das Volumen.

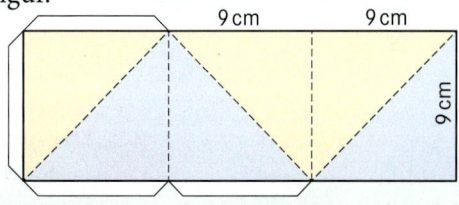

b) Das Netz wird durch zentrische Streckung so verändert, dass neue Figuren mit folgenden Eigenschaften entstehen. Berechne jeweils den Streckungsfaktor.
  (1) Figur mit doppelter Kantenlänge
  (2) Figur mit doppelter Oberfläche
  (3) Figur mit doppeltem Volumen

  A k = 2^2 **B** k = 2   **C** k = $\sqrt[3]{2}$ **D** k = $\sqrt{2}$ **E** k = 2^3

c) Welches Volumen hat der Körper in (1) im Vergleich zum Ausgangskörper?

5 Trigonometrie[1] – Rechtwinklige Dreiecke

Für die Vermessung Bayerns im 19. Jahrhundert legte man gut sichtbare Punkte fest, die zu Dreiecken verbunden wurden. Nach Messung einer Dreiecksseite als Basis konnte man die anderen Seiten durch Winkelmessungen ermitteln. Die Eckpunkte des Dreiecksnetzes nannte man trigonometrische Punkte, kurz TP, das Verfahren *Triangulation*. Schließlich erhielt man ein Dreiecksnetz, welches das ganze Land überspannte. Nenne mögliche Gründe, warum Bayern vermessen werden sollte.

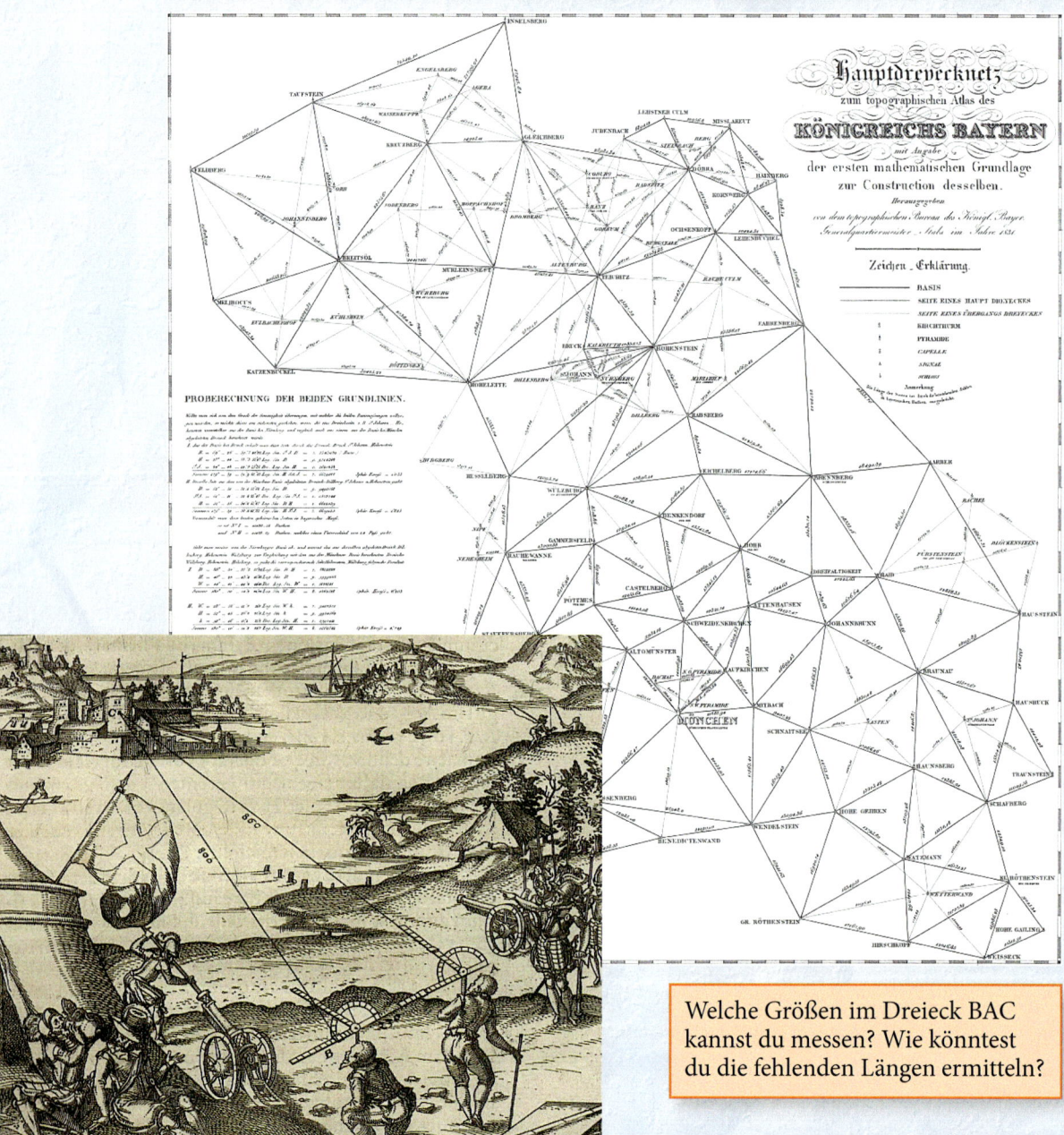

Welche Größen im Dreieck BAC kannst du messen? Wie könntest du die fehlenden Längen ermitteln?

[1] „Trigonon" griech. „Dreieck", „Metron" griech. „Maß"

Tangens

①

Die Steigung eines Geländes wird in Prozent angegeben. Bei einer Steigung einer Straße von 8 % beträgt auf einer horizontalen Entfernung von 100 m der Höhenunterschied 8 m. Pistenraupen überwinden je nach Schneebeschaffenheit Hangneigungen bis zu 85 %, mit Seilwindenunterstützung sogar Hänge mit bis zu 130 % Steigung.

a) Ermittle im Foto oben, wie groß in etwa der Steigungswinkel und die Hangneigung in Prozent sind.
b) Bestimme den Neigungswinkel einer Piste mit 85 % Gefälle durch Konstruktion.
c) Hugo behauptet: „Eine Hangneigung von 130 % ist gar nicht möglich, da der Steigungswinkel dann über 90° beträgt."

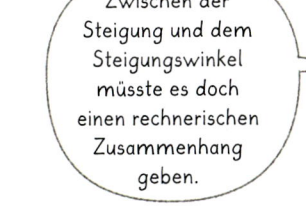  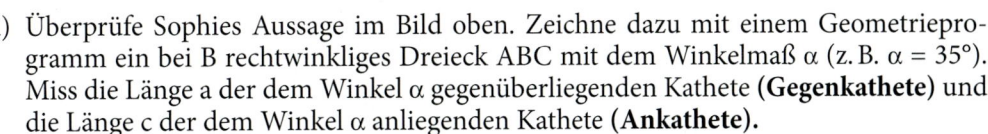

② a) Überprüfe Sophies Aussage im Bild oben. Zeichne dazu mit einem Geometrieprogramm ein bei B rechtwinkliges Dreieck ABC mit dem Winkelmaß α (z. B. α = 35°). Miss die Länge a der dem Winkel α gegenüberliegenden Kathete (**Gegenkathete**) und die Länge c der dem Winkel α anliegenden Kathete (**Ankathete**).
Lass das Verhältnis $\frac{\text{Länge der Gegenkathete } a}{\text{Länge der Ankathete } c}$ berechnen.
Verändere mit dem Zugmodus die Lage des Punktes B und damit die Längen der beiden Katheten. Beobachte das Verhältnis $\frac{a}{c}$. Was stellst du fest?

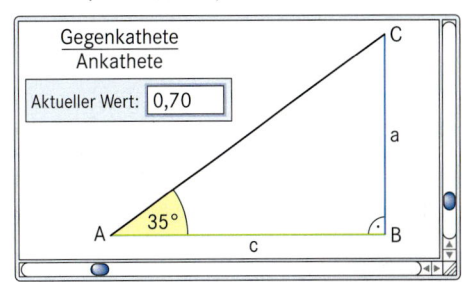

b) Nimm Stellung zu der Aussage von Tobias. Überprüfe deine Überlegungen mit dem Geometrieprogramm.

Tangens

3 Begründe: In allen rechtwinkligen Dreiecken mit gleichem Winkelmaß α hat der Quotient
$\frac{\text{Länge der Gegenkathete}}{\text{Länge der Ankathete}}$ immer denselben Wert.

4 Überprüfe die Aussagen der beiden Schüler.

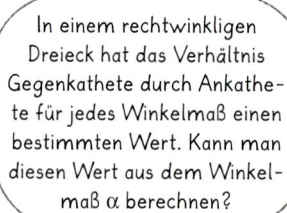

In einem rechtwinkligen Dreieck hat das Verhältnis Gegenkathete durch Ankathete für jedes Winkelmaß einen bestimmten Wert. Kann man diesen Wert aus dem Winkelmaß α berechnen?

Das ist ganz einfach! Du musst nur die richtige Taste beim TR verwenden.

---

tan α

 In einem rechtwinkligen Dreieck heißt der Quotient $\frac{\text{Länge der Gegenkathete}}{\text{Länge der Ankathete}}$ des Winkels α **Tangens von α**, kurz **tan α**.

Im Dreieck mit γ = 90° gilt: $\tan \alpha = \frac{a}{b}$

Entsprechend gilt: $\tan \beta = \frac{b}{a}$

Übungen

5 Berechne die Tangenswerte mit dem Taschenrechner. Runde auf zwei Nachkommastellen.

tan 25° =
Tastenfolge: TAN 25 =
Anzeige: .4663076582
tan 25° = 0,47

Achte darauf, dass der Eingabemodus auf DEGREE (Grad) eingestellt ist.

a) tan 15°; tan 20°; tan 25°
b) tan 10°; tan 30°; tan 60°
c) tan 45°; tan 22,5°; tan 0°
d) tan 3°; tan 5°; tan 7°
e) tan 83°; tan 85°; tan 87°
f) tan 88°; tan 88,5°; tan 89°
g) Wie verändern sich die Tangenswerte bei kleinen und bei großen Winkeln, wenn α vergrößert wird?

6 Berechne das Winkelmaß α mit dem Taschenrechner (α ∈ [0°; 90°[). Runde auf zwei Stellen nach dem Komma.

tan α = 1,5
α =
Tastenfolge: TAN⁻¹ 1.5 =
Anzeige: 56.30993247
α = 56,31°

a) tan α = 2,2; tan α = 22; tan α = 220
b) tan α = 9,8; tan α = 0,98; tan α = 0,098
c) tan α = 0,5; tan α = 0,75; tan α = 1
d) tan α = $\sqrt{3}$; tan α = $\frac{1}{3}\sqrt{3}$; tan α = $\sqrt{2}$

Lösungen: 26,57°; 44,42°; 89,74°; 5,60°; 36,87°; 60°; 65,56°; 45°; 89,42°; 54,74°; 30°; 87,40°; 84,17°

7 a) Berechne das Maß α des Steigungswinkels in nebenstehendem Straßenschild.
b) Berechne jeweils das Maß des Steigungswinkels in den Aufgaben 1b) und 1c) auf der Seite 67.

Tangens – Berechnungen im rechtwinkligen Dreieck

1 So kann man in einem rechtwinkligen Dreieck ABC mit $\alpha = 90°$, $\beta = 40°$, $b = 6$ cm die fehlende Kathetenlänge c berechnen.

B Fertige eine Planfigur und markiere gegebene Stücke farbig.

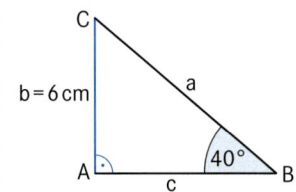

Berechne die Länge c.

$\tan 40° = \frac{6\,\text{cm}}{c}$ | $\cdot c$

$c \cdot \tan 40° = 6\,\text{cm}$ | $: \tan 40°$

$c = \frac{6\,\text{cm}}{\tan 40°}$

Tastenfolge: 6 : TAN 40 =
Anzeige: 7.150521556

$c = 7{,}15$ cm

Falls nichts anderes angegeben ist, runde auf zwei Stellen nach dem Komma.

Berechne die rot markierten Größen.

a)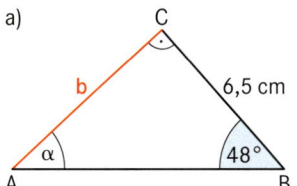
b)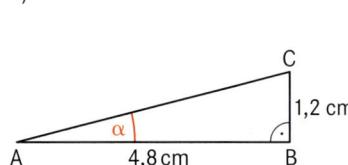
c)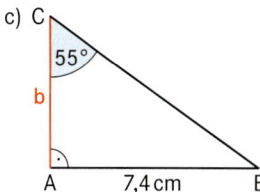

Übungen

2 Berechne in deinem Heft die fehlenden Größen des rechtwinkligen Dreiecks ABC.

	a	b	c	α	β	γ	A
a)		3,5 cm		90°	22°		
b)		87 cm				90°	52,20 dm²
c)			1,4 dm		90°	78°	

Lösungen (nur Maßzahlen):
15,23; 36; 14,8; 9,4; 68; 1,4; 0,21; 12; 12,0; 0,3; 8,8; 9,82; 54

3 Ein Scheinwerfer S beleuchtet einen Kirchturm ab einer Höhe von 15 m bis zur Spitze. Er steht 8 m vom Fuß des Kirchturms entfernt (siehe Skizze rechts).
a) Wie hoch ist der Kirchturm, wenn der Öffnungswinkel α des Scheinwerfers 22° beträgt?
b) Der Kirchturm ist 110 m hoch. Berechne für diesen Fall den Öffnungswinkel des Scheinwerfers.
c) Ab welcher Höhe beleuchtet ein Scheinwerfer mit $\alpha = 30°$ den 110 m hohen Kirchturm, wenn er 8 m von dessen Fuß entfernt steht?

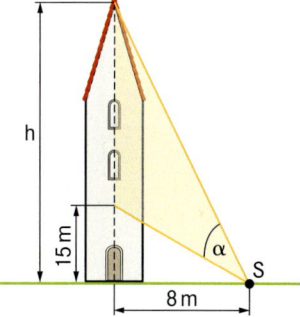

4 Das Quadrat ABCD hat die Seitenlänge $a = 8$ cm. Der Punkt M ist Seitenmittelpunkt. Für die Strecke [CP] gilt: $\overline{CP} = 5$ cm
a) Berechne die Winkelmaße α und α^*.
b) Berechne den prozentualen Anteil des Flächeninhalts des Dreiecks PMB am Flächeninhalt des Quadrats.

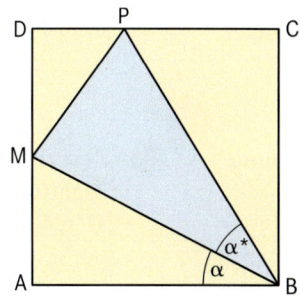

Tangens am Einheitskreis – Steigung einer Geraden

1. a) Zeichne mit einem Geometrieprogramm einen Kreis mit dem Radius 1 LE (**Einheitskreis**). Binde einen Punkt P an die Kreislinie und zeichne die Gerade g = OP. Konstruiere eine Tangente im Punkt Q(1|0) an den Kreis und markiere den Tangentenabschnitt [RQ].
Lass das Maß α des Winkels QOR und die y-Koordinate des Punktes R anzeigen.
   b) Begründe: Die y-Koordinate des Punktes R stimmt mit der zum Winkelmaß α gehörenden Steigung m der Geraden OP überein.
   c) Begründe, dass für α ∈ [0°; 90°[im Dreieck OQR gilt: m = tan α
   d) Verändere das Maß α mit dem Zugmodus und beobachte die zugehörige Steigung m.
Für welche Werte von α ∈ [0°; 360°] gibt es keinen Wert für m = tan α? Begründe.
   e) Für welche Werte von α ∈ [0°; 360°] ist die zugehörige Steigung positiv, für welche negativ?

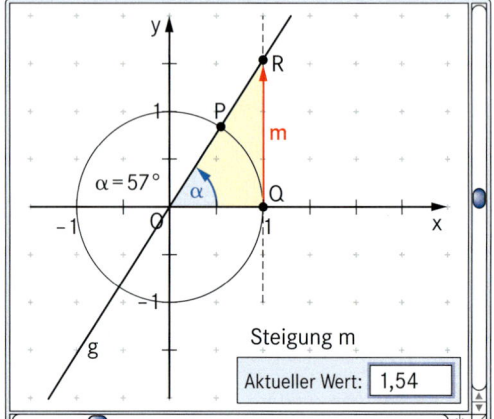

2. a) Vergleiche die Tangenswerte. Was stellst du fest?
      (1) $\alpha_1 = 30°$; $\alpha_2 = -30°$
      (2) $\alpha_1 = 78°$; $\alpha_2 = -78°$
   b) In der Abbildung ist eine Beziehung für die Tangenswerte negativer Winkelmaße gegeben. Begründe und ergänze in deinem Heft die Platzhalter.
      (1) tan (− 50°) = ▮ tan 50° = ▮
      (2) tan (▮) = − tan 65°
      (3) tan (− α) = ▮ tan α

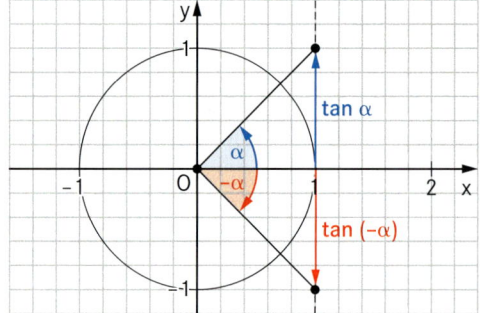

Einheitskreis

Steigung

m = tan α

negativ orientierter Winkel

Am **Einheitskreis** lässt sich jedem Winkelmaß α ∈ [0°; 360°] (α ≠ 90°; α ≠ 270°) eine Steigung m zuordnen.

Es gilt: **m = tan α**

m = tan α ist die **Steigung** einer Geraden g, wobei α das Maß des Winkels ist, den die Gerade mit der Richtung der positiven x-Achse einschließt.

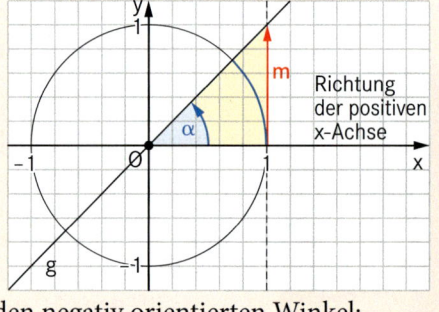

Aufgrund der Symmetrieeigenschaften gilt für den negativ orientierten Winkel:
tan (−α) = − tan α = − m

Übung

3. Berechne die Gleichung einer Geraden g, die durch den Punkt P verläuft und mit der Richtung der positiven x-Achse einen Winkel mit dem Maß α einschließt.
   a) α = 21,80°; P(0|0)   b) α = 45°; P(0|5)   c) α = 135°; P(1|2)   d) α = 150°; P(4|0)

Lösungen: y = − 0,58x + 2,31; y = x + 5; y = − x + 3; y = 0,4x; y = 2,5x − 4

Bestimmung der Winkelmaße von Tangenswerten

1 a) Vergleiche die Tangenswerte. Was stellst du fest?
   (1) $\alpha_1 = 30°$; $\alpha_2 = 150°$
   (2) $\alpha_1 = 55°$; $\alpha_2 = 125°$

b) Begründe mit Hilfe der nebenstehenden Abbildung folgenden Zusammenhang und ersetze die Platzhalter im Heft:
$\tan(180° - \alpha) = -\tan\alpha$
$\tan 150° = \tan(180° - \;\;) = \;\;\tan\;\; = \;\;$

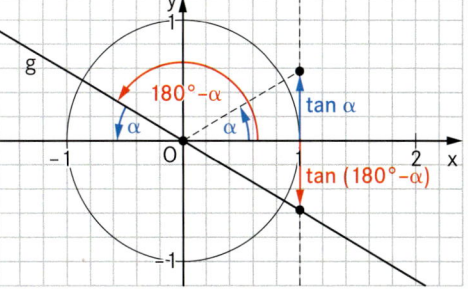

2 a) Vergleiche die Tangenswerte. Was stellst du fest?
   (1) $\alpha_1 = 30°$; $\alpha_2 = 210°$; $\alpha_3 = 330°$
   (2) $\alpha_1 = 55°$; $\alpha_2 = 125°$; $\alpha_3 = 305°$

b) Ersetze in deinem Heft mit Hilfe nebenstehender Zeichnung die Platzhalter.
$\tan(180° + \alpha) = \;\;$; $\tan(360° - \alpha) = \;\;$

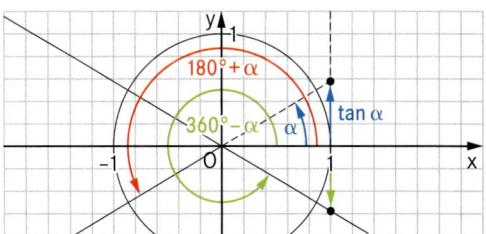

Supplementbeziehung

> **M** Die beiden Winkel α und $180° - \alpha$ ergänzen sich zu $180°$ ($\alpha \in\;]0°;\;90°[$).
> Es gilt folgende **Supplementbeziehung**[1]: $\quad\tan(180° - \alpha) = -\tan\alpha$
>
> Für Winkelmaße in den weiteren Quadranten gilt: $\quad\tan(180° + \alpha) = \tan\alpha$
> $\tan(360° - \alpha) = -\tan\alpha$

Übungen

3 Für die Winkelmaße 40° und 60° gilt: $\tan 40° = 0{,}84$ und $\tan 60° = \sqrt{3}$
Bestimme ohne Taschenrechner den Tangenswert zum angegebenen Winkelmaß.
a) $\tan(-40°)$ b) $\tan 140°$ c) $\tan 240°$ d) $\tan(-60°)$
   $\tan 120°$ $\tan 300°$ $\tan 320°$ $\tan 220°$

4 So kann man zu $\tan\alpha = -0{,}8$ die zugehörigen Winkelmaße berechnen.

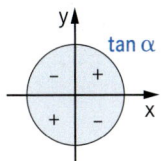

> **B** Tastenfolge: $\boxed{\text{TAN}^{-1}}\;\boxed{-}\;0{.}8\;\boxed{=}$
> Anzeige (gerundet): $-38{,}66$
>
> Der Taschenrechner zeigt mit $-38{,}66°$ ein negatives Winkelmaß an. Dieses ist nicht Element des Intervalls $[0°;\;360°]$.
>
> Somit folgt: $\alpha^* = 38{,}66°$
> $\alpha_1 = 180° - \alpha^* \qquad \alpha_2 = 360° - \alpha^*$
> $\alpha_1 = 180° - 38{,}66° \qquad \alpha_2 = 360° - 38{,}66°$
> $\alpha_1 = 141{,}34° \qquad\qquad \alpha_2 = 321{,}34°$
>
> Ergebnis: $\mathbb{L} = \{141{,}34°;\;321{,}34°\}$

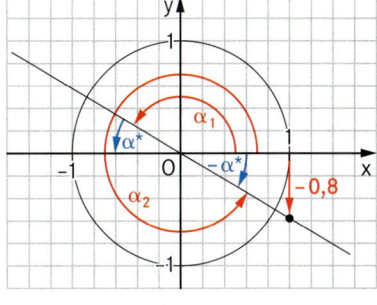

a) $\tan\alpha = 1{,}6$ b) $\tan\alpha = -22$ c) $\tan\alpha = -0{,}75$ d) $\tan\alpha = -\sqrt{3}$ e) $\tan\alpha = -1$
   $\tan\alpha = -1{,}6$ $\tan\alpha = 22$ $\tan\alpha = 7{,}5$ $\tan\alpha = -\tfrac{1}{3}\sqrt{3}$ $\tan\alpha = -0{,}5$

Lösungen: 122,01°; 150°; 87,40°; 60°; 135°; 143,13°; 153,43°; 92,60°; 120°; 57,99°; 82,41°; 262,41°; 315°; 333,43°; 240°; 323,13°; 330°; 302,01°; 267,40°; 300°; 272,60°; 237,99°

[1] „Supplement" bedeutet Ergänzung

Vermischte Übungen

1 Berechne das Winkelmaß α, das die Gerade g mit der positiven x-Achsenrichtung einschließt.
(α ∈ [0°; 180°] mit α ≠ 90°)
a) g: y = 0,5x
b) g: y = −0,5x
c) g: y = 2x + 3
d) g: y = −2x + 3
e) g: y = 0,8x + 1
f) g: y = −0,8x + 1

Lösungen: 153,43°; 63,43°; 78,69°; 26,57°; 141,34°; 38,66°; 116,57°

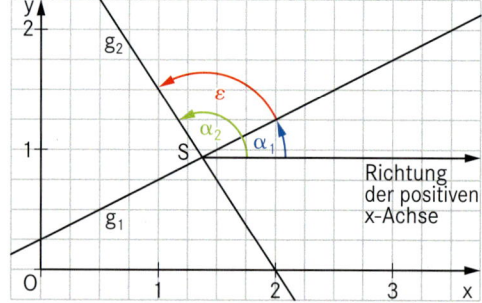

2 Die Gerade g verläuft durch A (0|0) und schließt mit der Richtung der positiven x-Achse den Winkel 31° ein. Die Höhe h_a des Dreiecks ABC mit B (3|0) liegt auf der Geraden g, der Eckpunkt C liegt auf der y-Achse. Zeichne das Dreieck. Berechne die Koordinaten des Eckpunktes C.

3 Berechne die Koordinaten des Schnittpunktes S und das Winkelmaß ε, unter dem sich die beiden Geraden g_1 und g_2 schneiden. Runde auf zwei Stellen nach dem Komma.
a) g_1: y = 3x; g_2: y = 0,5x
b) g_1: y = x + 1; g_2: 4x + y − 6 = 0
c) g_1: y = $-\frac{2}{3}$x + 1; g_2: y = 1,5x − 2
d) g_1: x + 2y − 4 = 0; g_2: y = 3x − 1

4 Gegeben ist eine Schar von Dreiecken ABC_n. Die Punkte C_n (x|2x + 8) liegen auf der Geraden g mit y = 2x + 8. Es gilt: A (−4|0); B (3,5|2,5)
a) Zeichne das Dreieck ABC_1 für x = −1.
b) Berechne das Maß α des Winkels BAC_1. [Ergebnis: α = 45°]
c) Berechne den Flächeninhalt des Dreiecks ABC_1 sowie die Länge $\overline{AB}$ und die Höhe h_c.
d) Das Lot von C_1 auf die Strecke [AB] schneidet diese im Punkt D_1. Berechne die Koordinaten von D_1. [Ergebnis: D_1 (0,5|1,5)]
e) Berechne die fehlenden Innenwinkelmaße $β_1$ und $γ_1$ des Dreiecks ABC_1.
f) Für das Dreieck ABC_2 gilt: β = 90°. Zeichne es ein und berechne die Längen der Seiten.

5 Gegeben sind rechtwinklige Dreiecke AB_nC_n (siehe Abbildung). Die Punkte B_n (x|2x − 2) liegen auf der Geraden g mit y = 2x − 2.
Es gilt: A (1|2); C_n (1|y_B)
a) Zeichne das Dreieck AB_1C_1 für x = 4. Berechne das Maß α des Winkels B_1AC_1.
b) Für welche Werte von x existieren Dreiecke AB_nC_n?
c) Zeige, dass für das Maß α des Winkels B_nAC_n gilt: tan α = $\frac{x-1}{2x-4}$
d) Im Dreieck AB_2C_2 gilt: α = 68,20°. Berechne die Koordinaten der Punkte B_2 und C_2.
e) Im Dreieck AB_3C_3 gilt: $\overline{AB_3}$ = 2 LE. Berechne den zugehörigen Wert für α.

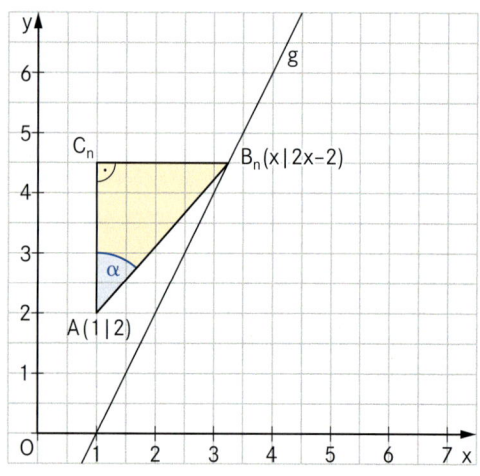

Vermischte Übungen

6 Die Punkte $B_n(x \mid 2x-1)$ von Rauten $AB_nC_nD_n$ liegen auf der Geraden g mit $y = 2x - 1$.
Es gilt: $A(-1 \mid 2)$; $C_n(-1 \mid y_C)$
a) Zeichne die Rauten $AB_1C_1D_1$ für $x = 2$ und $AB_2C_2D_2$ für $x = 3,5$.
b) Welche Werte sind für x zulässig, so dass Rauten $AB_nC_nD_n$ existieren?
c) Berechne das Maß α des Winkels B_1AD_1.
d) Zeige, dass für das Maß α des Winkels B_nAD_n gilt: $\tan\frac{\alpha}{2} = \frac{x+1}{2x-3}$
e) Berechne die Belegung von x, für die in der Raute $AB_3C_3D_3$ gilt: $\alpha = 112,62°$.
f) Die Raute $AB_4C_4D_4$ ist zugleich ein Quadrat. Berechne die Belegung von x.
g) Oskar behauptet: „Für $\alpha < 53,14°$ gibt es keine Rauten mehr." Hat er recht?
h) Stelle den Flächeninhalt der Rauten in Abhängigkeit von x dar.

7 So kann man die Lösungen der Gleichung $\tan(\alpha + 30°) = 2$ für $\alpha \in [0°; 360°[$ ermitteln.

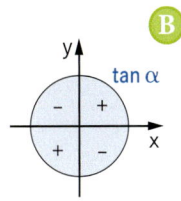

B Tastenfolge: $\boxed{\text{TAN}^{-1}}$ 2 $\boxed{=}$ 63,43

Für positive Tangenswerte gibt es die zwei Lösungen:
$\alpha_1 + 30° = 63,43°$ $\quad\vee\quad$ $\alpha_2 + 30° = 243,43°$
$\alpha_1 = 33,43°$ $\qquad\qquad\qquad$ $\alpha_2 = 213,43°$

$\mathbb{L} = \{33,43°;\ 213,43°\}$

Berechne die Lösungen der folgenden Gleichungen. Mache die Probe ($\alpha \in [0°; 360°[$).
a) $\tan(\alpha - 30°) = 2$ b) $\tan(\alpha - 30°) = -2$ c) $\tan 2\alpha = 1,6$
d) $\tan 2\alpha = -1,6$ e) $4 - \tan(3\alpha - 10°) = 0$ f) $\tan(3\alpha - 10°) + 4 = 0$
g) $\tan(\alpha - 70°) = 1,2$ h) $1,2 + \tan(\alpha + 70°) = 0$ i) $\tan(2\alpha + 70°) - 1,2 = 0$

Lösungen: 88,65°; 239,81°; 38,01°; 29,0°; 120,19°; 146,57°; 93,43°; 59,81°; 151,0°; 28,65°; 273,43°; 119,0°; 80,1°; 326,57°; 300,19°; 61,0°; 98,01°

8 Die Vektoren $\vec{OA_n} = \begin{pmatrix}\tan(\alpha - 40°)\\ 3\end{pmatrix}$ und $\vec{OC} = \begin{pmatrix}-2\\ 4\end{pmatrix}$ spannen für $\alpha \in \,]\alpha_0; 130°]$ die Parallelogramme OA_nB_nC auf.
a) Berechne die Koordinaten der Vektoren $\vec{OA_n}$ für $\alpha = -5°$, $\alpha = 65°$ und $\alpha = 118°$. Zeichne die zugehörigen Parallelogramme OA_nB_nC in ein Koordinatensystem ein.
b) Begründe: Die x-Koordinate der Punkte A_n muss größer sein als $-1,5$. Berechne dann den unteren Grenzwert α_0.
c) Zeige, dass sich der Flächeninhalt der Parallelogramme wie folgt in Abhängigkeit von α darstellen lässt: $A(\alpha) = (4\tan(\alpha - 40°) + 6)$ FE.
d) Berechne die Belegung für α, für die der Flächeninhalt 8,80 FE beträgt.
e) Unter den Parallelogrammen OA_nB_nC gibt es ein Rechteck. Berechne die zugehörige Belegung von α und zeichne das Rechteck ein.

9 Die Vektoren $\vec{OP_n} = \begin{pmatrix}4 + \tan(\alpha + 20°)\\ -2\end{pmatrix}$ und $\vec{OQ_n} = \begin{pmatrix}\tan(\alpha + 20°)\\ 3\end{pmatrix}$ spannen für $\alpha \in [-50°; 70°[$ die Dreiecke OP_nQ_n auf.
a) Berechne die Koordinaten von $\vec{OP_n}$ und $\vec{OQ_n}$ für $\alpha \in \{-46,57°;\ 25°;\ 58°\}$ und zeichne die zugehörigen Dreiecke OP_1Q_1, OP_2Q_2 und OP_3Q_3 in ein Koordinatensystem ein.
b) Zeige durch Rechnung, dass alle Pfeile $\overline{P_nQ_n}$ gleiche Koordinaten haben.
c) Berechne den Wert von α für das Dreieck OP_4Q_4 mit dem Flächeninhalt 10 FE.
d) Für welchen Wert von α liegt der Punkt Q_5 auf der y-Achse? Zeichne das Dreieck OP_5Q_5 ein.

Sinus und Kosinus eines Winkels

1

a) Beide Abbildungen zeigen Rollstuhlrampen. Schätze geeignete Längen so genau wie möglich und berechne die Steigungswinkelmaße der Rampen.

b) „Rollstuhlgängige Anlagen", die Rollstuhlfahrer aus eigener Kraft bewältigen können, dürfen höchstens 5° bis 7° Steigungswinkelmaß haben.
Das Steigungswinkelmaß beim rollstuhlgängigen Aufgang der Stadthalle beträgt 6°. Der Eingang liegt 1,20 m über dem Ausgangsniveau. Wie weit vor dem Eingang muss der Aufgang beginnen? Wie lang muss der Aufgang sein?
Löse durch eine geeignete Zeichnung.

2

Man müsste doch die Länge des Aufgangs in Aufgabe 1 direkt berechnen können, wenn man den Steigungswinkel und den Höhenunterschied kennt.

Dazu müsste man wissen, ob es im rechtwinkligen Dreieck Zusammenhänge zwischen Winkelmaß, Katheten- und Hypotenusenlänge gibt.

a) Zeichne mit einem Geometrieprogramm wie in Aufgabe 2 auf Seite 67 ein rechtwinkliges Dreieck ABC mit konstantem Winkelmaß α.

Lass das Verhältnis $\frac{\text{Länge der Gegenkathete}}{\text{Länge der Hypotenuse}}$ berechnen.

Verändere das Dreieck mit dem Zugmodus. Das Winkelmaß α soll dabei konstant bleiben. Was stellst du fest?
Verändere das Winkelmaß α und beobachte wieder das Längenverhältnis. Was stellst du fest?

b) Verfahre wie in a). Lass das Verhältnis $\frac{\text{Länge der Ankathete}}{\text{Länge der Hypotenuse}}$ anzeigen.

c) Begründe: In allen rechtwinkligen Dreiecken gilt für ein konstantes Winkelmaß α: Die Quotienten
$\frac{\text{Länge der Gegenkathete}}{\text{Länge der Hypotenuse}}$ bzw. $\frac{\text{Länge der Ankathete}}{\text{Länge der Hypotenuse}}$
sind jeweils konstant.

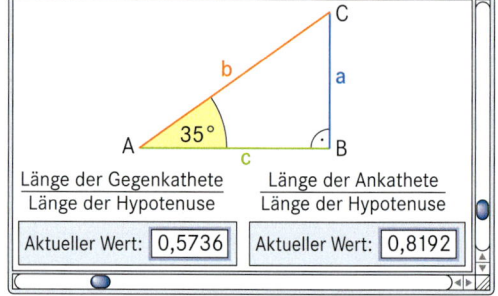
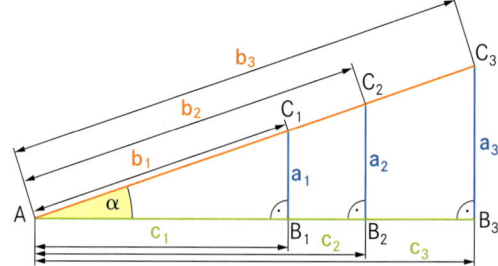

Sinus und Kosinus eines Winkels

③ In Aufgabe 2a) auf Seite 74 gilt für α = 35°:

$\frac{\text{Länge der Gegenkathete}}{\text{Länge der Hypotenuse}} = 0{,}5736$; $\quad \frac{\text{Länge der Ankathete}}{\text{Länge der Hypotenuse}} = 0{,}8192$

Suche am Taschenrechner Tasten, mit denen du für α = 35° diese Werte direkt berechnest.

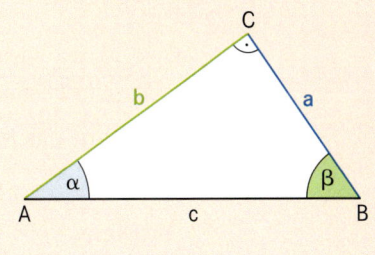

sin α

cos α

> **M** In einem rechtwinkligen Dreieck heißt der
>
> Quotient $\frac{\text{Länge der Gegenkathete}}{\text{Länge der Hypotenuse}}$ des Winkels α
>
> **Sinus von α**, kurz **sin α** und der
>
> Quotient $\frac{\text{Länge der Ankathete}}{\text{Länge der Hypotenuse}}$ des Winkels α
>
> **Kosinus von α**, kurz **cos α**.
>
> Im Dreieck mit γ = 90° gilt: $\sin α = \frac{a}{c}$; $\quad \cos α = \frac{b}{c}$
>
> Entsprechend gilt: $\quad \sin β = \frac{b}{c}$; $\quad \cos β = \frac{a}{c}$

Übungen

④ Gib sin und cos der Winkel α, β und γ an.

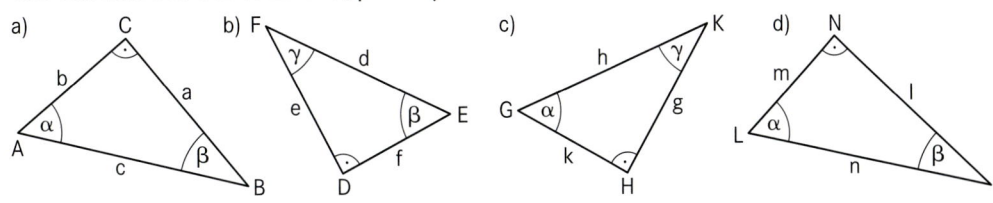

⑤ Berechne mit dem Taschenrechner die Sinus- bzw. Kosinuswerte. Runde auf zwei Stellen nach dem Komma.
a) sin 2°; sin 10°; sin 20° b) sin 75°; sin 80°; sin 85° c) cos 2°; cos 10°; cos 20°;
d) cos 75°; cos 80°; cos 85° e) sin 0°; sin 30°; sin 90° f) cos 0°; cos 60°; cos 90°
g) Wie ändern sich die Sinus- und Kosinuswerte mit zunehmendem Wert von α?

> **G** Bereits im Altertum wurde die Trigonometrie von Baumeistern und Astronomen verwendet. So benutzten die Ägypter für das Verhältnis der Seitenlängen ihrer Bausteine das Wort *seqt*, das den Cosinus bezeichnet.
> In Europa wurde die Trigonometrie seit dem 13. Jahrhundert für die Navigation und ab dem 15. Jahrhundert in der Landvermessung eingesetzt. Ein sehr gebräuchliches Messinstrument war das „geometrische Quadrat". In einer Ecke war ein Drehstab angebracht, mit dem man am Viertelkreis bei geneigtem Quadrat den Neigungswinkel ablesen konnte. Visierte man über einen Quadratrand eine Turmspitze an, entstand durch den Drehstab ein rechtwinkliges Dreieck, das dem Dreieck vor dem Turm ähnlich war. Bei bekanntem Abstand des Messinstruments zum Turm wurde die gesuchte Höhe mit einer Verhältnisgleichung berechnet.
>
>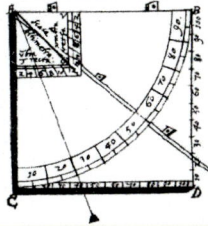

① So kann man in einem rechtwinkligen Dreieck ABC mit α = 90°, a = 7,8 cm und c = 5,6 cm fehlende Seitenlängen und Winkelmaße berechnen.

B Fertige eine Planfigur an.

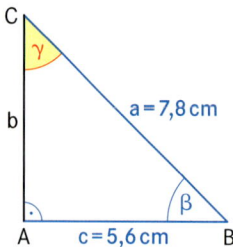

Berechne das Maß des Winkels β.

$\cos \beta = \dfrac{c}{a}$

$\cos \beta = \dfrac{5{,}6 \text{ cm}}{7{,}8 \text{ cm}}$

Tastenfolge: $\boxed{\cos^{-1}}$ (5.6 $\boxed{\div}$ 7.8) $\boxed{=}$

Anzeige: 44.11461855
Ergebnis: β = 44,1°

Berechne das Maß des Winkels γ.

90° + 44,1° + γ = 180°

Ergebnis: γ = 45,9°

Berechne die Länge der Seite b.

$\sin \beta = \dfrac{b}{a}$

$\sin 44{,}1° = \dfrac{b}{7{,}8 \text{ cm}}$ | · 7,8 cm

Ergebnis: b = 5,4 cm

Die dargestellten Lösungsschritte der Beispielaufgabe zeigen eine Möglichkeit, die fehlenden Größen b, β und γ zu berechnen. Finde einen weiteren Lösungsweg.

② Bestimme die fehlenden Größen im rechtwinkligen Dreieck ABC.

	a	b	c	α	β	γ
a)	3,5 cm				32°	90°
b)		6,8 cm	4,3 cm		90°	
c)			23 m	90°		57°

Lösungen (nur Maßzahlen): 2,2; 3,4; 4,1; 5,3; 14,9; 27,4; 33; 39; 51; 58; 63

③ Wird ein stehendes Radarmessgerät auf ein fahrendes Auto gerichtet, so entsteht ein so genannter „Kosinuseffekt", d.h. die gemessene Geschwindigkeit v* ist nur das Produkt aus dem Kosinus des Winkels α und der tatsächlich gefahrenen Geschwindigkeit v (siehe Abbildung).
a) Berechne die gemessene Geschwindigkeit für α = 5° (10°; 15°; 20°), wenn die tatsächliche Geschwindigkeit 80 $\frac{km}{h}$ beträgt.
b) Das Fahrzeug von Herrn Karambolage wurde innerhalb der Ortschaft unter einem Winkel von 8° geblitzt. Dabei wurde eine Geschwindigkeit von 74,3 $\frac{km}{h}$ festgestellt.
Wie schnell war das Auto von Herrn Karambolage wirklich?
c) Unter welchem Winkel wurde ein Auto vom Radargerät erfasst, das mit 100 $\frac{km}{h}$ fuhr und für das 99,1 $\frac{km}{h}$ gemessen wurden?
d) Warum versucht man das Radargerät dicht am Straßenrand zu platzieren und die Messung aus großer Entfernung vorzunehmen?

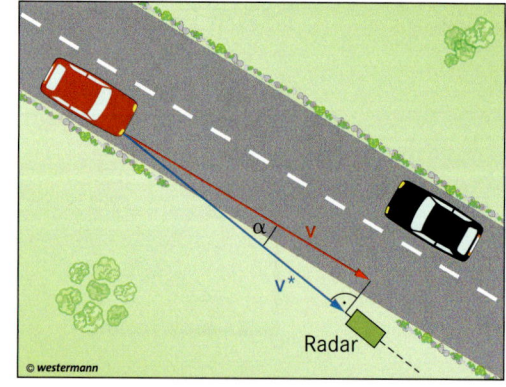

Definition von Sinus und Kosinus am Einheitskreis

1 a) Zeichne mit einem Geometrieprogramm einen Einheitskreis (r = 1 LE). Binde einen Punkt P an die Kreislinie. Zeige die x- und die y-Koordinate des Punktes P sowie das Winkelmaß α, das die Strecke [OP] mit der Richtung der positiven x-Achse einschließt, an.

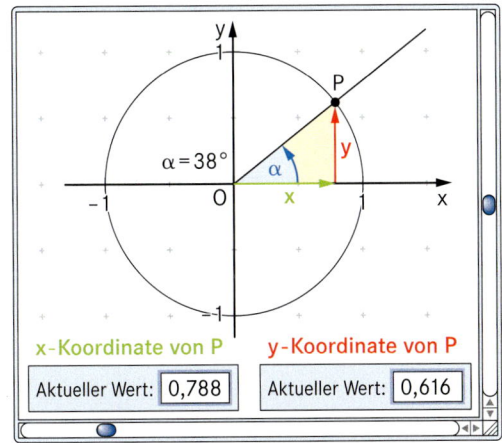

b) Gib das Intervall für die x- bzw. y-Koordinate an.
c) Für welche Winkelmaße α ist die x-Koordinate, für welche die y-Koordinate negativ?
d) Welche besonderen x- und y-Werte treten auf? Gib jeweils das zugehörige Winkelmaß α an.
e) Begründe, dass für α ∈ [0°; 90°] gilt: cos α = x und sin α = y
f) Ist für α > 90° die Zuordnung cos α = x und sin α = y ebenfalls sinnvoll? Verwende dazu das Geometrieprogramm oder deinen Taschenrechner.

2 a) Berechne und vergleiche die Termwerte.
sin 30° und sin (−30°)
cos 60° und cos (−60°)
sin 53,13° und sin (−53,13°)
cos 45,57° und cos (−45,57°)
b) Begründe mit Hilfe der Zeichnung und ersetze im Heft die Platzhalter.
sin (−α) = ▢ sin α
cos (−α) = ▢ cos α

M Liegt ein Punkt P (x|y) auf dem **Einheitskreis** und ist α das Winkelmaß zwischen der Richtung der positiven x-Achse und der Strecke [OP], so gilt:

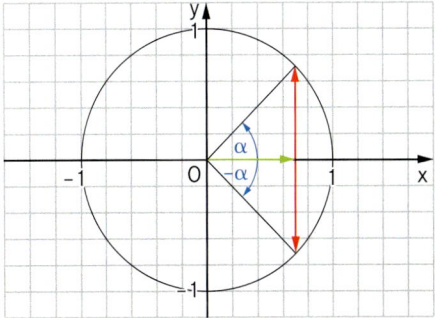

Einheitskreis

x = cos α; x ∈ [−1; 1]
y = sin α; y ∈ [−1; 1]

Negativ orientierter Winkel

Negativ orientierter Winkel: sin (−α) = −sin α   cos (−α) = cos α

3 Ein Punkt P (x|y) liegt auf dem Einheitskreis, das Maß α des Winkels QOP beträgt 53,13°. Es gilt: Q (1|0)
a) Zeichne den Einheitskreis mit den Punkten P und Q (1 LE ≙ 2,5 cm). Berechne die Koordinaten des Punktes P.
b) Der Punkt P wird an der y-Achse auf den Punkt P' gespiegelt. Zeichne P' in die Zeichnung zu a) ein. Berechne das Maß α' des Winkels QOP' für α' ∈ [0°; 360°[.
c) Zeige durch Rechnung: Der Punkt R $\left(-\frac{1}{2}\sqrt{3} \mid \frac{1}{2}\right)$ liegt ebenfalls auf dem Einheitskreis.
d) Berechne das Maß des Winkels QOR.

Wie lang ist ein Zug, der in 40 Sekunden mit einer Geschwindigkeit von 108 $\frac{km}{h}$ über eine 700 m lange Brücke rollt?

1 a) Begründe mit Hilfe der Abbildung:

$\cos 60° = \frac{1}{2}$

$\sin 60° = \frac{1}{2}\sqrt{3}$

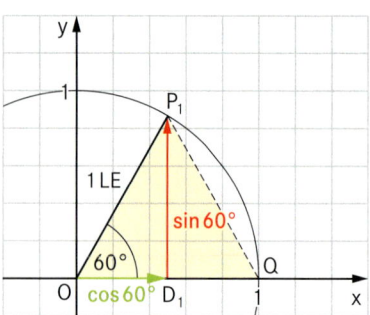

b) Begründe: Das Dreieck OD_1P_1 aus Aufgabe a) und das Dreieck OD_2P_2 in der Abbildung rechts sind kongruent. Ergänze anschließend in deinem Heft die Platzhalter.
$\cos 30° = $
$\sin 30° = $

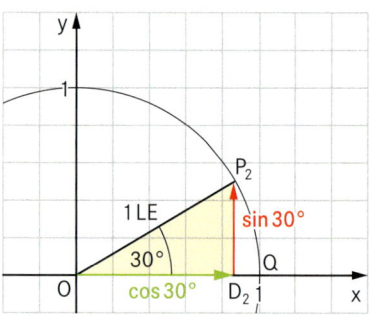

c) Begründe:
$\cos 45° = \sin 45°$

Zeige anschließend, dass gilt:

$\cos 45° = \frac{1}{2}\sqrt{2}$

$\sin 45° = \frac{1}{2}\sqrt{2}$

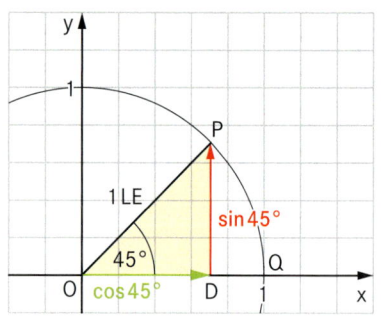

2 Fertige für die folgenden Aufgaben eine Skizze an.
 a) Im rechtwinkligen Dreieck ABC gilt: $\alpha = 30°$; $\beta = 90°$; $b = 4\sqrt{3}$ cm
 b) Im Parallelogramm ABCD ist der Höhenfußpunkt F der Höhe [FD] der Mittelpunkt der Seite [AB]. Es gilt: $\alpha = 30°$; $\overline{AD} = 6$ cm
    Berechne den Flächeninhalt des Parallelogramms.
 c) Im gleichschenkligen Dreieck ABC gilt: $\overline{AC} = \overline{BC}$; $\alpha = 30°$; $h_c = 2\sqrt{3}$. Berechne die Seitenlängen.

G Die Griechen entdeckten erste trigonometrische Beziehungen. So stecken in dem Wort *goniometrisch* die griechischen Wörter *gonia* für Winkel und *metrein* für messen. Inder und Araber entwickelten die Trigonometrie weiter. Die Begriffe *Sinus* und *Kosinus* kommen aus dem Arabischen (siehe auch Seite 83). Beim Winkelmaß wird die sexagesimale Teilung verwendet, ein Vollkreis hat 360°, 1° = 60', 1' = 60". Vermessungsingenieure rechnen allerdings mit Neu-Grad, abgekürzt „gon". Ein Vollkreis hat hier 400°, die Einteilung ist dem Dezimalsystem angepasst. Die passende Einstellung auf dem Taschenrechner ist „grad".

Zusammenhang zwischen Sinus, Kosinus und Tangens von Winkeln

1 a) Vergleiche die Werte: (1) sin 10°; cos 80°   (2) sin 30°; cos 60°
b) Begründe mit Hilfe der Zeichnung:

> $\sin \beta = \frac{b}{c}$ und $\cos \alpha = \frac{b}{c}$
>
> mit $\beta = 90° - \alpha$ folgt $\sin(90° - \alpha) = \cos \alpha$

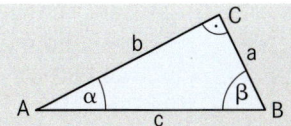

c) Begründe ebenso, dass gilt: $\cos(90° - \alpha) = \sin \alpha$

2 a) Begründe: Die Dreiecke OP_0P und OQ_0Q sind ähnlich.
b) Ergänze die Aussagen von Emma. Ersetze dazu in deinem Heft die Platzhalter.

> Aus $\frac{\tan \alpha}{\Box} = \frac{\sin \alpha}{\Box}$ folgt: $\tan \alpha = \frac{\Box}{\cos \alpha}$
>
> $(\sin \alpha)^{\Box} + (\cos a)^{\Box} = 1$

Die Dreiecke OP_0P und OQ_0Q sind ähnlich. Da kann man doch zwischen sin α, cos α und tan α einen Zusammenhang herstellen.

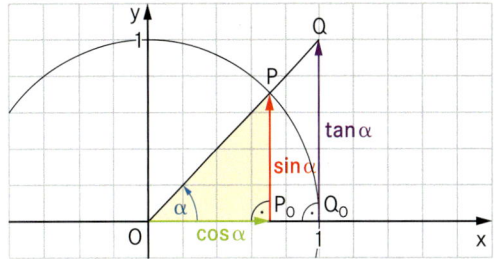

Komplementbeziehung **M**

Die Winkel α und 90° − α ergänzen sich zu 90° (α ∈]0°; 90°[ ).
Es gelten folgende **Komplementbeziehungen:** $\sin(90° - \alpha) = \cos \alpha$
   $\cos(90° - \alpha) = \sin \alpha$

Goniometrische Grundformel

Die **Goniometrischen Grundformeln** gelten $\sin^2 \alpha + \cos^2 \alpha = 1$; $\tan \alpha = \frac{\sin \alpha}{\cos \alpha}$
für $\alpha \in [0°; 360°[\setminus \{90°; 270°\}$

Beachte: Statt $(\sin \alpha)^2$ schreibt man kurz $\sin^2 \alpha$. Entsprechend gilt: $(\cos \alpha)^2 = \cos^2 \alpha$

Übungen

3 Bestimme das Winkelmaß α (α ∈ [0°; 180°]).

> cos α = sin 68°
> cos α = cos (90° − 68°)
> α = 22°

a) $\sin \alpha = \cos 27°$ b) $\sin 34° = \cos \alpha$
c) $\sin \alpha - \cos 45° = 0$ d) $\cos^2 \alpha - \sin^2 \alpha = 0,5$
e) $2 \sin \alpha = -4 \cos \alpha$ f) $3 \sin \alpha - 2 \cos \alpha = 0$

Lösungen (nur Maßzahlen): 30; 33,69; 45; 56; 63; 68,43; 116,57; 150

4 Verwende zur Lösung die Ergebnisse von Aufgabe 1 auf der vorigen Seite.
a) Begründe mit Hilfe der Beziehung $\tan \alpha = \frac{\sin \alpha}{\cos \alpha}$, dass gilt: $\tan 60° = \sqrt{3}$
b) Übertrage die Tabelle in dein Heft und ergänze sie.

α	0°	30°	45°	60°	90°	120°	135°	150°	180°
cos α				$\frac{1}{2}$					
sin α			$\frac{1}{2}\sqrt{2}$						
tan α				$\sqrt{3}$					

c) Für welche Winkelmaße α (α ∈ [0°; 180°]) gilt: |sin α| = |cos α|?

Zusammenhang zwischen Sinus, Kosinus und Tangens von Winkeln

5 a) Berechne die Termwerte und vergleiche.
(1) sin 40°; sin 140° (2) cos 50°; cos 130°
b) Begründe mit Hilfe der nebenstehenden Abbildung, dass für $\alpha \in [0°; 90°]$ gilt:
$\sin(180° - \alpha) = \sin \alpha$; $\cos(180° - \alpha) = -\cos \alpha$
c) Ersetze in deinem Heft die Platzhalter:
sin 140° = sin (180° – ▢) = ▢ sin ▢
cos 130° = cos (180° – ▢) = ▢ cos ▢

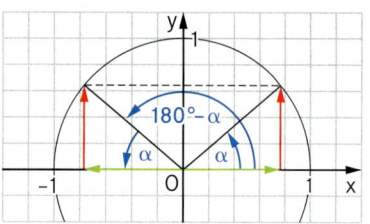

6 a) Berechne die Termwerte und vergleiche.
(1) sin 44,5°; sin 224,5°; sin 315,5°
(2) cos 25,8°; cos 205,8°; cos 334,2°
b) Ersetze in deinem Heft die Platzhalter.
sin 224,5° = sin (180° + ▢) = ▢ sin ▢
sin 315,5° = sin (360° – ▢) = ▢ sin ▢
cos 205,8° = cos (180° + ▢) = ▢ cos ▢
cos 334,2° = cos (360° – ▢) = ▢ cos ▢
c) Formuliere die Ergebnisse allgemein.

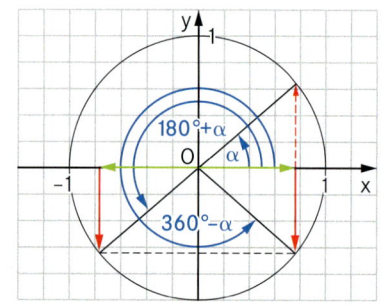

Supplement-beziehung

> **M** Für $\alpha \in [0°; 90°[$ gilt die **Supplementbeziehung:**
> $$\sin(180° - \alpha) = \sin \alpha \qquad \cos(180° - \alpha) = -\cos \alpha$$
>
> Für Winkelmaße in den weiteren Quadranten gilt:
> $$\sin(180° + \alpha) = -\sin \alpha \qquad \cos(180° + \alpha) = -\cos \alpha$$
> $$\sin(360° - \alpha) = -\sin \alpha \qquad \cos(360° - \alpha) = \cos \alpha$$

Übungen

7 Forme um wie im Beispiel.

> sin 110° = sin (180° – 70°) = sin 70°
> cos 232° = cos (180° + 52°) = – cos 52°

a) sin 165°; cos 261° b) sin 245°; cos 137°
c) cos 278°; sin 334° d) sin 135°; cos 135°

8 So kann man zu sin α = – 0,7 die zugehörigen Winkelmaße mit dem Taschenrechner berechnen ($\alpha \in [0°; 360°]$).

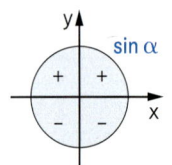

B Tastenfolge: [SIN⁻¹] [–] 0.7 [=]
Anzeige: (gerundet) – 44.43

Der Taschenrechner zeigt mit – 44,43° ein negatives Winkelmaß an.
Somit folgt: $\alpha^* = 44{,}43°$

$\alpha_1 = 180° + \alpha^*$ $\qquad \alpha_2 = 360° - \alpha^*$
$\alpha_1 = 180° + 44{,}43°$ $\qquad \alpha_2 = 360° - 44{,}43°$
$\alpha_1 = 224{,}43°$ $\qquad \alpha_2 = 315{,}57°$

Ergebnis: $\mathbb{L} = \{224{,}43°; 315{,}57°\}$

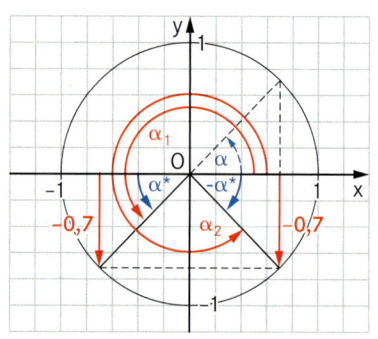

a) sin α = 0,75   b) sin α = – 0,99   c) sin α = $-\frac{1}{2}\sqrt{2}$ d) sin α = $\frac{1}{2}\sqrt{3}$
Lösungen: 120°; 131,41°; 225°; 60°; 278,11°; 48,59°; 315°; 122,1°; 261,89°

Vermischte Übungen

1 So kann man zu cos α = −0,4 die zugehörigen Winkelmaße mit dem Taschenrechner berechnen (α ∈ [0°; 360°]).

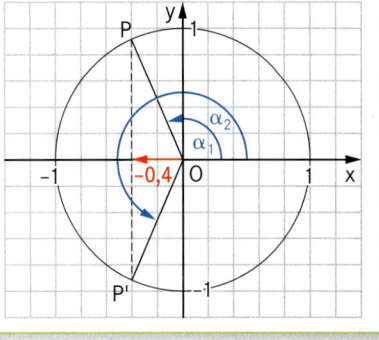

B Tastenfolge: [COS⁻¹] [−] 0.4 [=]
Anzeige: (gerundet) 115.58

$\alpha_1 = 115{,}58°$

Spiegelt man P an der x-Achse, ergibt sich für α_2:

$\alpha_2 = 360° − \alpha_1$
$\alpha_2 = 246{,}42°$

Ergebnis: $\mathbb{L} = \{115{,}58°; 246{,}42°\}$

a) cos α = 0,35   b) cos α = 0,866   c) cos α = −0,2   d) $\cos α = \frac{1}{2}\sqrt{2}$

2 Berechne Lösungen der Gleichung (α ∈ [0°; 360°]).

cos (α + 15°) = −0,6
$\alpha_1 + 15° = 126{,}87°$ ∨ $\alpha_2 + 15° = 233{,}13°$
$\alpha_1 = 111{,}87°$ ∨ $\alpha_2 = 218{,}13°$

Ergebnis: $\mathbb{L} = \{111{,}87°; 218{,}13°\}$

a) sin (α − 25°) = −0,8
   cos (α − 25°) = −0,8
b) cos (α + 35°) = 0,67
   sin (α + 35°) = 0,67
c) tan (α − 20°) = −0,4
   tan (α − 20°) = 0,4
d) sin (2α + 12°) = −0,15
   cos (3α − 10°) = −0,9

Lösungen zu 1 und 2: 71,95°; 41,80°; 69,51°; 45°; 7,07°; 178,20°; 258,46°; 221,80°; 315°; 54,72°; 101,54°; 358,20°; 290,49°; 179,39°; 88,32°; 102,93°; 169,69°; 30,00°; 330,00°; 258,13°; 331,87°; 168,13°; 241,87°; 12,93°; 277,07°

3 Berechne die Lösungsmenge der Gleichung für α ∈ [0°; 360°[.
a) cos (90° − α) + 2 sin α = 1
b) cos (180° − α) − sin (90° − α) = 1
c) sin α − cos α = 0
d) cos α − 3 sin (90° − α) = 0,5 sin α

4 Vereinfache den Term (α ∈]0°; 360°[\ {90°; 180°; 270°}).
a) cos (90° − α) · sin α + cos² α
b) $\sqrt{1 − \cos^2 α}$
c) 3 sin (−α) sin (180° + α)
d) 3 − 3 sin² (90° − α)
e) $\frac{\tan α \cos α}{\sqrt{1 − \cos^2 α}}$
f) $\frac{2 \sin^2 α}{\cos (90° − α)}$
g) tan (180° − α) cos (180° − α)
h) sin (180° − α) · cos (90° − α) + cos² α
i) $\sqrt{\cos (360° − α) \sin (90° − α)}$
k) $\sqrt{3 \cos^2 α + 3 (\sin α − 1)^2 + 6 \sin α + 3}$
l) $(\sqrt{3} + \cos α)(\sqrt{3} − \sin (90° − α)) − 3$
m) 3 cos² (180° + α) + sin² (90° − α) − 4 cos² α

Lösungen: 1; sin α; 2 sin α; sin α; 3 sin² α; −cos² α; 1; cos α; 3; 0; 1; 3 sin² α

5 Gegeben sind Pfeile $\overrightarrow{OP_n} = \begin{pmatrix} \sqrt{5} \sin (180° − α) \\ -\cos (180° − α) \end{pmatrix}$; α ∈ [0°; 90°[

a) Berechne die Länge des Pfeils $\overrightarrow{OP_1}$ für α = 30°.
b) Zeige, dass für die Länge der Pfeile $\overrightarrow{OP_n}$ gilt: $\overrightarrow{OP_n}(α) = \sqrt{4 \sin^2 α + 1}$ LE
c) Berechne den Wert von α für eine Pfeillänge von 1,5 LE.

Aus der Geometrie

1 Gegeben ist das Drachenviereck ABCD mit der Symmetrieachse AC.
Es gilt: $\overline{BD}$ = f = 5,8 cm; α = 70°; γ = 42°
So kann man fehlende Größen berechnen.

B Zeichne eine Planfigur und markiere gegebene Größen farbig.

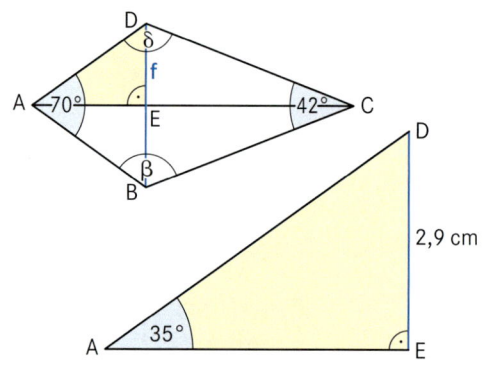

Suche ein geeignetes rechtwinkliges Teildreieck, z. B. das Teildreieck AED.

Berechne:

$\sin 35° = \frac{2{,}9 \text{ cm}}{\overline{AD}}$;

$\overline{AD} = \frac{2{,}9 \text{ cm}}{\sin 35°}$; $\overline{AD}$ = 5,06 cm

$\tan 35° = \frac{2{,}9 \text{ cm}}{\overline{AE}}$; $\overline{AE}$ = 4,14 cm

a) Berechne im Teildreieck ECD die Länge $\overline{EC}$.
b) Berechne die Länge $\overline{DC}$ = b und den Umfang des Drachens.
c) Berechne den Flächeninhalt des Drachens.

2 Berechne die Längen der rot gekennzeichneten Strecken.

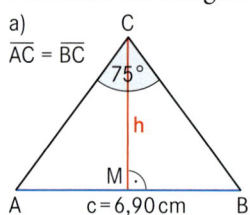 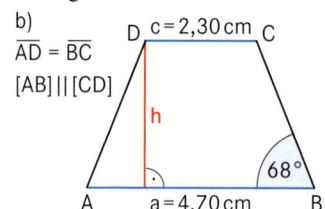 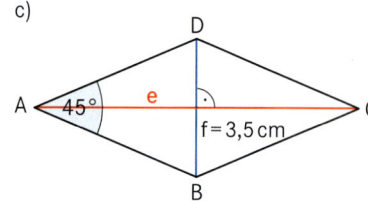

3 Konstruiere die geometrische Figur. Berechne die fehlenden Winkelmaße, den Flächeninhalt und den Umfang der gegebenen Figur. Runde auf eine Stelle nach dem Komma.
a) gleichschenkliges Dreieck ABC mit der Basislänge $\overline{AB}$ = 6,2 cm, α = 35°
b) gleichschenkliges Trapez ABCD mit a = 5,7 cm, h = 3,8 cm, α = 63°; [AB] ∥ [DC]
c) Drachenviereck ABCD mit $\overline{AC}$ = 7 cm, α = 40°, a = 2,5 cm; AC ist Symmetrieachse
Lösungen (nur Maßzahlen): 117,0; 110,0; 149,2; 8,6; 21,6; 6,3; 14,3; 13,8; 14,6; 6,7; 16,1; 63,0

4 Führe die Berechnungen mit Hilfe der Tabelle auf S. 79, 4b) ohne Taschenrechner durch.
a) Begründe, dass im gleichseitigen Dreieck gilt: h = $\frac{a}{2}\sqrt{3}$
b) Im gleichschenkligen Dreieck ABC beträgt die Länge der Basis [AB] 12 cm. Die Höhe h_c ist $2\sqrt{3}$ cm lang. Berechne die Innenwinkelmaße des Dreiecks ABC.
c) Die Basis [AB] im gleichschenkligen Dreieck ABC ist 10 cm lang, der Flächeninhalt beträgt A = $25\sqrt{3}$ cm². Zeige: Das Dreieck ist gleichseitig.
d) Im rechtwinkligen Dreieck ABC mit α = 90° ist die Hypotenuse doppelt so lang wie die Kathete [AC]. Berechne das Maß des Winkels β und zeige dann, dass die Kathete [AB] das $\sqrt{3}$fache der Länge von [AC] beträgt.

Aus der Geometrie

5 Die Strecke [AB] ist die Basis eines gleichschenkligen Dreiecks ABC mit γ = 67,38°.
Es gilt: A(−3|−2); B(5|−2)
a) Zeichne das Dreieck ABC. Zeige, dass für den Punkt C gilt: C(1|4)
b) Berechne die Flächeninhalte des Um- und Inkreises des Dreiecks ABC.
c) Berechne die Koordinaten des In- und Umkreismittelpunktes.
d) Das Dreieck ABC wird durch orthogonale Affinität auf das Dreieck A'B'C' abgebildet. Berechne die Koordinaten der Eckpunkte und die Innenwinkelmaße des Dreiecks A'B'C', wenn gilt: C'(1|−1)

6 Gegeben ist das rechtwinklige Dreieck ABC mit der Hypotenusenlänge $\overline{AB}$ = 6 cm und der Kathetenlänge $\overline{BC}$ = 4,8 cm. Der Fußpunkt D der Höhe h_c ist Mittelpunkt eines Halbkreises, der die Kathete [AC] im Punkt E berührt und die Hypotenuse [AB] im Punkt F ∈ [DB] schneidet.
a) Zeichne das Dreieck und den Halbkreis. Berechne den Radius r des Halbkreises.
b) Berechne den Umfang und den Inhalt der Fläche, die von dem Kreisbogen $\overset{\frown}{FE}$ und den Strecken [EC], [BC] und [FB] begrenzt wird.

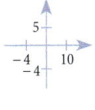

7 Gegeben ist eine Schar von Dreiecken AB_nC. Der Punkt D ist der Fußpunkt der Höhe h_a.
Es gilt: A(−2|−3); D(1|2); C(−2|y_C)
a) Zeichne das Teildreieck ADC in ein Koordinatensystem ein und berechne y_C.
Runde bei allen Berechnungen auf eine Stelle hinter dem Komma. [Ergebnis: y_C = 3,8]
b) Das Dreieck AB_1C ist gleichschenklig mit der Basis [B_1C]. Zeichne das Dreieck in das Koordinatensystem zu a) ein und berechne die Seitenlängen und Innenwinkelmaße.
c) Das Dreieck AB_2C ist rechtwinklig mit der Hypotenuse [B_2C]. Ergänze das Dreieck in der Zeichnung. Berechne die Länge der Hypotenuse und der Kathete [AB_2].
d) Im Dreieck AB_3C hat die Seite [B_3C] die Länge 9 LE. Ergänze auch dieses Dreieck in der Zeichnung zu a) und berechne die Länge $\overline{AB_3}$ und die fehlenden Innenwinkelmaße.
e) Berechne die Gleichung der Winkelhalbierenden w_γ.

Lösungen zu 6 und 7 (nur Maßzahlen): − 1,8; 0,2; 1,73; 3,69; 6,8; 7,0; 8,0; 11,3; 13,2; 13,53; 43,3; 46,7; 59; 62; 74,3

8 Zeichne einen Kreis k(M; r) mit der Kreissehne [AB].
Es gilt: r = 2,5 cm; $\overline{AB}$ = c = 4,5 cm
a) Zeige, dass gilt: c = 2r sin γ
b) Ergänze einen Punkt C ∈ k und begründe:
Der Winkel ACB hat das Maß γ.
c) Berechne das Maß γ im Dreieck ABC.
d) Zeichne ein reguläres Fünfeck mit 4 cm Seitenlänge und berechne den Flächeninhalt.

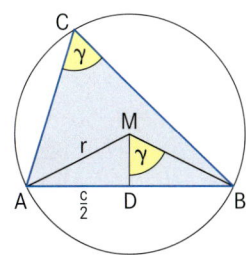

Der griechische Astronom HIPPARCH benutzte als Erster die Sehnen eines Kreises zur Bestimmung des Mittelpunktswinkels und erstellte eine Sehnentafel für astronomische Berechnungen. Basierend auf den Erkenntnissen von HIPPARCH führten die Inder BRAHMAPUTRA und BHASKARA die halben Sehnen als Funktion des halben Mittelpunktswinkels ein und entwickelten so die Trigonometrie des Sinus. Die Bezeichnung *sinus* beruht auf einem sprachlichen Irrtum. Das indische Wort *jya* für Sehne heißt im Arabischen *jib*. Dieses Wort wurde allerdings falsch als *jaib* (Busen = sinus) gelesen, weil man im Arabischen kurze Vokale beim Schreiben gern auslässt.

Aus der Geometrie

9 Die Gerade AC mit der Gleichung y = 0,75x + 2,5 ist die Symmetrieachse von Drachenvierecken AB_nCD_n. Es gilt: A (−2 | y_A); C (6 | y_C); B_n (x | 1); E_n ist Diagonalenschnittpunkt.
 a) Zeichne ein Drachenviereck AB_1CD_1 für x = 2 in ein Koordinatensystem ein und begründe, dass für alle Drachenvierecke gilt: α = 73,74°
 b) Konstruiere die Raute AB_2CD_2 unter den Drachenvierecken und berechne ihren Umfang.
 c) Was meinst du zu der Aussage von Xaver im Bild rechts?

Wenn C auf $[B_0D_0]$ liegt, wird der Flächeninhalt doppelt so groß wie der Flächeninhalt der Raute.

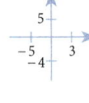

10 Das Dreieck ABC ist gleichschenklig mit der Basis [BC].
 Es gilt: A (−3 | −2); B (2 | −1); $\overline{BC}$ = 6 LE
 a) Zeichne das Dreieck ABC und berechne dessen Innenwinkelmaße.
  [Teilergebnis: α = 72,06°]
 b) Berechne den Flächeninhalt des Dreiecks ABC.
 c) Der Punkt M ist der Mittelpunkt des Umkreises k des Dreiecks ABC. Zeichne M und k ein.
 d) Zeige durch Rechnung, dass für die Mittelsenkrechte $m_{[AB]}$ gilt: y = −5x − 4
 e) Zeichne die Gerade g = AM und zeige durch Rechnung, dass sie folgende Gleichung besitzt: y = 1,09x + 1,27
 f) Berechne die Koordinaten des Umkreismittelpunktes M. [Ergebnis: M (−0,87 | 0,35)]
 g) Berechne den prozentualen Anteil des Flächeninhalts des Dreiecks ABC am Flächeninhalt des Kreises.

11 Von einem Punkt P_n aus werden an einen Kreis k (M; r = 3 cm) Tangenten gelegt, die den Kreis in den Punkten A_n und B_n berühren. Die Sehne [A_nB_n] zwischen den Berührpunkten hat die Länge s_n. Es gilt: ∢ P_nMB_n = μ (siehe Abbildung unten)
 a) Konstruiere die Tangenten für s_1 = 5,5 cm. Nenne die Berührpunkte A_1 und B_1.
 b) Berechne die Länge der Tangentenabschnitte t_1 bzw. t_1'.
 c) Der Punkt P_n rückt näher an den Mittelpunkt M des Kreises heran. Dadurch ändern sich das Maß des Winkels μ, die Länge s_n der Sehne [A_nB_n] und die Länge der Tangentenabschnitte t_n und t_n'. Konstruiere die Tangenten t_2 und t_2' für $\overline{P_2M}$ = 4 cm.
 d) Zeige, dass gilt: $t_n(\mu) = \dfrac{s_n}{2 \cdot \cos \mu}$
 e) Berechne die Längen von t_2 bzw. t_2' und s_2 aus c).

Oha, eine funktionale Abhängigkeit von einem Winkelmaß!

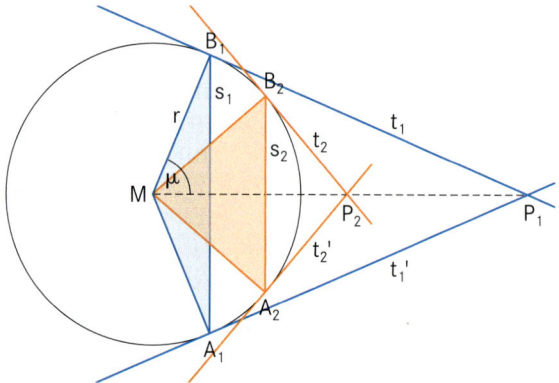

Aus der Raumgeometrie

1. Ein Quader hat die Maße a = 8 cm; b = 4,5 cm; c = 5 cm.
   a) Berechne das Maß ε des Winkels zwischen der Raum- und der Flächendiagonalen des Quaders.
   b) Berechne das Maß α des Winkels BHC.
   c) Berechne die Maße der Winkel, die die Raumdiagonale mit den Flächendiagonalen der Seitenflächen einschließt.

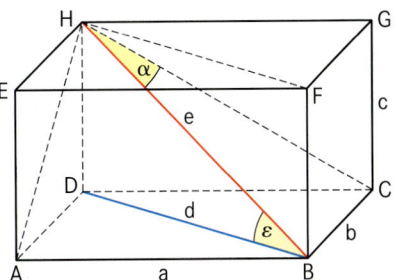

2. Ein Würfel ABCDEFGH hat eine Kantenlänge von 6 cm.
   a) Zeichne ein Raumbild des Würfels und berechne das Maß des Winkels CBH.
   b) Zeige, dass für das Maß ε des Winkels HBD zwischen der Flächendiagonalen d und der Raumdiagonalen e eines Würfels stets gilt:
   $\tan \varepsilon = \frac{1}{2}\sqrt{2}$; $\sin \varepsilon = \frac{1}{3}\sqrt{3}$; $\cos \varepsilon = \frac{1}{3}\sqrt{6}$
   c) Markiere auf [BF] den Punkt K mit $\overline{FK}$ = 2 cm. Fälle von K aus das Lot auf [BH] und berechne die Länge des Lotes [LK].

3. So kann man das Maß eines Neigungwinkels bei Pyramiden berechnen.

   B Der Neigungswinkel zwischen der Seitenfläche BCS und der Grundfläche hat das Maß α.
   Im Dreieck MES gilt:
   $\tan \alpha = \frac{\overline{MS}}{\overline{ME}}$ mit $\overline{ME} = 0,5 \cdot \overline{AB}$
   $\tan \alpha = \frac{6}{2,5}$; α = 67,4°

   Der Neigungswinkel zwischen der Seitenkante [DS] und der Grundfläche hat das Maß δ.
   Im Dreieck DMS gilt:
   $\tan \delta = \frac{\overline{SM}}{\overline{DM}}$ mit $\overline{DM} = 0,5 \cdot \overline{BD}$; $\tan \delta = \frac{6}{\frac{1}{2}\sqrt{34}}$; δ = 64,1°

   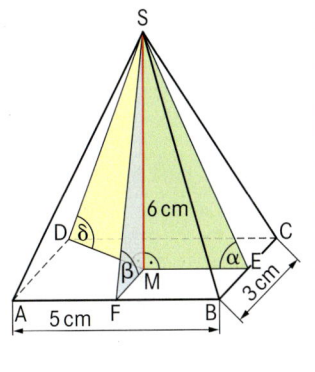

   a) Berechne das Maß β des Neigungswinkels zwischen der Seitenfläche ABS und der Grundfläche.
   b) Berechne die Maße α, β und δ in der Pyramide ABCDS für $\overline{AB}$ = 8 cm; $\overline{BC}$ = 5 cm und $\overline{MS}$ = 7 cm.

4. Die Pyramide ABCDS hat eine quadratische Grundfläche. Die Spitze S liegt senkrecht über dem Schnittpunkt M der Diagonalen der Grundfläche.
   Es gilt: $\overline{AB} = \overline{BC}$ = 4 cm; $\overline{MS}$ = 6 cm
   a) Zeichne das Schrägbild (q = 0,5; ω = 45°; [AC] liegt auf der Schrägbildachse).
   b) Zeichne den Winkel MBS in wahrer Größe. Miss das Maß des Winkels und bestätige es durch Rechnung.
   c) Berechne das Maß des Winkels zwischen den Seitenflächen und der Grundfläche.
   d) Berechne das Volumen und den Inhalt der Oberfläche.

Du hast zwei Sanduhren. Die erste Sanduhr ist nach 11 Minuten abgelaufen, bei der zweiten dauert es 7 Minuten. Wie kannst du ohne weitere Hilfsmittel mit den Uhren genau eine Viertelstunde abmessen?

5 Die Raute ABCD ist die Grundfläche einer Pyramide ABCDS. Die Spitze S befindet sich senkrecht über dem Schnittpunkt M der Diagonalen der Grundfläche.
Es gilt: $\overline{AC}$ = 9,6 cm; $\overline{BD}$ = 7,2 cm; $\overline{MS}$ = 8 cm
a) Zeichne die Grundfläche ABCD. Berechne die Innenwinkelmaße und Seitenlängen.
b) Das Lot vom Punkt M auf die Strecke [AB] schneidet diese im Punkt E. Zeige, dass gilt: $\overline{ME}$ = 2,88 cm
c) Berechne die Längen $\overline{AE}$ und $\overline{BE}$.
d) Zeichne das Schrägbild der Pyramide ABCDS. Es gilt: Schrägbildachse AC; $q = \frac{2}{3}$; $\omega = 60°$
e) Berechne die Maße α und β der Neigungswinkel der Seitenkanten gegen die Grundfläche.
f) Berechne das Maß ϵ des Neigungswinkels der Seitenfläche ABS gegen die Grundfläche.
g) Welches Maß hat der Winkel BSD?

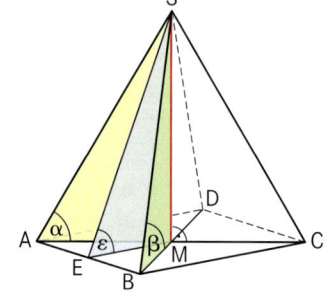

6 Die Pyramide ABCS hat als Grundfläche das gleichschenklige Dreieck ABC. M ist der Mittelpunkt der Basis [BC]. Es gilt: $\overline{BC}$ = 10 cm; $\overline{AM}$ = 6 cm; h = $\overline{MS}$ = 7 cm
a) Zeichne ein Schrägbild der Pyramide ABCS mit $\omega = 45°$, q = 0,5 und [AM] auf der Schrägbildachse.
b) Berechne das Maß α des Neigungswinkels MAS der Seitenkante [AS] zur Grundfläche.
c) Parallelen zu [BC] im Abstand x cm von der Grundfläche schneiden die Seitenkanten [BS] in den Punkten P_n und [CS] in den Punkten Q_n, die Höhe [MS] in den Punkten R_n. Zeichne eine Parallele mit den Punkten P_1, R_1 und Q_1 für x = 2 ein. Berechne die Innenwinkelmaße des Dreiecks P_1MQ_1.
d) Berechne den Abstand $d_1 = \overline{R_1T_1}$ des Punktes R_1 von der Seitenkante [AS].
e) Berechne den Wert für x, für den die Dreiecke P_2MQ_2 und $P_2Q_2T_2$ den gleichen Flächeninhalt haben.

7 Einem Halbkreis mit dem Mittelpunkt M und dem Radius 5 cm werden Drachenvierecke ME_nFG_n einbeschrieben. Die Symmetrieachse der Drachenvierecke ist MF, der Winkel E_nMG_n hat das Maß φ. Es gilt: $\varphi \in$]0°; 180°]
a) Berechne das Maß φ_1, für das das einbeschriebene Drachenviereck ME_1FG_1 eine Raute ist.

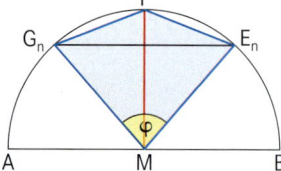

b) Der Halbkreis und die Drachenvierecke rotieren um die Symmetrieachse MF. Die Drachenvierecke ME_nFG_n sind dann Axialschnitte von Doppelkegeln, die einer Halbkugel einbeschrieben sind. Zeichne den Axialschnitt der Halbkugel und eines einbeschriebenen Doppelkegels ME_nFG_n.
c) Stelle das Volumen der einbeschriebenen Doppelkegel in Abhängigkeit von φ dar.
[$V(\varphi) = \frac{125}{3} \cdot \pi \cdot \sin^2 \frac{\varphi}{2}$ cm³]
d) Berechne das Maß φ_2 und das Volumen V_2 des Doppelkegels, dessen Axialschnitt gleich lange Diagonalen besitzt.
e) Berechne das Maß von φ_3 für den Doppelkegel mit einem Volumen von 30 π cm³.
f) Begründe, dass sich die Länge der Mantellinie [E_nF] in Abhängigkeit von φ berechnen lässt: $\overline{E_nF}^2 (\varphi) = [(5 - 5 \cos \frac{\varphi}{2})^2 + 25 \sin^2 \frac{\varphi}{2}]$ cm²
Vereinfache den Term.
g) Zeige, dass für die Oberfläche der Doppelkegel gilt:
$O(\varphi) = 25 \pi \sin \frac{\varphi}{2} (1 + \sqrt{2 - 2 \cos \frac{\varphi}{2}})$ cm²
h) Stelle das Volumen und die Oberfläche der Doppelkegel mit dem GTR grafisch dar.

Aus der Technik und der Umwelt

1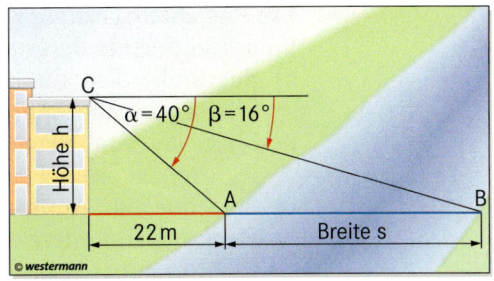

a) Der Querschnitt der Fahrrinne eines Kanals (Bild oben links) ist ein gleichschenkliges Trapez. Berechne den Inhalt der Querschnittsfläche der Fahrrinne.
b) Berechne die Breite s des Flusses im Bild oben rechts.

2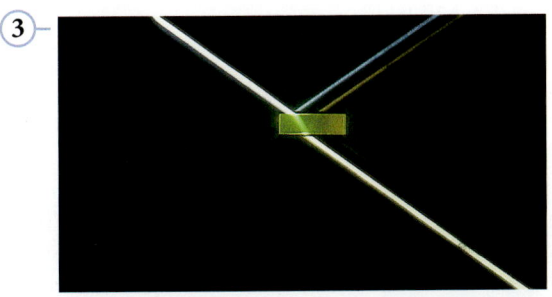

a) Berechne das Winkelmaß α, das der Gratsparren mit der Grundfläche einschließt.
b) Berechne das Maß β des Neigungswinkels der Fläche ABC gegenüber der Grundfläche.
c) Berechne den Flächeninhalt des Walmdaches.
d) Auf dem Walmdach befinden sich Sonnenkollektoren. Berechne das Winkelmaß δ, unter dem die Lichtstrahlen zur Sommersonnenwende auf die Sonnenkollektoren auftreffen. Die Sonnenstrahlen bilden dann mit der Waagerechten einen Winkel mit dem Maß φ = 63°.

3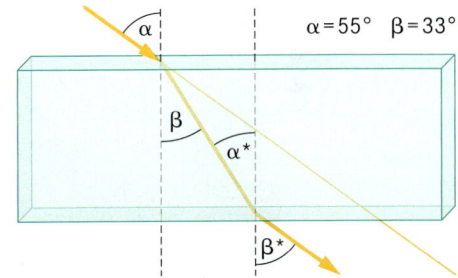

Ein schmales Lichtbündel fällt auf eine planparallele Glasplatte mit der Dicke 5,0 cm. Das Lichtbündel wird beim Eintritt in die Glasplatte zum Lot hin (α > β) und beim Austritt vom Lot weg (α* < β*) gebrochen.
Für die Lichtbrechung gilt das Brechungsgesetz von SNELLIUS: $n = \frac{\sin\alpha}{\sin\beta}$
n heißt **Brechungsindex**, er ist von den beteiligten Medien abhängig. Aufgrund der doppelten Lichtbrechung tritt das Lichtbündel parallel zum einfallenden Lichtbündel wieder aus.
a) Berechne den Brechungsindex n für den Übergang Luft – Glas (Eintritt) und für den Übergang Glas – Luft (Austritt).
b) Berechne die Länge des Lichtwegs im Glas.
c) Berechne den Abstand a der Parallelverschiebung. Fertige dazu eine Skizze an.
d) Beim Übergang Glas – Luft kann mit zunehmendem Einfallswinkel der gebrochene Lichtstrahl verschwinden (β* = 90°), der Lichtstrahl wird totalreflektiert. Ab welchem Maß α* des Einfallswinkel tritt Totalreflexion ein? Berechne.

Aus der Technik und der Umwelt

4 Ein Radfahrer saust ein 80 m langes geradliniges Stück einer Bergstraße hinunter.
   a) Begründe, dass für die Hangabtriebskraft F_H und die Anpresskraft F_N in Abhängigkeit vom Neigungswinkel gilt:
   $F_H = 900\ N \cdot \sin \alpha$; $F_N = 900\ N \cdot \cos \alpha$
   b) Berechne die Anpresskraft, wenn die Hangabtriebskraft ein Drittel der Gewichtskraft beträgt.
   c) Der Radfahrer überwindet auf einer 80 m langen Strecke einen Höhenunterschied von 25 m. Wie groß sind nun die Hangabtriebskraft und die Anpresskraft?
   d) Die Hangabtriebskraft ist auf einem anderen Straßenabschnitt halb so groß wie die Anpresskraft. Zeige, dass in diesem Fall gilt: $\tan \alpha = 0{,}5$. Berechne F_H und F_N.

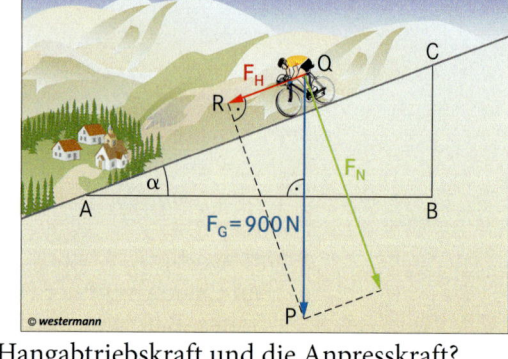

5 Ein Brett mit einer festen Länge l liegt auf einer Halbröhre und hat im Punkt A Kontakt mit dem Boden. Schiebt man die Kontaktstelle A an die Röhre heran, ändert sich der horizontale Überhang u des Brettes.
Es gilt: l = 4 m; r = 1,25 m
   a) Begründe: Dreieck ABC ~ BMC.
   b) Zeige, dass sich die Strecke [BC] wie folgt in Abhängigkeit von α darstellen lässt: $\overline{BC} = 1{,}25 \cos \alpha$ m
   c) Berechne den Überhang u für $\alpha = 28°$.
   d) Zeige, dass gilt: $\overline{AB}(\alpha) = \frac{1{,}25 \cos \alpha}{\tan \alpha}$ m; $u(\alpha) = \cos \alpha \left(4 - \frac{1{,}25}{\tan \alpha}\right)$ m
   e) Das Brett wird kippen, wenn der Überhang u länger als die Länge $\overline{AB}$ ist. Berechne, ab welchem Winkelmaß α dies der Fall ist.

6

Im Mittelalter wurden Kapellen in Kreisform gebaut.
   a) Berechne die Gesamthöhe der dargestellten Kapelle.
   b) Berechne den Inhalt der kleineren der beiden Dachflächen.
   c) Die größere Dachfläche hat die Form eines abgeschnittenen Kegels (in der Zeichnung gestrichelt angedeutet). Zeichne den Querschnitt dieses Daches ABCD im Maßstab 1:100 mit der Ergänzung zum Kegel und berechne den Inhalt dieser Dachfläche.
   d) Unter dem größeren Dach befindet sich ein Gewölbe. Es ist Teil einer Kugel, die die größere Dachfläche und den Boden des turmähnlichen Aufbaus berührt. Begründe: Der Mittelpunkt der Kugel liegt auf den Winkelhalbierenden der Winkel ADC und DCB.
   e) Ergänze in der Zeichnung zu c) den Mittelpunkt der Kugel. Berechne den Radius der Kugel und zeichne den Querschnitt des Gewölbes ein.

Licht und Schatten

1 An extrem heißen Sommertagen haben in einigen europäischen Ländern „Stromlieferanten" Probleme, genügend elektrische Energie zu erzeugen, weil vor allem Klimaanlagen zuviel Energie „fressen".
Zur Beschattung seiner Fensterfront im Wohnzimmer und seiner Terrasse lässt Herr Hitzkopf, der in Regensburg wohnt, auf der Südseite seines Hauses eine ausfahrbare Markise (siehe Abbildung) montieren. Die einfallenden Sonnenstrahlen bilden in Regensburg zur Sommersonnenwende einen Winkel mit dem Maß $\varphi = 64°$ mit der horizontalen Richtung. Runde bei den folgenden Aufgaben immer auf Dezimeter.

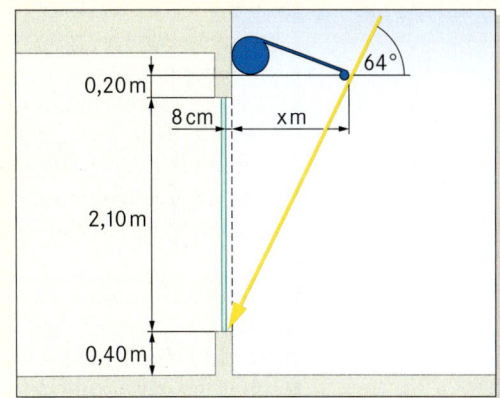

a) Welche horizontale Auslenkung x m müsste die Markise mindestens haben, damit seine Fenster auf der Südseite ganz abgeschattet sind?
b) Beantworte die Frage aus a) für den Fall, dass zusätzlich ein 2 m breiter Schatten auf seiner Terrasse entsteht.
c) Beantworte die Fragen a) und b) für ein gleich gebautes Haus in Rom ($\varphi = 71°$).

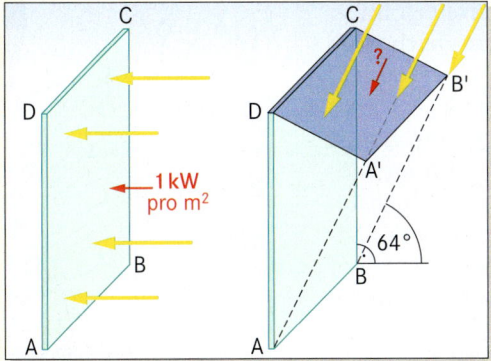

d) Als Strahlungsleistung trifft bei uns im Sommer ca. 1 kW pro Quadratmeter auf eine senkrecht zur Einstrahlungsrichtung geneigte Fläche. Welche Strahlungsleistung würde auf die 10 m² Fensterfront von Herrn Hitzkopf im Sommer treffen?
Hinweis: Der Strahlung auf 1 m² Fensterfläche entspricht die Strahlung, die senkrecht auf das graue Rechteck A'B'CD in der Abbildung rechts treffen würde.

2 Das Baugrundstück mit der Flurnummer 83 befindet sich südlich vom Haus des Herrn Hitzkopf, das auf dem Grundstück mit der Flur Nr. 79 steht. Im Bebauungsplan war für das Grundstück Nr. 83 ursprünglich eine Bebauung mit einem Einfamilienhaus mit einer Giebelhöhe von maximal 6,50 m vorgesehen. Der Bauträger Baumaxx hat das Grundstück erworben und plant die Errichtung eines Doppelhauses mit einer Giebelhöhe von 7,80 m. Dagegen erhebt Herr Hitzkopf Einspruch mit der Begründung, dass im Dezember ($\varphi = 18°$) auch um die Mittagszeit die Fensterfront seines Wohnzimmer ständig im Schatten des Doppelhauses liegen würde. Überprüfe mit Hilfe einer geeigneten Skizze und anschließender Berechnung die Behauptung von Herrn Hitzkopf.
Notwendige Maße kannst du aus dem Lageplan entnehmen.

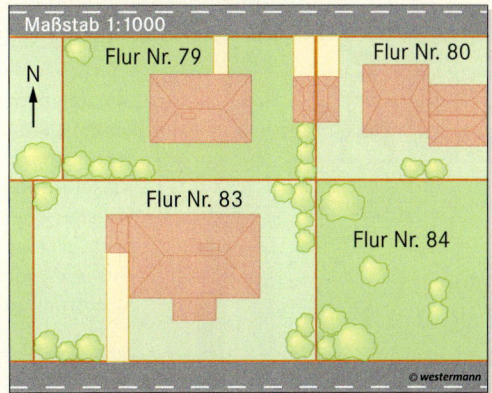

Albrecht Dürer – Blickwinkel

1 Die Länge eines auf einer lotrechten Geraden verschiebbaren Pfeils soll sich so ändern, dass er von einem festen Punkt A aus immer unter einem konstanten Winkel von 15° erscheint.
Zeichne den Sachverhalt mit einem Geometrieprogramm und verändere mit dem Zugmodus die Position des Pfeils auf der Geraden. Lass die Pfeillänge anzeigen. Was stellst du fest?

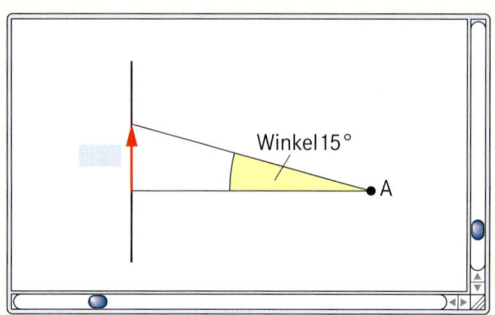
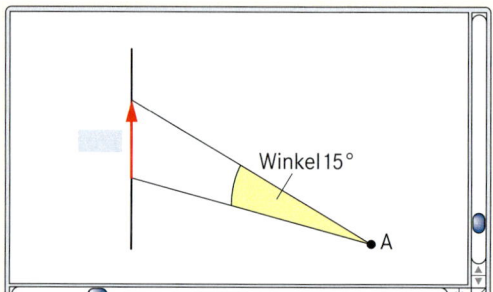

2 Albrecht Dürer (1471 – 1528) hat in seinem Buch *„Underweysung der messung mit dem zirckel und dem richtscheyt"* Vorschläge gemacht, wie man die Schrift an einer Säule mit zunehmender Höhe vergrößern muss, damit sie von unten gesehen gleich groß erscheint.
a) Erläutere die Konstruktion.
b) Die Schriftgröße auf einer 4 m hohen Litfaßsäule beträgt in 1,70 m Augenhöhe 21 cm. Begründe, dass die Buchstaben in 2 m Abstand unter einem Sehwinkel von ca. 6° erscheinen.
c) Berechne, wie groß ein Buchstabe in der obersten Zeile der Säule sein muss, damit er ebenfalls unter einem Winkel von 6° gesehen wird.
d) Wie ändert sich der Sehwinkel vom Buchstaben in der obersten Zeile der 4 m hohen Säule, wenn man an die Säule auf einen Meter herantritt?

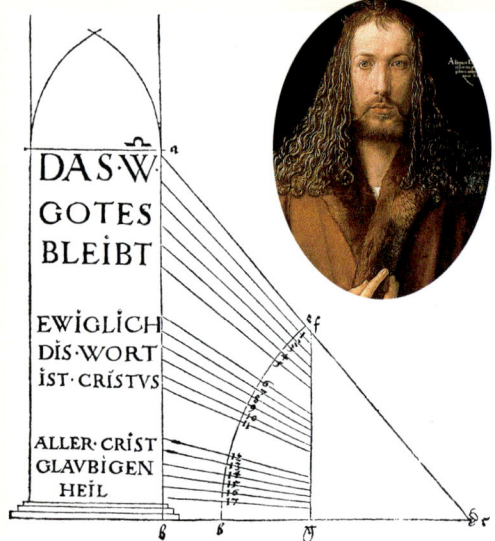

3 Stimmt das?

Bei den Bremer Stadtmusikanten sieht der Hahn besonders klein aus, weil der Blickwinkel immer kleiner wird, je weiter oben der Hahn ist. Er müsste sicher 20 % größer als in Wirklichkeit sein, um normal groß zu wirken.

Trägergraphen

1 Gegeben sind die Pfeile $\overrightarrow{OP_n} = \begin{pmatrix} 2\sin\varphi - 1 \\ 3\cos^2\varphi \end{pmatrix}$ mit O(0|0), $\varphi \in [0°; 180°]$.

a) Zeichne die Pfeile $\overrightarrow{OP_1}$ für $\varphi = 0°$, $\overrightarrow{OP_2}$ für $\varphi = 20°$ und $\overrightarrow{OP_3}$ für $\varphi = 60°$ in ein Koordinatensystem ein.

b) So kann man den Trägergraphen der Punkte P_n bestimmen.

B Für die Punkte $P_n(x|y)$ gilt:

(I) $x = 2\sin\varphi - 1$
(II) $\wedge$ $y = 3\cos^2\varphi$

Um einen Zusammenhang zwischen x und y zu erstellen, müssen die Parameter $\sin\varphi$ bzw. $\cos\varphi$ eliminiert werden.

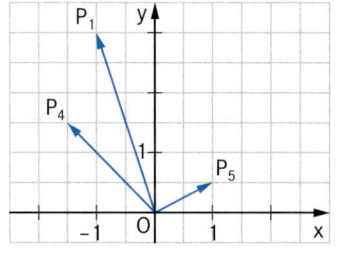

Löse dazu die Gleichung (I) nach $\sin\varphi$ auf.

$2\sin\varphi = x + 1$
$\sin\varphi = \frac{1}{2}(x+1)$

Forme die Gleichung (II) um.

$y = 3(1 - \sin^2\varphi)$
$y = 3 - 3\sin^2\varphi$

Ersetze den Term $\sin\varphi$.

$y = 3 - 3\cdot\left[\frac{1}{2}(x+1)\right]^2$

Forme den Term für y weiter um. Um welche Funktion handelt es sich? Beschreibe den Graphen.

c) Führe die Teilaufgaben a) und b) für $\overrightarrow{OP_n} = \begin{pmatrix} 5 - 3\cos\varphi \\ 6\sin^2\varphi \end{pmatrix}$, O(0|0), $\varphi \in [0°; 180°]$ durch. Zeichne den Trägergraphen ein.

2 Gegeben sind die Dreiecke OAB_n mit A(4|−1) und $\overrightarrow{OB_n} = \begin{pmatrix} 3 - 4\cos\varphi \\ \sin^2\varphi + 2 \end{pmatrix}$.
Es gilt: O(0|0); $\varphi \in [0°; 180°]$.

a) Zeichne die Dreiecke OAB_1 für $\varphi = 35°$, OAB_2 für $\varphi = 90°$ und OAB_3 für $\varphi = 150°$ in ein Koordinatensystem ein.

b) Bestimme die Gleichung des Trägergraphen für die Punkte B_n. Zeichne den Trägergraphen in das Koordinatensystem zu a) ein.

c) Zeige, dass sich der Flächeninhalt der Dreiecke OAB_n wie folgt in Abhängigkeit von φ darstellen lässt: $A(\varphi) = (-2\cos^2\varphi - 2\cos\varphi + 7{,}5)$ FE

d) Es gibt zwei Dreiecke, für die der Flächeninhalt der Dreiecke genau 7,5 FE beträgt. Berechne die zugehörigen Belegungen für φ.

e) Der Pfeil $\overrightarrow{OB_4}$ liegt auf der y-Achse. Berechne seine Koordinaten und die zugehörige Belegung für φ.

3 Gegeben sind die Punkte $P_n(1 + \sin^2\alpha \,|\, \frac{2}{\cos^2\alpha})$ mit $\alpha \in [0°; 90°[$.

a) Berechne die Koordinaten der Punkte P_1 bis P_5 für $\alpha \in \{0°; 20°; 30°; 45°; 60°\}$. Runde auf eine Stelle nach dem Komma. Zeichne diese Punkte in ein Koordinatensystem ein.

b) Überlege anhand der Zeichnung, welche Gleichung für den Trägergraphen der Punkte P_n zutrifft. Bestätige anschließend durch Rechnung.

A $y = x + 1$ B $y = \frac{2}{x}$ C $y = \frac{2}{2-x}$ D $y = x^2 + 1$

c) Die Punkte P_n werden mit dem Vektor $\vec{v} = \begin{pmatrix} 2 \\ 4 \end{pmatrix}$ auf die Punkte $Q_n(x_Q | y_Q)$ abgebildet. Berechne die Gleichung des Trägergraphen der Punkte Q_n.

Trägergraphen

4 Die Pfeile $\overrightarrow{PQ_n} = \begin{pmatrix} 2\cos\varphi + 3 \\ 3 \end{pmatrix}$ und $\overrightarrow{PS_n} = \begin{pmatrix} 3\cos\varphi - 1 \\ 10\sin^2\varphi \end{pmatrix}$ spannen Parallelogramme $PQ_nR_nS_n$ auf.

Es gilt: $P(0|-2)$; $\varphi \in [20°; 340°]$

a) Berechne die Koordinaten der Pfeile $\overrightarrow{PQ_1}$ und $\overrightarrow{PS_1}$ für $\varphi = 35°$ sowie $\overrightarrow{PQ_2}$ und $\overrightarrow{PS_2}$ für $\varphi = 120°$. Zeichne die Parallelogramme $PQ_1R_1S_1$ und $PQ_2R_2S_2$ in ein Koordinatensystem ein.
b) Berechne die Gleichung des Trägergraphen der Punkte S_n.
c) Zeige, dass für die Koordinaten von R_n gilt: $R_n(5\cos\varphi + 2 | 10\sin^2\varphi + 1)$
d) Welche Werte kann x_R annehmen?
e) Für welche Werte von φ liegen die Eckpunkte R_3 bzw. R_4 auf der Geraden $x = 2{,}5$?
f) Ordne die Gleichung des Trägergraphen des Punktes R_n richtig zu:

    A $y = -\frac{10}{25}(x+2)^2 + 11$ **B** $y = -\frac{2}{5}(x-2)^2 + 11$ **C** $y = -2(x-2)^2 + 11$

g) Für welche Werte von φ hat der Vektor $\overrightarrow{PQ_n}$ die Länge 5 LE?
h) Der Pfeil $\overrightarrow{PS_5}$ verläuft parallel zur Winkelhalbierenden des 1. und 3. Quadranten. Bestimme den zugehörigen Wert von φ.

5 Die Punkte A, B_n, C und D_n sind Eckpunkte von Drachenvierecken AB_nCD_n.
Die Gerade AC ist Symmetrieachse der Drachenvierecke.

Es gilt: $A(1|1)$; $C(8|8)$; $B_n\left(4 + 8\sin\alpha \,\Big|\, \dfrac{0{,}5}{\sin\alpha}\right)$; $\alpha \in\,]7°;\, 90°]$

a) Zeichne die Drachenvierecke AB_1CD_1 für $\alpha = 20°$ und AB_2CD_2 für $\alpha = 50°$ in ein Koordinatensystem ein.
b) Berechne die Gleichung des Trägergraphen t der Punkte B_n. [Ergebnis: t mit $y = \frac{4}{x-4}$]
c) Berechne die Gleichung t* des Trägergraphen der Punkte D_n.
d) Unter den Drachenvierecken gibt es zwei Rauten. Zeichne diese in das Koordinatensystem zu a) ein. Berechne die zugehörigen Werte von x und α. [Teilergebnis: x = 8]
e) Begründe: Eine der Rauten ist zugleich ein Quadrat.

6 Die Punkte $A(-3|0)$, $B(3|0)$ und C_n legen Dreiecke ABC_n fest. Die Punkte C_n liegen auf der Geraden g mit $y = 4$, die Winkel BAC_n haben das Maß α.

a) Konstruiere mit einem Geometrieprogramm ein Dreieck ABC_n und den Schnittpunkt H_n der Höhen h_a und h_c.
b) Zeige durch Rechnung, dass für die Koordinaten der Punkte C_n gilt: $C_n\left(\dfrac{4}{\tan\alpha} - 3 \,\Big|\, 4\right)$
c) Bewege den Punkt C_n und lasse die Ortslinie des Punktes H_n aufzeichnen. Was stellst du fest?
d) Begründe: Die Dreiecke AD_nH_n und D_nBC_n sind ähnlich.

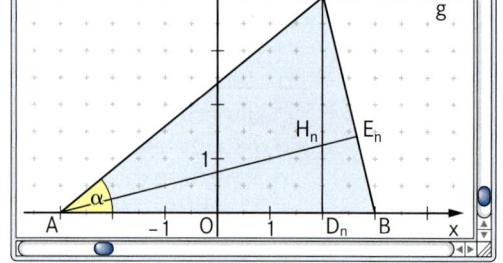

e) Ordne den Längen $\overline{AD_n}$; $\overline{BD_n}$ und $\overline{C_nD_n}$ einen der folgenden Terme zu:

    A $3 - \dfrac{4}{\tan\alpha}$ **B** $\dfrac{4}{\tan\alpha}$ **C** 4   **D** $6 - \dfrac{4}{\tan\alpha}$

f) Begründe, dass für die Koordinaten der Höhenschnittpunkte $H_n(x_H|y_H)$ in Abhängigkeit von α gilt: $H_n\left(\dfrac{4}{\tan\alpha} - 3 \,\Big|\, \dfrac{6}{\tan\alpha} - \dfrac{4}{\tan^2\alpha}\right)$
g) Zeige durch Rechnung, dass für die Gleichung des Trägergraphen der Punkte H_n gilt: $y = -0{,}25\,x^2 + 2{,}25$

Polarkoordinaten

1 Das wichtigste Hilfsmittel der Fluglotsen (Marshaller) ist der Radarschirm. Auf dem so genannten Label erhält der Fluglotse alle notwendigen Daten über eine Maschine.

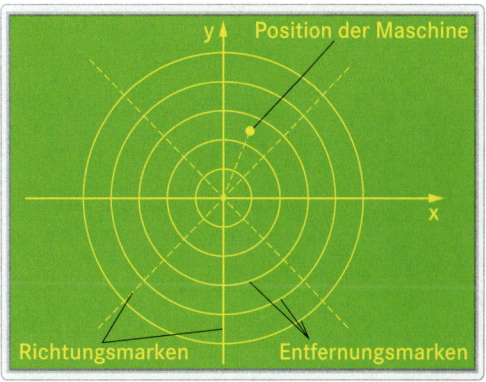

Wie könnte am Radarschirm die Position eines Flugzeugs dargestellt sein?

Durch die Koordinaten (x|y) kann ich einen Punkt in der Ebene eindeutig festlegen!

Das kann ich auch durch die Entfernung r LE des Punktes vom Ursprung und durch ein Winkelmaß φ zur Richtung der positiven x-Achse.

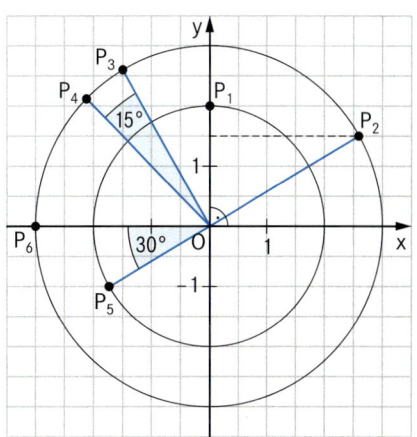

2 Welche Koordinaten müsste Hannah für die Punkte P_2 bis P_6 angeben? Beispiel: P_1 (2 | 90°)
Welche Angaben müsste Julian machen? Beispiel: P_1 (0 | 2)

Polarkoordinaten

Jeden Punkt P der Ebene kann man durch die Entfernung r LE vom Koordinatenursprung und durch ein Winkelmaß φ eindeutig festlegen. Das Winkelmaß φ ist bestimmt durch die Richtung der positiven x-Achse und durch die Strecke [OP].
Man nennt r und φ **Polarkoordinaten** des Punktes P.
Schreibweise: $P(r | \varphi)$ ($r \in \mathbb{R}_0^+$; $\varphi \in [0°; 360°[$)
Lies: Punkt P mit den Polarkoordinaten r und φ

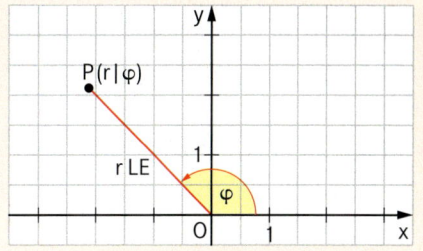

Ebenso können Vektoren mit Polarkoordinaten angegeben werden:

Ortsvektor $\overrightarrow{OP} = \begin{pmatrix} r \\ \varphi \end{pmatrix}$

Kartesische Koordinaten

Die Koordinaten (x | y) heißen **kartesische Koordinaten**.

Polarkoordinaten

③ So kann man aus den Polarkoordinaten eines Punktes P (r|φ) die kartesischen Koordinaten des Punktes P (x|y) berechnen und umgekehrt.

B Gegeben ist der Punkt P (r|φ) in Polarkoordinaten.
Im rechtwinkligen Dreieck OQP gilt:

$\cos \varphi = \frac{x}{r}$, $\sin \varphi = \frac{y}{r}$

Es folgt: $x = r \cos \varphi$, $y = r \sin \varphi$ P (r cos φ | r sin φ)

Gegeben ist der Punkt P (x|y) in kartesischen Koordinaten. Im rechtwinkligen Dreieck OQP gilt:

$r^2 = x^2 + y^2$ $\quad r = \sqrt{x^2 + y^2}$

Für das Winkelmaß φ gilt: $\tan \varphi = \frac{y}{x}$

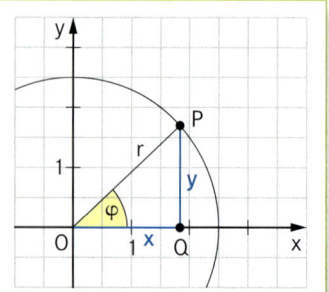

Umrechnung zwischen Polarkoordinaten und kartesischen Koordinaten

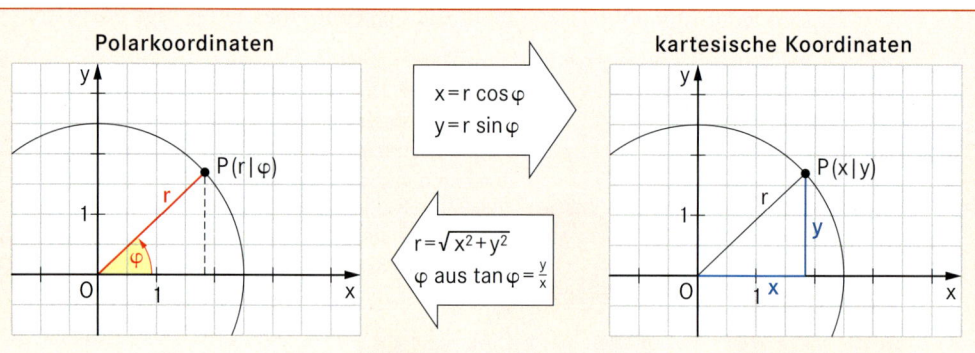

Übungen

④ Zeichne den Punkt P_n. Berechne die fehlenden Koordinaten in deinem Heft.

	a)	b)	c)	d)	e)
$P_n(x\|y)$	$P_1(4\|3)$	$P_2(\ \|\ )$	$P_3(\ \|\ )$	$P_4(2,8\|-4,2)$	$P_5(\ \|\ )$
$P_n(r\|\varphi)$	$P_1(\ \|\ )$	$P_2(4\|120°)$	$P_3(2,5\|315°)$	$P_4(\ \|\ )$	$P_5(3,2\|95°)$

⑤ Gegeben ist das Dreieck ABC. Es gilt: A (4|−2), B (3√2 | 45°), C (5|120°)
 a) Zeichne das Dreieck ABC und berechne dessen Flächeninhalt.
 b) Berechne die Polarkoordinaten des Punktes A.

⑥ Gegeben sind die Punkte P (5|126,87°) und Q (√10 | 71,565°).
 a) Zeichne die Gerade g = PQ und berechne deren Gleichung.
 b) Berechne den Flächeninhalt des Dreiecks OQP.

⑦ Die Gerade g verläuft durch den Punkt P (5|143,13°) und schließt mit der Richtung der positiven x-Achse einen Winkel mit dem Maß 16,70° ein.
 a) Zeichne die Gerade g.
 b) Zeige durch Rechnung, dass die Gerade g folgende Gleichung besitzt: y = 0,3x + 4,2

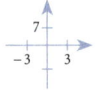

⑧ Das Dreieck ABC ist festgelegt durch $\vec{AB} = \begin{pmatrix} 2 \\ y_B \end{pmatrix}$ und $\vec{AC} = \begin{pmatrix} \sqrt{5} \\ 156° \end{pmatrix}$, ∢ACB = 82°, A (0|0).
 a) Zeichne das Dreieck ABC.
 b) Zeige durch Rechnung, dass die Gerade BC folgende Gleichung hat: y = 1,6x + 4,2
 c) Berechne die Polarkoordinaten des Punktes B.

Polarkoordinaten

9 Die Dreiecke OA_nB_n werden durch die Pfeile $\vec{OA_n} = \begin{pmatrix} 4 \\ 4\cos\alpha \end{pmatrix}$ und $\vec{OB_n} = \begin{pmatrix} 5 \\ 180° - \alpha \end{pmatrix}$ aufgespannt. Es gilt: $O(0|0)$; $\alpha \in {]}0°;\ 180°{[}$

a) Berechne die kartesischen Koordinaten der Punkte A_1 und B_1 für $\alpha = 30°$ bzw. A_2 und B_2 für $\alpha = 90°$.
  Zeichne die Dreiecke OA_1B_1 und OA_2B_2 in ein Koordinatensystem ein.
b) Begründe: Die Seitenlängen $\overline{OB_n}$ betragen stets 5 LE.
c) Zwei Dreiecke der Schar sind gleichschenklig mit der Basis $[A_3B_3]$ bzw. $[A_4B_4]$. Berechne die zugehörigen Winkelmaße α_3 und α_4.
d) Zeige, dass sich der Flächeninhalt der Dreiecke OA_nB_n wie folgt in Abhängigkeit von α darstellen lässt: $A(\alpha) = (-10\sin^2\alpha + 10\sin\alpha + 10)$ FE
e) Überprüfe die Aussagen von Dilara und Simon.

10 Die beiden Passagierflugzeuge Astria A und Hansa H werden auf einem Radarschirm erfasst. Flugzeug A hat zum ersten Beobachtungszeitpunkt die Position $A_1(4\sqrt{5}\,|\,26{,}57°)$ und nach 120 Sekunden die Position $A_2(6{,}5\,|\,22{,}62°)$. Gleichzeitig hat das Flugzeug H zum ersten Beobachtungszeitpunkt die Position $H_1(2\sqrt{5}\,|\,116{,}57°)$ und nach 50 Sekunden die Position $H_2(\sqrt{10}\,|\,108{,}44°)$.

a) Zeichne die Flugrouten der beiden Flugzeuge in ein Koordinatensystem.
  Für die Zeichnung: 1 LE $\triangleq$ 1 cm
b) Berechne die Gleichungen der Flugrouten.
c) Berechne die Geschwindigkeiten der beiden Flugzeuge, wenn der Maßstab deiner Zeichnung 1 : 1 000 000 beträgt.
d) Die beiden Flugzeuge fliegen auf gleicher Höhe. Wo kreuzen sich ihre Flugrouten?
e) Flugzeuge dürfen sich aus Sicherheitsgründen maximal fünf nautische Meilen (ca. 9 km) seitlich nähern. Die beiden Flugzeuge A und H behalten ihre Flugrichtungen und ihre Fluggeschwindigkeiten bei. Müssen die Fluglotsen eingreifen? Begründe.

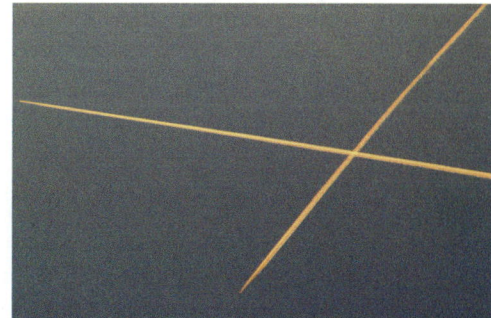

Bogenmaß

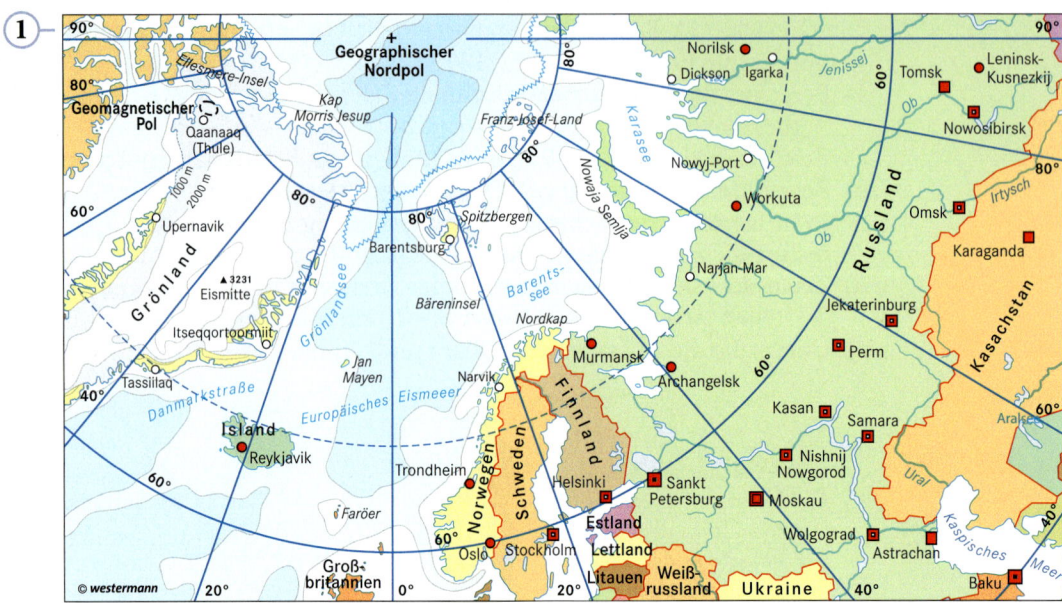

①

Nimm für die Luftlinie näherungsweise die Bogenlänge auf dem zugehörigen Breitenkreis.

Oslo und St. Petersburg haben denselben Breitengrad 60°. Auf Karten findet man beide Orte auf einem Kreis (Breitenkreis) mit einem Radius von ca. 3200 km. Oslo liegt auf 11° östlicher Länge, St. Petersburg auf 30,4° östlicher Länge.
Berechne die Entfernung Oslo – St. Petersburg in Luftlinie.

② Auf dem Einheitskreis wandert ein Punkt P von A(1|0) nach B.
  a) Die zurückgelegte Bogenlänge b hängt vom Maß des Winkels α ab. Berechne b für α = 50°.
  b) Stelle die Bogenlänge b in Abhängigkeit von α dar. Ersetze im Heft die Platzhalter: $b = \frac{\blacksquare \cdot \pi \cdot \blacktriangle}{180°}$ LE

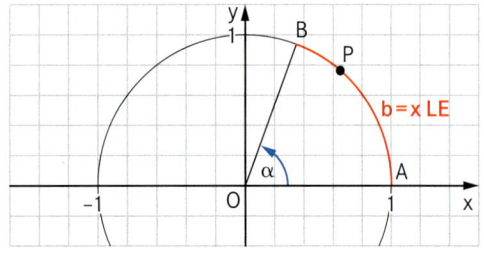

M Am Einheitskreis nennt man die Maßzahl x der Bogenlänge b = x cm **Bogenmaß** zum Mittelpunktswinkel α.

Bogenmaß

Es gilt: $x = \alpha \cdot \frac{\pi}{180°}$

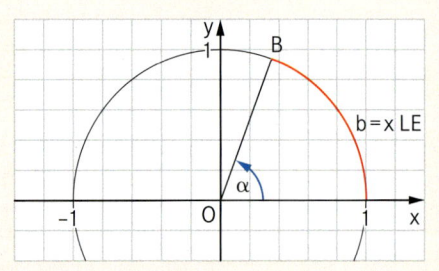

Übungen

③ Berechne das Bogenmaß.
  a) α = 30°   b) α = 45°   c) α = 78°   d) α = 90°
  e) α = 150°   f) α = 205°   g) α = 300°   h) α = 175°
  Lösungen: 0,52; 1,57; 3,58; 2,62; 5,24; 0,79; 3,05; 1,36

Bogenmaß

4 Berechne das Winkelmaß α zum Bogenmaß für α ∈ [0°; 360°].

$$x = \frac{1}{6}\pi$$
$$\alpha \cdot \frac{\pi}{180°} = \frac{1}{6}\pi \quad |:\pi \quad |\cdot 180°$$
$$\alpha = 30°$$

a) x = 0,25π b) x = 1,5
c) x = 0,6π d) x = 0,8
e) x = 0,5π f) x = 2,45
g) $x = \frac{3}{4}\pi$ h) x = 1,78
i) x = 1,25π k) $x = \frac{2}{3}\pi$

Lösungen: 135°; 45°; 108°; 45,84°; 120°; 140,37°; 90°; 225°; 101,99°; 85,94°

5 Für besondere Winkelmaße gibt es besondere Werte für das Bogenmaß. Ergänze die Tabelle in deinem Heft.

Gradmaß	0°	30°	45°	60°	90°	120°	135°	150°	180°	270°	360°
Bogenmaß	0	$\frac{\pi}{6}$									2π

6 Ein Pendel, dessen halbe Schwingungsdauer (die Zeit für eine Bewegung von A nach B) eine Sekunde beträgt, heißt Sekundenpendel. Seine Pendellänge beträgt fast genau 1 m. Der Weg, den der Pendelkörper von der Nulllage N bis zum Punkt A oder B zurücklegt, heißt Amplitude (größter Ausschlag) der Schwingung.
a) Berechne die Amplitude, wenn gilt: φ = 15°
b) Berechne φ für eine Amplitude von 20 cm.

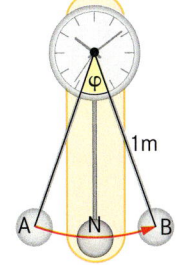

7

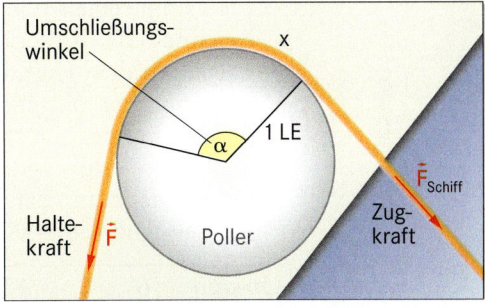

Wenn ein Schiff an einem Steg anlegt, wird das Schiff mit einem Seil an einem zylindrischen Poller befestigt. Dazu wird das Seil mehrfach in bestimmter Weise um den Poller gelegt. Für den Fall, dass das Seil nicht rutscht, besteht zwischen der Haltekraft F und der Zugkraft F_{Schiff} annähernd folgender Zusammenhang: $F_{Schiff} = F \cdot e^{\mu x}$ mit e = 2,718[1]
Die Gleichung zeigt, dass der Radius keine Rolle spielt; μ ist die Reibungszahl zwischen Poller und Seil. Durch den Umschließungswinkel mit dem Maß α wird das Bogenmaß x festgelegt. Es gilt: F = 250 N; α = 150°; μ = 0,25
a) Mit welcher Kraft darf ein Schiff am Seil ziehen, ohne dass das Seil rutscht?
b) Das Seil wird zweimal (dreimal) um den Poller gelegt. Berechne nun die Kraft, mit der das Schiff gerade noch ziehen kann ohne dass das Seil durchrutscht.
c) Wie oft muss das Seil um den Poller gelegt werden, damit ein Schiff mit einer Zugkraft von 133,8 kN noch gehalten werden kann?

[1] Eulersche Zahl; die Gleichung wurde von Leonhard Euler 1765 hergeleitet

Auf und ab

1 Gondeln bringen uns in schwindelnde Höhen, von denen wir eine phantastische Aussicht genießen können. Dies kann in ganz unterschiedlicher Weise erfolgen.

a) Die gemütliche KAMPENWANDBAHN in Aschau am Chiemsee bringt Urlauber in 14 Minuten von der Talstation in 630 m Höhe bis zur Bergstation in 1470 m Höhe. Dabei überwindet sie pro Minute 60 Höhenmeter. Jede Gondel fasst 4 Personen.

Stelle die Bewegung einer Gondel grafisch dar. Übertrage dazu die Tabelle in dein Heft und vervollständige sie. Vernachlässige dabei das Abbremsen der Gondeln beim Ein- und Aussteigen.

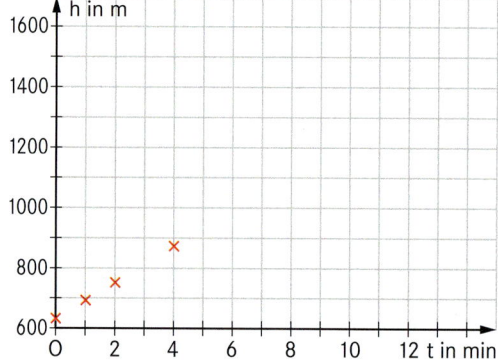

t in min	0	1	2	4	6	8	10	30
h in m	630							

b) Das Riesenrad SINGAPORE FLYER ist eines der höchsten Riesenräder der Welt. Es hat einen Durchmesser von 150 m und bringt den Besucher während einer Runde von 36 Minuten auf eine maximale Höhe von 165 m. Somit überstreicht es pro Minute einen Winkel von ca. 10°.
Zeichne das Riesenrad im Maßstab 1:2000 in dein Heft. Übertrage die Tabelle und vervollständige sie mit Hilfe der Zeichnung.
Stelle die Werte – wie unten gezeigt – in einem Diagramm dar. Beschreibe damit die Bewegung einer Gondel.

t in min	0	2	4	8	12	16	18	20	24	28	32	34	36	38	40
h in m	15	18	33	78											

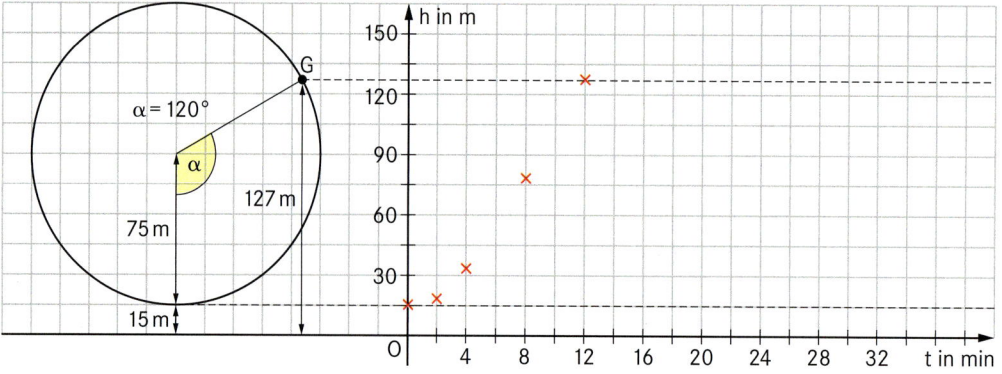

c) Vergleiche die beiden Darstellungen der Gondelbewegung aus a) und b).

Trigonometrische Funktionen

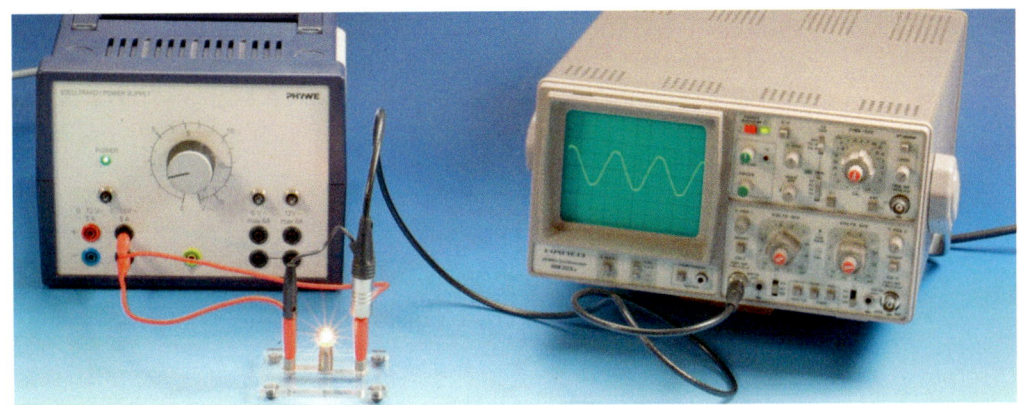

Sinus-funktion

① Jedem Winkelmaß α kann ein Bogenmaß x zugeordnet werden. Für spezielle Winkelmaße wurde das zugehörige Bogenmaß auf der Seite 97 in Aufgabe 5 berechnet. Am Einheitskreis (r = 1 LE) lässt sich jedem Bogenmaß x die y-Koordinate des zugehörigen Bildpunktes P auf dem Einheitskreis zuordnen. Dazu zeichnet man mit einem Geometrieprogramm einen Einheitskreis mit O′ (−3 | 0) und r = 1 LE und bindet einen Punkt P an die Kreislinie.
a) Begründe, dass gilt: y (P) = sin x
b) Der Zusammenhang zwischen x und y = sin x kann im Koordinatensystem durch einen Graphen dargestellt werden. Dafür lässt man die Ortslinie eines Punktes P′ mit den Koordinaten $x = \frac{\alpha \cdot \pi}{180°}$ und y = y (P) zeichnen. Begründe die Wahl dieser Koordinaten.
c) Welche Werte kann y = sin x annehmen?

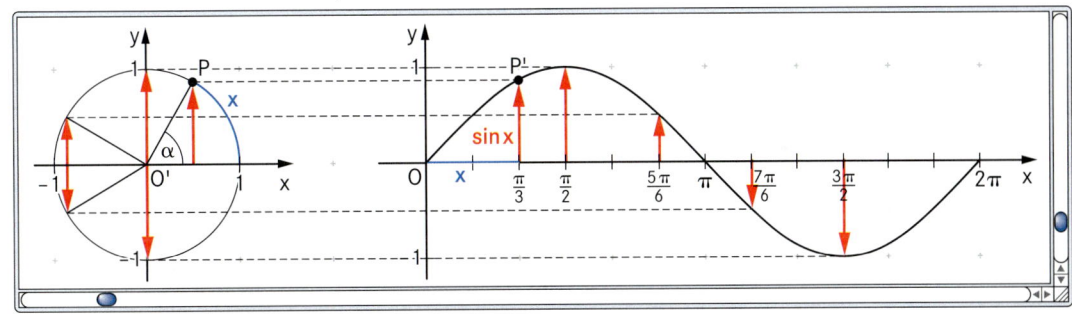

d) Welchen Graph erhält man, wenn man $\frac{\alpha \cdot \pi}{180°} + 2\pi$ für die x-Koordinate eines Punktes P″ und y (P) für die y-Koordinate eingibt?
e) Man kann für die x-Koordinate eines Punktes P″ auch $\frac{\alpha \cdot \pi}{360°} - 2\pi$ eingeben.

Sinusfunktion

Jedem Bogenmaß x lässt sich eindeutig die y-Koordinate des zugehörigen Bildpunktes P auf dem Einheitskreis zuordnen.
Diese Zuordnung heißt **Sinusfunktion f**.

f: y = sin x

Definitionsmenge $\mathbb{D} = \mathbb{R}$
Wertemenge $\mathbb{W} = [-1; \ 1]$

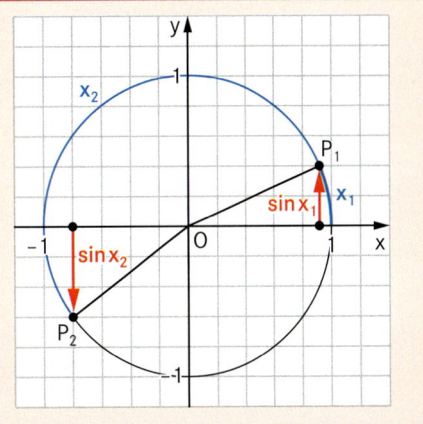

Kosinus-funktion

② Am Einheitskreis (r = 1 LE) lässt sich jedem Bogenmaß x die x-Koordinate des zugehörigen Bildpunktes P auf dem Einheitskreis zuordnen. Man zeichnet mit einem Geometrieprogramm wie in Aufgabe 1 auf Seite 99 einen Einheitskreis k mit O' (−3|0); r = 1 LE und dem Punkt P ∈ k.
a) Begründe, dass gilt: x (P) = cos x
b) Der Zusammenhang zwischen x und y = cos x kann im Koordinatensystem durch einen Graphen dargestellt werden. Wiederum lässt man die Ortslinie eines Punktes P' mit der Koordinate x = $\frac{\alpha \cdot \pi}{180°}$ zeichnen. Begründe, warum als y-Koordinate x (P) + 3 eingegeben werden muss.
c) Welche Werte kann y = cos x annehmen?

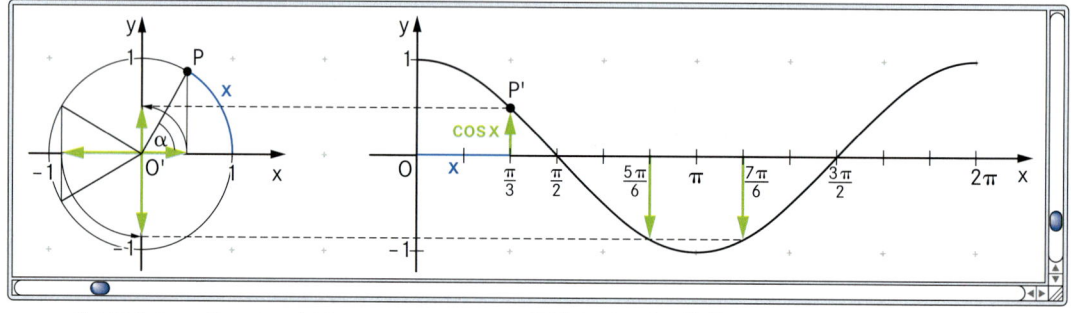

d) Welchen Graph erhält man, wenn man $\frac{\alpha \cdot \pi}{180°} + 2\pi$ oder $\frac{\alpha \cdot \pi}{180°} - 2\pi$ für die x-Koordinate eines Punktes P'' und x(P) + 3 für die y-Koordinate eingibt?

 Jedem Bogenmaß x lässt sich eindeutig die x-Koordinate des zugehörigen Bildpunktes P auf dem Einheitskreis zuordnen.
Diese Zuordnung heißt **Kosinusfunktion f**.

Kosinus-funktion

f: **y = cos x**

Definitionsmenge $\mathbb{D} = \mathbb{R}$

Wertemenge $\mathbb{W} = [-1;\ 1]$

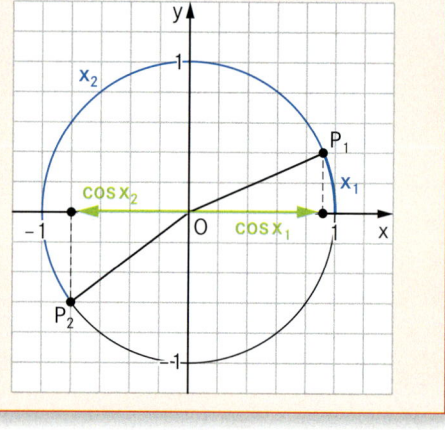

③ Für Berechnungen im Bogenmaß muss am Taschenrechner der Modus von **deg** auf **rad**[1] geändert werden.
a) Berechne die folgenden Funktionswerte:

(1) $y = \sin\frac{\pi}{8}$ (2) $y = \cos\left(-\frac{\pi}{5}\right)$ (3) $y = \cos(-1{,}8)$ (4) $y = \sin 5$

b) So kann man das Winkelmaß zu einem gegebenen Bogenmaß berechnen. Berechne die Winkelmaße in a) und überprüfe die errechneten Funktionswerte.

$x = \frac{\pi}{8}$

aus $x = \varphi \cdot \frac{\pi}{180°}$ folgt $\varphi = \frac{x \cdot 180°}{\pi}$

$x = \frac{\pi}{8}$ $\varphi = \frac{\frac{\pi}{8} \cdot 180°}{\pi}$; $\varphi = 22{,}5°$

[1] radian measure   engl. Bogenmaß

Trigonometrische Funktionen

Tangensfunktion

4 Mit einem Geometrieprogramm kann auch der Zusammenhang zwischen dem Bogenmaß x und y = tan x dargestellt werden. Dazu wird die Steigung m der Geraden O'P mit dem Punkt P auf dem Einheitskreis bestimmt.

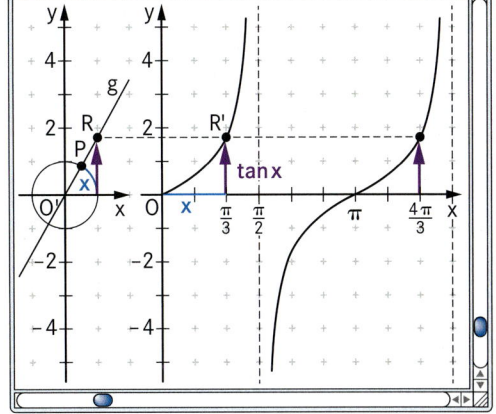

a) Begründe, dass in der Zeichnung gilt: m = y(R) und somit m = tan x
b) Für welche Werte von x ist y = tan x nicht definiert? Begründe.
c) Erstelle eine entsprechende Zeichnung mit einem Geometrieprogramm und überprüfe den Verlauf der Tangensfunktion für x + 2π und x − 2π.
d) Berechne folgende Tangenswerte:

(1) $y = \tan \frac{3\pi}{4}$ (2) $y = \tan(-2{,}5)$ (3) $y = \tan \frac{2}{3}\pi$ (4) $y = \tan\left(\frac{-\pi}{4}\right)$

 Am Einheitskreis lässt sich jedem Bogenmaß x eindeutig eine Steigung m zuordnen. Diese Zuordnung heißt **Tangensfunktion f**.

Tangensfunktion

f: y = m
y = tan x

Definitionsmenge:
$\mathbb{D} = \mathbb{R} \setminus \{\dots -\frac{\pi}{2};\ \frac{\pi}{2};\ \frac{3\pi}{2};\ \frac{5\pi}{2} \dots\}$

Wertemenge: $\mathbb{W} = \mathbb{R}$

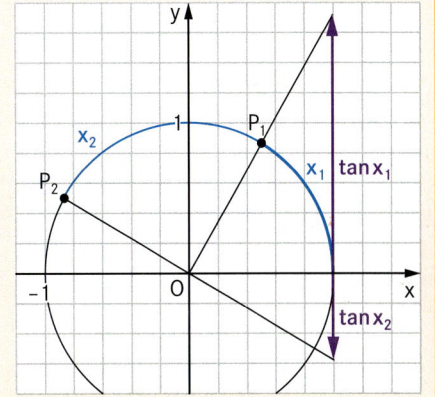

Übungen

5 Berechne folgende Termwerte. Was stellst du fest?
a) $\sin \frac{\pi}{6};\ \sin \frac{13\pi}{6};\ \sin \frac{25\pi}{6}$
b) $\cos \frac{2\pi}{3};\ \cos \frac{8\pi}{3};\ \cos \frac{14\pi}{3}$
c) $\tan \frac{\pi}{4};\ \tan \frac{5\pi}{4};\ \tan \frac{9\pi}{4}$
d) $\sin \frac{\pi}{3};\ \sin\left(-\frac{5\pi}{3}\right);\ \sin \frac{7\pi}{3}$

6 Formuliere die in Aufgabe 5 gefundenen Zusammenhänge für die Funktionen y = sin x, y = cos x und y = tan x allgemein. Ersetze dazu in deinem Heft die Platzhalter.
(1) sin x = sin (x + ▲■)   (2) cos x = cos (x + ▲■)   (3) tan x = tan (x + ▲■)

7 Finde mindestens drei weitere Terme, die den gleichen Wert wie die folgenden Terme haben.
a) $\sin \frac{\pi}{4}$ b) $\tan \frac{5\pi}{6}$ c) $\cos \frac{7\pi}{6}$ d) $\tan \frac{5\pi}{3}$

8 Die Punkte $A_n(x\,|\,-1)$, $B_n(x+4\,|\,\tan x)$ und $C_n(x\,|\,\tan x)$ bilden für $x \in [0;\ \frac{\pi}{2}[$ die Dreiecke $A_n B_n C_n$.
a) Zeichne ein Dreieck $A_1 B_1 C_1$ für $x = \frac{2\pi}{7}$ in ein Koordinatensystem ein.
b) Der Flächeninhalt des Dreiecks $A_2 B_2 C_2$ beträgt 4,2 FE. Berechne x.
c) Das Maß α im Dreieck $A_3 B_3 C_3$ beträgt 45°. Berechne die Koordinaten der Eckpunkte des Dreiecks.

Eigenschaften trigonometrischer Funktionen

1 In der Abbildung sind die Graphen der Sinusfunktion, der Kosinusfunktion und der Tangensfunktion für x ∈ [−π; 3π] dargestellt. Alle drei Funktionen sind periodische Funktionen, denn die Sinus-, Kosinus- und Tangenswerte wiederholen sich jeweils nach einem bestimmten Intervall.

a) Gib je die Perioden der Sinusfunktion, der Kosinus- und der Tangensfunktion in der Abbildung links an.
b) Begründe mit Hilfe der Abbildungen, dass gilt:
$\sin(-x) = -\sin x$
c) Untersuche den Graphen der Kosinusfunktion auf Symmetrieeigenschaften. Ergänze in deinem Heft den Platzhalter:
$\cos(-x) =$
d) Untersuche den Graphen der Tangensfunktion auf Symmetrieeigenschaften. Ergänze in deinem Heft die Platzhalter:
tan (x) = tan x

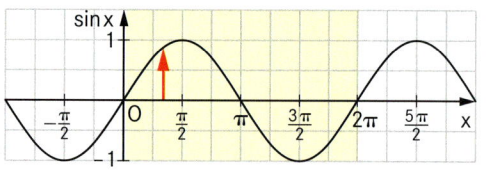
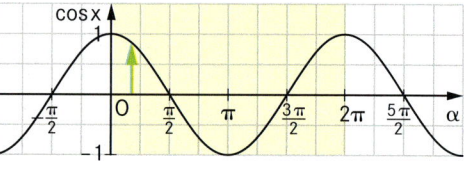
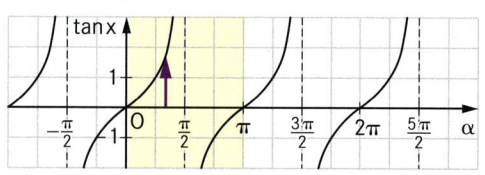

Eigenschaften der Sinus- und Kosinusfunktion

M Die Sinus- und Kosinusfunktion sind periodische Funktionen mit der Periode 2π.
Für $\mathbb{D} = \mathbb{R}$ und $z \in \mathbb{Z}$ gilt: $\sin(x + z \cdot 2\pi) = \sin x$
$\cos(x + z \cdot 2\pi) = \cos x$

Der Graph der Sinusfunktion ist punktsymmetrisch zum Ursprung.
Für $x \in \mathbb{D}$ gilt: $\sin(-x) = -\sin x$

Der Graph der Kosinusfunktion ist symmetrisch zur y-Achse.
Für $x \in \mathbb{D}$ gilt: $\cos(-x) = \cos x$

Eigenschaften der Tangensfunktion

Die Tangensfunktion ist eine periodische Funktion mit der Periode π.
Für $\mathbb{D} = \mathbb{R} \setminus \{z \cdot \frac{\pi}{2}\}$ und $z \in \mathbb{Z}$ gilt: $\tan(x + z \cdot \pi) = \tan x$

Der Graph der Tangensfunktion ist punktsymmetrisch zum Ursprung.
Für $x \in \mathbb{D}$ gilt: $\tan(-x) = -\tan x$

2 Forme die Funktionswerte um wie im Beispiel.

$\sin \frac{25\pi}{6} = \sin(\frac{\pi}{6} + 2 \cdot 2\pi) = \sin \frac{\pi}{6}$

a) $\cos \frac{19\pi}{3}$
b) $\tan \frac{21\pi}{4}$
c) $\sin(-\frac{16}{3}\pi)$
d) $\tan(-\frac{5}{3}\pi)$

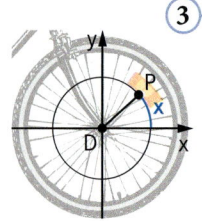

3 Der Reflektor eines Fahrrades ist 1 dm von der Radnabe, dem Drehpunkt D, entfernt angebracht. Legt man den Drehpunkt D in den Ursprung eines Koordinatensystems, kann der Abstand d des Punktes P von der x-Achse in Abhängigkeit von seinem zurückgelegten Weg x als Funktion dargestellt werden.

a) Erstelle eine Wertetabelle für x ∈ [0; 7[mit Δx = 0,5 und zeichne den Graphen.
Es gilt: 1 dm ≙ 2 cm
b) Berechne die Längen der Wege, die der Punkt P zurückgelegt hat, wenn er 4 cm Abstand von der x-Achse hat. Überprüfe das Ergebnis am Graphen.
c) Beschreibe die Bewegung des Reflektors bezüglich des Rades und der Umgebung.

Trigonometrische Funktionen in der Technik

1 In der Abbildung siehst du einen mit Sand gefüllten Trichter, der an zwei Fäden aufgehängt ist. Wird der Trichter angestoßen, schwingt er wie ein Pendel hin und her.
Zieht man während des Schwingvorgangs einen Papierstreifen mit konstanter Geschwindigkeit unter dem Trichter her, beschreibt der auslaufende Sand eine Sinuskurve wie in nebenstehender Zeichnung.

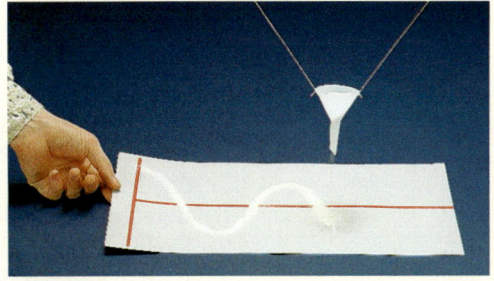

a) Der maximale Pendelausschlag wird die **Amplitude** der Schwingung genannt. Bestimme anhand des Graphen die Amplitude.
b) Die **Schwingungsdauer** ist die Zeit für eine Schwingung. Bestimme anhand des Graphen die Schwingungsdauer.
c) Die **Frequenz** gibt die Anzahl der Schwingungen pro Sekunde an. Ihre Einheit ist Hz (Hertz). Bestimme mit Hilfe des Ergebnisses aus b) die Frequenz der Schwingung.

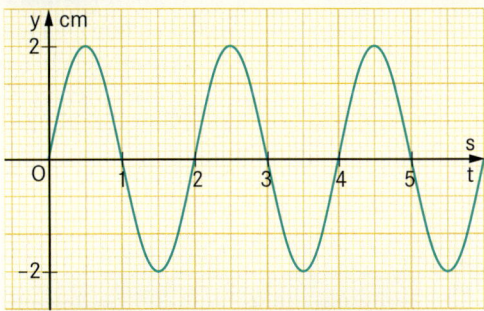

2 Wird bei einem Oszilloskop eine Spannungsquelle an die Vertikalablenkung (y-Richtung) der Braunschen Röhre angeschlossen, ist die Ablenkung des Elektronenstrahls auf dem Leuchtschirm proportional zur angelegten Spannung.
Durch eine zusätzliche Horizontalablenkung des Elektronenstrahls (in x-Richtung) entsteht ein Oszilloskopbild, das den zeitlichen Verlauf der Wechselspannung wiedergibt.
Bestimme die Schwingungsdauer und die Frequenz der Wechselspannungsquelle.

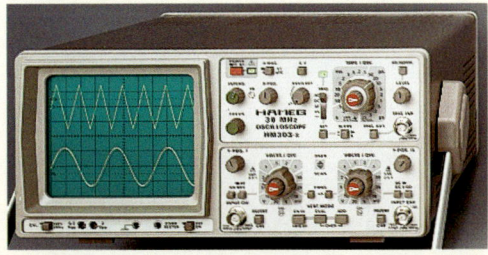

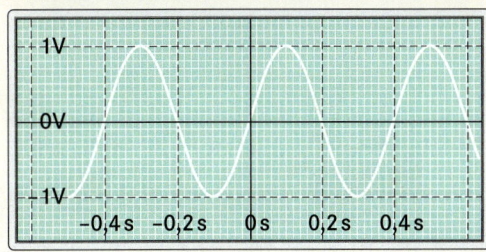

3 Mit einem Oszilloskop lässt sich die Herzspannungskurve darstellen. Das Bild wird Elektrokardiogramm (EKG) genannt.
a) Begründe, dass der dargestellte Spannungsverlauf periodisch ist.
b) Bestimme anhand des abgebildeten Papierausdrucks die Herzfrequenz (= Anzahl der Spannungsmaxima pro Minute). 25 mm in x-Richtung entsprechen 1 s.

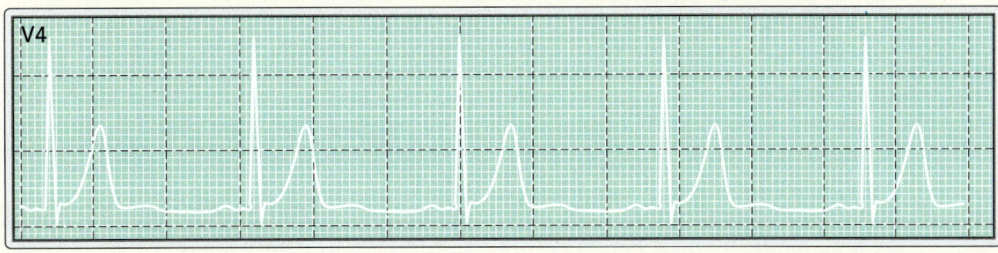

Team 10 auf Vorbereitungstour

Dem gleichseitigen Dreieck ABC mit der Seitenlänge 12 cm werden, wie rechts dargestellt, möglichst große Kreise einbeschrieben.
a) Zeichne das Dreieck ABC und die drei Kreise.
b) Berechne die Radien der drei Kreise. Wie verhalten sich die Radien zueinander?
c) Welchen Flächeninhalt hätte ein einbeschriebener möglichst großer vierter Kreis k_4, der über dem Kreis k_3 liegen soll?

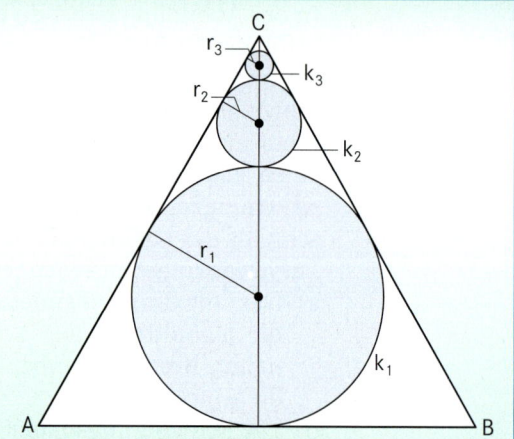

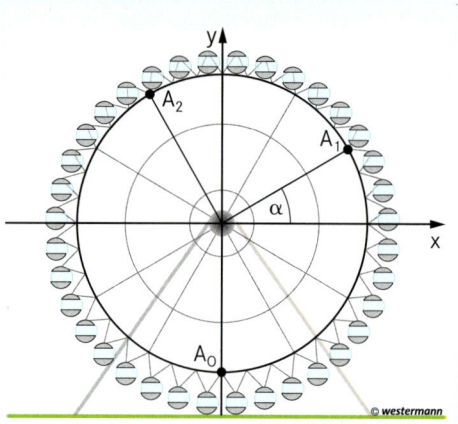

Ein Riesenrad mit einem Durchmesser von 60 m dreht sich in 20 Minuten einmal vollständig. Die Gondeln sind außen am Rad befestigt, der Aufhängepunkt A_0 der Gondel am tiefsten Punkt liegt 3 m über dem Boden. Legt man durch den Drehpunkt ein Koordinatensystem, gilt für die Aufhängepunkte A_n der Gondeln: $A_n(30 \mid \alpha)$ mit $\alpha \in [-90°; 270°[$.
a) Mia sitzt in einer Gondel mit $A_1(30 \mid \alpha)$. In einer der Gondeln vor ihr befindet sich ihre Freundin Lena, die 5 Minuten vor ihr eingestiegen ist. Welche Koordinaten gelten für den Aufhängepunkt A_2 von Lenas Gondel?
  A $A_2(30 \mid 180° - \alpha)$ **B** $A_2(30 \mid 90° + \alpha)$ **C** $A_2(30 \mid 90° - \alpha)$
b) Wie weit befinden sich Mia und Lena über dem Boden 7 Minuten nachdem Mia eingestiegen ist?
c) Begründe, dass gilt: $90° + \alpha = 180° - (90° - \alpha)$. Zeige anschließend, dass sich die Koordinaten des Aufhängepunktes von Lenas Gondel wie folgt in Abhängigkeit von α darstellen lassen: $A_2(-30 \sin \alpha \mid 30 \cos \alpha)$
d) Stelle die Entfernung des Aufhängepunktes A_1 von Mias Gondel vom Startpunkt A_0 in Abhängigkeit von α dar. [Ergebnis: $\overline{A_0 A_1}(\alpha) = 30\sqrt{2 + 2 \sin \alpha}$ m]
e) Berechne das Winkelmaß α, für das diese Entfernung 35 m beträgt. Überprüfe mit dem GTR.

②

Die Radarstation R peilt laufend einen sich nähernden Düsenjäger an und bestimmt dessen Position D_n. Dabei wird die Entfernung $r_n = \overline{RD_n}$ des Düsenjägers zur Station und das Winkelmaß α_n der Geraden RD_n gegenüber der Horizontalen ermittelt.
Eine Messung ergab: $r_1 = 7400$ m; $\alpha_1 = 23{,}58°$
Zehn Sekunden später ergaben sich folgende Werte: $r_2 = 4001$ m; $\alpha_2 = 38{,}67°$

a) Fertige eine Zeichnung im Koordinatensystem an.
   Es gilt: $R(0|0)$; Maßstab $1:100\,000$
b) Berechne für die beiden mit der Radarmessung erfassten Positionen D_1 und D_2 des Düsenjägers die Höhen über der Horizontalen und die horizontalen Entfernungen zur Radarstation. Runde auf Meter.
c) Berechne die Horizontal- und die Sinkgeschwindigkeit des Düsenjägers.
d) Welches Maß δ hat der Winkel, den die Flugrichtung $\overrightarrow{D_1 D_2}$ des Düsenjägers mit der Horizontalen bildet?

③

Das kannst du ohne Hilfsmittel.

Vereinfache so weit wie möglich.

(1) $\tan \alpha \cdot \cos(-\alpha)$

(2) $\sqrt{2(1 - \sin \alpha) - (\sin \alpha - 1)^2}$

(3) $\cos \alpha - \cos(180° - \alpha) + \cos(-\alpha)$

(4) $2 \sin \alpha - \sin(180° - \alpha) + \sin(-\alpha)$

(5) $\sqrt{\sin(180° - \alpha) \sin \alpha - \cos \alpha \cos(180° - \alpha)}$

(6) $2 \sin(-\alpha) \cos \alpha + (\sin \alpha + \cos \alpha)^2$

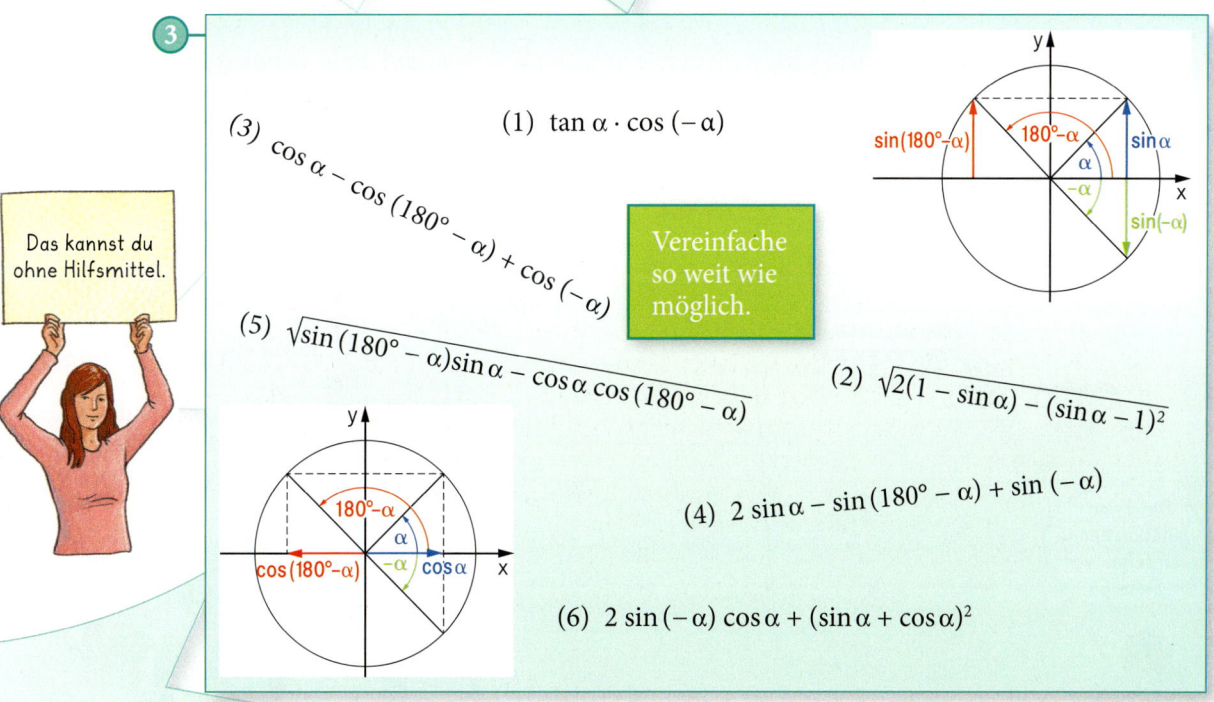

6 Trigonometrie – Beliebige Dreiecke

CARL FRIEDRICH GAUSS (1777–1855) hat 1820 die Neuvermessung des Königreiches Hannover begonnen und mit einer außerordentlichen Genauigkeit durchgeführt. GAUSS arbeitete fünf Jahre lang persönlich an den Messungen mit, die 25 Jahre dauerten.

Dabei wurden 2600 trigonometrische Punkte eingemessen. Nach dem heutigen Stand der Messtechnik betrug die durchschnittliche Ungenauigkeit der Lagekoordinaten bei Längen von 30 km bis 80 km weniger als 30 cm.

Das größte zu damaliger Zeit vermessene Dreieck war zwischen den drei Bergspitzen *Hoher Hagen*, *Brocken* und dem *Inselsberg* bei Friedrichroda.

a) Sucht die drei im Text genannten Berge auf einer Landkarte.
b) Wie könnte GAUSS bei den Vermessungen vorgegangen sein, welche Schwierigkeiten könnten aufgetreten sein?
c) In dem historischen Kartenausschnitt sind eine Seitenlänge und zwei Innenwinkelmaße eines Dreiecks eingetragen.
   Berechnet damit die Entfernung *Brocken – Inselsberg*.
   Hinweis: Fertigt ein passendes Dreieck mit den gegebenen Größen an. Zerlegt es in zwei rechtwinklige Dreiecke.

Die Triangulation kenne ich schon von Seite 66.

Sinussatz

1 Die Klasse 10 a möchte die Entfernungen eines sichtbaren Turms C von zwei Punkten A und B einer im Klassenzimmer markierten Strecke [AB] bestimmten. Mit einer Winkelscheibe messen die Schüler die Winkelmaße α und β.
Es ergeben sich folgende Messergebnisse: $\overline{AB} = 8{,}80$ m; α = 68°; β = 75°

a) Beurteile die Aussagen von Luisa und Nikolai.

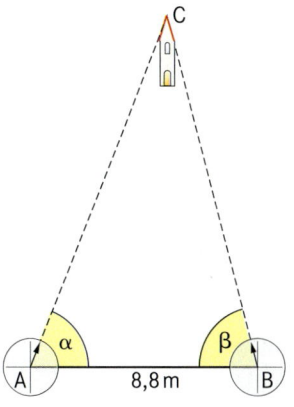

b) Ergänze die fehlenden Platzhalter in deinem Heft.

Im rechtwinkligen Teildreieck ADC gilt:
$h_c = b \cdot \square$
Im rechtwinkligen Teildreieck DBC gilt:
$h_c = \square \cdot \sin β$

Zeige, dass für das Dreieck ABC folgt:
$\dfrac{a}{\sin α} = \dfrac{b}{\sin β}$

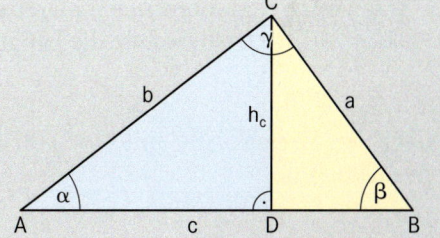

c) Zeichne in einem spitzwinkligen Dreieck ABC die Höhe h_a ein und zeige, dass gilt:
$\dfrac{b}{\sin β} = \dfrac{c}{\sin γ}$

d) Berechne die Entfernungen des Turms C von den beiden Punkten A und B.

2 Beweise mit Hilfe der Abbildung rechts, dass die Gleichung $\dfrac{a}{\sin α} = \dfrac{b}{\sin β}$ auch für stumpfwinklige Dreiecke gilt.

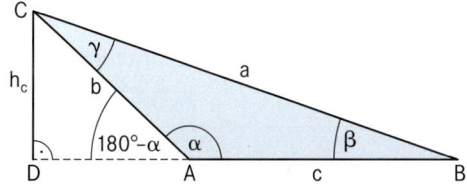

Sinussatz

> **M** In einem beliebigen Dreieck ABC mit den Seitenlängen a, b und c und den Maßen α, β und γ der Gegenwinkel gilt der Sinussatz:
>
> $\dfrac{a}{\sin α} = \dfrac{b}{\sin β} = \dfrac{c}{\sin γ}$

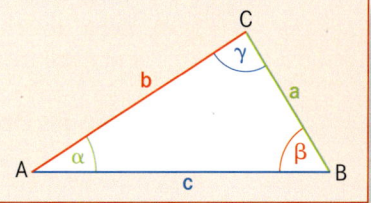

Übungen

3 Stelle mit dem Sinussatz passende Gleichungen auf.

a)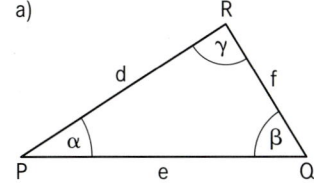
b)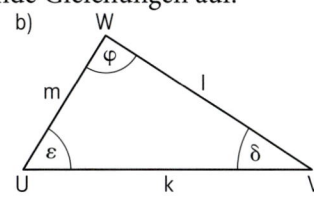
c)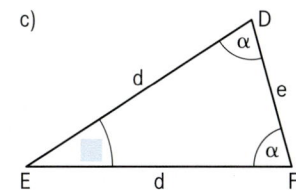

Sinussatz

Übungen

4 So kann man im Dreieck ABC mit a = 7,5 cm; c = 5 cm; α = 70° das Winkelmaß γ berechnen.

Runde auf eine Stelle nach dem Komma, wenn nichts anderes angegeben ist.

B Planfigur:

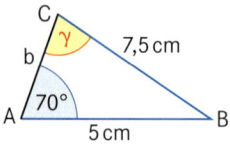

Nach dem SSW$_g$-Satz gibt es eindeutig nur ein Dreieck ABC.

Nach dem Sinussatz folgt:

$$\frac{7,5 \text{ cm}}{\sin 70°} = \frac{5 \text{ cm}}{\sin \gamma}$$

$$7,5 \sin \gamma = 5 \sin 70° \quad | :7,5$$

$$\sin \gamma = \frac{5 \sin 70°}{7,5}$$

Tastenfolge: SIN⁻¹ (5 × SIN (70) ÷ 7.5) =

Ergebnis: γ = 38,8 °

a) Berechne im Dreieck ABC das Winkelmaß β und die Seitenlänge b.
b) Berechne die Längen c und b im Dreieck ABC. Es gilt: a = 4,5 cm; β = 48°; γ = 75°

Gegeben: Dreieck ABC mit a = 5 cm; c = 6 cm; α = 40°
Gesucht: γ

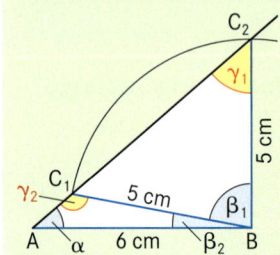

$$\frac{5 \text{ cm}}{\sin 40°} = \frac{6 \text{ cm}}{\sin \gamma}$$

$$\sin \gamma = \frac{6 \sin 40°}{5}$$

$\gamma_1 = 50,5° \lor \gamma_2 = 180° - 50,5°$

Ergebnis:
$\gamma_1 = 50,5°; \gamma_2 = 129,5°$

5

Im Dreieck ABC liegt der gegebene Winkel der kleineren Seite gegenüber.

a) Begründe, warum es im Beispiel zwei Lösungen gibt.
b) Berechne die fehlenden Größen b_1 und $β_1$ bzw. b_2 und $β_2$.
c) Konstruiere ein Dreieck ABC mit a = 3,5 cm; b = 4,7 cm und α = 26°. Berechne die fehlenden Größen.
d) Zeichne ein Dreieck ABC mit a = 4,5 cm; c = 9 cm und α = 30°. Begründe durch Rechnung, dass es genau eine Lösung gibt.
e) Zeige durch Zeichnung und Rechnung, dass es kein Dreieck gibt mit a = 6 cm; c = 9 cm und α = 70°.

6 Zeichne das Dreieck ABC und berechne die fehlenden Seitenlängen und Winkelmaße.

a)	b)	c)	d)	e)	f)
a = 6,4 cm	b = 7,2 cm	b = 9,5 cm	a = 6,0 cm	b = 8,0 cm	b = 8,0 cm
α = 73,8°	c = 4,8 cm	α = 36,2°	c = 8,5 cm	c = 10,0 cm	c = 10,0 cm
β = 28,2°	β = 115,2°	γ = 53,8°	α = 40°	β = 45,0°	β = 60,0°

Lösungen (nur Maßzahlen): 90; 78,0; 7,7; 3,1; 5,6; 27,7; 65,6; 6,5; 114,4; 9,0; 74,4; 4,0; 37,1; 3,7; 17,1; 3,3; 62,1; 25,6; 72,9; keine Lösung; 117,9; 10,8; 3,5

Kosinussatz

1 Ein Segelschiff ist vom Bootshafen beim Leuchtturm A um die Boje B und dann weiter in westlicher Richtung gesegelt. In Position C entschließt sich die Crew nach einer Unwetterwarnung sofort zum Bootshafen zurückzukehren. Wie lange könnte das dauern, wenn das Boot mit durchschnittlich 7,5 $\frac{sm}{h}$ fährt?

a) Überprüfe die beiden Aussagen.

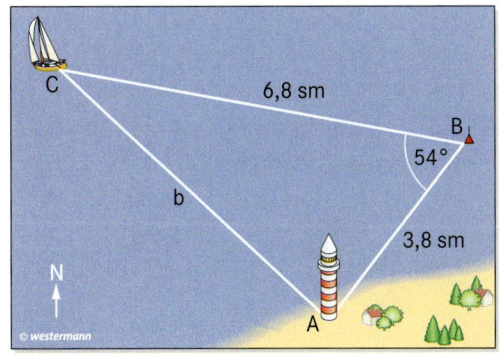

Im Dreieck ABC ist die Länge von zwei Seiten und das Maß des eingeschlossenen Winkels gegeben.

Da kann man zur Berechnung der Länge $\overline{AC}$ den Sinussatz gar nicht anwenden.

b) So kann man aus zwei Seitenlängen und dem Maß des eingeschlossenen Winkels die dritte Seitenlänge im Dreieck berechnen.

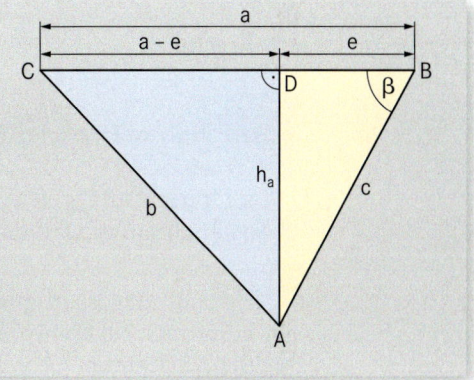

Im rechtwinkligen Dreieck ABD gilt:

$\sin \beta = \frac{h_a}{c}$; $\cos \beta = \frac{e}{c}$

Es folgt: (I) $h_a =$ $c \cdot \sin \beta$; $e =$ $c \cdot \cos \beta$

Im rechtwinkligen Dreieck ADC gilt:

(II) $b^2 = (a - e)^2 + h_a^2$

Aus (I) und (II) folgt:

$b^2 = (a - c \cdot \cos \beta)^2 + (c \cdot \sin \beta)^2$

$b^2 = a^2 - 2ac \cos \beta + c^2 \cos^2 \beta + c^2 \sin^2 \beta$

$b^2 = a^2 - 2ac \cos \beta + c^2 (\cos^2 \beta + \sin^2 \beta)$

$b^2 = a^2 - 2ac \cos \beta + c^2 \cdot 1$

$b^2 = a^2 + c^2 - 2ac \cos \beta$

c) Berechne, wie lange das Schiff für die Fahrt bis zum Bootshafen bei A braucht.

d) Zeichne ein spitzwinkliges Dreieck ABC und trage h_b ein. Zeige wie in b), dass gilt: $c^2 = a^2 + b^2 - 2ab \cos \gamma$.

2 a) Zeige mit der Abbildung rechts, dass die Gleichung $b^2 = a^2 + c^2 - 2ac \cos \beta$ auch für stumpfwinklige Dreiecke gilt.

b) Welcher Sonderfall ergibt sich in a) für $\beta = 90°$?

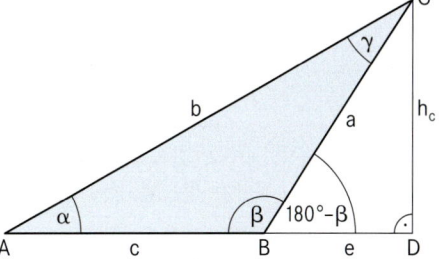

Kosinussatz

M In einem beliebigen Dreieck ABC gilt für zwei Seitenlängen und das Maß des eingeschlossenen Winkels der **Kosinussatz**.

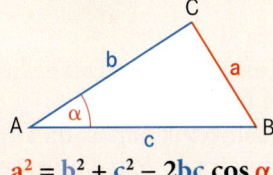
$a^2 = b^2 + c^2 - 2bc \cos \alpha$

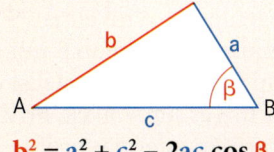
$b^2 = a^2 + c^2 - 2ac \cos \beta$

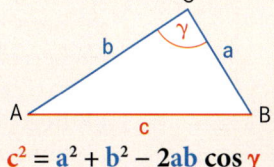
$c^2 = a^2 + b^2 - 2ab \cos \gamma$

Kosinussatz

Übungen

3 Stelle mit dem Kosinussatz passende Gleichungen auf.

a) 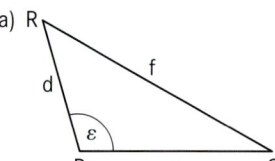   b) 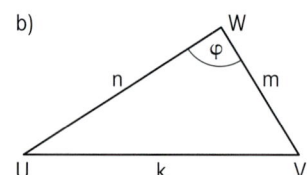   c)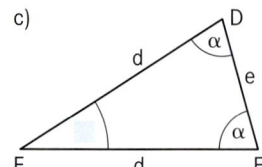

4 So kann man im Dreieck ABC mit a = 7 cm, b = 9 cm und γ = 30° die dritte Seitenlänge c auf zwei Stellen nach dem Komma gerundet berechnen.

B Planfigur:

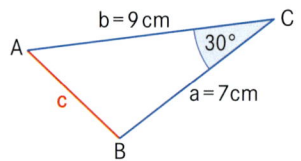

Nach dem Kosinussatz im Dreieck ABC gilt:

$$c^2 = (7^2 + 9^2 - 2 \cdot 7 \cdot 9 \cdot \cos 30°) \text{ cm}^2$$

$$c = \sqrt{20{,}88 \text{ cm}^2}$$

Ergebnis: c = 4,57 cm

Berechne im Dreieck ABC die Länge b. Es gilt: c = 4,5 cm; a = 72 mm; β = 110°

5 Im Dreieck ABC gilt: a = 8,5 cm; b = 4,0 cm; c = 10,0 cm
So kann man das fehlende Winkelmaß γ berechnen.

B Zeichne eine Planfigur. Übertrage bekannte Größen in die Zeichnung.

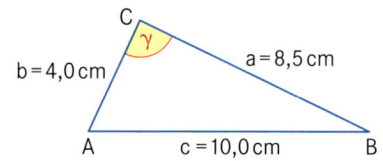

Nach dem Kosinussatz gilt:

$$c^2 = a^2 + b^2 - 2ab \cos \gamma \quad | + 2ab \cos \gamma - c^2$$

$$2ab \cos \gamma = a^2 + b^2 - c^2 \quad | : 2ab$$

$$\cos \gamma = \frac{a^2 + b^2 - c^2}{2ab}$$

Setze die Maßzahlen ein.

$$\cos \gamma = \frac{4{,}0^2 + 8{,}5^2 - 10{,}0^2}{2 \cdot 4{,}0 \cdot 8{,}5}$$

Tastenfolge: $\boxed{\cos^{-1}}\,\boxed{(}\,\boxed{(}\,16\,\boxed{+}\,8.5^2\,\boxed{-}\,100\,\boxed{)}\,\boxed{\div}\,\boxed{(}\,8\,\boxed{\times}\,8{,}5\,\boxed{)}\,\boxed{)}$

Ergebnis: γ = 100,0°

a) Berechne das fehlende Winkelmaß β mit dem Sinussatz.
b) Berechne nun das Winkelmaß β mit dem Kosinussatz und anschließend das Winkelmaß γ mit dem Sinussatz. Was stellst du jetzt fest?
c) Begründe, warum es sinnvoll ist, im Zweifelsfall Winkelmaße im Dreieck durch Zeichnung zu überprüfen oder das größte Winkelmaß mit dem Kosinussatz zu berechnen.
d) Berechne in Aufgabe 4 für das Dreieck ABC im grünen Kasten das Winkelmaß β.

Kosinussatz oder Sinussatz?

1 Gegeben sind die in der Abbildung blau gefärbten Größen. Berechne die rot markierten Größen. Welchen Satz (Kosinus- oder Sinussatz) verwendest du?

a) Gegeben: drei Seitenlängen (**SSS**)
b) Gegeben: zwei Seitenlängen und der Zwischenwinkel (**SWS**)
c) Gegeben: eine Seite und zwei anliegende Winkel (**WSW**)

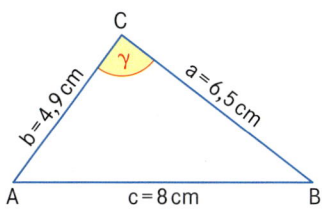 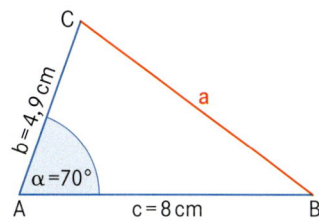 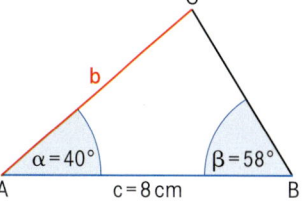

d) Gegeben: zwei Seiten und der Gegenwinkel der größeren Seite (**SSW$_g$**)
e) Gegeben: zwei Seiten und der Gegenwinkel der kleineren Seite

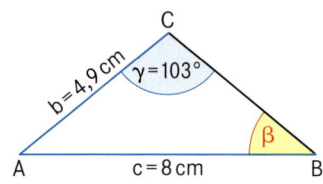 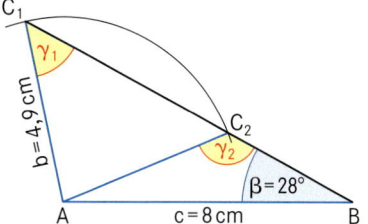

Lösungen (nur Maßzahlen): 130,0; 7,8; 6,9; 4,7; 36,6; 50,0; 88,0; 7,5

2 Zeichne das Dreieck ABC und berechne die fehlenden Seitenlängen und Winkelmaße.

a)	b)	c)	d)	e)	f)
a = 6,0 cm	a = 6,0 cm	a = 6,4 cm	a = 6,3 cm	a = 5,8 cm	b = 8,0 cm
b = 5,0 cm	b = 7,0 cm	b = 4,0 cm	α = 68,0°	c = 4,9 cm	c = 10,0 cm
c = 7,5 cm	c = 11,0 cm	γ = 95,0°	γ = 82,0°	γ = 48,3°	sin β = 0,8

Lösungen (nur Maßzahlen): 6,0; 36,9; 6,2; 1,5; 62,1; 117,9; 6,7; 3,4; 53,1; 90; 30,0; 52,9; 41,7; 85,5; 7,8; 30,2; 54,8; 121,8; 29,5; 115,4; 35,1; 69,6; 13,8

3 Im Dreieck ABC hat die Winkelhalbierende w_β die Steigung m. Zeichne das Dreieck ABC und berechne die fehlenden Seitenlängen und Winkelmaße.
a) A (2 | 1); B (7 | 1); a = 5 LE; m = −0,5
b) A (−1 | 2); B (6 | 0); a = 5,3 LE; m = −2

Lösungen (nur Maßzahlen): 63,4; 4,5; 5; 53,1; 63,4; 7,3; 9,4; 95,0; 34,2; 50,8; 7,8

4 Zeichne das Viereck ABCD. Berechne die fehlenden Seitenlängen und Winkelmaße.
a) Drachenviereck ABCD
 Es gilt: AC ist Symmetrieachse; $\overline{AC}$ = e = 13,0 cm; a = 6,0 cm; α = 60,0°
b) Trapez ABCD
 Es gilt: [AB] ∥ [CD]; a = 12,0 cm; d = 6,4 cm; $\overline{BD}$ = f = 8,2 cm; β = 80,5°

Lösungen (nur Maßzahlen): 6,4; 99,5; 129,0; 140,0; 129,0; 4,2; 40,0; 8,4; 8,4; 42,0; 5,6; 100,4

Flächeninhalt eines Dreiecks

1 Das Baugrundstück ABC soll an einen Bauträger verkauft werden. Der Verkäufer rechnet mit 180 € pro Quadratmeter. Es gilt: b = 90 m; c = 150 m; α = 70°
Es sollen der Flächeninhalt und der Wert des Baugrundstücks berechnet werden.

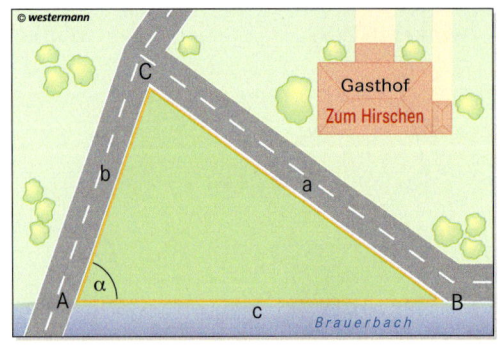

a) Ersetze in deinem Heft den Platzhalter.

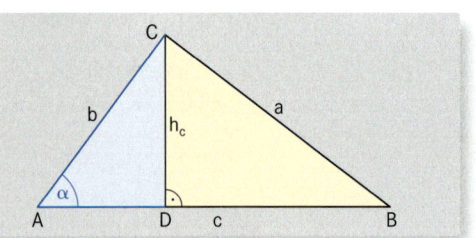

Im Teildreieck ADC gilt:
$h_c = \Box \cdot \sin \alpha$

Im Dreieck ABC gilt:
$A_{\triangle ABC} = 0{,}5 \cdot c \cdot h_c$

Zeige, dass folgt: $A_{\triangle ABC} = 0{,}5 bc \sin \alpha$

b) Zeichne ein spitzwinkliges Dreieck ABC und zeige dann, dass gilt:
$A = 0{,}5 ac \sin \beta$; $A = 0{,}5 ab \sin \gamma$

c) Berechne den Wert des Grundstücks.

2 Überprüfe, ob die Formel $A = 0{,}5 bc \sin \alpha$ auch für das stumpfwinklige Dreieck ABC in der Abbildung rechts gilt.

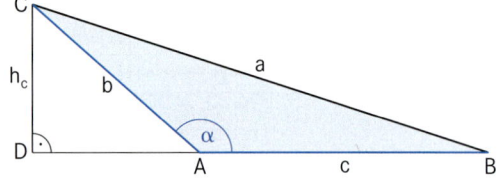

M Der Flächeninhalt eines Dreiecks kann aus zwei Seitenlängen und dem Maß des von den beiden Seiten eingeschlossenen Winkels berechnet werden.

Flächeninhalt Dreieck

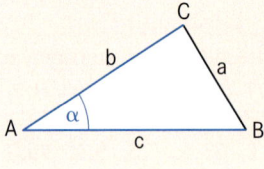 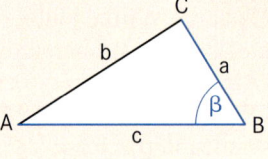 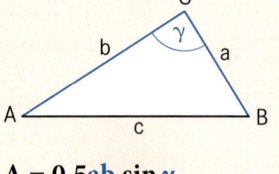

A = 0,5bc sin α   **A = 0,5ac sin β**   **A = 0,5ab sin γ**

Übungen

3 Berechne die in Klammern angegebenen Größen des Dreiecks ABC.
a) a = 7,5 cm; b = 5 cm; γ = 30°   (A; c; β)
b) c = 6 cm; a = 4 cm; β = 58,21°   (A; b; α)
c) A = 12 cm²; c = 6 cm; β = 48,59°   (a; b; α)
d) A = 20 cm²; a = 7,5 cm; β = 80°   (b; c; α; h_c)
Lösungen (nur Maßzahlen): 4,04; 4,70; 5,17; 5,33; 5,42; 8,53; 9,4; 10,20; 12,2; 38,3; 41,12; 58,25; 80,67

Vermischte Übungen

1 Dem Dreieck ABC ist ein Dreieck PQR einbeschrieben (siehe Abbildung).
Es gilt: P ∈ [AB]; Q ∈ [BC]; R ∈ [AC]; a = 6 cm; c = 8 cm; β = 90°; $\overline{BP}$ = 3 cm; $\overline{BQ}$ = 2,5 cm; ∢ RQP = 60°
So kann man die Länge $\overline{QR}$ auf zwei Stellen nach dem Komma gerundet berechnen.

B Zeichne die Dreiecke ABC und PQR. Trage die gegebenen Größen farbig ein. Suche nach Hilfsdreiecken, in denen du fehlende Größen berechnen kannst.

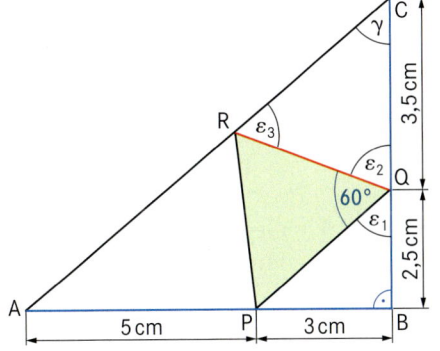

Im Dreieck PBQ gilt:

$\tan \varepsilon_1 = \frac{\overline{BP}}{\overline{BQ}}$

$\tan \varepsilon_1 = \frac{3}{2,5}$; $\varepsilon_1 = 50{,}19°$

Mit Hilfe des gestreckten Winkels mit dem Scheitel Q folgt:

$\varepsilon_1 + 60° + \varepsilon_2 = 180°$
$50{,}19° + 60° + \varepsilon_2 = 180°$; $\varepsilon_2 = 69{,}81°$

Mit Hilfe des Dreiecks ABC kann man das Winkelmaß γ berechnen.

$\tan \gamma = \frac{\overline{AB}}{\overline{BC}}$; $\tan \gamma = \frac{8}{6}$; $\gamma = 53{,}13°$

Aus der Summe der Winkelmaße im Dreieck QCR folgt für das Winkelmaß ε_3:

$\varepsilon_2 + \gamma + \varepsilon_3 = 180°$
$69{,}81° + 53{,}13° + \varepsilon_3 = 180°$
$\varepsilon_3 = 57{,}06°$

Die gesuchte Länge $\overline{QR}$ erhält man mit Hilfe des Sinussatzes im Dreieck QCR. Zeichne von diesem Dreieck eine Planfigur. Trage bekannte Größen farbig ein.

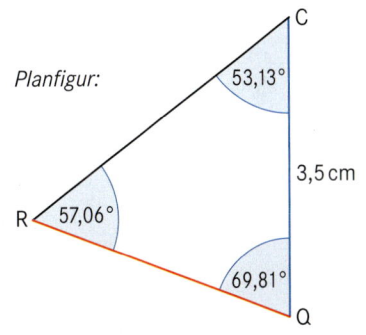

Planfigur:

$\frac{\overline{QR}}{\sin 53{,}13°} = \frac{3{,}5 \text{ cm}}{\sin 57{,}06°}$

Ergebnis: $\overline{QR}$ = 3,34 cm

a) Berechne die Länge der Strecke [PR].
b) Berechne den Flächeninhalt A des Dreiecks APR.

2 Gegeben ist ein rechtwinkliges Dreieck ABC mit der Hypotenuse [AB]. Der Punkt P ist Mittelpunkt der Strecke [AC] und der Punkt Q ist Fußpunkt des Lotes von C auf die Strecke [AB]. Auf der Strecke [BC] liegt der Punkt R. Der Winkel RPC hat das Maß δ.
Es gilt: $\overline{AB}$ = 12,5 cm; α = 30°; δ = 38°
a) Zeichne das Dreieck ABC und das Dreieck PQR.
b) Zeige durch Rechnung: Das Maß ε des Winkels APQ beträgt 120,0°.
c) Berechne den Flächeninhalt A des Dreiecks PQR. [Ergebnis: A = 7,0 cm²]

Vermischte Übungen

3 Gegeben ist das Dreieck ABC. Es gilt: c = 10,0 cm; a = 9,0 cm; β = 48,6°
a) Zeichne das Dreieck ABC. Berechne die fehlenden Seitenlängen und Innenwinkelmaße sowie die Höhe h_c. Runde auf zwei Stellen nach dem Komma.
[Ergebnisse: b = 7,87 cm; α = 59,07°; γ = 72,36°; h_c = 6,75 cm]
b) Eine Parallele zur Strecke [AB] im Abstand von 2,0 cm schneidet die Strecke [AC] im Punkt D und die Strecke [BC] im Punkt E. Berechne die Länge der Strecke [DE]. Runde auf zwei Stellen nach dem Komma. [Ergebnis: $\overline{DE}$ = 7,04 cm]
c) Berechne den prozentualen Anteil des Flächeninhalts des Trapezes ABED am Flächeninhalt des Dreiecks ABC. Runde auf eine Stelle nach dem Komma. [Ergebnis: 50,5 %]
d) Berechne den Umfang des Trapezes ABED auf zwei Stellen nach dem Komma gerundet. [Ergebnis: u = 22,03 cm]

4 Gegeben ist das Parallelogramm ABCD. Es gilt: a = 7,5 cm; α = 60°; d = 5,0 cm
Hinweis: Runde bei den Berechnungen die Ergebnisse auf eine Stelle nach dem Komma.
a) Zeichne das Parallelogramm und berechne dessen Höhe h_a.
[Ergebnis: h_a = 4,3 cm]
b) Der Mittelpunkt M der Diagonalen [BD] ist Mittelpunkt eines Kreises mit r = $\overline{MB}$. Zeichne den Kreis und berechne dessen Radius r. [Ergebnis: r = 3,3 cm]
c) Der Kreis in Aufgabe b) schneidet die Strecke [AB] im Punkt E und die Strecke [DC] im Punkt F. Berechne die Länge der Strecke [BE]. Bestimme anschließend die Länge der Strecke [DF]. [Ergebnisse: $\overline{BE}$ = 5,0 cm; $\overline{DF}$ = 5,0 cm]
d) Begründe: Das Viereck BFDE ist ein Rechteck.
e) Der Punkt G auf der Strecke [AB] ist 3,0 cm vom Eckpunkt B entfernt. Berechne den Flächeninhalt A des Dreiecks GBM. [Ergebnis: A = 3,2 cm²]

5 Gegeben ist ein Trapez ABCD mit den Grundseiten [AB] und [CD].
Es gilt: a = 8 cm; d = 6 cm; α = 60°; β = 80°
a) Zeichne das Trapez und zeige durch Rechnung, dass gilt: c = 4,08 cm
b) Der Punkt M ist Mittelpunkt der Strecke [AD]. Zeichne das Dreieck BCM.
c) Zeige, dass gilt: $\overline{BM}$ = 7,00 cm; $\overline{CM}$ = 6,16 cm; $\overline{BC}$ = 5,28 cm
d) Berechne den Flächeninhalt A des Dreiecks BCM. [Ergebnis: A = 15,71 cm²]

6 a) Zeichne das Quadrat ABCD mit A(0|0) und B(8|0). Zeichne anschließend die Mittelpunkte M_1 bis M_4 sowie das Achteck PQRSTUVW (siehe Abbildung).
b) Berechne die Koordinaten der Punkte P, Q, R und S. Hinweis: Bestimme zunächst die Gleichungen geeigneter Geraden. [Ergebnisse:

P(4|2); Q($\frac{16}{3}$|$\frac{8}{3}$); R(6|4); S($\frac{16}{3}$|$\frac{16}{3}$)]

c) Berechne die Längen der Strecken [PQ], [QR] und [RS] auf zwei Stellen nach dem Komma gerundet.
[Ergebnisse: $\overline{PQ}$ = $\overline{QR}$ = $\overline{RS}$ = 1,49 LE]
d) Berechne die Maße ε und γ der Winkel RQP bzw. SRQ.
e) Berechne den Flächeninhalt A des Achtecks.
[Ergebnis: A = 10,71 FE]

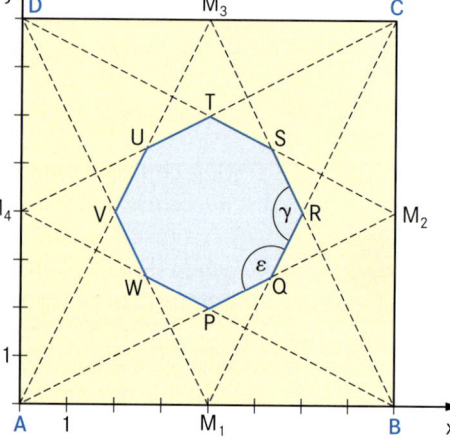

Vermischte Übungen

7 Gegeben ist das Viereck ABCD. Es gilt: A(−4|2); B(4|−2); C(6|3); D(2|5)
  a) Zeichne das Viereck ABCD und begründe: Das Viereck ist ein Trapez.
  b) Berechne die Innenwinkelmaße und den Flächeninhalt des Trapezes ABCD.
  c) Die Strecke [AE] mit 7 LE liegt im Inneren des Trapezes ABCD und bildet mit der Strecke [AB] den Winkel BAE mit dem Maß ε = 30°. Zeichne die Strecke [AE] ein.
  d) Berechne die Länge der Strecke [BE] und das Maß φ des Winkels EBA.
  e) Berechne den prozentualen Anteil des Flächeninhalts des Dreiecks ABE am Flächeninhalt des Trapezes.

  Lösungen (nur Maßzahlen): 53,2; 85,3; 94,7; 129,8; 126,9; 7,3; 36,0; 4,5; 50,6; 43,5

8 Gegeben ist das Viereck ABCD.
  Es gilt: a = 11,0 cm; d = 6,0 cm; α = 110°; β = 50°; δ = 90°
  a) Zeichne das Viereck ABCD. Berechne die Länge der Diagonalen [BD] und die Maße β_1 bzw. δ_1 der Winkel CBD und BDC.
  b) Eine Parallele zu [DC] im Abstand 2,0 cm schneidet die Strecke [BD] im Punkt P und die Seite [BC] im Punkt Q. Dadurch entsteht ein Trapez CDPQ.
  Zeichne das Trapez und berechne die Längen der Strecken [DP] und [PQ].
  c) Berechne den Flächeninhalt A des Trapezes CDPQ.
  e) Berechne den Flächeninhalt A des Dreiecks BQP.

  Lösungen (nur Maßzahlen): 14,2; 26,6; 43,4; 2,9; 5,4; 12,2; 21,0; 22,0

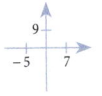

9 Die Punkte $C_n(x|y)$ von Dreiecken AB_nC_n liegen auf der Geraden g. Die Winkel B_nAC_n haben das Maß α = 30°. Die Streckenlängen $\overline{AC_n} : \overline{AB_n}$ verhalten sich wie 2 : 1.
  Es gilt: A(0|0); g mit y = 0,5x + 5
  a) Zeichne die Dreiecke AB_1C_1 für x = 6 und AB_2C_2 für x = −4.
  b) Berechne die Seitenlängen, die Innenwinkelmaße und den Flächeninhalt des Dreiecks AB_1C_1. [Teilergebnis: β = 126,2°]
  c) Stimmt die Aussage von Luise? Begründe.

In allen Dreiecken AB_nC_n beträgt das Winkelmaß β stets 126,2°.

  d) Stelle die Längen der Strecken $[AC_n]$ und $[AB_n]$ in Abhängigkeit von der Abszisse x der Punkte C_n dar. Zeige anschließend durch Rechnung, dass sich der Flächeninhalt der Dreiecke AB_nC_n wie folgt in Abhängigkeit von x darstellen lässt:
  $A(x) = \frac{5}{8}(\frac{1}{4}x^2 + x + 5)$ FE
  e) Das Dreieck AB_3C_3 hat einen minimalen Flächeninhalt. Berechne die Belegung von x und gib den minimalen Flächeninhalt an. [Ergebnis: A_{min} = 2,5 FE für x = −2]
  f) Es gibt zwei Dreiecke AB_4C_4 und AB_5C_5 mit dem Flächeninhalt 10,6 FE. Berechne die zugehörigen Belegungen von x. [Ergebnis: x = −9,2 ∨ x = 5,2]
  g) Die Seite $[AC_6]$ des Dreiecks AB_6C_6 liegt auf der Geraden h, die mit der positiven x-Achsenrichtung einen Winkel mit dem Maß 56,31° einschließt. Zeichne die Strecke $[AC_6]$. Berechne den Flächeninhalt des Dreiecks AB_6C_6. [Ergebnis: A = 10,16 FE]

Die Zahlen 1 bis 16 sind nebeneinander so angeordnet, dass die Summe zweier nebenstehender Zahlen immer eine Quadratzahl ergibt. Die erste Zahl links ist 16.

Berechnungen am Kreis

1
a) Beschreibe einem Kreis mit dem Radius r = 4 cm ein beliebiges Dreieck ein. Miss das Winkelmaß γ im Dreieck und berechne anschließend den Quotienten $\frac{c}{\sin \gamma}$. Vergleiche mit deinen Nachbarn. Was stellst du fest?

b) Begründe: Im Dreieck ADM gilt: $\sin \gamma = \frac{c/2}{r}$

c) Begründe, dass folgt: $2r = \frac{c}{\sin \gamma} = \frac{a}{\sin \alpha} = \frac{b}{\sin \beta}$

d) Berechne den Umfang und Flächeninhalt des Umkreises eines Dreiecks ABC mit b = 8 cm und β = 56°.

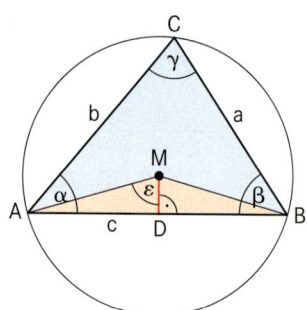

Erweiterter Sinussatz

M Für ein Dreieck mit dem Umkreisradius r gilt der erweiterte Sinussatz.

$$\frac{a}{\sin \alpha} = \frac{b}{\sin \beta} = \frac{c}{\sin \gamma} = 2r$$

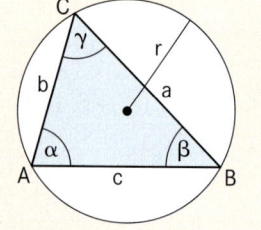

2 Der Umkreisradius eines Dreiecks DEF beträgt 3,5 cm. Es gilt: $\overline{DE}$ = 5,0 cm; $\overline{EF}$ = 6,0 cm
a) Zeichne das Dreieck DEF.
b) Berechne die fehlende Seitenlänge und die fehlenden Winkelmaße.
c) Berechne den Umfang u und Flächeninhalt A des Segments, das von der Strecke [DF] und dem Bogen $\overset{\frown}{DF}$ begrenzt wird.

3 Beide Kreise haben jeweils einen Radius von r = 5 cm. Die Entfernung der Mittelpunkte M_1 und M_2 der beiden Kreise beträgt 1,5r.
a) Zeichne die beiden Kreise.
b) Berechne das Maß γ des Winkels M_1CM_2. [Ergebnis: γ = 97,18°]
c) Berechne die Länge $\overline{CA}$. [Ergebnis: $\overline{CA}$ = 3,54 cm]
d) Berechne den Flächeninhalt des Dreiecks M_1AC. [Ergebnis: A = 4,13 cm²]
e) Berechne den Inhalt der gelb gefärbten Fläche. [Ergebnis: A = 11,36 cm²]

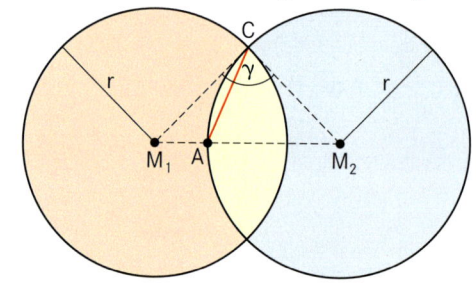

4 Im abgebildeten Trapez ABCD gilt:
$\overline{CD}$ = 30,0 m; $\overline{BC}$ = 30,0 m; β = γ = 90°; δ = 75°
a) Zeichne das Trapez im Maßstab 1 : 500.
b) Berechne die Längen $\overline{AD}$ und $\overline{AB}$.
c) Berechne den Flächeninhalt des Trapezes ABFE. Es gilt: $\overline{BF}$ = 6,0 m
d) Die Begrenzung der blau markierten Fläche besteht aus dem Kreisbogen $\overset{\frown}{QP}$ und den Strecken [EP] und [EQ]. Es gilt: $\overline{EM}$ = 2,0 m; r = $\overline{MQ}$ = 8,0 m Berechne den Flächeninhalt und Umfang dieser Fläche.
Lösungen (nur Maßzahlen): 73,4; 31,1; 22,0; 136,8; 33,9

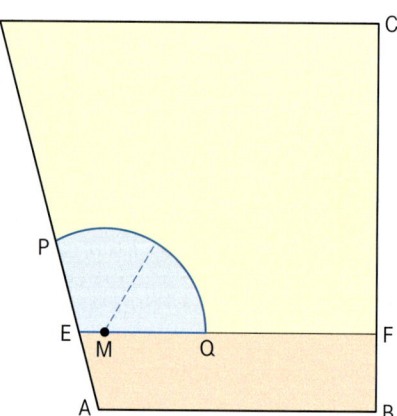

Berechnungen am Kreis

5 Der Punkt M ist Mittelpunkt eines Kreises k mit dem Durchmesser [AB].
Es gilt: A(0|−2); B(8|2)
a) Zeichne den Kreis k und berechne dessen Radius r. [Ergebnis: $r = 2\sqrt{5}$ LE]
b) Begründe durch Rechnung: Der Punkt T(0|2) liegt auf dem Kreis k.
c) Zeichne im Punkt A die Tangente t_1, im Punkt B die Tangente t_2 und im Punkt T die Tangente t_3 an den Kreis k.
d) Berechne die Gleichungen der Tangenten t_1, t_2 und t_3.
e) Die Tangenten t_2 und t_3 schneiden sich im Punkt C. Der Punkt D ist Schnittpunkt der Tangenten t_1 und t_3. Berechne die Koordinaten der Punkte C und D. [Ergebnis: C(4|10); D(−1|0)]
f) Begründe: Das Viereck ABCD ist ein Trapez.
g) Berechne die Innenwinkelmaße γ und δ des Trapezes.
h) Der Punkt S ist Schnittpunkt der Diagonalen des Trapezes. Zeige, dass der Punkt S folgende Koordinaten hat: S(0,8|0,4)
i) Wie verläuft die Strecke [ST] bezüglich der Strecke [AD]? Begründe.
k) Berechne die Innenwinkelmaße des Dreiecks DST.
l) Berechne den Flächeninhalt des Kreissektors mit dem Mittelpunkt M und dem Kreisbogen $\widehat{TA}$.
m) Wie viel Prozent der Fläche des Trapezes ABCD bedeckt der Kreissektor aus l)?

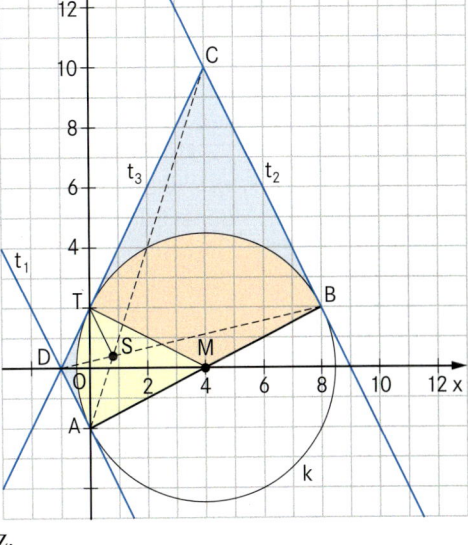

6 Gegeben ist das Dreieck ABC. Der Thaleskreis über der Strecke [AB] schneidet die Strecke [AC] im Punkt E und die Strecke [BC] im Punkt D.
Es gilt: $b = 5\sqrt{3}$ cm; γ = 60°; $A_{\triangle ABC} = 45$ cm²
a) Berechne die Seitenlänge a des Dreiecks ABC. Zeichne das Dreieck ABC und das Dreieck DCE.
[Teilergebnis: a = 12 cm]
b) Zeige, dass gilt: c = 10,73 cm; α = 75,6°
c) Berechne den Flächeninhalt des Dreiecks DCE und das Verhältnis $A_{\triangle ABC} : A_{\triangle DCE}$ der Flächeninhalte der Dreiecke ABC und DCE.

7 Gegeben ist das gleichschenklige Dreieck ABC mit der Basislänge c = 8 cm. Der Umkreisradius beträgt $r_u = 5$ cm.
a) Berechne die Innenwinkelmaße des Dreiecks ABC.
b) Berechne den Inkreisradius r_i und anschließend das Verhältnis $A_u : A_i$ der Flächeninhalte von Umkreis und Inkreis.
c) Ein Kreis um den Punkt B mit dem Radius 3,0 cm schneidet den Kreisbogen $\widehat{BC}$ im Punkt P. Berechne den Flächeninhalt des Dreiecks ABP.

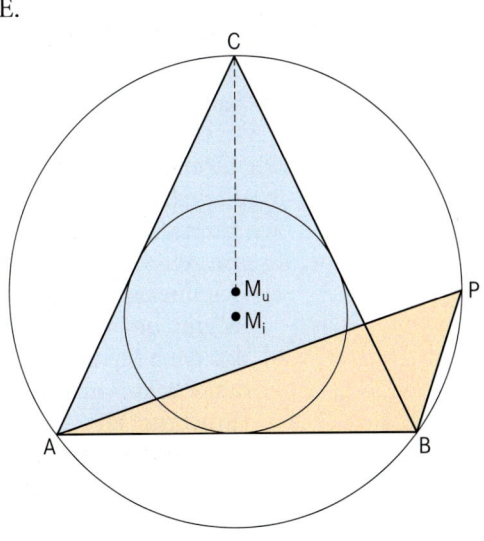

Lösungen (nur Maßzahlen): 2,47; 3,1; 4,1; 11,32; 53,13; 63,43; 63,43

Berechnungen im Raum

Ich suche wieder nach geeigneten Teildreiecken.

1 Das gleichschenklige Dreieck ABC mit der Basis [BC] ist die Grundfläche einer Pyramide ABCS. Die Spitze S befindet sich senkrecht über dem Punkt H. Der Punkt D ist Mittelpunkt der Basis [BC].
Es gilt: $\overline{AD} = 8$ cm; $\overline{BC} = 12$ cm;
H ∈ [AD] mit $\overline{AH} = 3$ cm; $\overline{HS} = 10$ cm

a) Zeichne ein Schrägbild der Pyramide.
q = 0,5; ω = 45°; [AD] liegt auf der Schägbildachse

b) Berechne das Winkelmaß δ der Seitenfläche BCS gegenüber der Grundfläche sowie die Länge der Strecke [DS].

c) Auf der Strecke [HS] liegt der Punkt T. Der Winkel TDH hat das Maß ε = 30,96°. Zeichne den Punkt T in das Schrägbild ein.

d) Zeige durch Rechnung, dass gilt: $\overline{TH} = 3{,}00$ cm

e) Eine Parallele zu AD durch den Punkt T schneidet die Strecke [DS] im Punkt U. Zeichne die Strecke [TU] in das Schrägbild ein und berechne ihre Länge.

f) Begründe: Die Dreiecke AUT und HUT haben gleichen Flächeninhalt.

g) Auf der Strecke [AS] liegt der Punkt P. Es gilt: ∡ PTA = 100°
Zeichne das Dreieck ATP und berechne dessen Flächeninhalt.

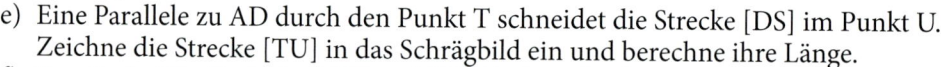

2 Die Raute ABCD ist Grundfläche einer Pyramide ABCDS. Die Spitze S befindet sich senkrecht über dem Schnittpunkt M der Diagonalen der Grundfläche.
Es gilt: $\overline{AC} = 8$ cm; $\overline{BD} = 6$ cm; ∡ MAS = 60°

a) Zeichne die Grundfläche ABCD. Berechne die Innenwinkelmaße und die Seitenlänge der Raute.

b) Das Lot vom Punkt M auf die Strecke [AB] schneidet diese im Punkt E. Zeige, dass für die Länge der Strecke [ME] gilt: $\overline{ME} = 2{,}40$ cm

c) Berechne die Längen $\overline{AE}$ und $\overline{BE}$.
[Ergebnis: $\overline{AE} = 3{,}2$ cm; $\overline{BE} = 1{,}8$ cm]

d) Zeichne ein Schrägbild der Pyramide ABCDS.
Es gilt: q = $\frac{2}{3}$; ω = 60°; [AC] liegt auf der Schrägbildachse

e) Berechne die Höhe h = $\overline{MS}$ der Pyramide.

f) Berechne das Maß ε des Neigungswinkels der Seitenfläche ABS gegen die Grundfläche.

g) Eine Parallele zu [BD] im Abstand 4 cm schneidet die Strecke [BS] im Punkt P und die Strecke [DS] im Punkt Q. Zeichne das Trapez PBDQ in das Schrägbild ein.

h) Berechne die Länge $\overline{PQ}$ und den Flächeninhalt des Trapezes PBDQ.

3 Die Grundfläche einer Pyramide ABCDS ist das Drachenviereck ABCD. Die Diagonale AC liegt auf der Symmetrieachse und die Spitze S der Pyramide senkrecht über dem Schnittpunkt M der Diagonalen [AC] und [BD].
Es gilt: $\overline{AC} = 12{,}0$ cm; $\overline{BD} = 10{,}0$ cm; $\overline{AM} = 4{,}0$ cm; $\overline{MS} = 8{,}0$ cm

a) Zeichne ein Schrägbild der Pyramide ABCDS
Es gilt: q = 0,5; ω = 45°; [AC] liegt auf der Schrägbildachse

b) Auf der Seitenkante [AS] liegt der Punkt P. Der Winkel PMA hat das Maß 75°. Zeichne den Punkt P in das Schrägbild ein und berechne die Länge $\overline{MP}$.
[Ergebnis: $\overline{MP} = 5{,}39$ cm]

c) Auf der Kante [CS] liegt der Punkt Q. Es gilt: $\overline{CQ} = 4{,}0$ cm
Zeichne das Dreieck PMQ in das Schrägbild ein und berechne dessen Flächeninhalt.
[Teilergebnis: $\overline{MQ} = 5{,}89$ cm]

Aus dem Alltag

1. Martina und Peter wohnen in derselben Straße 250 m voneinander entfernt. Martina sieht einen Ballon unter einem Höhenwinkel mit dem Maß α = 40°. Gleichzeitig sieht Peter den Ballon unter einem Höhenwinkel mit dem Maß β = 62°(siehe Abbildung).

   a) In welcher Höhe über dem Erdboden befindet sich der Ballon? Runde sinnvoll.
   b) Ein gleichmäßiger Ostwind treibt den Ballon mit 9 $\frac{km}{h}$ Richtung Westen. Der Ballon soll dabei seine Höhe beibehalten. Berechne die Maße der Höhenwinkel, unter denen Martina und Peter den Ballon zehn Minuten später sehen. Runde auf ganze Grad.
   c) Der Ballon hat einen Umfang von 75 m. Unter welchem Blickwinkelmaß sieht Peter in a) in etwa den Ballon?

   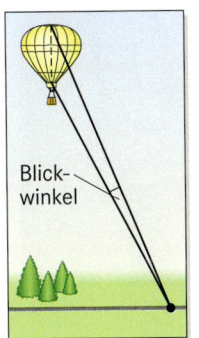
   Blickwinkel

   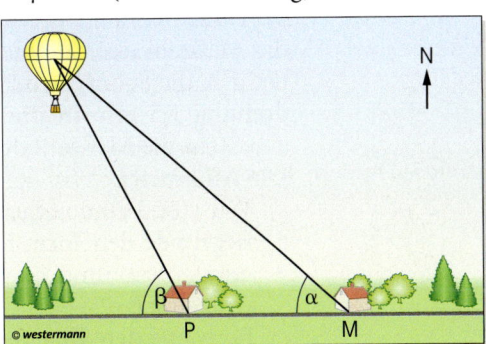

   Lösungen (nur Maßzahlen): 11; 1,5; 13; 12; 380; 890; 22; 3

2. Bei der Weitenmessung eines Kugelstoßwettbewerbs wird nicht mehr mit dem Maßband gemessen, sondern elektronisch. Dazu wird vor dem Wettkampf ein Punkt M außerhalb des Stoßbereichs festgelegt und die Länge der Strecke [PM] (z. B. $\overline{PM}$ = 22 m) bestimmt.

   Im Wettkampf wird mit dem elektronischen Messgerät M das Winkelmaß α und die Entfernung zwischen M und dem Auftreffpunkt K der Kugel ermittelt. Aus den drei Daten berechnet ein Computer die Stoßweite s. Beachte, dass bei der Berechnung der Stoßweite der Radius des Kugelstoßrings subtrahiert wird.

   a) Berechne die Stoßweite s, wenn gilt: $\overline{MK}$ = 16 m; α = 74°
   b) Wie ändert sich die Stoßweite, wenn [MK] in a) nur 15 m lang ist? Begründe.

   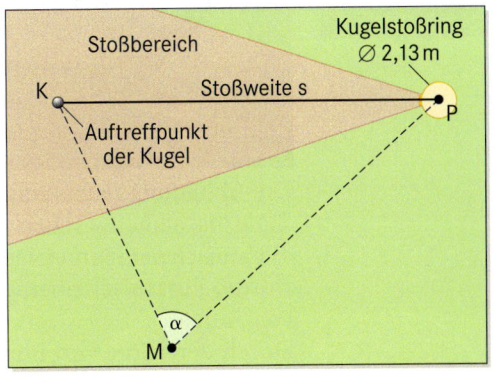

3. Das Zifferblatt der Uhr im Vereinsheim des Trachtenvereins Blaustein ist kein Kreis, sondern ein regelmäßiges Zwölfeck. Vor vier Wochen brach die größte blaue Marmorraute heraus. Der Vorstand Sepp Dimpfl konnte den Steinmetz Hans Loden dazu überreden, kostenlos die Raute zu erneuern. Lediglich die Materialkosten von 35 € mussten bezahlt werden. Bei der Weihnachtsfeier des Trachtenvereins Blaustein fiel infolge einer Unaufmerksamkeit die Uhr auf den Boden. Aus der Uhr brachen die vier kleineren blauen Rauten heraus. Hans Loden, der die Reparatur vornehmen soll, verlangt 70 € Materialkosten. Der Vorstand soll das Angebot überprüfen.

   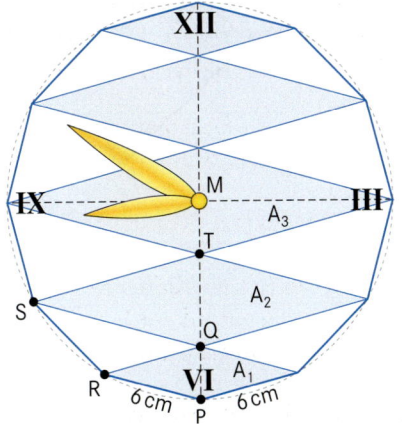

   a) Begründe, dass gilt: ∢ RMP = 30°; ∢ MPR = 75°; ∢ RQP = 75°
   b) Zeige durch Rechnung, dass gilt: A_1 = 18 cm²
   c) Begründe, dass gilt: ∢ QRS = 120°; $\overline{QS}$ = $\sqrt{108}$ cm; A_2 = 54 cm²
   d) Berechne den Flächeninhalt A_3. Ist der von Hans Loden geforderte Preis in Ordnung?

Aus dem Alltag

4 Die Gewindeschraube in der Abbildung hat die Abmessungen 10 x 1,5 x 30.
Dabei gibt die Maßzahl 10 den Durchmesser D der Schraube in Millimeter an. 1,5 ist die Maßzahl der Ganghöhe H in Millimeter, d. h. die Schraube dringt bei einer Umdrehung 1,5 mm in die Schraubenmutter ein. 30 ist die Maßzahl der Schraubenlänge L in Millimeter.

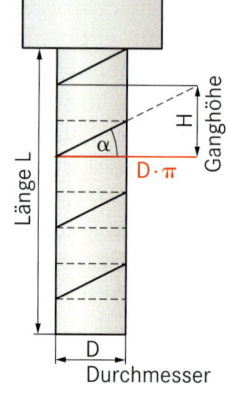

a) Wie viele Windungen hat die Schraube?
b) Begründe den Term $D \cdot \pi$ in der Zeichnung. Bestimme dann das Steigungswinkelmaß α.
c) Berechne den Weg, der bei 20 Schraubenumdrehungen zurückgelegt wird.

5

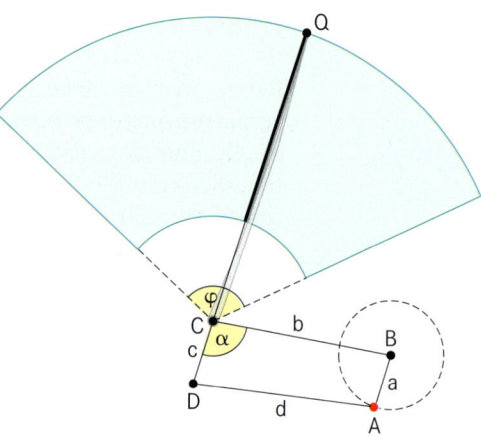

Die Abbildung rechts zeigt ein Modell eines Einarmscheibenwischers, das mit einem dynamischen Geometrieprogramm erstellt wurde. Einarmscheibenwischer findest du sowohl an Front- als auch an Heckscheiben von Autos.
Durch den Motor im Punkt B rotiert der Punkt A auf einem Kreis. Der Punkt C ist fest, der Punkt D schwingt hin und her. Dadurch wird das Wischblatt auf der Scheibe hin- und her bewegt.
Zur Berechnung des Wischwinkels φ betrachtet man die beiden Extremlagen des Scheibenwischers. In beiden Fällen entartet das Gelenkviereck ABCD zu den beiden Dreiecken BCD_1 bzw. ACD_2.

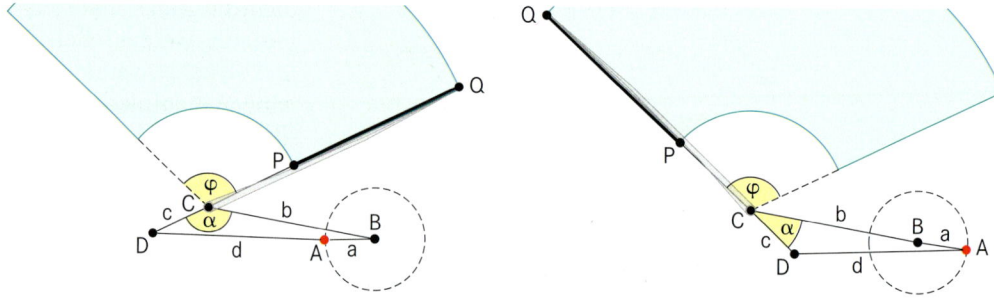

Bei dem dargestellten Modell gilt: a = 18 mm; b = 62 mm; c = 22 mm; d = 63 mm
a) Berechne das Maß φ des Wischwinkels.
b) Berechne die Wischfläche. Es gilt: $\overline{CP}$ = 35 mm; $\overline{PQ}$ = 67 mm
c) Das Maß φ des Wischwinkels soll vergrößert werden. Wie würdest du c verändern?

Höhenmessung

1 Ein genaues Verfahren zur Höhenbestimmung ist das **Nivellement.**

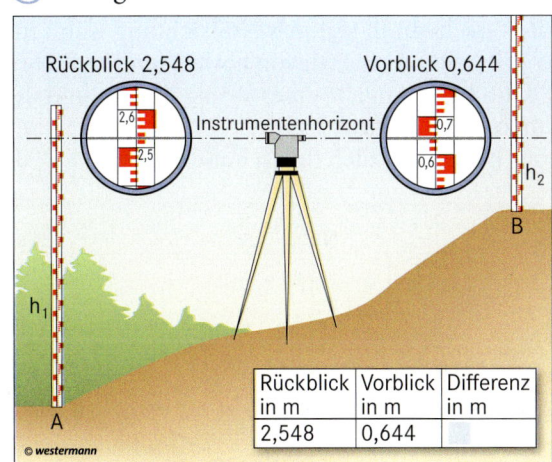

Man arbeitet mit senkrecht stehenden Maßstäben (Nivellierlatten) und einem Nivelliergerät, mit dem man horizontal die beiden Messlatten anvisiert.
Das Nivelliergerät ist leicht zu handhaben. Es muss allerdings sehr sorgfältig justiert werden.

a) Welche Höhendifferenz wird zwischen den Messpunkten A und B in der Abbildung links ermittelt?
b) Das Gelände hat eine durchschnittliche Steigung von 4 %. Berechne den Abstand der beiden Nivellierlatten.

Rückblick in m	Vorblick in m	Differenz in m
2,548	0,644	

c) Ist das Nivellement nicht anwendbar oder unwirtschaftlich, z. B. bei der Turmhöhenbestimmung in der Abbildung rechts, dann wird die trigonometrische Höhenmessung angewandt. Welche Größen müssen hierzu bestimmt werden?
d) Berechne die Höhe des Turms, wenn folgende Größen bekannt sind:
$e = 25$ m; $\alpha_1 = 28°$; $\alpha_2 = 55°$

2 Zur Bestimmung des Höhenunterschieds einer geplanten Seilbahn zwischen der Bodenstation B und der Spitzkehralm S wurden von einem Vermessungsteam folgende Daten erfasst:

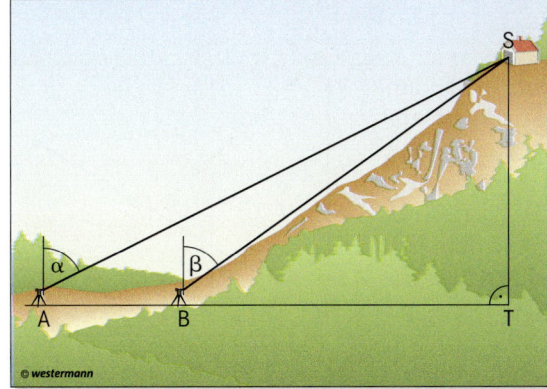

Höhe (Standort A): 954 m über NN
Höhe (Standort B): 954 m über NN
Horizontalentfernung: $\overline{AB}$ = 58 m
$\alpha = 81,9°$; $\beta = 80,8°$
Die Messinstrumente und die Spitzkehralm liegen in einer Ebene senkrecht zur Erdoberfläche.

a) Berechne die Länge der Strecke [BS]. [Ergebnis: $\overline{BS}$ = 426 m]
b) Berechne die Horizontalentfernung und die Erhebung der Spitzkehralm S über NN.

Winddreiecke

1 Um eine Bewegung eindeutig beschreiben zu können, benötigt man die Richtung der Bewegung und den Betrag der Geschwindigkeit. Als Nullrichtung wählt man die geografische Nordrichtung. Das Winkelmaß einer davon abweichenden Richtung wird im Uhrzeigersinn festgelegt. Durch die Angabe eines Winkelmaßes und des Betrages der Geschwindigkeit erhält man einen Vektor.
Die Bewegung eines Flugzeugs kann zusätzlich durch äußere Kräfte, z. B. durch Wind beeinflusst werden.

Wenn bei einem Flug der Eigengeschwindigkeitsvektor $\vec{u} = \begin{pmatrix} 60° \\ 180 \frac{km}{h} \end{pmatrix}$ des Flugzeugs und der Windvektor $\vec{w} = \begin{pmatrix} 120° \\ 60 \frac{km}{h} \end{pmatrix}$ bekannt sind, kann man den Geschwindigkeitsvektor $\vec{v}$ über der Erdoberfläche bestimmen. Er ergibt sich mit Hilfe des sogenannten **Winddreiecks**.

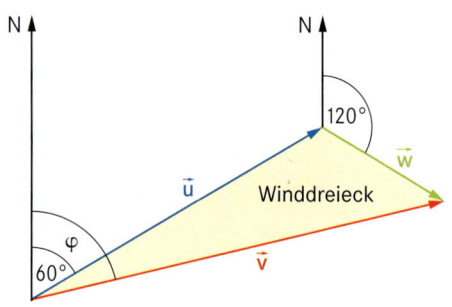

Zeige durch Rechnung, dass für den Vektor $\vec{v}$ über der Erdoberfläche gilt: $\vec{v} = \begin{pmatrix} 73,9° \\ 216 \frac{km}{h} \end{pmatrix}$

2 Ein Rettungshubschrauber hat auf der Autobahn bei Bernau einen Schwerverletzten aufgenommen und ist mit einer Eigengeschwindigkeit von 180 $\frac{km}{h}$ zum Krankenhaus nach Traunstein unterwegs.

a) Welcher der folgenden Eigengeschwindigkeitsvektoren könnte für den Flug zutreffen? Verwende einen Atlas oder eine Straßenkarte.

A $\vec{u} = \begin{pmatrix} 15° \\ 180 \frac{km}{h} \end{pmatrix}$ B $\vec{u} = \begin{pmatrix} 75° \\ 180 \frac{km}{h} \end{pmatrix}$ C $\vec{u} = \begin{pmatrix} 45° \\ 180 \frac{km}{h} \end{pmatrix}$

Wie lange dauert in etwa der Flug ohne Start und ohne Landung?

b) Bereits beim Start bläst ein Wind aus Nordwest Richtung Südost mit 80 $\frac{km}{h}$.
(1) Gib den Windvektor $\vec{w}$ an.

A $\vec{w} = \begin{pmatrix} 135° \\ 80 \frac{km}{h} \end{pmatrix}$ B $\vec{w} = \begin{pmatrix} 45° \\ 80 \frac{km}{h} \end{pmatrix}$ C $\vec{w} = \begin{pmatrix} 225° \\ 80 \frac{km}{h} \end{pmatrix}$

(2) Begründe, warum der Pilot nun im Vergleich zu a) eine Kurskorrektur in nordöstlicher Richtung vornehmen muss.
Berechne mit Hilfe des Winddreiecks den Geschwindigkeitsvektor $\vec{v}$ über der Erdoberfläche und die Richtung des Eigengeschwindigkeitsvektors $\vec{u}$, wenn der Pilot eine Kurskorrektur von 22,5° in nordöstliche Richtung durchführt.

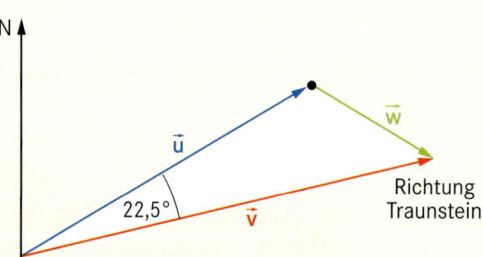

[Ergebnis: $\vec{v} = \begin{pmatrix} 75° \\ 207 \frac{km}{h} \end{pmatrix}$; $\vec{u} = \begin{pmatrix} 52,5° \\ 180 \frac{km}{h} \end{pmatrix}$]

(3) Berechne, wie lange der Flug im Vergleich zu a) dauert.

Kugelkoordinaten – Standortbestimmung auf der Erde

① Die geografischen Daten der Stadt Wasserburg am Inn werden wie folgt angegeben:
Geographische Breite: 48,0667° N
Geographische Länge: 12,2333° E
Die Daten beschreiben die Lage der Stadt auf der Erdkugel (siehe Abbildung rechts).
a) Berechne den Umfang des Breitenkreises, auf dem die Stadt Wasserburg liegt. Erstelle zuvor eine passende Skizze.
Information: $r_{Erde} = 6375$ km
b) In einer Zeitschrift ist die Berechnung für den Umfang des Breitenkreises, auf dem Köln (51° N) liegt, abgedruckt.

> Zum Vergleich ein Tabellenwert:
> $2\pi \cdot 6375$ km $\cdot \sin(51°) \approx 26846$ km

Finde den Fehler.

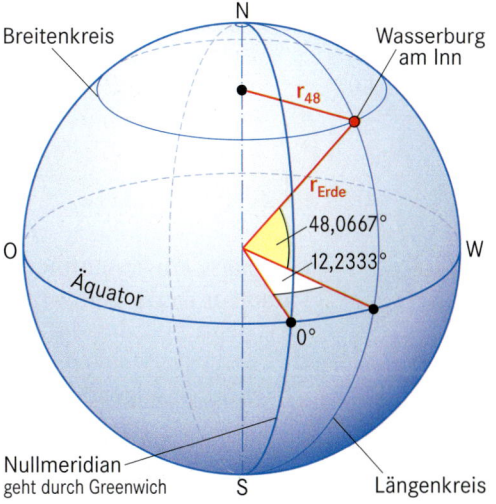

② Moderne Messgeräte nutzen das GPS-System (Global Positioning System), ein vom amerikanischen Verteidigungsministerium betriebenes und kontrolliertes System.
Dieses arbeitet mit mindestens 24 Satelliten, die in 20 200 km Höhe die Erde umkreisen. Angeordnet sind die Satelliten so, dass jeder Punkt der Erde von mindestens vier Satelliten angepeilt werden kann. In jedem GPS-Satelliten befindet sich eine Atomuhr.
Die Satelliten senden laufend Signale, die sich mit 300 000 $\frac{km}{s}$ (Lichtgeschwindigkeit) ausbreiten.

Wenn du ein Smart Phone hast, kannst du ein kostenloses APP laden, das mit Hilfe des GPS einen *Track* aufzeichnen kann. Darunter versteht man die Beschreibung einer Strecke mit Hilfe von Punkten, deren Koordinaten in einer Liste erfasst werden. Schüler der Klasse 10a haben versucht, den Umfang des Breitenkreises mit Hilfe des Smart Phones zu bestimmen. Dazu sind sie auf dem Sportplatz eine bestimmte Strecke möglichst genau in östlicher Richtung gegangen.

Die Koordinate Ost wächst dabei um einen bestimmten Wert.

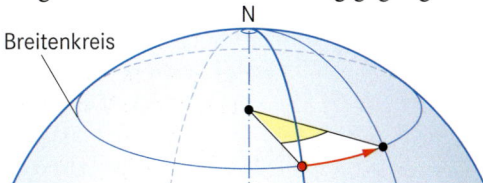

Folgende Daten hat Felix mit seinem Smart Phone erfasst. Die Strecke (Luftlinie) zwischen Start und Stopp beträgt 35 m.

	Winkel in Grad, Minuten und Sekunden	Winkel als Dezimalbruch in °
Winkel beim Start	12° 14' 4,49639"	
Winkel beim Stopp	12°14' 6,20495"	
Differenz		

a) Berechne mit den von Felix ermittelten Daten den Umfang des Breitenkreises. Vergleiche mit dem Wert in Aufgabe 1 a).
b) Berechne den Umfang des Breitenkreises deines Wohnortes und vergleiche mit Angaben aus dem Lexikon oder Internet.

Additionstheoreme für Sinus und Kosinus

1 Vergleiche die Werte. Was stellst du fest?
a) $\sin(30° + 60°)$ und $\sin 30° + \sin 60°$
b) $\sin(90° - 45°)$ und $\sin 90° - \sin 45°$
c) $\cos(45° + 60°)$ und $\cos 45° + \cos 60°$
d) $\cos(60° - 30°)$ und $\cos 60° - \cos 30°$

2 So kann ein Zusammenhang zwischen $\sin(\alpha + \beta)$ bzw. $\cos(\alpha + \beta)$ und $\sin\alpha$, $\sin\beta$, $\cos\alpha$ und $\cos\beta$ ermittelt werden.
a) Begründe, dass für die kartesischen Koordinaten der Punkte $P(1|-\alpha)$ und $Q(1|\beta)$ gilt:
  $P(\cos\alpha | -\sin\alpha)$; $Q(\cos\beta | \sin\beta)$.
b) Erkläre folgende Rechenschritte.

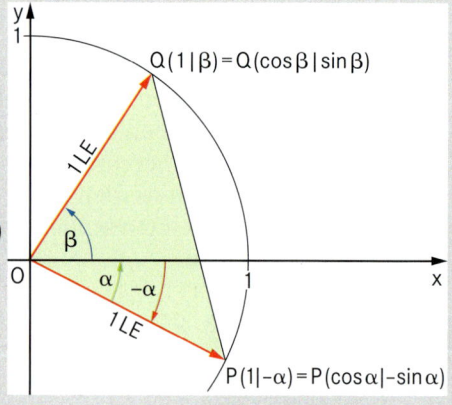

Der Flächeninhalt A des Dreiecks OPQ kann so dargestellt werden:
$A = 0{,}5 \cdot \overline{OP} \cdot \overline{OQ} \cdot \sin(\alpha + \beta) = 0{,}5 \cdot 1\,\text{LE} \cdot 1\,\text{LE} \cdot \sin(\alpha + \beta)$
oder
$A = 0{,}5 \left| \begin{array}{cc} \overrightarrow{OP} & \overrightarrow{OQ} \end{array} \right| \text{FE}$

$A = 0{,}5 \left| \begin{array}{cc} \cos\alpha & \cos\beta \\ -\sin\alpha & \sin\beta \end{array} \right| \text{FE}$

Es folgt:
$0{,}5 \cdot \sin(\alpha + \beta) = 0{,}5 \cdot (\cos\alpha \sin\beta + \sin\alpha \cos\beta)$
(1) $\sin(\alpha + \beta) = \sin\alpha \cos\beta + \cos\alpha \sin\beta$

Mit $\overrightarrow{PQ} = \begin{pmatrix} \cos\beta - \cos\alpha \\ \sin\beta + \sin\alpha \end{pmatrix}$ folgt: $\overline{PQ}^2 = [(\cos\beta - \cos\alpha)^2 + (\sin\beta + \sin\alpha)^2]\,(\text{LE})^2$

Mit dem Kosinussatz im Dreieck OPQ folgt:
$\overline{PQ}^2 = [1^2 + 1^2 - 2 \cdot 1 \cdot 1 \cdot \cos(\alpha + \beta)]\,(\text{LE})^2$

Es gilt: $(\cos\beta - \cos\alpha)^2 + (\sin\beta + \sin\alpha)^2 = 2 - 2\cos(\alpha + \beta)$
$\cos^2\beta - 2\cos\beta\cos\alpha + \cos^2\alpha + \sin^2\beta + 2\sin\beta\sin\alpha + \sin^2\alpha = 2 - 2\cos(\alpha + \beta)$
$1 + 1 - 2\cos\beta\cos\alpha + 2\sin\beta\sin\alpha = 2 - 2\cos(\alpha + \beta) \quad |-2 \quad |:(-2)$
(2) $\cos\alpha\cos\beta - \sin\alpha\sin\beta = \cos(\alpha + \beta)$

c) Ersetze in (1) und in (2) das Winkelmaß β durch $-\beta$. Zeige, dass folgt:
  $\sin(\alpha - \beta) = \sin\alpha\cos\beta - \cos\alpha\sin\beta$ und $\cos(\alpha - \beta) = \cos\alpha\cos\beta + \sin\alpha\sin\beta$

Additions-theoreme

 Für beliebige Winkelmaße α und β gelten die so genannten **Additionstheoreme:**

$\sin(\alpha + \beta) = \sin\alpha\cos\beta + \cos\alpha\sin\beta \qquad \cos(\alpha + \beta) = \cos\alpha\cos\beta - \sin\alpha\sin\beta$
$\sin(\alpha - \beta) = \sin\alpha\cos\beta - \cos\alpha\sin\beta \qquad \cos(\alpha - \beta) = \cos\alpha\cos\beta + \sin\alpha\sin\beta$

Übung

3 Wende die Additionstheoreme an und vereinfache.
a) $\sin(90° + \varepsilon)$
b) $\cos(90° + \varepsilon)$
c) $\sin(60° + \varepsilon) - 0{,}5\sqrt{3}\cos\varepsilon$
d) $\cos(150° + \varepsilon) + 0{,}5\sin\varepsilon$
e) $\sin(135° - \varepsilon) + 0{,}5\sqrt{2}\sin\varepsilon$
f) $\cos(60° - \varepsilon) - 0{,}5\cos\varepsilon$

Sinus und Kosinus für doppelte und halbe Winkelmaße

1 Zeige mit Hilfe der Additionstheoreme die Äquivalenz der Terme.
  a) $T_1 = \sin 2\alpha$; $T_2 = 2 \sin\alpha \cos\alpha$
  Hinweis:
  Ersetze in der Formel $\sin(\alpha + \beta) = \sin\alpha \cos\beta + \cos\alpha \sin\beta$ das Winkelmaß β durch α.
  b) $T_1 = \cos 2\alpha$; $T_2 = \cos^2\alpha - \sin^2\alpha$
  Hinweis:
  Ersetze in der Formel $\cos(\alpha + \beta) = \cos\alpha \cos\beta - \sin\alpha \sin\beta$ das Winkelmaß β durch α.
  c) $T_1 = \cos 2\alpha$; $T_2 = 2\cos^2\alpha - 1$
  d) $T_1 = \cos 2\alpha$; $T_2 = 1 - 2\sin^2\alpha$

2 Zeige mit Hilfe der Ergebnisse aus Aufgabe 1 die Äquivalenz der Terme.
  a) $T_1 = \sin^2\frac{\alpha}{2}$; $T_2 = \frac{1}{2}(1 - \cos\alpha)$ *Hinweis:* Ersetze in 1d) α durch $\frac{\alpha}{2}$.
  b) $T_1 = \cos^2\frac{\alpha}{2}$; $T_2 = \frac{1}{2}(\cos\alpha + 1)$ *Hinweis:* Ersetze in 1c) α durch $\frac{\alpha}{2}$.

Sinus und Kosinus für doppelte und halbe Winkelmaße

> Für beliebige Winkelmaße $\alpha \in [0°;\ 180°[$ gilt:
>
> $\sin 2\alpha = 2 \sin\alpha \cos\alpha \qquad \cos 2\alpha = \cos^2\alpha - \sin^2\alpha$
> $\qquad\qquad\qquad\qquad\qquad\qquad\quad = 2\cos^2\alpha - 1$
> $\qquad\qquad\qquad\qquad\qquad\qquad\quad = 1 - 2\sin^2\alpha$
>
> $\sin^2\frac{\alpha}{2} = \frac{1}{2}(1 - \cos\alpha) \qquad \cos^2\frac{\alpha}{2} = \frac{1}{2}(\cos\alpha + 1)$

Übungen

3 Zeige durch geeignete Termumformung, dass sich der Term T_1 auf die Form des Terms T_2 bringen lässt ($\alpha \in\ ]0°;\ 180°[\ \setminus \{90°\}$)
[Hinweis zu g) und h): $\sin\alpha = \sin\left(2 \cdot \frac{\alpha}{2}\right)$]

  a) $T_1 = \frac{\sin 2\alpha}{2\cos\alpha}$; $T_2 = \sin\alpha$
  b) $T_1 = \frac{\cos^2\frac{\alpha}{2}}{\cos\alpha + 1}$; $T_2 = \frac{1}{2}$
  c) $T_1 = \sin^2\frac{\alpha}{2} + \frac{1}{2}\cos\alpha$; $T_2 = \frac{1}{2}$
  d) $T_1 = \tan 2\alpha \cdot (1 - 2\sin^2\alpha)$; $T_2 = \sin 2\alpha$
  e) $T_1 = \cos 2\alpha - 4\cos^2\alpha + 3$; $T_2 = 2\sin^2\alpha$
  f) $T_1 = \frac{\cos 2\alpha - 2\sin^2\alpha}{1 - 2\sin\alpha}$; $T_2 = 1 + 2\sin\alpha$
  g) $T_1 = \frac{\sin\frac{\alpha}{2}}{\sin\alpha}$; $T_2 = \frac{1}{2\cos\frac{\alpha}{2}}$
  h) $T_1 = \frac{\sin\alpha}{\cos\frac{\alpha}{2}}$; $T_2 = \sqrt{2}\sqrt{1 - \cos\alpha}$

4 Die gleichschenkligen Dreiecke $A_n B_n C_n$ mit der Basis $[A_n B_n]$ haben einen Umfang von 20 cm. Die Winkel $A_n C_n B_n$ haben das Maß γ.
  a) Aus welchem Intervall kann man das Winkelmaß γ bzw. die Länge c wählen?
  b) Zeige, dass sich c so in Abhängigkeit von γ darstellen lässt:
  $c = \frac{20 \sin\frac{\gamma}{2}}{1 + \sin\frac{\gamma}{2}}$ cm
  c) Zeige, dass sich der Term in b) auf die Form bringen lässt:
  $c = \frac{20 \sin\gamma}{2\cos\frac{\gamma}{2} + \sin\gamma}$ cm
  d) Berechne c für $\gamma = 53{,}13°$.
  e) Berechne mit dem GTR die Belegung von γ, für die gilt: $c = 5$ cm

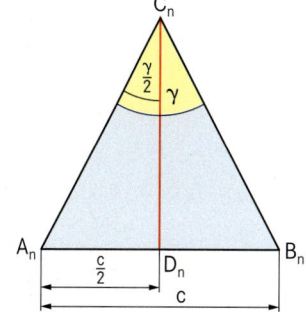

Sinus und Kosinus für doppelte und halbe Winkelmaße

5 In der Abbildung rechts gilt: r = 1 cm
   a) Zeige, dass gilt: $\overline{RS}$ = cos α cm
   b) Begründe mit Hilfe der Abbildung:
      sin (2α) = 2 sin α · cos α

6 Das Quadrat ABCD hat die Seitenlänge a. Die Punkte M_1 und M_2 sind Seitenmittelpunkte. Der Winkel M_1BM_2 hat das Maß α.
   a) Begründe: Die Winkel BM_2M_1 und M_2M_1B haben das Maß $90° - \frac{α}{2}$.
   b) Zeige mit Hilfe des Dreiecks M_1M_2B, dass gilt:
      $\frac{\sqrt{5}}{\sqrt{2}} = \frac{\cos \frac{α}{2}}{\sin α}$
   c) Zeige, dass sich die Gleichung in b) so umformen lässt: $\sin \frac{α}{2} = 0{,}5\sqrt{\frac{2}{5}}$
   d) Berechne das Winkelmaß α mit Hilfe der Gleichung in c).

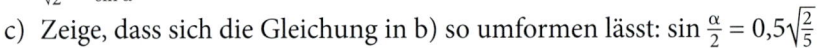

7 Schon die alten Ägypter kannten sich gut in Trigonometrie aus. Folgende Geschichte könnte sich dort zugetragen haben.

> Zu Beginn der jährlichen Nilfluten kommt ein Grundbesitzer zu einem Landvermesser und möchte sofort die Uferlänge seiner dreieckigen Ackerfläche vermessen haben. Wenn sie überflutet wird, möchte er schnellstmöglich eine Entschädigung für die Fluterstörung an der Böschung beantragen.
>
>
>
> Unglücklicherweise besteht der Uferrand aus einem undurchdringlichen Schilfgürtel, sodass der Landvermesser die Grenze [AC] am Wasserrand nicht ausmessen kann. Mühsam schneidet er die Grenzsteine A und C frei, damit sie von B aus sichtbar sind. Mit einem *Quadranten* (altes Winkelmessgerät) bestimmt er das Maß des Winkels CBA zu 37,5°. Von A nach B misst er 1 000 Schritte und von C nach B 800 Schritte.
>
> Die Berechnung der Streckenlänge $\overline{AC}$ mit dem Kosinussatz wäre für den Landvermesser kein Problem. Aber er hat seinen Papyros mit den Tabellen vergessen und kennt den Wert von cos 37,5° nicht. Der Landbesitzer will aber noch vor Ort präzise Auskunft. Der Landvermesser kennt sich in Trigonometrie gut aus und hat das Additionstheorem cos (α + β) = cos α cos β − sin α sin β im Kopf.
> Außerdem weiß er, dass gilt: sin 30° = 0,5 und $0{,}5\sqrt{3} \approx 0{,}87$
> Für kleine Winkelmaße wie z. B. 7,5° rechnet er wie folgt:
> $\sin 7{,}5° = \sin \left(30° \cdot \frac{1}{4}\right) \approx \frac{1}{4} \cdot \sin 30° \approx 0{,}13$

a) Überprüfe mit dem GTR, ob die Näherung des Landvermessers im Text oben für kleine Winkelmaße akzeptabel ist.
b) Wie erhält der Landvermesser aus sin 30° = 0,5 den Wert für cos 30°?
c) Welche Näherung wird der Landvermesser für cos 7,5° wählen?
d) Wie kann der Landvermesser näherungsweise die Streckenlänge $\overline{AC}$ berechnen? Vergleiche mit einer Berechnung am GTR. Runde auf ganze Meter.

Lösung trigonometrischer Gleichungen

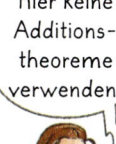

Achtung: Hier keine Additionstheoreme verwenden!

1 So kann man die Gleichung sin (α − 20°) = 0,5 lösen (α ∈ [0°; 180°]).

$$\sin(\alpha - 20°) = 0{,}5$$
$$\alpha_1 - 20° = 30° \quad \vee \quad \alpha_2 - 20° = 180° - 30°$$
$$\alpha_1 - 20° = 30° \quad \vee \quad \alpha_2 - 20° = 150°$$
$$\alpha_1 = 50° \quad \vee \quad \alpha_2 = 170°$$
Ergebnis: $\mathbb{L} = \{50°;\ 170°\}$

a) cos (α − 20°) = 0,5   b) tan (α − 20°) = 0,5   c) sin (α + 20°) = 0,5√3
d) sin (α − 60°) = 0,4√3 e) tan (α + 40°) = −2   f) cos (α − 25°) = −0,776

2 So kann man folgende Gleichung lösen (α ∈ [0°; 360°[).

Bringe Terme mit sin α auf eine Seite, Terme mit cos α auf die andere Seite der Gleichung!

$$0{,}4 = \frac{\cos(\alpha + 50°)}{\cos \alpha} \qquad |\cdot \cos\alpha\ (\cos\alpha \neq 0)$$
$$0{,}4 \cos\alpha = \cos(\alpha + 50°) \qquad |\text{Additionstheoreme anwenden}$$
$$0{,}4 \cos\alpha = \cos\alpha \cos 50° - \sin\alpha \sin 50° \qquad |-\cos\alpha \cos 50°$$
$$0{,}4 \cos\alpha - \cos\alpha \cos 50° = -\sin 50° \sin\alpha \qquad |\cos\alpha \text{ ausklammern}$$
$$(0{,}4 - \cos 50°)\cos\alpha = -\sin 50° \sin\alpha \qquad |:(-\sin 50°)\ |:\cos\alpha\ (\cos\alpha \neq 0)$$
$$\frac{0{,}4 - \cos 50°}{-\sin 50°} = \frac{\sin\alpha}{\cos\alpha} \qquad \left|\frac{\sin\alpha}{\cos\alpha} \text{ durch } \tan\alpha \text{ ersetzen}\right.$$
$$0{,}317 = \tan\alpha$$
$$\alpha_1 = 17{,}59° \quad \vee \quad \alpha_2 = 180° + 17{,}59° \qquad \mathbb{L} = \{17{,}59°;\ 197{,}59°\}$$

a) $0{,}5 = \dfrac{\cos(\alpha + 60°)}{\cos\alpha}$ b) $0{,}4 = \dfrac{\sin(\alpha + 50°)}{\cos\alpha}$ c) $0{,}8 = \dfrac{\cos\alpha}{\cos(\alpha + 20°)}$ d) $1{,}2 = \dfrac{\cos(\alpha - 50°)}{\sin\alpha}$

Lösungen: 0°; 180°; 137,78°; 330,34°; 150,34°; 317,78°; 55,98°; 124,02°; 235,98°

3

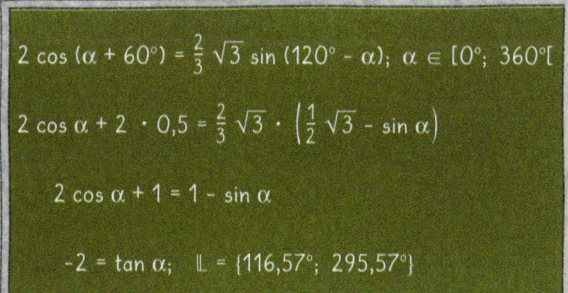

Wenn ich die Probe mache, erhalte ich falsche Aussagen!

Kein Wunder! In deiner Rechnung stecken ja auch drei Fehler!

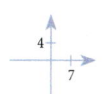

4 Gegeben sind die Dreiecke $A_n B C_n$.
Es gilt: $A_n(2\,|\,2{,}5 \cos(\alpha + 30°))$; $B(6\,|\,0)$; $C_n(2\,|\,4\sin(\alpha + 60°))$; $\alpha \in [0°;\ 180°]$
a) Zeichne das Dreieck $A_1 B C_1$ für α = 0°.
b) Zeige, dass für den Flächeninhalt der Dreiecke $A_n B C_n$ gilt:
   $A(\alpha) = [8 \sin(\alpha + 60°) - 5 \cos(\alpha + 30°)]$ FE
c) Berechne den Wert von α, für den der Flächeninhalt den Wert 0 FE annimmt.
   Gib das Intervall von α an, für das Dreiecke $A_n B C_n$ existieren.

Lösung trigonometrischer Gleichungen

5 So kann man folgende Gleichung lösen ($\alpha \in]0°; 180°[$).

$-\cos^2 \alpha + 2 \sin \alpha - 1 = 0$ | Ersetze $\cos^2 \alpha$ durch $1 - \sin^2 \alpha$
$-(1 - \sin^2 \alpha) + 2 \sin \alpha - 1 = 0$
$\sin^2 \alpha + 2 \sin \alpha - 2 = 0$ | Löse die quadratische Gleichung
$\sin \alpha = \dfrac{-2 \pm \sqrt{2^2 - 4 \cdot 1 \cdot (-2)}}{2 \cdot 1}$ | mit der Lösungsformel.
$\sin \alpha = 0{,}73 \;(\vee \sin \alpha = -2{,}73 \ldots)$ | $\sin \alpha = -2{,}73$ ist nicht möglich
$\alpha_1 = 47{,}06° \vee \alpha_2 = 180° - 47{,}06°$
$\mathbb{L} = \{47{,}05°;\; 132{,}94°\}$

a) $\sin^2 \alpha + 2 \sin \alpha - 0{,}5 = 0$
b) $-\sin^2 \alpha + 2 \cos \alpha = 0$
c) $2 \cos^2 \alpha - 3 \cos \alpha - 2 = \sin^2 \alpha$
d) $\sin \alpha + \dfrac{0{,}4 \cos \alpha}{\sin \alpha} = 0$

Lösungen: 145,07°; 128,17°; 12,99°; 167,01°; 65,53°

6 So kann man folgende Gleichung lösen ($\alpha \in [0°; 180°[$).

$\sin \alpha + 2 \cos \alpha = 0{,}5$ | Ersetze z. B. $\sin \alpha$ durch $\sqrt{1 - \cos^2 \alpha}$
$\sqrt{1 - \cos^2 \alpha} + 2 \cos \alpha = 0{,}5$ | Isoliere den Wurzelterm auf einer Seite der Gleichung.
$\sqrt{1 - \cos^2 \alpha} = 0{,}5 - 2 \cos \alpha$ | Quadriere beide Seiten der Gleichung. Keine Äquivalenzumformung!
$1 - \cos^2 \alpha = 0{,}25 - 2 \cdot 0{,}5 \cdot 2 \cos \alpha + 4 \cos^2 \alpha$
$1 - \cos^2 \alpha = 0{,}25 - 2 \cos \alpha + 4 \cos^2 \alpha$
$0 = 5 \cos^2 \alpha - 2 \cos \alpha - 0{,}75$ | Löse die quadratische Gleichung mit der Lösungsformel.
$\cos \alpha = \dfrac{2 \pm \sqrt{(-2)^2 - 4 \cdot 5 \cdot (-0{,}75)}}{2 \cdot 5}$
$\cos \alpha = 0{,}63 \vee \cos \alpha = -0{,}23$
$\alpha_1 = 50{,}51° \vee \alpha_2 = 103{,}64°$ | Mache die Probe! Setze die Winkelmaße in die Ausgangsgleichung ein.

$\mathbb{L} = \{103{,}64°\}$

a) $0{,}5 \cos \alpha + 0{,}7 \sin \alpha - 0{,}2 = 0$
b) $\tfrac{1}{2}\sqrt{2} \cos \alpha - \sqrt{3} \sin \alpha = 0{,}2$
c) $0{,}5 \cos \alpha + 0{,}2 \sin \alpha + 0{,}1 = 0$
d) $0{,}3 \cos \alpha - 0{,}8 \sin \alpha + 0{,}7 = 0$

Lösungen: 75,57°; 145,54; 122,50°; 131,02°; 16,07°

In Bavarien sind 1000 Bürger erwerbsfähig. Davon sind 50 arbeitslos. In Bananien leben 1000 erwerbsfähige Menschen, von denen 200 ohne Arbeit sind. Wegen der schlechten Konjunktur werden in Bavarien weitere 10 Bürger und in Bananien weitere 20 Bürger aus Betrieben entlassen. Der Wirtschaftsminister Dussl aus Bananien behauptet: „Wir betreiben die bessere Wirtschafts- und Arbeitsmarktpolitik. Bei uns ist nämlich der Anstieg der Arbeitslosenzahl prozentual niedriger."

Drei Quadrate – Funktionale Abhängigkeiten

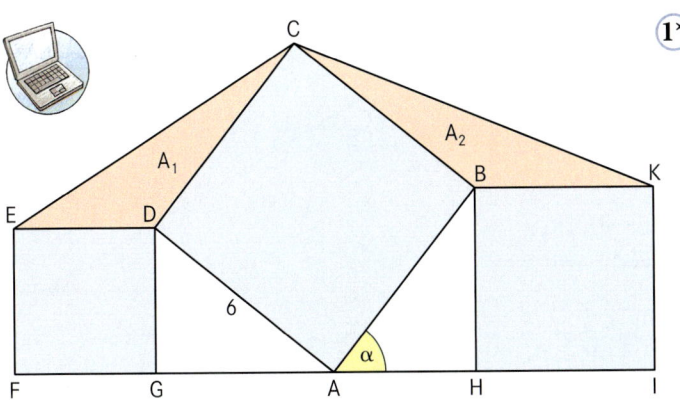

1* Drei Quadrate sind wie in der Abbildung angeordnet.
Die Seiten des Quadrats ABCD sind 6 cm lang.
a) Zeichne mit einem dynamischen Geometrieprogramm die drei Quadrate und die beiden Dreiecke CED und BKC für ein veränderbares Winkelmaß α. Miss die Flächeninhalte der beiden Dreiecke. Was stellst du fest?

b) So kann man den Flächeninhalte A_1 des Dreiecks CED in Abhängigkeit von α darstellen.

B Suche nach Hilfsfiguren, in denen du fehlende Größen berechnen kannst. Verwerte die gegebenen Informationen.

Der Winkel DAG hat das Maß
$180° - (90° + α) = 90° - α$.
Der Winkel GDA hat das Maß
$180° - (90° + 90° - α) = α$.

Berechne die Länge der Strecke [GD] mit Hilfe des rechtwinkligen Dreiecks ADG.

$\cos α = \frac{\overline{GD}}{6 \text{ cm}}; \overline{GD} = 6 \cos α$ cm

Der Winkel CDE hat das Maß
$360° - (90° + α + 90°) = 180° - α$

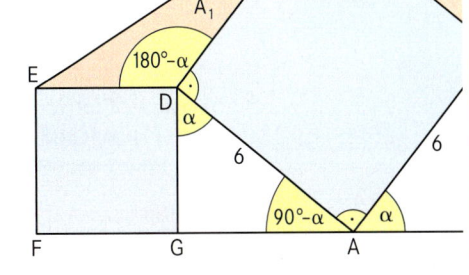

Berechne den Flächeninhalt A_1 des Dreiecks CED.
$A_1(α) = 0{,}5 \cdot 6 \cos α \cdot 6 \cdot \sin(180° - α)$ cm²
$A_1(α) = 18 \cos α \sin α$ cm²

c) Zeige ebenso, dass sich der Flächeninhalt des Dreiecks BKC wie folgt in Abhängigkeit von α darstellen lässt: $A_2(α) = 18 \sin α \sin(90° + α)$ cm²
d) Zeige mit Hilfe der Additionstheoreme, dass auch für A_2 gilt: $A_2(α) = 18 \cos α \sin α$ cm²

2 Für die Flächeninhalte $A_1(α)$ und $A_2(α)$ der Dreiecke CED und BKC aus Aufgabe 1 gilt:
$A_1(α) = A_2(α) = 18 \cos α \sin α$ cm²
a) Übertrage die Tabelle in dein Heft. Bestimme die fehlenden Werte in der Tabelle und stelle anschließend den Flächeninhalt A in Abhängigkeit von α grafisch dar.
Ermittle aus dem Graphen den Wert von α, für den der Flächeninhalt maximal ist.

α	0°	10°	20°	30°	40°	50°	60°	70°	80°	90°
$A(α) = 18 \cos α \sin α$ cm²										

b) Zeige mit Hilfe der Additionstheoreme, dass gilt: $A_1(α) = A_2(α) = 9 \sin 2α$ cm²
c) Begründe mit Hilfe des Terms $9 \sin 2α$ den maximalen Flächeninhalt in Aufgabe a).

*Aus dem Landeswettbewerb Mathematik Bayern 2010

① Die Punkte Q_n wandern auf der Strecke [BC] (siehe Abbildung).
Es gilt: $\overline{BC}$ = 7 cm; $\overline{BP}$ = 3 cm;
∢ CBP = 30°; ∢ BPQ_n = ε

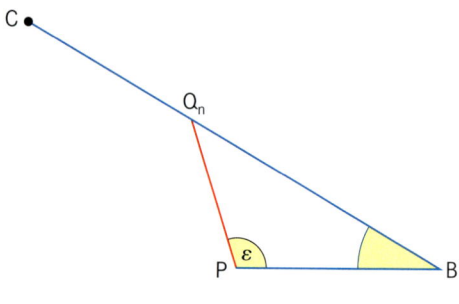

a) Aus welchem Intervall kann man ε wählen?
b) Zeige, dass sich die Länge der Strecken $[PQ_n]$ wie folgt in Abhängigkeit von ε darstellen lässt:
$\overline{PQ_n}(\varepsilon) = \frac{1{,}5}{\sin(\varepsilon + 30°)}$ cm
c) Begründe die Aussage von Maximilian. Welche Lage hat für ε = 60° die Strecke $[PQ_0]$ zur Strecke [BC]?
d) Mache zur Aufgabe c) die Probe mit dem GTR. Betrachte dazu den Graphen des Terms $\frac{1{,}5}{\sin(\varepsilon + 30°)}$.

Der Term sin (ε + 30°) hat für ε = 60° den maximalen Wert 1. Folglich hat hier der Term $\frac{1{,}5}{\sin(\varepsilon + 30°)}$ den minimalen Wert 1,5.

②

Ich lasse gerade den Graphen des Terms $-2\sin^2 \alpha + 0{,}8 \sin \alpha + 0{,}5$ am GTR im Intervall [0°; 180°[anzeigen. Der Term müsste zwei Maxima und ein Minimum besitzen.

Ein Term kann doch höchstens einen Extremwert besitzen!

a) Untersuche die Aussagen von Sophie und Alexander am GTR.
b) So kann man den Extremwert des Terms $T(\alpha) = -2\sin^2 \alpha + 0{,}8 \sin \alpha + 0{,}5$ im Intervall [0°; 180°[rechnerisch ermitteln. Führe dazu die Quadratische Ergänzung durch.

$T(\alpha) = -2\sin^2 \alpha + 0{,}8 \sin \alpha + 0{,}5$
$= -2 [\sin^2 \alpha - 2 \cdot \sin \alpha \cdot 0{,}2 + 0{,}2^2 - 0{,}2^2] + 0{,}5$
$= -2 (\sin \alpha - 0{,}2)^2 + 0{,}58$

Der Term $T(\alpha)$ ist maximal, wenn der Term $(\sin \alpha - 0{,}2)^2$ den Wert Null hat.

Der Term $T(\alpha)$ ist minimal, wenn der Term $(\sin \alpha - 0{,}2)^2$ den größten Wert hat. Dann hat der Term $-2(\sin \alpha - 0{,}2)^2$ den kleinsten Wert.

Dies ist der Fall für $\sin \alpha = 0{,}2$.
Dies gilt für α = 11,54° oder α = 168,46°.
Ergebnis:
T_{max} = 0,58 für α = 11,54° ∨ α = 168,46°.

Dies ist der Fall für $\sin \alpha = 1$.
Dies gilt für α = 90°.

T_{min} = −0,70 für α = 90°

c) Finde den minimalen Wert des Terms $-2\sin^2 \alpha + 0{,}8 \sin \alpha + 0{,}5$ im Intervall [180°; 360°[. Begründe deine Entscheidung rechnerisch.
d) Berechne die Extremwerte des Terms $3\cos^2 \alpha + 0{,}4 \cos \alpha + 1{,}12$ für α ∈ [0°; 180°].
e) Berechne die Extremwerte des Terms $-0{,}5\cos^2 \alpha + 0{,}4 \cos \alpha + 1{,}5$ für α ∈ [0°; 180°].

Funktionale Abhängigkeiten in der Ebene

1 In den gleichschenkligen Dreiecken ABC_n (siehe Abbildung) ist M Mittelpunkt der Basis [AB]. Der Halbkreis um M berührt die Schenkel in den Punkten E_n und F_n. Die Winkel BAC_n haben das Maß α.
Es gilt: $\overline{AB}$ = 10 cm
So kann man den Inhalt der blau markierten Fläche in Abhängigkeit von α darstellen.

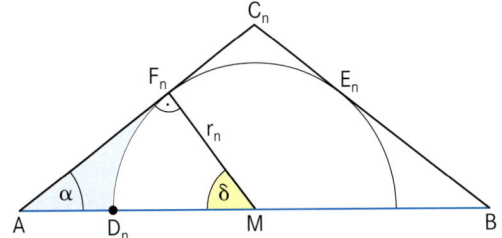

B Suche nach Hilfsfiguren, in denen du fehlende Größen berechnen kannst.
Zeichne Planfiguren und trage in diese bekannte Größen farbig ein.

Berechne zunächst mit Hilfe des Dreiecks AMF_n die Längen der Strecken [AF_n] und [MF_n].

$\cos α = \frac{\overline{AF_n}}{5\,cm}$; $\overline{AF_n}(α) = 5 \cos α$ cm

$\sin α = \frac{\overline{MF_n}}{5\,cm}$; $\overline{MF_n}(α) = 5 \sin α$ cm

$A_{blau}(α) = A_{AMF_n} - A_{Sektor}$

$A_{blau}(α) = [0{,}5 \cdot 5 \cdot 5 \cos α \cdot \sin α - \frac{δ}{360°} π (5 \sin α)^2]\,cm^2$

Mit δ = 90° − α folgt:

$A_{blau}(α) = [12{,}5 \cos α \cdot \sin α - 25π \frac{90°-α}{360°} \sin^2 α]\,cm^2$

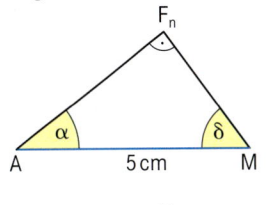

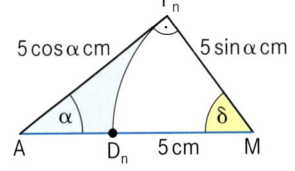

a) Zeige, dass sich der Inhalt der blauen Fläche in folgender Form darstellen lässt:
$A_{blau}(α) = 6{,}25 [\sin 2α - 4π \frac{90°-α}{360°} \sin^2 α]\,cm^2$

b) Aus welchem Intervall kann man α wählen?

c) Tabellarisiere $A_{blau}(α)$ für α ∈ [0°; 90°] mit Δα = 10°.
Zeichne den zugehörigen Graphen. (Für die Zeichnung: 1 cm ≙ 10°; 1 cm ≙ 0,5 cm²)
Lies den maximalen Flächeninhalt und das zugehörige Winkelmaß α ab. Bestätige das Ergebnis mit dem GTR.

d) Zeige, dass sich der Flächeninhalt der Dreiecke AD_nF_n wie folgt in Abhängigkeit von α darstellen lässt: $A(α) = 12{,}5 \sin α \cos α (1 - \sin α)\,cm^2$

e) Zeige, dass sich die Darstellung des Flächeninhalts in d) auf diese Form bringen lässt:
$A(α) = 6{,}25 \sin 2α (1 - \sin α)\,cm^2$

f) Tabellarisiere $A(α)$ für α ∈ [0°; 90°] mit Δα = 10°. Zeichne den zugehörigen Graphen in die Zeichnung zu c) ein. Lies A_{max} und das zugehörige Winkelmaß α ab.

2 Der Umkreisradius von Dreiecken AB_nC beträgt 4 cm. Die Winkel B_nAC haben das Maß α und die Winkel CB_nA das Maß β = 30°.

a) Zeichne das Dreieck AB_1C für α = 70°.

b) Zeige, dass sich der Flächeninhalt der Dreiecke AB_nC wie folgt in Abhängigkeit von α darstellen lässt: $A(α) = 16 \sin α \cdot \sin(α + 30°)\,cm^2$

c) Zeige, dass sich der Term für den Flächeninhalt in b) auf folgende Form bringen lässt:
$A(α) = [8\sqrt{3} \sin^2 α + 4 \sin 2α]\,cm^2$

d) Tabellarisiere $A(α)$ für α ∈ [0°; 150°] mit Δα = 15°. Stelle anschließend den Zusammenhang zwischen dem Winkelmaß und dem Flächeninhalt A grafisch dar.
Für die Zeichnung: 1 cm ≙ 15°; 1 cm ≙ 2 cm²

e) Lies in Aufgabe d) die Belegung von α ab, für die der Flächeninhalt A maximal ist.
Gib A_{max} an. Bestätige dein Ergebnis mit dem GTR.

③ Im regelmäßigen Fünfeck ABCDE liegen die Punkte P_n auf der Seite [CD].
Die Winkel BAP_n haben das Maß φ.

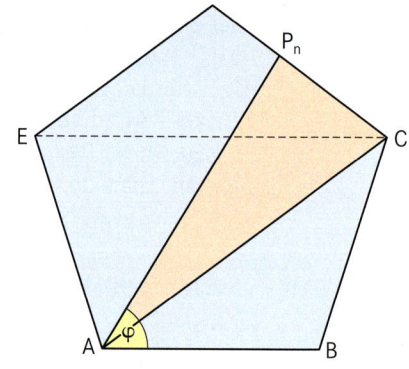

a) Begründe: Die Strecke [CE] verläuft parallel zur Strecke [AB].
b) Der Abstand der Seite [AB] von der Diagonalen [CE] beträgt 3,5 cm.
Zeige durch Rechnung: Die Seiten des Fünfecks sind 3,68 cm lang.
c) Zeichne das Fünfeck ABCDE und das Dreieck ACP_1 für φ = 50°.
d) Aus welchem Intervall kann man φ wählen, sodass Dreiecke ACP_n existieren?
e) Zeige, dass sich die Länge der Strecken $[AP_n]$ so in Abhängigkeit von φ darstellen lässt:
$$\overline{AP_n}(\varphi) = \frac{5{,}66}{\sin(144° - \varphi)} \text{ cm}$$
f) Für welche Belegung von φ hat die Strecke $[AP_0]$ minimale Länge?
g) Zeige, dass sich der Flächeninhalt der Dreiecke ACP_n so in Abhängigkeit von φ darstellt:
$$A(\varphi) = \frac{16{,}84 \sin(\varphi - 36°)}{\sin(144° - \varphi)} \text{ cm}^2$$
h) Berechne die Belegung von φ, für die das Dreieck ACP_2 denselben Flächeninhalt hat wie das Dreieck ABC.
i) Das Dreieck ACP_3 hat maximalen Flächeninhalt. Berechne dessen prozentualen Anteil am Flächeninhalt des Fünfecks.

④ Gegeben ist das Dreieck ABC. Es gilt: A(1|−2); B(9|4); $\overline{AC}$ = 8,0 LE; $\overline{BC}$ = 6,0 LE

a) Zeichne das Dreieck ABC. Berechne die Maße α und β der Winkel BAC bzw. CBA. [Ergebnis: α = 36,87°; β = 53,13°]
b) Berechne das Maß ε (ε > 90°) des Winkels, den die Strecke [BC] mit der Parallelen zur x-Achse durch den Punkt B bildet. [Ergebnis: ε = 163,74°]
c) Gib die Polarkoordinaten des Pfeils $\vec{BC}$ an. Berechne anschließend dessen kartesische Koordinaten und danach die Koordinaten des Punktes C.
d) Der Punkt P liegt auf der Strecke [AB] und der Punkt Q auf der Strecke [BC].
Auf der Strecke [AC] wandern die Punkte R_n. Die Winkel R_nPA haben das Maß φ.
Es gilt: $\overline{AP} : \overline{PB} = 3 : 2$; $\overline{BQ}$ = 2 LE. Zeichne das Dreieck PQR_1 für φ = 50°.
e) Aus welchem Intervall kann man φ wählen?
f) Zeige, dass sich der Flächeninhalt der Dreiecke PQR_n so in Abhängigkeit von φ darstellt:
$$A(\varphi) = \frac{5{,}80 \sin(29{,}74° + \varphi)}{\sin(36{,}87° + \varphi)} \text{ FE}$$
g) Das Dreieck PQR_2 hat einen Flächeninhalt von 5,6 FE. Berechne das Maß von φ.
h)

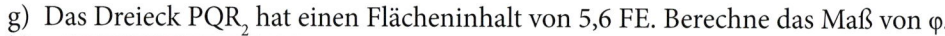
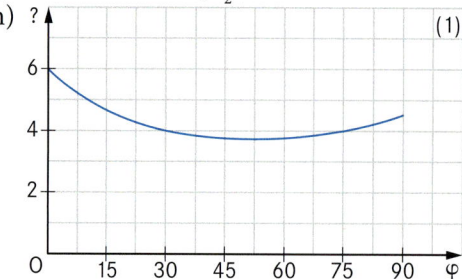
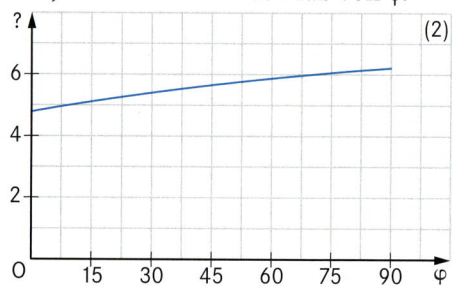

Welcher der Graphen beschreibt den Flächeninhalt der Dreiecke PQR_n, welcher die Länge der Strecken $[PR_n]$ in Abhängigkeit von φ?
Welche Aussagen lassen sich mit Hilfe der Graphen machen?

Funktionale Abhängigkeiten in der Ebene

5 Gegeben ist das Dreieck ABC mit $\overline{AB} = 10$ cm; $\overline{AC} = 8$ cm; $\alpha = 60°$.
Der Punkt P teilt die Strecke [AB] im Verhältnis 2:3, d.h. es gilt: $\overline{AP} : \overline{PB} = 2:3$
Der Punkt R ist Mittelpunkt der Strecke [AC], die Punkte Q_n wandern auf der Strecke [BC], die Winkel BPQ_n haben das Maß ε.

a) Zeige durch Rechnung, dass gilt: $\beta = 49{,}1°$
b) Begründe: Die Winkel PQ_nB haben das Maß $180° - (\varepsilon + 49{,}1°)$.
c) Berechne die Länge der Strecken $[PQ_n]$ in Abhängigkeit von ε.
   [Ergebnis: $\overline{PQ_n}(\varepsilon) = \dfrac{4{,}5}{\sin(49{,}1° + \varepsilon)}$ cm]
d) Die Strecke $[PQ_1]$ hat minimale Länge. Gib das zugehörige Winkelmaß ε an.
   [Ergebnis: $\varepsilon = 40{,}9°$]
   Deute die Lage der Strecke $[PQ_1]$ geometrisch.
e) Die Strecke $[RQ_2]$ verläuft parallel zur Strecke [AB]. Bestimme für diesen Fall die Länge der Strecke $[PQ_2]$. [Ergebnis: $\overline{PQ_2} = 4{,}58$ cm]
f) Stelle den Flächeninhalt der Dreiecke PBQ_n in Abhängigkeit von ε dar.
   [Ergebnis: $A_{PBQ_n}(\varepsilon) = \dfrac{13{,}5 \sin \varepsilon}{\sin(49{,}1° + \varepsilon)}$ cm²]
g) Berechne den Flächeninhalt des Dreiecks PBQ_1. [Ergebnis: $A_{PBQ_1} = 8{,}84$ cm²]
h) Aus welchem Intervall kann man ε wählen, damit Dreiecke PQ_nR existieren?
   [Ergebnis: $[0°;\ 90°]$]
i) Berechne den Flächeninhalt der Dreiecke PQ_nR in Abhängigkeit von ε.
   [Ergebnis: $A_{PQ_nR}(\varepsilon) = \dfrac{9 \sin(60° + \varepsilon)}{\sin(49{,}1° + \varepsilon)}$ cm²]
k) Für welche Belegung von ε haben das Dreieck PBQ_3 und das Dreieck PQ_3R den gleichen Flächeninhalt? [Ergebnis: $\varepsilon = 40{,}89°$]

6 Gegeben sind Dreiecke ABC_n. Die Winkel AC_nB haben das Maß $\gamma = 60°$ und die Winkel BAC_n das Maß α. Ferner gilt: $A(1|4)$; $B(9|-2)$
a) Zeichne das Dreieck ABC_1 für $\alpha = 70°$. Berechne die Länge der Strecke [AB] und den Umkreisradius r.
   [Ergebnis: $\overline{AB} = 10$ LE; $r = \dfrac{10}{3}\sqrt{3}$ LE]
b) Zeige, dass sich die Länge der Strecken $[AC_n]$ so in Abhängigkeit von α darstellen lässt:
   $\overline{AC_n}(\alpha) = \dfrac{10}{3}\sqrt{3}\ \dfrac{\sin 2(\alpha - 30°)}{\sin(\alpha - 30°)}$ LE
c) Zeige, dass sich der Term in b) auf folgende Form bringen lässt:
   $\overline{AC_n}(\alpha) = \dfrac{20}{3}\sqrt{3}\ \cos(\alpha - 30°)$ LE
d) Berechne die Länge der Strecke $[AC_1]$. [Ergebnis: $\overline{AC_1} = 8{,}85$ LE]
e) Für welches Maß von α hat die Strecke $[AC_0]$ maximale Länge? Gib diese Länge an.
   [Ergebnisse: $\alpha = 30°$; $\overline{AC_0} = 11{,}55$ LE]

7 Gegeben sind Vierecke $ABCD_n$.
Es gilt: $A(0|1)$; $B(5|-1)$; $C(7|3)$; $D_n(3|\alpha)$ mit $\alpha \in [0°;\ 90°]$
a) Zeichne das Viereck $ABCD_1$ für $\alpha = 40°$.
b) Stelle die kartesischen Koordinaten der Punkte D_n in Abhängigkeit von α dar.
c) Das Viereck $ABCD_2$ ist ein Trapez mit den Grundseiten [BC] und $[AD_2]$.
   Zeichne das Trapez $ABCD_2$. Berechne die kartesischen Koordinaten des Punktes D_2 und den Flächeninhalt des Trapezes $ABCD_2$. [Ergebnis: $A_{ABCD_2} = 17{,}55$ FE]
d) Ermittle das Intervall für α, so dass konvexe Vierecke $ABCD_n$ existieren.
   [Ergebnis: $34{,}64°;\ 90°$]

① Die Diagonalen [AC] und [BD] der Raute ABCD schneiden sich im Punkt M. Die Raute ist Grundfläche einer Pyramide ABCDS. Die Spitze S befindet sich senkrecht über dem Eckpunkt C. Auf der Seitenkante [AS] liegen die Punkte P_n.
Es gilt:
$\sphericalangle P_n MA = \varepsilon$
$\overline{AC} = 12{,}0$ cm
$\overline{BD} = 10{,}0$ cm
$\overline{CS} = 9{,}0$ cm

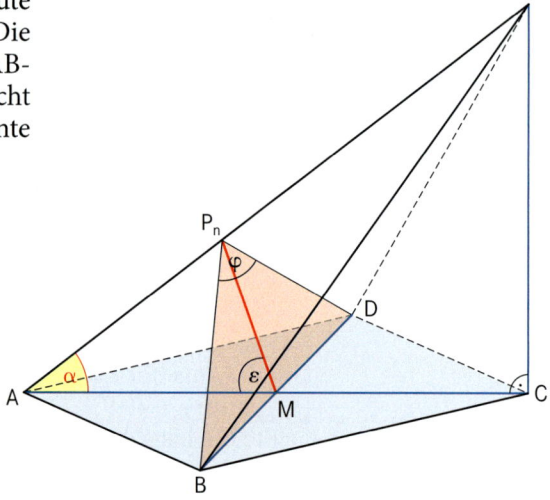

So kann man die Längen der Strecken [MP_n] in Abhängigkeit von ε berechnen.

 Suche nach Hilfsdreiecken, in denen du fehlende Größen berechnen kannst. Zeichne Planfiguren und trage darin bekannte Größen farbig ein.

Im Dreieck ACS gilt: $\tan \alpha = \frac{9{,}0}{12{,}0}$; $\alpha = 36{,}9°$

Aus der Winkelsumme im Dreieck AMP_n folgt für das Winkelmaß η des Winkels AP_nM:
$\alpha + \varepsilon + \eta = 180°$
$36{,}9° + \eta + \varepsilon = 180°$

$\eta = 180° - (36{,}9° + \varepsilon)$

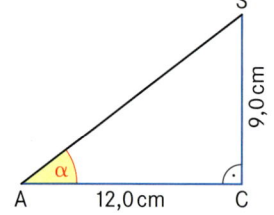

Im Dreieck AMP_n gilt nach dem Sinussatz:

$\frac{\overline{MP_n}}{\sin 36{,}9°} = \frac{6{,}0 \text{ cm}}{\sin [180° - (36{,}9° + \varepsilon)]}$

$\overline{MP_n}(\varepsilon) = \frac{3{,}6}{\sin (36{,}9° + \varepsilon)}$ cm

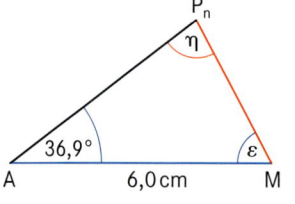

a) Die Punkte P_n bilden zusammen mit den Punkten B und D gleichschenklige Dreiecke BDP_n. Aus welchem Intervall kann man ε wählen, so dass Dreiecke BDP_n existieren?
[Ergebnis: $0° \leqq \varepsilon \leqq 123{,}7°$]
b) Berechne den Flächeninhalt der Dreiecke BDP_n in Abhängigkeit von ε.
c) Eines der Dreiecke BDP_n hat minimalen Flächeninhalt. Berechne A_{min}.
d) Die Winkel BP_nD in den Dreiecken BDP_n haben das Maß φ. Zeige, dass zwischen den Winkelmaßen φ und ε folgender Zusammenhang gilt:
$\tan \frac{\varphi}{2} = 1{,}4 \sin (36{,}9° + \varepsilon)$
e) Das Dreieck BDP_o ist gleichseitig. Berechne das zugehörige Winkelmaß ε.
[Ergebnis: $\varepsilon = 118{,}7°$]
f) Berechne die Oberfläche der Pyramide $ABDP_o$.
[Teilergebnisse: $\overline{MP_o} = 8{,}7$ cm; $\overline{AP_o} = 12{,}7$ cm; $\overline{AB} = 7{,}8$ cm; $A_{ABP} = 39{,}0$ cm²]

Funktionale Abhängigkeiten im Raum

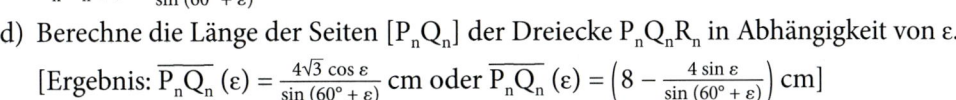

② Gegeben ist eine Pyramide ABCS. Die Grundfläche ABC ist ein gleichseitiges Dreieck mit der Seitenlänge 8 cm. Die Spitze S befindet sich senkrecht über dem Schwerpunkt M der Grundfläche. Die Dreiecke $P_nQ_nR_n$ liegen parallel zur Grundfläche ABC. Der Punkt M ist Spitze der Pyramiden $P_nQ_nR_nM$.
Es gilt: $\overline{MS} = 8$ cm; $\varepsilon = \sphericalangle P_nMA$

a) Zeige, dass der Winkel MAS das Maß 60° hat.

b) Stelle die Längen $\overline{P_nM}$ in Abhängigkeit von ε dar.
 [Ergebnis: $\overline{P_nM}(\varepsilon) = \dfrac{4}{\sin(60° + \varepsilon)}$ cm]

c) Zeige durch Rechnung, dass für die Längen $\overline{P_nD_n}$ gilt:
 $\overline{P_nD_n}(\varepsilon) = \dfrac{6 \cos \varepsilon}{\sin(60° + \varepsilon)}$ cm

d) Berechne die Länge der Seiten $[P_nQ_n]$ der Dreiecke $P_nQ_nR_n$ in Abhängigkeit von ε.
 [Ergebnis: $\overline{P_nQ_n}(\varepsilon) = \dfrac{4\sqrt{3} \cos \varepsilon}{\sin(60° + \varepsilon)}$ cm oder $\overline{P_nQ_n}(\varepsilon) = \left(8 - \dfrac{4 \sin \varepsilon}{\sin(60° + \varepsilon)}\right)$ cm]

e) Zeige durch Äquivalenzumformung: $\dfrac{4\sqrt{3} \cos \varepsilon}{\sin(60° + \varepsilon)} = 8 - \dfrac{4 \sin \varepsilon}{\sin(60° + \varepsilon)}$

f) Berechne durch Äquivalenzumformung die Belegung von ε, für die alle Kanten der Pyramide $P_0Q_0R_0M$ gleich lang sind. [Ergebnis: $\varepsilon = 54{,}74°$]

③ Das gleichschenklige Dreieck ABC mit der Basis [BC] ist Grundfläche einer Pyramide ABCS. Der Punkt E ist Mittelpunkt der Strecke [BC]. Die Spitze S der Pyramide befindet sich senkrecht über dem Punkt A. Der Punkt M liegt auf der Strecke [AE].
Es gilt: $\overline{BC} = 12$ cm; $\overline{AE} = 8$ cm; $\overline{AS} = 8$ cm; $\overline{AM} = 3$ cm

a) Zeichne ein Schrägbild der Pyramide. Es gilt: q = 0,5; ω = 45°; [AE] liegt auf der Schrägbildachse

b) Parallelen zur Strecke [BC] schneiden die Kante [BS] in den Punkten P_n, die Kante [CS] in den Punkten Q_n und die Strecke [ES] in den Punkten T_n.
 Die Winkel EMT_n haben das Maß φ. Zeichne die Strecke $[MT_1]$ für $\varphi = 80°$ und das zugehörige Dreieck MP_1Q_1 in das Schrägbild ein.

c) Zeige, dass sich die Länge $\overline{MT_n}$ wie folgt in Abhängigkeit von φ darstellen lässt:
 $\overline{MT_n}(\varphi) = \dfrac{2{,}5\sqrt{2}}{\sin(45° + \varphi)}$ cm.

d) Zeige, dass für die Längen $\overline{ET_n}$ gilt: $\overline{ET_n}(\varphi) = \dfrac{5 \sin \varphi}{\sin(45° + \varphi)}$ cm

e) Berechne durch Äquivalenzumformung die Belegungen von φ, für die gilt: $\overline{ET_2} = 4$ cm

f) Zeige, dass sich die Streckenlängen $\overline{P_nQ_n}$ so in Abhängigkeit von φ darstellen lassen:
 $\overline{P_nQ_n}(\varphi) = \dfrac{3}{2\sqrt{2}}\left(8\sqrt{2} - \dfrac{5 \sin \varphi}{\sin(45° + \varphi)}\right)$ cm

g) Zeige durch Termumformung, dass gilt: $8\sqrt{2} - \dfrac{5 \sin \varphi}{\sin(45° + \varphi)} = \dfrac{8 \cos \varphi + 3 \sin \varphi}{\sin(45° + \varphi)}$

h) Zeige, dass sich der Flächeninhalt der Dreiecke P_nMQ_n wie folgt in Abhängigkeit von φ darstellen lässt:
 $A(\varphi) = \dfrac{15 \cos \varphi + 5{,}625 \sin \varphi}{\sin^2(45° + \varphi)}$ cm²

i) Berechne mit dem GTR die Belegung von φ, für die das Dreieck P_3MQ_3 einen Flächeninhalt von 12 FE hat. [Ergebnis: $\varphi = 82{,}1°$]

Funktionale Abhängigkeiten bei Rotationskörpern

1 Aus einem Halbkreis k mit dem Radius r = 3 cm werden Rechtecke $P_nQ_nR_nS_n$ herausgeschnitten.
Die Winkel Q_nP_nM haben das Maß α.
Der Halbkreis k und die Rechtecke $P_nQ_nR_nS_n$ rotieren um die Mittelsenkrechten $m_{[P_nQ_n]}$ als Achsen.

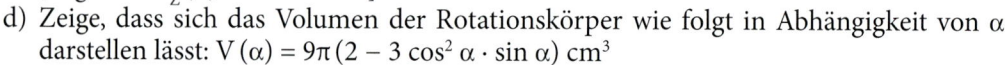

a) Zeichne einen Axialschnitt des Rotationskörpers für α = 30°.
b) Aus welchem Intervall kann man α wählen?
c) Stelle den Radius $r_Z = \overline{MS_n}$ in Abhängigkeit von α dar.
   [Ergebnis: $r_Z(\alpha) = 3 \cos \alpha$ cm]
d) Zeige, dass sich das Volumen der Rotationskörper wie folgt in Abhängigkeit von α darstellen lässt: $V(\alpha) = 9\pi (2 - 3 \cos^2 \alpha \cdot \sin \alpha)$ cm³

e) Zeige, dass sich die Darstellung des Volumens in d) auf folgende Form bringen lässt:
   $V(\alpha) = 9\pi (2 - 3 \sin \alpha + 3 \sin^3 \alpha)$ cm³

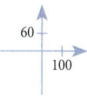

f) Tabellarisiere das Volumen V in Abhängigkeit von α mit Δα = 10°.
   Stelle das Volumen V in Abhängigkeit von α grafisch dar.
   Lies aus dem Graphen das minimale Volumen V_{min} und den Wert von α ab.
   [Ergebnis: α = 35°; V_{min} = 24 cm³]
g) Zeige, dass sich der Oberflächeninhalt der Rotationskörper wie folgt in Abhängigkeit von α darstellen lässt: $O(\alpha) = 9\pi (3 + \sin(2\alpha))$ cm²
h) Berechne die Belegungen von α, für die der Oberflächeninhalt 100 cm² beträgt.
   [Ergebnis: α = 16,23° ∨ α = 73,77°]
i) Ermittle den maximalen Oberflächeninhalt für einen der Rotationskörper und die zugehörige Belegung von α. [Ergebnis: V_{max} = 113,1 cm³; α = 45°]

2 Im gleichschenklig rechtwinkligen Dreieck ABC ist der Punkt M Mittelpunkt der 12 cm langen Hypotenuse [AB].
Auf der Strecke [BC] wandern Punkte P_n.
Die Winkel P_nMC haben das Maß ε.
Durch Achsenspiegelung der Punkte P_n an der Geraden MC erhält man Punkte Q_n.
Aus dem Dreieck ABC werden Drachenvierecke MP_nCQ_n herausgeschnitten.
Der Restkörper rotiert um MC als Achse.

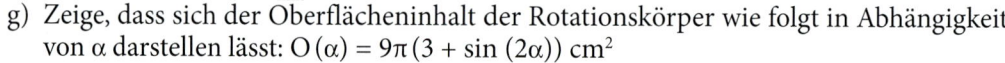

a) Zeichne einen Axialschnitt eines Rotationskörpers für ε = 27°.
b) Aus welchem Intervall kann man ε wählen?
c) Die Punkte M_n sind Mittelpunkte der Strecken $[P_nQ_n]$. Berechne die Längen der Strecken $[M_nP_n]$ in Abhängigkeit von ε.

   [Ergebnis: $\overline{M_nP_n}(\varepsilon) = \dfrac{3\sqrt{2} \sin \varepsilon}{\sin(45° + \varepsilon)}$ cm]

d) Stelle das Volumen der Rotationskörper in Abhängigkeit von ε dar.

   [Ergebnis: $V(\varepsilon) = 2\pi \left(36 - \dfrac{18 \sin^2 \varepsilon}{\sin^2(45° + \varepsilon)}\right)$ cm³]

e) Berechne die Belegung von ε, für die das Volumen eines Rotationskörpers 31,5 cm³ beträgt. [Ergebnis: ε = 85,55°]
f) Bei einem Rotationskörper ist das herausgeschnittene Drachenviereck zugleich ein Quadrat. Berechne dessen Volumen und dessen Oberflächeninhalt.
   [Ergebnisse: V = 56,54 cm³; O = 273,04 cm²]

Funktionale Abhängigkeiten bei Rotationskörpern

3 Der Punkt D ist Mittelpunkt der Basen $[A_nC_n]$ von gleichschenkligen Dreiecken A_nBC_n. Die Winkel C_nBA_n haben das Maß β. Die Länge der Strecke [BD] beträgt 6 cm.
a) Zeichne das Dreieck A_1BC_1 für β = 50°.
b) Aus welchem Intervall kann man β wählen?
c) Zeige, dass sich die Längen der Strecken $[A_nC_n]$ bzw. $[BA_n]$ wie folgt in Abhängigkeit von β darstellen lassen:

$$\overline{A_nC_n}(\beta) = 12 \tan \tfrac{\beta}{2} \text{ cm}; \quad \overline{A_nB}(\beta) = \frac{6}{\cos \tfrac{\beta}{2}} \text{ cm}$$

d) Im Dreieck A_2BC_2 beträgt die Länge der Basis $[A_2C_2]$ 75 % der Länge der Strecke $[A_2B]$. Berechne das zugehörige Winkelmaß β.
e) Die Dreiecke A_nBC_n rotieren um die Gerade BD als Achse. Dabei entstehen Rotationskörper. Zeige, dass sich das Volumen bzw. die Mantelfläche der Rotationskörper wie folgt in Abhängigkeit von β darstellen lassen:

$$V(\beta) = 72\pi \tan^2 \tfrac{\beta}{2} \text{ cm}^3; \quad M(\beta) = 36\pi \frac{\tan \tfrac{\beta}{2}}{\cos \tfrac{\beta}{2}} \text{ cm}^2$$

f) Einer der Rotationskörper hat eine Mantelfläche von 18π cm². Berechne das zugehörige Winkelmaß β.

4 Auf der Strecke [AB] des gleichseitigen Dreiecks ABC liegt der Punkt P und auf der Strecke [AC] wandern die Punkte Q_n.
Es gilt: $\overline{AB} = 6$ cm; $\overline{BP} = 2$ cm; $\angle Q_nPA = \varepsilon$
a) Zeichne das Dreieck ABC und das Dreieck APQ_1 für ε = 40°.
b) Aus welchem Intervall kann man ε wählen, sodass Dreiecke APQ_n existieren?
c) Zeige, dass sich die Länge der Strecken $[PQ_n]$ so in Abhängigkeit von ε darstellen lässt:

$$\overline{PQ_n}(\varepsilon) = \frac{2\sqrt{3}}{\sin(60° + \varepsilon)} \text{ cm}$$

d) Berechne die Belegungen von ε_1 und ε_2, für welche die Strecken $[PQ_1]$ bzw. $[PQ_2]$ die Länge $2{,}1\sqrt{3}$ cm haben.
e) Die Strecke $[PQ_3]$ hat minimale Länge. Gib die Belegung von ε an.
f) Berechne den Flächeninhalt der Dreiecke APQ_n in Abhängigkeit von ε.

[Ergebnis: $A(\varepsilon) = \frac{4\sqrt{3} \sin \varepsilon}{\sin(60° + \varepsilon)}$ cm²]

g) Berechne die Belegung von ε, für die das Dreieck APQ_4 einen Flächeninhalt von $3\sqrt{3}$ cm² hat.
h) Aus dem Dreieck ABC werden Dreiecke APQ_n herausgeschnitten. Die Restflächen rotieren um AB als Achse. Dabei entsteht ein Doppelkegel, aus dem Doppelkegel herausgeschnitten sind. Zeige, dass sich das Volumen der Rotationskörper wie folgt in Abhängigkeit von ε darstellen lässt: $V(\varepsilon) = 2\pi \left(27 - \frac{8 \sin^2 \varepsilon}{\sin^2(60° + \varepsilon)}\right)$ cm³
i) Berechne die Belegung von ε, für die einer der Rotationskörper in h) 50 % des Volumens des durch Rotation entstandenen ursprünglichen Doppelkegels hat.
k) Stelle den Oberflächeninhalt des Rotationskörpers in h) in Abhängigkeit von ε dar.
l) Ermittle mit dem GTR das Winkelmaß ε, für das der Oberflächeninhalt eines der Rotationskörper in h) maximal ist.

Zwei Kreise mit unterschiedlichen Radien berühren sich im Punkt P. Die Kreise berühren die Gerade g in den Punkten A und B. Das Produkt der Längen der Kreisradien beträgt 16 cm². Berechne $\overline{AB}$.

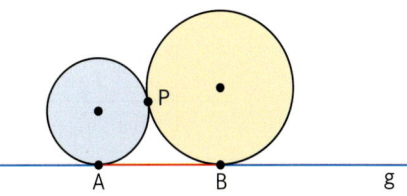

Funktionale Abhängigkeiten in der Technik

1 Eine 5 m lange Leiter lehnt an der Wand. Der Neigungswinkel zwischen Leiter und Ebene hat das Maß α.
  a) Fertige für α = 40° eine Skizze im geeigneten Maßstab an.
  b) Stelle die Koordinaten der Berührpunkte $A_n(x|0)$ der Leiter mit dem Boden bzw. $B_n(0|y)$ der Leiter mit der Wand durch das Winkelmaß α dar. Der Ursprung O wird durch den Schnittpunkt der Ebene und der Wand festgelegt.
  c) Zeige, dass für die Koordinaten des Mittelpunktes M_L der Leiter gilt: $M_L(2{,}5 \cos α | 2{,}5 \sin α)$
  d) Begründe durch Rechnung: Der Mittelpunkt M_L der Leiter bewegt sich auf einem Kreisbogen mit $r_L = 2{,}5$ m.
  e) Die Leiter berührt ein Fass mit r = 0,6 m. Zeige, dass für den Berührfall in der Abbildung gelten muss:
  $\tan \frac{α}{2} = \frac{0{,}6}{5 \cos α - 0{,}6}$
  f) Berechne die Winkelmaße α, für die die Leiter das Fass berührt.

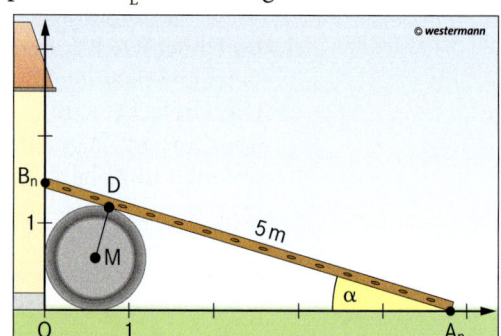

2 Der innere Querschnitt des Wassertroges in der Bräuhausgasse hat die Form von gleichschenkligen Trapezen ABC_nD_n.
Die Breite der Sohle [AB] und die Länge der Schenkel $[AD_n]$ und $[BC_n]$ beträgt jeweils 40 cm. Die Schenkel bilden außen mit der Horizontalen einen Winkel vom Maß α (α < 90°).
  a) Zeichne den Querschnitt für α = 80° im Maßstab 1 : 10. Berechne den Flächeninhalt des Querschnitts.
  b) Stelle den Flächeninhalt der möglichen Querschnitte in Abhängigkeit von α dar.
  [Ergebnis: $A(α) = (16 \sin α + 8 \sin(2α))$ dm²]
  c) Berechne den Flächeninhalt eines Querschnitts für α = 45°.
  d) Ermittle mit einem dynamischen Geometrieprogramm oder mit dem GTR das Winkelmaß α, für das der Flächeninhalt eines Querschnitts maximal ist. Gib A_{max} an.
  e) Zeige, dass sich die Länge der Diagonalen $[BD_n]$ so in Abhängigkeit von α darstellt:
  $\overline{BD_n}(α) = 4\sqrt{2}\sqrt{1 + \cos α}$ dm oder $\overline{BD_n}(α) = \frac{4 \sin α}{\sin \frac{α}{2}}$ dm
  f) Zeige, dass sich die beiden Maßzahlenterme für die Länge $\overline{BD_n}$ in Aufgabe e) jeweils auf die Form $8 \cos \frac{α}{2}$ bringen lassen.
  g) Der Trog wird über einen Wasserzulauf gefüllt. Welches der folgenden Diagramme stellt den Füllvorgang dar, vorausgesetzt die pro Sekunde zugeführte Wassermenge ist konstant. Begründe.

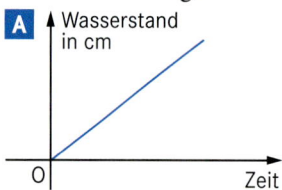
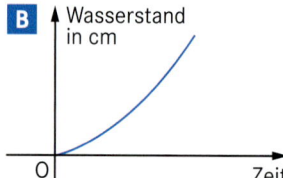
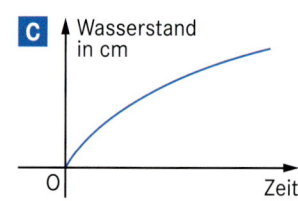

③ Die Abbildung zeigt eine Kippvorrichtung für das Entladen von Waggons.
Es gilt: $\overline{AE}$ = 3,25 m

a) Zeichne das Dreieck ACD_1 für x = 2. Berechne das zugehörige Winkelmaß α.
[Teilergebnisse: $\overline{AC}$ = 8,38 m; ∢ ACB = 72,6°]

b) Zeige, dass zwischen dem Winkelmaß α und der Maßzahl x folgender Zusammenhang besteht:
$x^2 + 6{,}5x = 95{,}69 - 100{,}56 \cos(α + 17{,}4°)$

c) Berechne das Winkelmaß α für x = 4.

d) Berechne den Wert von x, für den der Winkel AD_2C das Maß 90° hat.

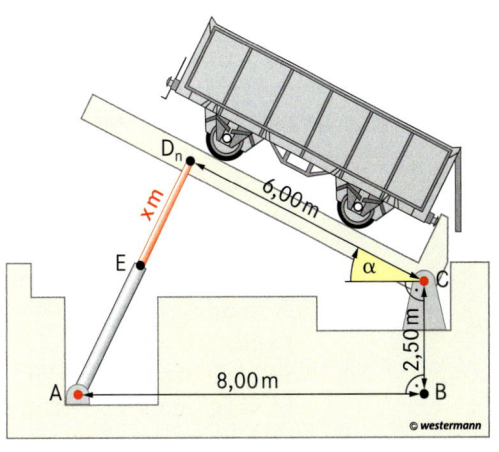

④ *Leonardobrücke*
Mit Hilfe von 6 Hölzern lässt sich eine Brücke wie im Foto links bauen.
Mit jeweils vier weiteren Hölzern kann die Brücke vergrößert werden.
Es gilt: $\overline{E_nF_n}$ = 2 cm; $\overline{E_nS_n}$ = x cm; $\overline{A_nG_n}$ = 1,0 m

a) Besorgt euch sechs Hölzer mit den in der Abbildung rechts unten angegebenen Maßen. Versucht damit eine Brücke zu bauen.

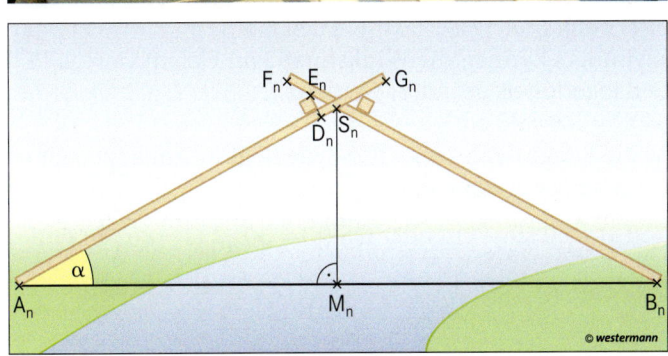

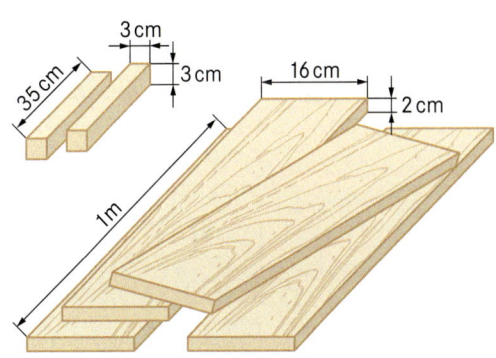

b) Begründe: Die Winkel $E_nS_nD_n$ haben das Maß 2α.

c) Es gilt: $\overline{E_1S_1}$ = 6,0 cm. Berechne das Winkelmaß α. [Ergebnis: α = 28,2°]

d) Berechne die Spannweite $\overline{A_1B_1}$ der Brücke in c). Runde auf ganze Zentimeter. [Ergebnis: $\overline{A_1B_1}$ = 162 cm]

e) Es gilt nun: $\overline{E_nS_n}$ = x cm
Zeige, dass für das Winkelmaß α in Abhängigkeit von x gilt: $\sin(2α) = \frac{5}{x}$

f) Aus welchem Intervall kann man x wählen?

g) Tabellarisiere α in Abhängigkeit von x im Intervall [5; 15] mit Δx = 1. Runde auf zwei Stellen nach dem Komma.

h) Tabellarisiere die Spannweite $\overline{A_nB_n}$ = y cm in Abhängigkeit von x.
Stelle die Spannweite in Abhängigkeit von x grafisch dar. Was stellst du fest? Vergleiche mit dem Experiment.
Für die Zeichnung: x-Achse: 1 cm ≙ 1 cm; y-Achse: 1 cm ≙ 10 cm

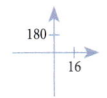

⑤ Die Abbildung zeigt vereinfacht dargestellt den Ausleger [CF] eines Raupenbaggers. Der Ausleger kann mit Hilfe eines Hydraulikzylinders [BD], den man um die Länge $\overline{DE}$ = x cm verlängern kann, gesteuert werden. Die Achsen B und C sind fest.
Es gilt: $\overline{AB}$ = 30 cm; $\overline{AC}$ = 40 cm; ∢BAC = 90°; $\overline{BD}$ = 145 cm; $\overline{EF}$ = 10 cm; $\overline{CF}$ = 190 cm; $\overline{FG}$ = 220 cm; $\overline{GP}$ = 155 cm; ∢BCF = γ, ∢CFG = 130°

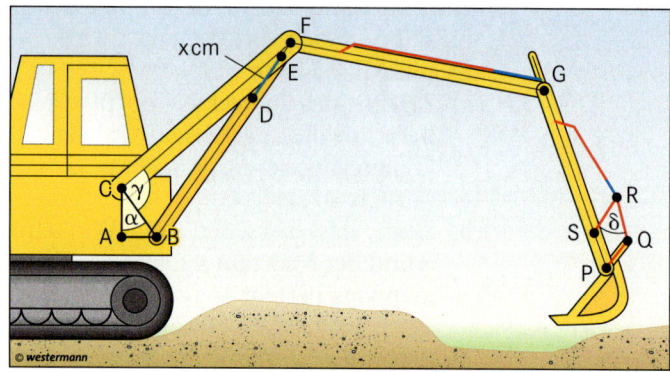

a) Zeichne im Maßstab 1 : 20 das Dreieck ABC und das Dreieck BFC für $\overline{DE}$ = 25 cm.
b) Bestätige durch Rechnung, dass der Winkel ∢ACB das Maß α = 36,9° hat und die Strecke [BC] eine Länge von 50 cm hat.
c) Zeige, dass zwischen x und dem Winkelmaß γ folgender Zusammenhang besteht:
$$\cos \gamma = \frac{-x^2 - 310x + 14575}{19000}$$
d) Der Ausleger [CF] kann maximal soweit aufgestellt werden, dass er in Verlängerung der Strecke [AC] verläuft. Ermittle γ_{max} und den zugehörigen Wert x_{max}.
e) Gib den minimalen Wert x_{min} an und berechne dann das minimale Winkelmaß γ_{min}.
f) Der Ausleger und der Löffelstiel des Baggers sollen so gesteuert werden, dass die Punkte C und G auf einer Parallelen zur Erdoberfläche liegen.
Zeige, dass in diesem Fall für das Winkelmaß γ gilt: γ = 80,1°
Berechne, um welche Länge $\overline{DE}$ der Hydraulikzylinder vergrößert worden ist.
g) Das Maß des Winkels FGP beträgt 155°. Berechne den Abstand des Punktes P von der Geraden AC für γ = 80,1°. Schätze anschließend die maximale Reichweite des Baggers, innerhalb der mit dem Löffel noch Material erfasst werden kann.
h) Mit Hilfe eines Hydraulikzylinders können die Winkelmaße im Gelenkviereck PQRS und damit die Stellung des Baggerlöffels geändert werden.
Es gilt: $\overline{PQ}$ = $\overline{PS}$ = 30 cm; $\overline{QR}$ = $\overline{RS}$ = 38 cm
Zeige durch Rechnung, dass die Länge der Strecke [QS] wie folgt in Abhängigkeit vom Maß β des Winkels QPS dargestellt werden kann:
$$\overline{QS}(\beta) = \frac{30 \sin \beta}{\cos \frac{\beta}{2}} \text{ cm oder } \overline{QS}(\beta) = 60 \sin \frac{\beta}{2} \text{ cm oder } \overline{QS}(\beta) = 30\sqrt{2(1-\cos\beta)} \text{ cm}$$
i) Stelle das Maß δ des Winkels SRQ in Abhängigkeit von β dar.
$\left[\text{Ergebnis: } \cos \delta = 1 - 1{,}25 \sin^2 \frac{\beta}{2}\right]$
k) Berechne das Maß δ für den Fall, dass die Strecke [PQ] des Gelenkvierecks PQRS auf dem Löffelstiel [GP] senkrecht steht.

The semicircular disc glides along two legs of a right angle.
Which line describes point P on the perimeter of the half circle?

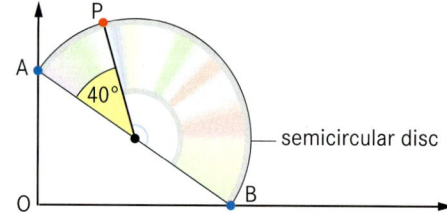

Aus dem Sport

1 Beim Absprung befindet sich der Körperschwerpunkt S der Weitspringerin Hopp in 1,10 m Höhe. Anschließend bewegt sich S mit einer Geschwindigkeit v_0 unter einem Winkel mit dem Maß α gegenüber der Horizontalen. Die Geschwindigkeit v_0 des Körperschwerpunkts kann in eine Horizontalkomponente v_x und eine Vertikalkomponente v_y zerlegt werden.

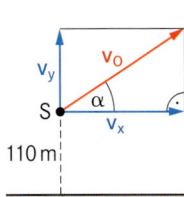

a) Stelle die Horizontalkomponente v_x in Abhängigkeit von v_0 und α dar.

b) Für den Weg s_x des Körperschwerpunkts in horizontaler Richtung gilt:
$s_x = v_x \cdot t$
Dabei ist t die Zeit (in Sekunden) nach dem Absprung. Stelle s_x in Abhängigkeit von v_0 und α dar.

c) Für den Weg s_y des Körperschwerpunktes in vertikaler Richtung gilt:
$s_y = v_0 \cdot \sin\alpha \cdot t - 5\,\frac{m}{s^2} \cdot t^2 + 1{,}10\,m$
Zeige, dass mit Hilfe von b) für s_y folgt: $s_y = \tan\alpha \cdot s_x - 5\,\frac{m}{s^2} \cdot \frac{s_x^2}{v_0^2 \cdot \cos^2\alpha} + 1{,}10\,m$

d) Berechne die Sprungweite s_x, wenn Hopp mit einer Geschwindigkeit von 9,5 $\frac{m}{s}$ unter einem Winkel von 21° gegenüber der Horizontalen abspringt.
Der Körperschwerpunkt soll beim Auftreffen in der Sandgrube 0,50 m tiefer liegen als beim Absprung, also $s_y = 0{,}60\,m$.

2 Bei einer Sprungangabe in einem Volleyballspiel springt der aufschlagende Spieler Topp über der hinteren Außenlinie hoch und schlägt den Ball aus einer Höhe von 2,80 m über das 2,43 m hohe Netz ins gegnerische Feld.

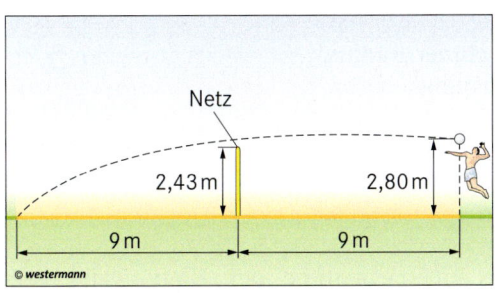

Eine Spielfeldhälfte ist 9 m lang. Die Flugbahn des Balls kann man so beschreiben:

$s_y = \tan\alpha \cdot s_x - 5\,\frac{m}{s^2} \cdot \frac{s_x^2}{v_0^2 \cdot \cos^2\alpha} + 2{,}80\,m$

Dabei ist s_x die Strecke, die der Ball ab dem Aufschlag in horizontaler Richtung zurücklegt, s_y der Abstand des Balls vom Boden, v_0 die Geschwindigkeit in $\frac{m}{s}$, mit der der Ball die Hand des Aufschläger verlässt und α das Maß des Winkels, den die Flugrichtung des Balls beim Aufschlag mit der Horizontalen bildet.

a) Der Aufschlag des Spielers Topp würde genau auf die hintere Außenlinie des gegnerischen Feldes treffen. Ordne den Platzhaltern die richtigen Werte zu.
$s_x = \blacksquare\,m \qquad s_y = \blacksquare\,m$

b) Der Spieler Topp schlägt bei seiner Sprungangabe in a) den Ball unter einem Winkel von 4,5° gegenüber der Horizontalen ab. Berechne die Geschwindigkeit, die der Ball im Moment des Aufschlags hat. [Ergebnis: $v_0 = 19{,}7\,\frac{m}{s}$]

c) In welcher Höhe muss der gegnerische Abwehrspieler Flink, der 2 m Abstand von der hinteren Außenlinie hat, den von Topp in Aufgabe b) geschlagenen Ball annehmen?

d) Finde weitere passende Aufgaben und löse sie.

An der Kletterwand des Alpenvereins Grünstein

1 An der Kletterwand darf nur üben, wer mit einem Klettergurt und Seil ausgerüstet ist. Wenn ein an einem Haken gesicherter Kletterer ins Seil fällt, muss gewährleistet sein, dass der Kletterer nicht auf dem Boden aufschlägt. Deshalb überprüft der TÜV, ob die maximale Entfernung e zwischen zwei Haken folgender Vorschrift entspricht: $e = \frac{h + 2{,}0\text{ m}}{5}$. Dabei ist h die Höhe des unteren der beiden Haken über dem Boden.

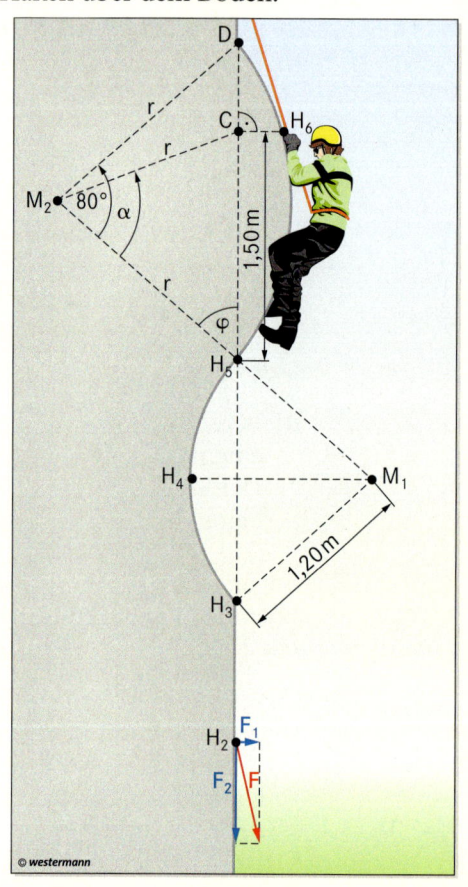

a) Angenommen der Haken H_0 befindet sich 2,0 m über dem Boden. Zeige, dass der Haken H_1 höchstens 80 cm vom Haken H_0 und höchstens 2,8 m vom Boden entfernt sein kann.

b) Wird nach der obigen Formel die maximale Entfernung zweier Haken mit zunehmender Höhe über dem Boden immer größer oder immer kleiner? Begründe. Warum darf das so sein?

c) Der Haken H_4 in der Mitte einer tonnenförmigen Einbuchtung ist von den beiden Haken H_3 und H_5 jeweils 1,2 m entfernt. Die Haken H_2, H_3 und H_5 liegen übereinander.
Der Krümmungsradius der Einbuchtung beträgt 1,20 m. (siehe Abbildung)
Berechne die Länge der Strecke $[H_3H_5]$.

d) Der Haken H_6 ist am tonnenförmigen Überhang 1,5 m höher befestigt als der Haken H_5. Der Winkel H_5M_2D hat das Maß 80° und der Winkel H_5M_2C hat das Maß α. Zeige, dass sich der Radius $r = \overline{M_2H_6}$ wie folgt in Abhängigkeit von α berechnen lässt:

$r(\alpha) = \frac{1{,}5 \sin(\alpha + 50°)}{\sin \alpha}$ m.

e) Berechne die Belegung α für die gilt: r = 1,80 m

f) Die Haken werden vor Inbetriebnahme der Kletterwand vom TÜV auf ihre Sicherheit überprüft. Dazu wird jeder Haken mit einer Kraft F von 8,0 Kilonewton (ca. 800 kg) belastet.
Berechne die Kräfte F_1 und F_2, die beim Belastungstest auf den Haken H_2 (siehe Abbildung) wirken. Die Kraft F_1 versucht den Haken aus der Wand zu ziehen. Mit der Kraft F_2 wird der Haken nach unten gebogen. Der Winkel zwischen den Richtungen der Kräfte F und F_2 hat das Maß 12,5°. Die Richtungen der Kräfte F_1 und F_2 verlaufen zueinander senkrecht.

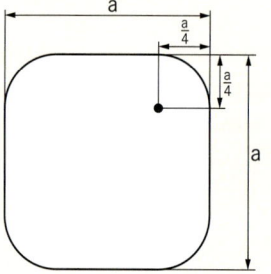

g) Vorrichtungen, über die ein Kletterseil verläuft, müssen entsprechend der Skizze abgerundet sein. Berechne, den prozentualen Anteil des Querschnitts des abgerundeten Körpers am Querschnitt des Körpers mit quadratischem Querschnitt.
Es gilt: a = 1,00 cm

Lösungen: 7,8 kN; 1,7 kN; 1,8 m; 95 %

Lösungsstrategie für die Abschlussprüfung

B2 2012

A — Die nebenstehende Skizze zeigt ein Schrägbild des geraden Prismas ABCDEF, dessen Grundfläche das rechtwinklige Dreieck ABC mit den Katheten [AB] und [AC] ist.
Es gilt: $\overline{AB} = \overline{AD} = 6$ cm; $\overline{AC} = 8$ cm
Runden Sie im Folgenden auf zwei Stellen nach dem Komma.

a) Zeichnen Sie das Schrägbild des Prismas ABCDEF, wobei die Kante [AB] auf der Schrägbildachse liegen soll (Lage des Prismas wie in der Skizze dargestellt).
Für die Zeichnung: q = 0,5; ω = 45°
Berechnen Sie sodann die Länge der Strecke [EF] und das Maß α des Winkels AFE.
[Ergebnis: $\overline{EF} = 10$ cm; ∢ AFE = α = 50,21°]

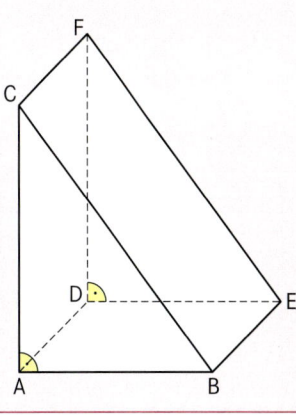

Trage die gegebenen Informationen in dein Schrägbild ein. Ergänze bereits ermittelte Zwischenergebnisse (hier $\overline{EF} = 10$ cm).
Markiere in einer anderen Farbe die zu berechnenden Größen (hier α).
Bestimme zunächst die Längen $\overline{AE}$ und $\overline{AF}$.
$\overline{AE} = \sqrt{6^2 + 6^2}$ cm = 8,49 cm
$\overline{AF} = \overline{EF} = 10$ cm
Das Winkelmaß α kannst du mit dem Kosinussatz im Dreieck AEF berechnen.
$8,49^2 = 10^2 + 10^2 - 2 \cdot 10 \cdot 10 \cdot \cos α$
$\cos α = \frac{10^2 + 10^2 - 8,49^2}{2 \cdot 10 \cdot 10}$

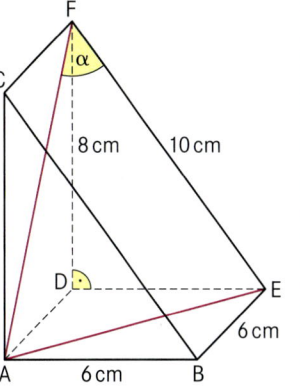

b) Die Punkte Q_n liegen auf der Strecke [EF]. Die Winkel FQ_nA haben das Maß φ mit φ ∈ [64,90°; 129,79°[. Die Punkte Q_n sind zusammen mit den Punkten A und F Eckpunkte von Dreiecken AQ_nF. Zeichnen Sie das Dreieck AQ_1F für $\overline{FQ_1} = 4$ cm in das Schrägbild zu a) ein. Begründen Sie sodann die Intervallgrenzen für φ.

c) Berechnen Sie die Längen der Strecken [FQ_n] in Abhängigkeit von φ.

[Ergebnis: $\overline{FQ_n}(φ) = \frac{10 \cdot \sin(50,21° + φ)}{\sin φ}$ cm]

Suche ein Dreieck mit der Strecke [FQ_n], hier das Dreieck AQ_nF.
Das Maß des Winkels Q_nAF kannst du in Abhängigkeit von φ darstellen.
Bestimme mit Hilfe des Sinussatzes nun die Länge $\overline{FQ_n}$.

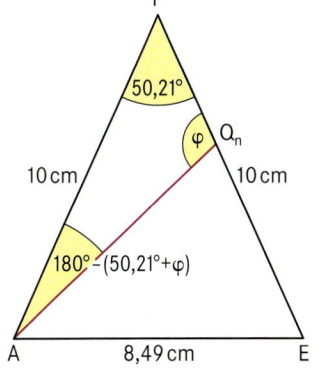

Weitere Beispiele zu Prüfungsaufgaben findest du in Kap. 9 ab Seite 190.

d) Die Punkte Q_n sind Spitzen von Pyramiden $ADFQ_n$ mit der Grundfläche ADF und den Höhen [P_nQ_n]. Die Punkte P_n liegen auf der Strecke [DF]. Zeichnen Sie die Pyramide $ADFQ_1$ und die Höhe [P_1Q_1] in das Schrägbild zu a) ein. Ermitteln Sie sodann durch Rechnung das Volumen der Pyramiden $ADFQ_n$ in Abhängigkeit von φ.

[Ergebnis: $V(φ) = \frac{48 \cdot \sin(50,21° + φ)}{\sin φ}$ cm³]

1 Die Seitenlänge eines regelmäßigen Achtecks ABCDEFGH beträgt 4 cm.
a) Zeige, dass für die halbe Diagonalenlänge $\overline{AM}$ gilt: $\overline{AM}$ = 5,23 cm
b) Auf der Seite [EF] wandern Punkte P_n. Sie legen zusammen mit den Punkten A und H Dreiecke AP_nH fest. Das Maß der Winkel EAP_n beträgt ε.
Aus welchem Intervall kann man ε wählen, so dass Dreiecke AP_nH existieren?
c) Stelle die Länge der Strecken $[AP_n]$ in Abhängigkeit von ε dar.
[Ergebnis: $\overline{AP_n}(\varepsilon) = \frac{9{,}66}{\sin(67{,}5° + \varepsilon)}$ cm]

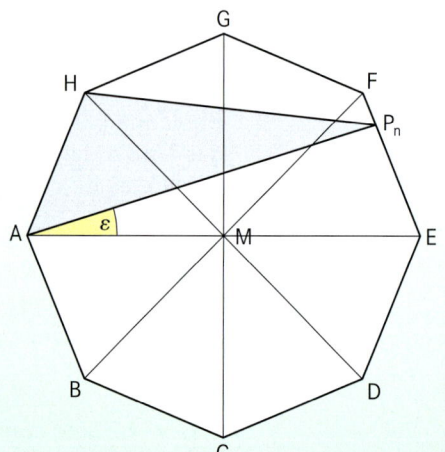

d) Für welches Maß von ε hat eine der Strecken $[AP_n]$ minimale bzw. maximale Länge? Gib die zugehörigen Längen an.
e) Stelle den Flächeninhalt der Dreiecke AP_nH in Abhängigkeit von ε dar.
[Ergebnis: $A(\varepsilon) = \frac{19{,}32 \sin(67{,}5° - \varepsilon)}{\sin(67{,}5° + \varepsilon)}$ cm²]
f) Für welches Winkelmaß ε hat das Dreieck AP_1H einen Flächeninhalt von 15 cm²?

 4 Bei einem Viertakt-Ottomotor entsteht durch den Druck, der bei der Verbrennung des Benzin-Luftgemisches im Zylinder entsteht, eine Kraft F_K auf den Hubkolben.
Durch die Schräglage der Pleuelstange [QR] wird die Kolbenkraft F_K zerlegt in die Pleuelstangenkraft F_P und die Kolbenseitenkraft F_S.
Es gilt: Pleuelstangenlänge $\overline{QR}$ = 147 mm; Kurbelkreisradius: $\overline{PQ}$ = 43 mm
Der Pleuelstangenwinkel PRQ hat das Maß α.

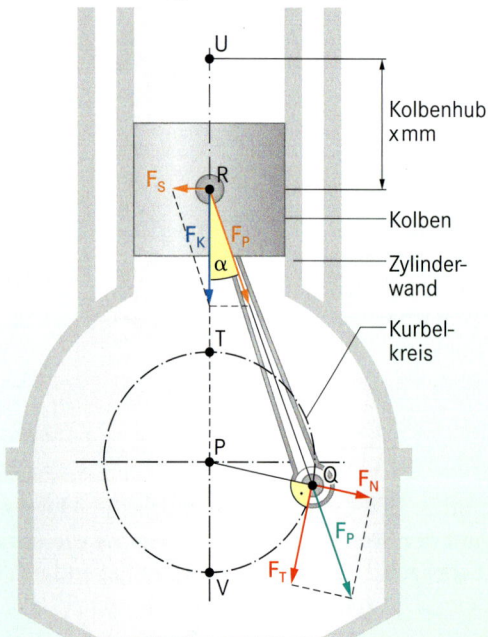

a) Die Kolbenkraft F_K beträgt 24 kN. Berechne die Kraft F_P, die in Richtung der Pleuelstange wirkt, wenn der Pleuelstangenwinkel das Maß 10,0° hat.
[Ergebnis: F_P = 24,4 kN]
b) Die Pleuelstangenkraft F_P = 24,4 kN wirkt im Punkt Q. Berechne die Tangentialkraft F_T, die senkrecht zum Kurbelradius wirkt.
[Teilergebnis: ∢ RQP = 133,6°]
c) Kolbenhub nennt man die Strecke x mm, um die sich der Kolben von der Höchstlage U entfernt hat. Gib den maximalen Kolbenhub an.
Welche Länge hat hier die Strecke [PR]?
d) Zeige, dass zwischen dem Kolbenhub x mm und dem Winkelmaß α folgender Zusammenhang besteht:

$\cos \alpha = \frac{x^2 - 380x + 55860}{-294x + 55860}$

Hinweis: $\overline{PR}$ = (190 − x) mm
e) Das Pleuelstangenwinkelmaß beträgt 12°. Berechne die möglichen Kolbenhübe.

Team 10 auf Vorbereitungs-Tour

2 Durch den Berg Grünstein führt von Amberg A nach Blaustein B ein 6 km langer Tunnel. Der Gipfel G liegt 1,5 km über dem Tunnel, d. h. es gilt: $\overline{FG} = 1{,}5$ km. Ferner gilt: $\overline{AF} = 2$ km.

Bergfex Sepp wandert von Amberg mit durchschnittlich $5 \frac{km}{h}$ zum Gipfel G. Von dort rennt er mit durchschnittlich $10 \frac{km}{h}$ nach Blaustein B hinab. Seiner Freundin Rosemarie ist die Bergtour zu anstrengend. Sie joggt in der Zwischenzeit mit durchschnittlich $9 \frac{km}{h}$ auf einem 10 km langen Talweg um den Berg.

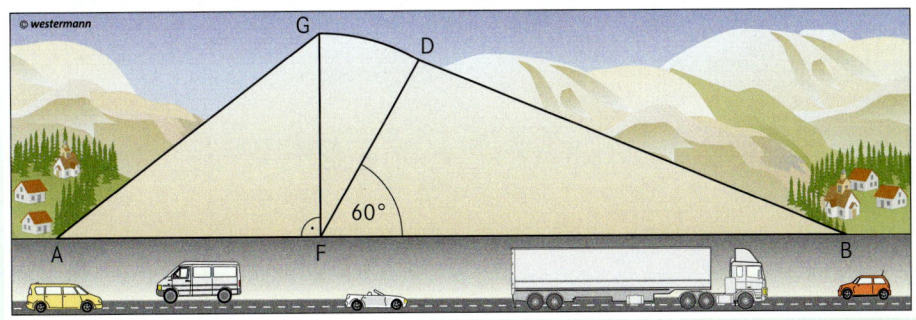

Das kannst du ohne Hilfsmittel.

a) Zeige durch Rechnung, dass die Strecke bergauf 2,5 km und die Strecke bergab 4,3 km beträgt. Hinweis: cos 60° = 0,5; rechne mit π = 3,14.

b) Wer von den beiden kommt eher an?

3 Die Grundfläche einer Pyramide ABCDS ist das Drachenviereck ABCD mit der Symmetrieachse AC. Die Spitze S der Pyramide befindet sich senkrecht über dem Diagonalenschnittpunkt M der Pyramide. Es gilt: $\overline{AC} = 10$ cm; $\overline{AM} = 4$ cm; $\overline{BD} = 8$ cm; $\overline{MS} = 10$ cm
Auf der Strecke [MS] liegt der Punkt T und auf der Kante [CS] liegen die Punkte Q_n. Es gilt: $\overline{MT} = 4$ cm; $\varepsilon = \sphericalangle Q_n TS$

a) Berechne die Länge der Strecken [Q_nT] in Abhängigkeit von ε.

[Ergebnis: $\overline{Q_n T}(\varepsilon) = \frac{3{,}09}{\sin(\varepsilon + 30{,}96°)}$ cm]

b) Eine Parallele zur Diagonalen [BD] durch den Punkt T schneidet die Kante [BS] im Punkt P und die Kante [DS] im Punkt R. Die Verlängerungen der Strecken [Q_nT] schneiden die Kante [AS] in den Punkten V_n.
Es entstehen Drachenvierecke $PQ_n RV_n$.
Zeige durch Rechnung, dass gilt:

$\overline{PR} = 4{,}8$ cm; $\overline{TV_n}(\varepsilon) = \frac{2{,}23}{\sin(\varepsilon - 21{,}80°)}$ cm

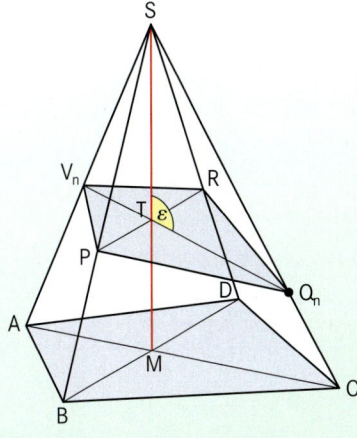

c) Aus welchem Intervall kann man ε wählen, so dass Drachenvierecke $PQ_n RV_n$ existieren?

d) Im Drachenviereck $PQ_1 RV_1$ sind die Längen der Strecken [TQ_1] und [TV_1] gleich. Berechne dessen Flächeninhalt.

7 Skalarprodukt von Vektoren

Das Bild zeigt die Fleher Brücke, eine sogenannte Schrägseilbrücke über den Rhein bei Düsseldorf. Schrägseilbrücken haben ein Tragwerk aus Kabeln, die unmittelbar mit der Fahrbahn verbunden sind. Der Zug der Kabel wird dabei von den Brückenpfeilern (Pylonen) abgefangen.

Kräfte können als Vektoren in einem Koordinatensystem dargestellt werden.

Skalarprodukt von Vektoren

> Ich denke, die beiden Seile bei der Fleher Brücke, die in Richtung der Vektoren $\vec{v}_1$ und $\vec{v}_2$ verlaufen, bilden einen rechten Winkel.

> Mit dem Tangens können wir das sicher nachweisen. Aber vielleicht gibt es auch einen einfacheren Weg.

1 a) Was meinst du zu der Aussage von Felix? Begründe.

b) Finde für Klara einen Zusammenhang zwischen den Koordinaten der zueinander senkrecht stehenden Vektoren $\vec{a} = \begin{pmatrix} a_x \\ a_y \end{pmatrix}$ und $\vec{b} = \begin{pmatrix} b_x \\ b_y \end{pmatrix}$.

Begründe dazu, dass gilt: $\dfrac{a_y}{a_x} \cdot \dfrac{b_y}{b_x} = -1$

Bringe diesen Term dann auf die Form
$a_x \cdot b_x + a_y \cdot b_y = 0$

c) Bestätige die Aussage von Felix mit Hilfe des Skalarproduktes.

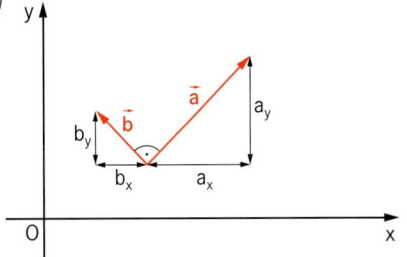

M Der Term $a_x \cdot b_x + a_y \cdot b_y$ heißt **Skalarprodukt*** der Vektoren $\vec{a}$ und $\vec{b}$.

Man schreibt: $\vec{a} \odot \vec{b} = \begin{pmatrix} a_x \\ a_y \end{pmatrix} \odot \begin{pmatrix} b_x \\ b_y \end{pmatrix} = a_x \cdot b_x + a_y \cdot b_y$

Skalarprodukt von zwei Vektoren

Stehen zwei Vektoren senkrecht aufeinander, hat ihr Skalarprodukt den Wert Null:
$a_x \cdot b_x + a_y \cdot b_y = 0$

Senkrechte Vektoren

Umkehrung: Hat das Skalarprodukt zweier Vektoren den Wert Null, stehen die Vektoren senkrecht aufeinander (sie sind zueinander orthogonal).

Übungen

2 Berechne alle möglichen Skalarprodukte folgender Vektoren. Welche Vektoren stehen senkrecht aufeinander?

$\vec{a} = \begin{pmatrix} -3 \\ 4 \end{pmatrix}$ $\quad \vec{b} = \begin{pmatrix} 1{,}5 \\ -2 \end{pmatrix}$ $\quad \vec{c} = \begin{pmatrix} 16 \\ 12 \end{pmatrix}$ $\quad \vec{d} = \begin{pmatrix} 3 \\ \sqrt{3} \end{pmatrix}$ $\quad \vec{e} = \begin{pmatrix} 3 \\ 120° \end{pmatrix}$

3 Berechne die fehlenden Koordinaten so, dass gilt: $\vec{b} \perp \vec{a}$ und $\vec{c} \perp \vec{a}$. Wie liegen dann $\vec{b}$ und $\vec{c}$ zueinander?

a) $\vec{a} = \begin{pmatrix} -4 \\ 3 \end{pmatrix}$; $\vec{b} = \begin{pmatrix} 6 \\ b_y \end{pmatrix}$; $\vec{c} = \begin{pmatrix} c_x \\ 1{,}6 \end{pmatrix}$

b) $\vec{a} = \begin{pmatrix} 4 \\ 120° \end{pmatrix}$; $\vec{b} = \begin{pmatrix} \cos 30° \\ b_y \end{pmatrix}$; $\vec{c} = \begin{pmatrix} c_x \\ \sqrt{3} \end{pmatrix}$

4 Für welche Werte von x stehen die Vektoren $\vec{a}$ und $\vec{b}$ senkrecht aufeinander?

a) $\vec{a} = \begin{pmatrix} (x+2)^2 \\ 4 - 2x \end{pmatrix}$; $\vec{b} = \begin{pmatrix} 2 \\ x \end{pmatrix}$
b) $\vec{a} = \begin{pmatrix} x \\ x+1 \end{pmatrix}$; $\vec{b} = \begin{pmatrix} x+1 \\ x-4 \end{pmatrix}$
c) $\vec{a} = \begin{pmatrix} x-5 \\ x-1 \end{pmatrix}$; $\vec{b} = \begin{pmatrix} x+2 \\ x-2 \end{pmatrix}$

Lösungen: 1,04; 0; 0; 0; 8; −7,45; −16; 2; −1; −1; −2,07; 1,2; 7,18; $-\dfrac{2}{3}$; 4; 68,78; −12,5; 14,89; 0,5; 3

* als Skalar bezeichnet man eine Zahl (als Unterscheidung zum Vektor)

Skalarprodukt von Vektoren

5 Überprüfe die bekannten Rechengesetzte für das Skalarprodukt.
   a) Zeige die Gültigkeit des **Kommutativgesetzes** beim Skalarprodukt von Vektoren:
   $\vec{a} \odot \vec{b} = \vec{b} \odot \vec{a}$
   Ersetze dazu in deinem Heft die Platzhalter und begründe, dass gilt:
   $a_x \cdot \square + a_y \cdot \square = b_x \cdot \square + b_y \cdot \square$

   b) Berechne und vergleiche:
   (1) $\begin{pmatrix}3\\7\end{pmatrix} \odot \left[\begin{pmatrix}-2\\4\end{pmatrix} \oplus \begin{pmatrix}5\\-6\end{pmatrix}\right]$
   (2) $\begin{pmatrix}3\\7\end{pmatrix} \odot \begin{pmatrix}-2\\4\end{pmatrix} \oplus \begin{pmatrix}3\\7\end{pmatrix} \odot \begin{pmatrix}5\\-6\end{pmatrix}$

   c) Zeige die Gültigkeit des **Distributivgesetzes** für das Skalarprodukt von Vektoren:
   $\begin{pmatrix}a_x\\a_y\end{pmatrix} \odot \left[\begin{pmatrix}b_x\\b_y\end{pmatrix} \oplus \begin{pmatrix}c_x\\c_y\end{pmatrix}\right] = \begin{pmatrix}a_x\\a_y\end{pmatrix} \odot \begin{pmatrix}b_x\\b_y\end{pmatrix} \oplus \begin{pmatrix}a_x\\a_y\end{pmatrix} \odot \begin{pmatrix}c_x\\c_y\end{pmatrix}$

6 Gegeben sind die Dreiecke ABC_n. Es gilt: $A(-6|1)$; $B(4|1)$; $C_n(x|5)$
   a) Konstruiere die rechtwinkligen Dreiecke ABC_1 und ABC_2 mit der Hypotenuse $[AB]$.
   (Für die Zeichnung: $-7 \leq x \leq 5$; $0 \leq y \leq 7$)
   b) Berechne die Koordinaten der Punkte C_1 und C_2.
   c) Löse die Aufgabe in b) mit dem Höhensatz.
   d) Finde eine weitere Lösungsmöglichkeit für b). Vergleiche die Lösungswege.

7 Gegeben sind die Dreiecke $A_n BC$. Es gilt: $A_n(x|4)$; $B(5|6)$; $C(-1|8)$
Konstruiere die rechtwinkligen Dreiecke $A_1 BC$ und $A_2 BC$ mit der Hypotenuse $[BC]$ und berechne die Koordinaten von A_1 und A_2 mit Hilfe des Skalarprodukts von Vektoren.

8 Gegeben sind die Punkte $A(-2|1)$ und $C(1|3)$. Die Punkte B_n liegen auf der Geraden g mit der Gleichung $y = \frac{1}{8}x - 2$. Die Strecke $[AB_1]$ steht senkrecht auf der Strecke $[AC]$. So kann man die Koordinaten des Punktes B_1 berechnen.

B Zeichne die Strecke $[AB_1]$ senkrecht zur Strecke $[AC]$ mit B_1 auf der Geraden g.
Berechne die Koordinaten der Pfeile $\overrightarrow{AB_n}$ und $\overrightarrow{AC}$.
$\overrightarrow{AB_n} = \begin{pmatrix}x+2\\ \frac{1}{8}x - 3\end{pmatrix}$; $\overrightarrow{AC} = \begin{pmatrix}3\\2\end{pmatrix}$

Stehen die Vektoren senkrecht aufeinander, hat das Skalarprodukt den Wert Null.
$\begin{pmatrix}x+2\\ \frac{1}{8}x - 3\end{pmatrix} \odot \begin{pmatrix}3\\2\end{pmatrix} = 0$

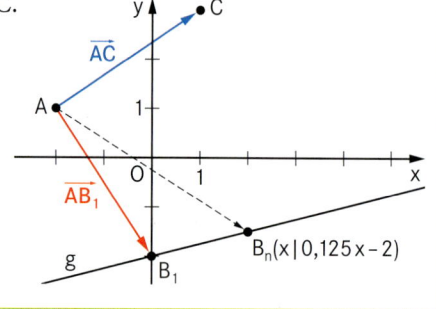

   a) Führe die Berechnung zu Ende.
   b) Die Strecke $[CB_2]$ steht senkrecht auf der Strecke $[AC]$.
   c) Die Strecke $[AB_3]$ steht senkrecht auf der Geraden g.

9 Der Eckpunkt B des rechtwinkligen Dreiecks ABC liegt auf der Geraden g mit der Gleichung $y = -\frac{1}{3}x + 1,5$. Es gilt: $A(5|-3)$; $C(1|2)$; $\alpha = 90°$
Berechne die Koordinaten des Eckpunktes B.

10 Die Punkte $A(-2|-3)$ und $B(4|0)$ bilden die Basis des gleichschenkligen Dreiecks ABC. Die Seite $[BC]$ schließt mit der positiven Richtung der x-Achse einen Winkel von 143,13° ein. Konstruiere das Dreieck ABC und berechne die Koordinaten des Punktes C mit Hilfe geeigneter senkrechter Vektoren. [Teilergebnis: $BC \triangleq y = -0,75x + 3$]

Abstand eines Punktes von einer Geraden

1 So kann man den Abstand des Punktes P(5|1) von der Geraden g mit der Gleichung y = 2x + 1 mit Hilfe des Skalarprodukts bestimmen.

B

Der Fußpunkt Q des Lotes von P auf g hat die Koordinaten Q(x|2x + 1).
Damit gilt für den Vektor $\vec{QP}$:

$\vec{QP} = \begin{pmatrix} 5 - x \\ 1 - (2x + 1) \end{pmatrix} = \begin{pmatrix} 5 - x \\ -2x \end{pmatrix}$

Für die Gerade g gilt: $\vec{v} = \begin{pmatrix} 1 \\ 2 \end{pmatrix}$

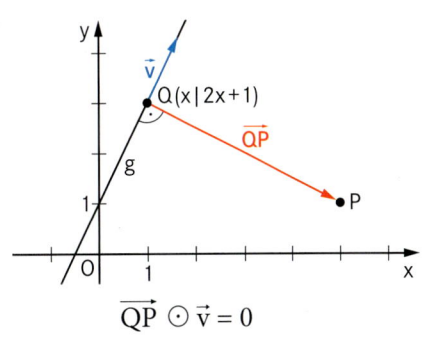

Die beiden Vektoren $\vec{QP}$ und $\vec{v}$ stehen aufeinander senkrecht.

$\vec{QP} \odot \vec{v} = 0$

Somit gilt:

$\begin{pmatrix} 5 - x \\ -2x \end{pmatrix} \odot \begin{pmatrix} 1 \\ 2 \end{pmatrix} = 0$

Berechne x.

$(5 - x) \cdot 1 - 2x \cdot 2 = 0$
$x = 1 \quad (y = 3)$

Berechne die Koordinaten des Vektors $\vec{QP}$.

$\vec{QP} = \begin{pmatrix} 5 - 1 \\ -2 \cdot 1 \end{pmatrix} = \begin{pmatrix} 4 \\ -2 \end{pmatrix}$

Berechne den Betrag des Vektors.

$|\vec{QP}| = \sqrt{4^2 + (-2)^2} = \sqrt{20}$

Gib den Abstand an.

d(P, g) = 4,47 LE

Fertige je eine Zeichnung an und berechne den Abstand des Punktes P von g.
a) P(3|4); g mit y = 0,5x − 1
b) P(−2|3); g mit y = −x − 1
c) P(−1|−2,5); g mit y = 0,25x + 2
d) P(3|1); g mit y = −0,5x − 1

Übungen

2

Ich kann den Abstand in Aufgabe 1 auch so berechnen: Ich schneide die Gerade g mit einer Geraden h, die senkrecht zu g und durch P verläuft. Der Schnittpunkt ist Q. Nun berechne ich die Länge PQ.

Ich stelle die Länge der Strecke [PQ] zunächst in Abhängigkeit von x dar:
$\overline{PQ} = \sqrt{5x^2 - 10x + 25}$ LE
Dann berechne ich die minimale Länge $\overline{PQ}_{min}$.

Überprüfe durch Rechnung die Vorschläge von Benedikt und Lilly.

3 Der Punkt A ist Eckpunkt eines Quadrates ABCD, dessen Eckpunkte C und D auf der Geraden g liegen. Es gilt: A(1,5|0,5); g mit y = −0,2x + 6
Konstruiere das Quadrat, berechne seinen Flächeninhalt und die Koordinaten der Punkte B und C.

4 Gegeben ist die Gerade g mit der Gleichung y = −0,5x − 2. Der Fußpunkt des Lotes vom Punkt P(x$_p$|−1) auf die Gerade g ist der Punkt Q(2|−3).
Fertige eine Zeichnung an und berechne den Abstand des Punktes P von der Geraden g.

Vermischte Übungen

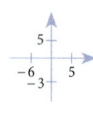

1 Die Punkte A(−4|−2) und B(4|0) sind Eckpunkte einer Schar von Dreiecken ABC_n. Die Eckpunkte C_n liegen auf einer Geraden g mit der Gleichung y = 0,5x + 2,25. Unter den Dreiecken ABC_n gibt es vier rechtwinklige Dreiecke. Berechne die Koordinaten der zugehörigen Eckpunkte C_n mit Hilfe des Skalarprodukts geeigneter Vektoren.

2 Berechne den Abstand der beiden parallelen Geraden g und h.
Es gilt: g mit $y = -\frac{2}{3}x - 1$; h mit $y = -\frac{2}{3}x + 3$

3 Die Punkte B und C sind Eckpunkte eines Dreiecks ABC. F ist der Fußpunkt der Höhe h_a.
Es gilt: B(4|0); C(−2|4); F(−0,5|3); h_a = 3,6 LE
a) Zeichne das Dreieck ABC in ein Koordinatensystem.
b) Welche der folgenden Koordinaten können dem Eckpunkt A zugeordnet werden?
    A (x|x + 3,6)   **B** (x + 0,5|0)   **C** (x|1,5x + 3,75)
c) Berechne die Koordinaten des Punktes A.

4 Die Punkte $Q_n(x|0)$ liegen auf der x-Achse, die Punkte $P_n(x|y)$ haben die gleiche Abszisse x wie die Punkte Q_n. Die Strecken $[AP_n]$ und $[AQ_n]$ sollen zueinander orthogonal verlaufen. Es gilt: A(3|3)
a) Zeichne die Strecken $[AP_n]$ und $[AQ_n]$ für x = 5, für x = 7 und x = 2 in ein Koordinatensystem ein.
b) Zeige durch Rechnung, dass für die Punkte $P_n(x|y)$ folgender Zusammenhang zwischen der x- und der y-Koordinate besteht: $y = \frac{1}{3}(x-3)^2 + 3$
c) Zeichne den Trägergraphen der Punkte P_n in die Zeichnung zu a) ein.

5 Die Punkte A(−4|1) und B(2|−3,5) sind Eckpunkte eines Rechtecks ABCD mit $\overline{AD}$ = 3,75 LE.
a) Konstruiere das Rechteck und stelle ein Gleichungssystem mit folgenden Bedingungen auf: (I) $\vec{AB} \odot \vec{AD} = 0$ mit D(x|y) ∧ (II) $\overline{AD}$ = 3,75 LE
b) Löse das Gleichungssystem und berechne die Koordinaten der Punkte D und C.

6 Die Vektoren $\vec{AB_n} = \begin{pmatrix} 5 \\ \alpha \end{pmatrix}$ und $\vec{AC_n} = \begin{pmatrix} 6 \\ 180° + \frac{\alpha}{2} \end{pmatrix}$ legen Dreiecke AB_nC_n fest.
Es gilt: A(2|0); α ∈ [0°; 360°]
a) Zeichne die Dreiecke AB_1C_1 für α = 30°, AB_2C_2 für α = 90° und AB_3C_3 für α = 160° in ein Koordinatensystem ein.
b) Das Dreieck AB_4C_4 ist rechtwinklig mit ∢ B_4AC_4 = 90°. Berechne das Maß von α mit Hilfe des Skalarprodukts.
c) Gibt es weitere rechtwinklige Dreiecke? Zeige durch Rechnung.

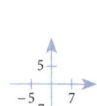
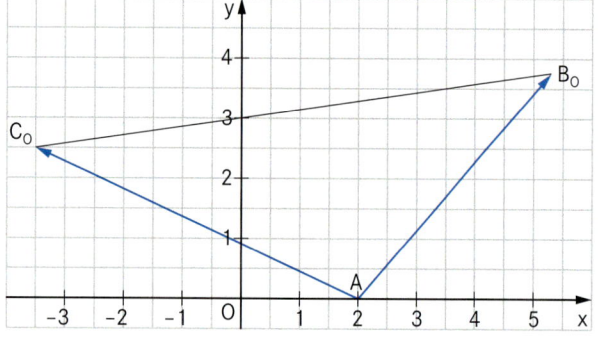

7 Die Vektoren $\vec{OP_n} = \begin{pmatrix} 6\sin\alpha \\ 3\cos^2\alpha \end{pmatrix}$ und $\vec{OR_n} = \begin{pmatrix} 2\cos\alpha \\ \frac{2}{\sin\alpha} \end{pmatrix}$ spannen Parallelogramme $OP_nQ_nR_n$ auf.
Es gilt: O(0|0); α ∈]0°; 180°[
a) Berechne die Koordinaten der Pfeile $\vec{OP_1}$ und $\vec{OR_1}$ für α = 25°, $\vec{OP_2}$ und $\vec{OR_2}$ für α = 50° und $\vec{OP_3}$ und $\vec{OR_3}$ für α = 120°. Zeichne die zugehörigen Parallelogramme.
b) Bestimme den Trägergraph der Punkte P_n. Trage ihn in die Zeichnung zu a) ein.
c) Für welche Werte von α gibt es Rechtecke $OP_nQ_nR_n$? Berechne mit Hilfe des Skalarprodukts und trage die Rechtecke in die Zeichnung zu a) ein.

Skalarprodukt beliebiger Vektoren

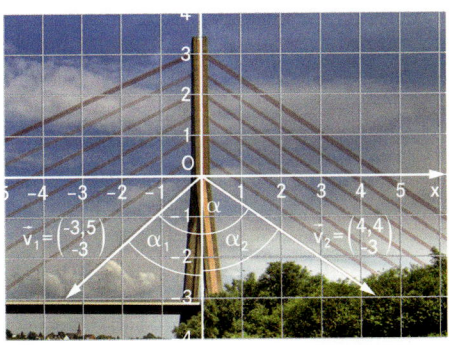

1 Das Bild zeigt noch einmal einen Ausschnitt der Fleher Brücke.
a) Begründe mit Hilfe des Skalarprodukts, dass die beiden Seile, die in Richtung der Vektoren $\vec{v}_1$ und $\vec{v}_2$ verlaufen, nicht aufeinander senkrecht stehen.
b) Berechne das Maß α zwischen den beiden Vektoren $\vec{v}_1$ und $\vec{v}_2$.

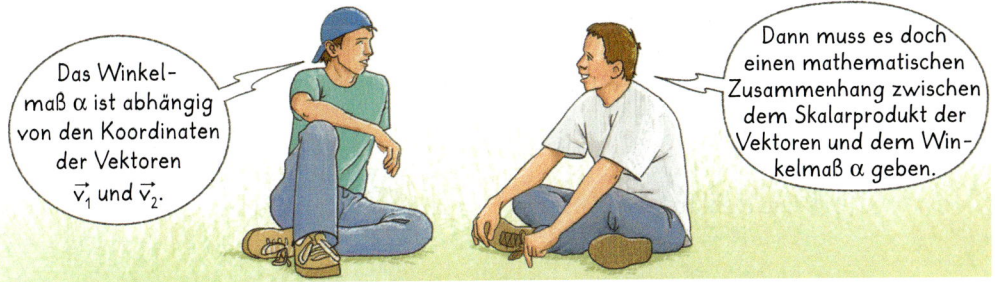

Berechne die Beträge der Vektoren $|\vec{v}_1|$ und $|\vec{v}_2|$. Bestimme dann das Produkt $|\vec{v}_1| \cdot |\vec{v}_2| \cdot \cos \alpha$. Vergleiche mit dem Ergebnis aus a). Was stellst du fest?

2 Gegeben sind die Vektoren $\vec{a} = \begin{pmatrix} a_x \\ a_y \end{pmatrix} = \begin{pmatrix} a \\ \alpha \end{pmatrix}$; $\vec{b} = \begin{pmatrix} b_x \\ b_y \end{pmatrix} = \begin{pmatrix} b \\ \beta \end{pmatrix}$

Für den Zusammenhang zwischen den kartesischen und den Polarkoordinaten gilt:

$$\begin{pmatrix} a_x \\ a_y \end{pmatrix} = \begin{pmatrix} a \cdot \cos \alpha \\ a \cdot \sin \alpha \end{pmatrix}; \quad \begin{pmatrix} b_x \\ b_y \end{pmatrix} = \begin{pmatrix} b \cdot \cos \beta \\ b \cdot \sin \beta \end{pmatrix}$$

Somit folgt für das Skalarprodukt $\vec{a} \odot \vec{b}$:
$$\begin{aligned} \vec{a} \odot \vec{b} &= a \cos \alpha \cdot b \cos \beta + a \sin \alpha \cdot b \sin \beta \\ &= a \cdot b \cdot (\cos \alpha \cos \beta + \sin \alpha \sin \beta) \\ &= a \cdot b \cos (\alpha - \beta) = a \cdot b \cos (\beta - \alpha) \end{aligned}$$

Mit $\varphi = |\alpha - \beta|$ und $a = |\vec{a}|$ sowie $b = |\vec{b}|$ folgt:

$$\vec{a} \odot \vec{b} = |\vec{a}| \cdot |\vec{b}| \cdot \cos \varphi$$

wobei $|\vec{a}| = \sqrt{a_x^2 + a_y^2}$; $|\vec{b}| = \sqrt{b_x^2 + b_y^2}$

Skalarprodukt beliebiger Vektoren

Winkelmaß zwischen Vektoren

Für das **Skalarprodukt zweier beliebiger Vektoren** $\vec{a} = \begin{pmatrix} a_x \\ a_y \end{pmatrix}$ und $\vec{b} = \begin{pmatrix} b_x \\ b_y \end{pmatrix}$ gilt:

$$\vec{a} \odot \vec{b} = |\vec{a}| \cdot |\vec{b}| \cdot \cos \varphi \quad \text{mit} \quad |\vec{a}| = \sqrt{a_x^2 + a_y^2}; \quad |\vec{b}| = \sqrt{b_x^2 + b_y^2}$$

φ ist das Maß des Winkels zwischen $\vec{a}$ und $\vec{b}$; $\varphi \in [0°; 180°]$

Für das Winkelmaß φ zwischen zwei beliebigen Vektoren $\vec{a}$ und $\vec{b}$ gilt:

$$\cos \varphi = \frac{\vec{a} \odot \vec{b}}{|\vec{a}| \cdot |\vec{b}|} \quad \text{bzw.} \quad \cos \varphi = \frac{a_x \cdot b_x + a_y \cdot b_y}{\sqrt{a_x^2 + a_y^2} \cdot \sqrt{b_x^2 + b_y^2}}$$

Übungen

3 Berechne in Aufgabe 1 auf der vorigen Seite das Winkelmaß zwischen den Vektoren $\vec{v}_1$ und $\vec{v}_2$ mit Hilfe des Skalarprodukts.

4 Berechne das Maß φ des Winkels zwischen den Vektoren $\vec{a}$ und $\vec{b}$.

$\vec{a} = \begin{pmatrix} 2 \\ 3 \end{pmatrix}; \vec{b} = \begin{pmatrix} 1 \\ -1 \end{pmatrix}$

$\cos \varphi = \dfrac{2 \cdot 1 + 3 \cdot (-1)}{\sqrt{2^2 + 3^2} \cdot \sqrt{1^2 + (-1)^2}}$

$\cos \varphi = -0{,}196 \qquad \varphi = 101{,}31°$

a) $\vec{a} = \begin{pmatrix} -4 \\ 3 \end{pmatrix}; \qquad \vec{b} = \begin{pmatrix} -2 \\ -1 \end{pmatrix}$

b) $\vec{a} = \begin{pmatrix} 2 \\ -1{,}2 \end{pmatrix}; \qquad \vec{b} = \begin{pmatrix} 0{,}5 \\ 2 \end{pmatrix}$

c) $\vec{a} = \begin{pmatrix} -3 \\ 4{,}5 \end{pmatrix}; \qquad \vec{b} = \begin{pmatrix} 6 \\ 2 \end{pmatrix}$

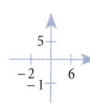

5 Zeichne die Gerade g und die Strecke [AB] in ein Koordinatensystem.
Berechne das Maß φ des Winkels, den die Gerade mit der Strecke [AB] bildet.
a) g mit $y = 0{,}5x + 1$; $A(1 | 1{,}5)$; $B(6 | 0)$
b) g mit $y = -x + 5$; $A(-1{,}5 | -1)$; $B(3 | 1)$

6 Die Punkte $A(-2 | 0)$ und $B(6 | 2)$ sind Eckpunkte einer Schar von Dreiecken ABC_n.
Es gilt: $C_n(x | 5)$
 a) Für das Dreieck ABC_1 gilt: $\alpha = 45°$
   So kann man die fehlende Koordinate des Eckpunktes C_1 berechnen.

B Zeichne das Dreieck.

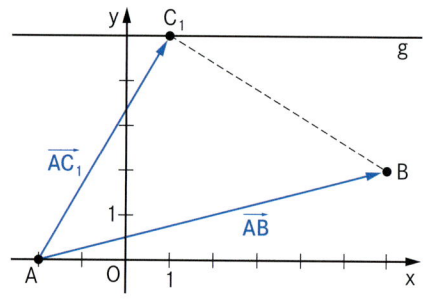

Mit den Vektoren $\overrightarrow{AB} = \begin{pmatrix} 8 \\ 2 \end{pmatrix}$ und

$\overrightarrow{AC_n} = \begin{pmatrix} x + 2 \\ 5 \end{pmatrix}$ folgt:

Vereinfache.

Multipliziere mit dem Nenner.
Quadriere beide Seiten der
Gleichung.

$\cos 45° = \dfrac{8 \cdot (x+2) + 2 \cdot 5}{\sqrt{8^2 + 2^2} \cdot \sqrt{(x+2)^2 + 5^2}}$

$\dfrac{1}{2}\sqrt{2} = \dfrac{8x + 26}{\sqrt{68} \cdot \sqrt{x^2 + 4x + 29}}$

$\dfrac{1}{2}\sqrt{2} \cdot \sqrt{68} \cdot \sqrt{x^2 + 4x + 29} = 8x + 26$

$34 \cdot (x^2 + 4x + 29) = (8x + 26)^2$

b) Begründe: Eine der Umformungen ist keine Äquivalenzumformung.
c) Berechne die x-Koordinate des Eckpunktes C_1.
d) Berechne für das Dreieck ABC_2 mit $\sphericalangle C_2BA = 60°$ die x-Koordinate des Eckpunktes C_2.

7 Die Vektoren $\overrightarrow{OP_n} = \begin{pmatrix} 3 - x \\ 2x \end{pmatrix}$ und $\overrightarrow{OQ} = \begin{pmatrix} -2 \\ 5 \end{pmatrix}$ spannen mit $O(0|0)$ die Dreiecke OP_nQ auf.
a) Zeichne das Dreieck OP_1Q für $x = 2$ in ein Koordinatensystem. Berechne das Maß φ des Winkels P_1OQ.
b) Für das Dreieck OP_2Q gilt: $\sphericalangle P_2OQ = 60°$. Berechne die Belegung von x und zeichne das Dreieck OP_2Q in das Koordinatensystem zu a) ein.
c) Welche Werte kann x annehmen?

Vermischte Übungen

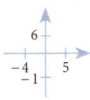

1 Zeichne die Geraden g und h in ein Koordinatensystem ein und berechne das Maß α ihres spitzen Schnittwinkels mit Hilfe des Skalarprodukts.
   a) g: y = 0,2x + 4; h: y = – 0,8x + 1   b) g: 3y – 4x + 3 = 0; h: y = – 3x + 6

2 Die Gerade g mit y = 0,5x + 1 schließt mit der Geraden h mit y = mx + 6 einen Winkel mit dem Maß 45° ein.
   a) Begründe: Der Steigungsvektor der Geraden h ist $\vec{v}_h = \begin{pmatrix} 1 \\ m \end{pmatrix}$.
   b) Welche Steigung kann die Gerade h haben?

3 Zeichne die Kreise k_1 und k_2 mit dem Radius r = 3,5 cm, die die Gerade g mit der Gleichung y = – 0,25x + 3 im Punkt P (2 | 2,5) berühren. Ermittle die Koordinaten ihrer Mittelpunkte M_1 und M_2.

4 Die Punkte C_n einer Schar von Dreiecken ABC_n liegen auf der Geraden g mit der Gleichung y = – 0,5x + 5. Es gilt: A (0 | 1); B (6 | – 1)
   a) Zeichne das rechtwinklige Dreieck ABC_1 mit α = 90°. Berechne die Koordinaten von C_1.
   b) Das Maß α von ∢ BAC_2 im Dreieck ABC_2 ist 45°. Berechne die Koordinaten von C_2.

5 Das Dreieck ABC ist gleichschenklig mit der Basis [AB]. Es gilt: A (– 1 | – 2); B (7 | – 1); die Basiswinkel betragen 55°. Zeichne das Dreieck und berechne die Koordinaten des Eckpunktes C.

6 Die Punkte A und C liegen auf der Symmetrieachse eines Drachenvierecks ABCD. Der Punkt E ist Diagonalenschnittpunkt, das Maß α des Winkels BAD beträgt 80°.
   Es gilt: A (– 2 | – 3); C (6 | – 1); E (0 | – 2,5)
   a) Zeichne das Drachenviereck ABCD in ein Koordinatensystem ein.
   b) Berechne die Koordinaten der Eckpunkte B und D.
   c) Berechne das Maß β des Innenwinkels CBA.

7 Gegeben sind die Punkte A (– 3 | 4) und C (5 | 2) sowie die Gerade g mit y = 2x + 1. Die Punkte B_n (x | 2x + 1) mit x < 1 und die Punkte D_n auf g bilden mit den Punkten A und C Parallelogramme AB_nCD_n. Der Diagonalenschnittpunkt M liegt auch auf der Geraden g.
   a) Zeichne das Parallelogramm AB_1CD_1 für x = 0 in ein Koordinatensystem ein. Berechne dann die Innenwinkelmaße des Parallelogramms AB_1CD_1.
   b) Das Parallelogramm AB_2CD_2 ist ein Rechteck. Berechne die Koordinaten von B_2.

8 Auf dem Graphen der Funktion f mit $y = 1{,}5^{x-2} + 1$ bewegen sich Punkte C_n (x | y). Sie bilden zusammen mit den Punkten $A_n (x_A | 0)$ und $B_n (x_B | 0)$ Dreiecke $A_nB_nC_n$. Die Abszisse der Punkte A_n ist um 1 kleiner als die Abszisse der Punkte C_n. Ferner gilt: $\overline{AB}$ = 5 LE
   a) Zeichne den Graphen von f für x ∈ [– 4; 6] und das Dreieck $A_1B_1C_1$ für x = 1 in ein Koordinatensystem ein. Berechne dann die Innenwinkelmaße des Dreiecks $A_1B_1C_1$.
   b) Das Dreieck $A_2B_2C_2$ ist rechtwinklig mit der Hypotenuse $[A_2B_2]$. Berechne die Koordinaten der Eckpunkte.

9 Gegeben ist die Gerade g mit y = – 3x – 2.
   a) Zeichne mindestens fünf Kreise mit dem Radius 2 LE, die die Gerade g als Tangente haben.
   b) Ergänze die Trägergraphen der Mittelpunkte der Kreise. Begründe.
   c) Berechne die Gleichungen der Trägergraphen der Mittelpunkte der Kreise.

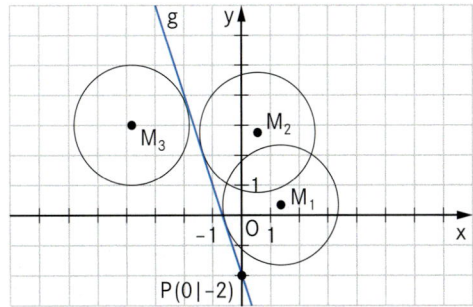

Vermischte Übungen

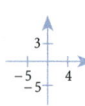

10 Die Pfeile $\vec{AB_n} = \begin{pmatrix} 4\cos\varphi \\ -4\sin\varphi \end{pmatrix}$ und $\vec{AC_n} = \begin{pmatrix} 3 \\ 5\cos\varphi \end{pmatrix}$ legen Dreiecke AB_nC_n fest mit $A(0|0)$; $\varphi \in [0°; 180°]$.
  a) Zeichne die Dreiecke AB_1C_1 und AB_2C_2 für $\varphi \in \{75°; 160°\}$ in ein Koordinatensystem.
  b) Begründe: Die Längen der Seiten $[AB_n]$ haben ein konstantes Maß.
  c) Unter den Dreiecken gibt es zwei gleichschenklige Dreiecke mit $[B_nC_n]$ als Basis. Berechne φ für diese Dreiecke. Runde auf eine Stelle nach dem Komma.
  d) Zeige mit Hilfe von c), dass es kein gleichseitiges Dreieck AB_nC_n gibt.
  e) Unter den Dreiecken AB_nC_n gibt es rechtwinklige Dreiecke mit $\sphericalangle B_nAC_n = 90°$. Berechne φ für diese Dreiecke auf eine Stelle nach dem Komma.
  f) Zeige, dass sich der Flächeninhalt $A(\varphi)$ der Dreiecke AB_nC_n in Abhängigkeit von φ folgendermaßen darstellen lässt: $A(\varphi) = (-10\sin^2\varphi + 6\sin\varphi + 10)$ FE
  g) Für welche Belegung von φ beträgt der Flächeninhalt eines Dreiecks 8 FE? Berechne.
  h) Welche Extremwerte kann der Flächeninhalt annehmen?

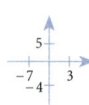

11 Die Vektoren $\vec{AB_n} = \begin{pmatrix} 3\sin\varphi + 1 \\ 6\cos^2\varphi \end{pmatrix}$ und $\vec{AD_n} = \begin{pmatrix} -4\sin\varphi \\ 2 \end{pmatrix}$ spannen für $\varphi \in [0°; 180°]$ Parallelogramme $AB_nC_nD_n$ auf. Es gilt: $A(-2|-3)$
  a) Zeichne die Parallelogramme $AB_1C_1D_1$ für $\varphi = 30°$, $AB_2C_2D_2$ für $\varphi = 90°$ und $AB_3C_3D_3$ für $\varphi = 160°$ in ein Koordinatensystem ein.
  b) Berechne das Maß α des Winkels B_1AD_1 im Parallelogramm $AB_1C_1D_1$.
  c) Gib die Gleichung des Trägergraphen der Punkte D_n an und ordne den Trägergraphen für die Punkte B_n richtig zu.

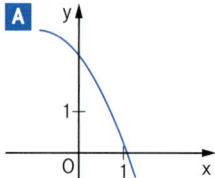
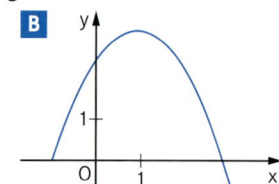
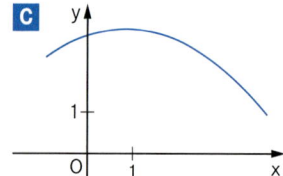

  d) Welche Werte kann x_B annehmen?
  e) Stelle die Koordinaten der Punkte C_n in Abhängigkeit von φ dar und zeichne den Trägergraphen der Punkte C_n in die Zeichnung zu a) ein.
  f) Berechne die Belegungen von φ für die Rechtecke unter den Parallelogrammen.
  g) Der Flächeninhalt der Parallelogramme kann Extremwerte annehmen.

12 Bisamratten wird nachgesagt, dass sie ihren Zielort sehr genau erreichen, wenn sie einen Fluss überqueren. Dazu muss die Bisamratte die Fließgeschwindigkeit des Flusses instinktiv berücksichtigen.
Eine Bisamratte lebt an einem Fluss, dessen Fließgeschwindigkeit $0,8 \frac{m}{s}$ beträgt.
  a) Sie quert den Fluss schräg unter einem Winkel von 125° zur Fließrichtung mit einer Geschwindigkeit von $0,5 \frac{m}{s}$. Unter welchem Winkelmaß φ zur Fließrichtung des Flusses wird sie am anderen Ufer ankommen?
  Löse konstruktiv ($0,2 \frac{m}{s} \triangleq 1$ cm) und berechne anschließend das Winkelmaß φ mit Hilfe von Vektoren.

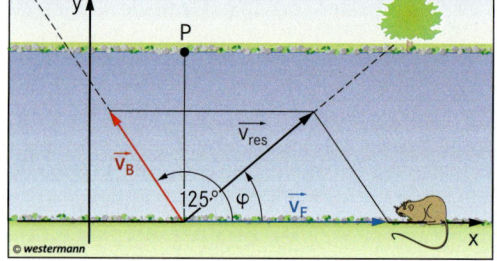

  b) Die Bisamratte quert den Fluss mit einer Geschwindigkeit von $1,3 \frac{m}{s}$ und landet genau am Punkt P gegenüber ihres Startpunkts. In welchem Winkelmaß α muss sie losschwimmen, wenn sie keine Kurskorrekturen vornehmen will? Berechne.

8 Abbildungen II

OTTO FREESE wurde 1927 in Freiburg im Breisgau geboren und verstarb 2009. Er war ein Künstler, der in seinen Bildern oft mit geometrischen Figuren und anderen mathematischen Inhalten gespielt hat.
In seinem Bild „Dreischneck" oben wurde ein Punkt P markiert. Dieser kann auf den Punkt P′ abgebildet werden. Finde die notwendigen Abbildungen. Du erhältst von deinem Lehrer eine Kopie des Bildes. Bilde darin den Punkt P′ mit Hilfe der gefundenen Abbildungen auf P″ ab. Was stellst du fest?
Beschreibe, wie OTTO FREESE sein künstlerisches Werk aufgebaut hat.

Abbildung durch Drehung

1 Um bei seinen Feldzügen in Gallien Nachrichten vor Feinden geheim zu halten, ließ der römische Feldherr GAIUS JULIUS CÄSAR (100 – 44 v. Chr.) die Nachrichten verschlüsseln. Dazu benutzte er eine so genannte Chiffrierscheibe, auf der eine kleinere Scheibe um den Punkt O auf einer größeren Scheibe gedreht werden kann.

Auf dem äußeren Ring der Scheibe befinden sich Buchstaben des Alphabets. Aus diesen Buchstaben kann man die Wörter (den so genannten Klartext) einer Nachricht bilden. Auf der inneren Scheibe befinden sich die Buchstaben des Geheimtextes. In der Abbildung ist die innere blaue Scheibe um 30° gedreht. Dem Buchstaben A der Nachricht wird bei dieser *30°-Verschlüsselung* der Buchstabe X des Geheimtextes zugeordnet.

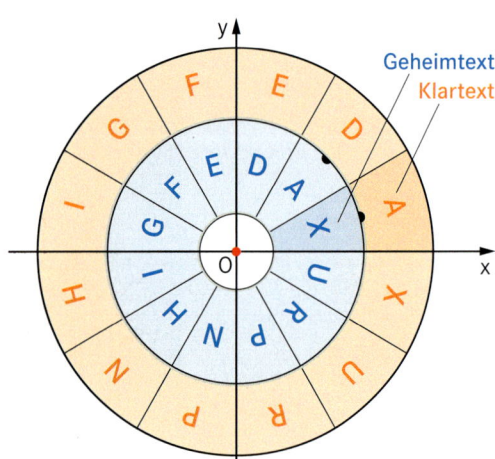

a) Finde mit Hilfe der Abbildung das Wort einer Nachricht von CÄSAR, das in Geheimtext so dargestellt ist:

Geheimtext	X	H	F	P	G	E	E
Klartext							

b) Wie heißt der Geheimtext in a) bei einer *60°-Verschlüsselung*?
c) Der Geheimtextbuchstabe A (3,5 | 45°) in der Abbildung wird um 30° gedreht. Berechne, welche kartesischen Koordinaten der Buchstabe nach dieser Drehung hat.

2 So kann man bei einer Drehung des Urpunktes P(x|y) um den Punkt O(0|0) mit dem Drehwinkelmaß α die Koordinaten des Bildpunktes P'(x'|y') berechnen.

a) Begründe mit Hilfe der Abbildungen:

Mit $\overrightarrow{OQ'} = \begin{pmatrix} x \\ \alpha \end{pmatrix}$ und $\overrightarrow{Q'P'} = \begin{pmatrix} y \\ 90° + \alpha \end{pmatrix}$

ergibt sich

$\overrightarrow{OP'} = \overrightarrow{OQ'} \oplus \overrightarrow{Q'P'}$

$\begin{pmatrix} x' \\ y' \end{pmatrix} = \begin{pmatrix} x \cos \alpha \\ x \sin \alpha \end{pmatrix} \oplus \begin{pmatrix} y \cos(90° + \alpha) \\ y \sin(90° + \alpha) \end{pmatrix}$

b) Zeige, dass aufgrund der Additionstheoreme (siehe Seite 124) gilt:
$\cos(90° + \alpha) = -\sin \alpha$;
$\sin(90° + \alpha) = \cos \alpha$

c) Begründe mit Hilfe von a) und b):
$\begin{pmatrix} x' \\ y' \end{pmatrix} = \begin{pmatrix} x \cos \alpha - y \sin \alpha \\ x \sin \alpha + y \cos \alpha \end{pmatrix}$ bzw. P' (x cos α − y sin α | x sin α + y cos α)

3 Berechne die Koordinaten der Bildpunkte zu A(−1|3), B(3|5), C(−2|5), D(−2|−7) bei einer Drehung um den Ursprung mit dem Drehwinkelmaß α.
a) α = 90°   b) α = 60°   c) α = 120°   d) α = 45°   e) α = 270°   f) α = 310°

Lösungen: (−3|−1); (−5,3|0,8); (−3,3|−4,2); (−2,8|1,4); (−7|2); (1,7|2,7); (2,5|4,7); (−5,0|2,1); (−5|3); (−3,1|0,6); (−2,1|−2,4); (−2,8|5,1); (7|−2); (−5,8|0,1); (5,8|0,9); (5|2); (−1,4|5,7); (−5|−2); (5,1|−5,2); (7,1|1,8); (3,5|−6,4); (3|1); (5|−3); (−6,6|−3,0)

Abbildung durch Drehung

4 So kann man die Vorschrift $\begin{pmatrix} x' \\ y' \end{pmatrix} = \begin{pmatrix} x \cos \alpha - y \sin \alpha \\ x \sin \alpha + y \cos \alpha \end{pmatrix}$ umgestalten, dass sowohl der Pfeil $\overrightarrow{OP'} = \begin{pmatrix} x' \\ y' \end{pmatrix}$ als auch der Pfeil $\overrightarrow{OP} = \begin{pmatrix} x \\ y \end{pmatrix}$ deutlich erkennbar sind.

Es gilt:
$$\begin{pmatrix} x' \\ y' \end{pmatrix} = \begin{pmatrix} \cos \alpha \cdot x + (-\sin \alpha) \cdot y \\ \sin \alpha \cdot x + \cos \alpha \cdot y \end{pmatrix}$$

Für die obige Darstellung wählt man ein neues Zahlenschema:
$$\begin{pmatrix} x' \\ y' \end{pmatrix} = \begin{pmatrix} \cos \alpha & -\sin \alpha \\ \sin \alpha & \cos \alpha \end{pmatrix} \odot \begin{pmatrix} x \\ y \end{pmatrix}$$
Vektor   Vektor

Matrix

M Ein Zahlenschema der Form $\begin{pmatrix} a & b \\ c & d \end{pmatrix}$ heißt **zweireihige quadratische Matrix**[1].
Die Verknüpfung einer Matrix mit einem Vektor ist wieder ein Vektor.
Verknüpfungsvorschrift: $\begin{pmatrix} a & b \\ c & d \end{pmatrix} \odot \begin{pmatrix} x \\ y \end{pmatrix} = \begin{pmatrix} a \cdot x + b \cdot y \\ c \cdot x + d \cdot y \end{pmatrix}$

„Matrix mal Vektor = Vektor"

Drehung

Abbildungsgleichung für die Drehung um O (0|0)

$P(x|y) \xrightarrow{O(0|0); \alpha} P'(x'|y')$

$\begin{pmatrix} x' \\ y' \end{pmatrix} = \begin{pmatrix} x \cos \alpha - y \sin \alpha \\ x \sin \alpha + y \cos \alpha \end{pmatrix}$

Koordinatenform

$x' = x \cos \alpha - y \sin \alpha$
$\wedge \quad y' = x \sin \alpha + y \cos \alpha$

Matrixform

$\begin{pmatrix} x' \\ y' \end{pmatrix} = \begin{pmatrix} \cos \alpha & -\sin \alpha \\ \sin \alpha & \cos \alpha \end{pmatrix} \odot \begin{pmatrix} x \\ y \end{pmatrix}$

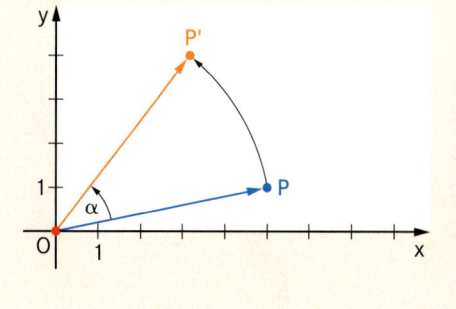

Übungen

5 Bestimme zum angegebenen Drehwinkelmaß α die Abbildungsgleichung bei einer Drehung um den Ursprung.
a) $\alpha = 60°$ b) $\alpha = 90°$ c) $\alpha = 120°$ d) $\alpha = 135°$ e) $\alpha = 300°$ f) $\alpha = 50°$

6 Der Punkt P wird durch Drehung um O(0|0) mit dem Drehwinkelmaß α auf den Punkt P' abgebildet. Berechne die fehlenden Koordinaten bzw. das fehlende Winkelmaß α.
a) P(4|3)   b) P(4|3)   c) P(x|y)   d) P(8|−2)   e) P(x|y)
    P'(x'|y')   P'(x'|y')   P'(5|2,5)   P'(3,36|7,53)   P'(−3|8)
    $\alpha = 30°$ $\alpha = -60°$ $\alpha = 105°$ $\alpha = $ $\alpha = -60°$

7 Das Dreieck ABC wird durch Drehung um O(0|0) mit dem Drehwinkelmaß $\alpha = 135°$ auf das Dreieck A'B'C' abgebildet. Es gilt: A(6|0); B(4|2); C(0|2)
a) Zeichne das Ur- und das Bilddreieck.
b) Berechne die Koordinaten des Dreiecks A'B'C'.
c) Berechne die Flächeninhalte der beiden Dreiecke und deren Innenwinkelmaße.

Lösungen: (−1,4|−1,4); (−4,2|−4,2); (−4,2|1,4); 135; 26,6; 18,4

[1] Matrix: Rechteckiges Zahlenschema

Abbildung durch Drehung

8 Die Punkte $P_n(x|y)$ auf der Geraden g mit $y = 0{,}5x + 2{,}5$ werden durch Drehung um $O(0|0)$ mit dem Winkelmaß $\alpha = 53{,}13°$ auf die Punkte $P_n'(x'|y')$ abgebildet. So kann man die Koordinaten der Punkte $P_n'(x'|y')$ in Abhängigkeit von der Abszisse x der Punkte P_n darstellen.

B

$\begin{pmatrix} x' \\ y' \end{pmatrix} = \begin{pmatrix} \cos 53{,}13° & -\sin 53{,}13° \\ \sin 53{,}13° & \cos 53{,}13° \end{pmatrix} \odot \begin{pmatrix} x \\ 0{,}5x + 2{,}5 \end{pmatrix}$

$\begin{pmatrix} x' \\ y' \end{pmatrix} = \begin{pmatrix} 0{,}6 & -0{,}8 \\ 0{,}8 & 0{,}6 \end{pmatrix} \odot \begin{pmatrix} x \\ 0{,}5x + 2{,}5 \end{pmatrix}$

$\ x' = 0{,}6x - 0{,}4x - 2$
$\wedge\ y' = 0{,}8x + 0{,}3x + 1{,}5$

$\ x' = 0{,}2x - 2$
$\wedge\ y' = 1{,}1x + 1{,}5$

Ergebnis: $P_n'(0{,}2x - 2\,|\,1{,}1x + 1{,}5)$

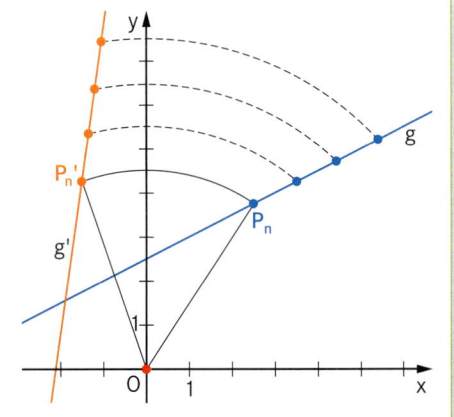

Zeige, dass der Trägergraph der Punkte P_n' und damit die Gerade g' folgende Gleichung hat: $g': y = 5{,}5x + 12{,}5$

9 Die Punkte $P_n(x|y)$ auf der Geraden g werden durch Drehung um $O(0|0)$ mit dem Winkelmaß α auf die Punkte $P_n'(x'|y')$ abgebildet. Stelle die Koordinaten der Punkte $P_n'(x'|y')$ in Abhängigkeit von der Abszisse x der Punkte P_n dar.
Berechne die Gleichung der Geraden g'.

a) g mit $y = 2x + 4$; $\alpha = 48{,}59°$
b) g mit $y = x - 2$; $\alpha = -30°$
c) g mit $y = -x - 2$; $\alpha = 120°$
d) g mit $y = 3x + 2$; $\alpha = 70°$

Lösungen: $y = -0{,}78x - 0{,}81$; $y = 0{,}27x - 1{,}47$; $y = -2{,}46x - 4{,}75$; $y = 3{,}70x - 5{,}44$

Die Firma Pharmata hat ein neues Medikament B entwickelt, von dem man sich wesentliche Verbesserungen im Vergleich zum bisherigen Medikament A verspricht. Bei einem Testverfahren wird in den Krankenhäusern in Maladstadt und in Krankenhofen verglichen, wie viele erkrankte Personen nach Einnahme des Medikaments A bzw. B nach 6 Monaten geheilt sind. Die Abbildung zeigt das Ergebnis.

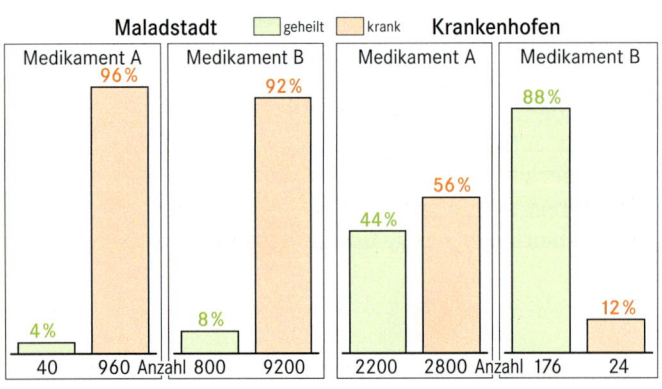

Drehung mit besonderen Winkelmaßen

1 In der Abbildung links ist der Aufenthaltsort eines bayrischen Urviechs versteckt.
Hinweis: Das Wort besteht aus 15 Buchstaben, der erste Buchstabe ist ein W, der letzte Buchstabe ein O.

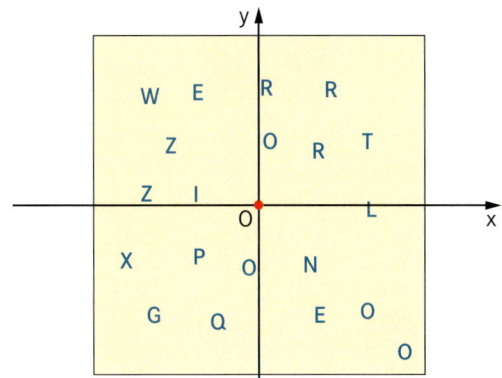
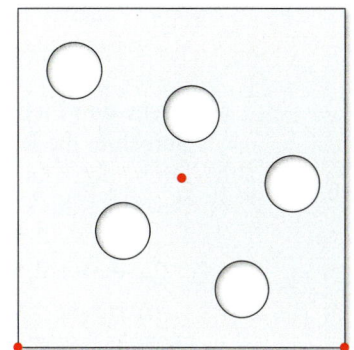

a) Mit Hilfe der so genannten Krypto-Schablone in der Abbildung oben rechts kannst du diese Wortschöpfung ermitteln. Kopiere dazu die Schablone auf ein Blatt und schneide die weißen Öffnungen aus.
b) Nenne die Abbildungen, die du bei der Suche verwendest.
Gib die zugehörigen Abbildungsgleichungen in Koordinaten- und Matrixform an.

M **Abbildungsgleichungen bei Drehungen mit besonderen Winkelmaßen**

	Koordinatenform	Matrixform
Drehung um 90°	$x' = -y \land y' = x$	$\begin{pmatrix} x' \\ y' \end{pmatrix} = \begin{pmatrix} 0 & -1 \\ 1 & 0 \end{pmatrix} \odot \begin{pmatrix} x \\ y \end{pmatrix}$
Drehung um 180° (Punktspiegelung)	$x' = -x \land y' = -y$	$\begin{pmatrix} x' \\ y' \end{pmatrix} = \begin{pmatrix} -1 & 0 \\ 0 & -1 \end{pmatrix} \odot \begin{pmatrix} x \\ y \end{pmatrix}$
Drehung um 270°	$x' = y \land y' = -x$	$\begin{pmatrix} x' \\ y' \end{pmatrix} = \begin{pmatrix} 0 & 1 \\ -1 & 0 \end{pmatrix} \odot \begin{pmatrix} x \\ y \end{pmatrix}$

Übungen

2 Der Punkt A(5|2) wird durch Drehung um O(0|0) mit dem Winkelmaß α auf den Punkt A' abgebildet. Berechne die Koordinaten von A'.
a) α = 90°   b) α = 180°   c) α = 270°   d) α = −90°
Lösungen: (2|−5); (−5|−2); (−2|5); (2|−5)

3 Gegeben sind Quadrate $AB_nC_nD_n$ mit A(0|0). Die Punkte $B_n(x|y)$ liegen auf der Geraden g mit $y = 0{,}5x - 2$.

a) Zeichne die Quadrate $AB_1C_1D_1$ für x = 2 und $AB_2C_2D_2$ für x = 5.
b) Stelle die Koordinaten der Punkte D_n in Abhängigkeit von der Abszisse x der Punkte B_n dar. [Ergebnis: $D_n(-0{,}5x + 2 | x)$]
c) Berechne die Gleichung des Trägergraphen h der Punkte D_n.
d) Stelle die Koordinaten der Punkte C_n in Abhängigkeit von der Abszisse x der Punkte B_n dar. Berechne anschließend die Gleichung des Trägergraphen t der Punkte C_n.
[Ergebnis: $C_n(0{,}5x + 2 | 1{,}5x - 2)$; t: $y = 3x - 8$]
e) Stelle den Flächeninhalt der Quadrate $AB_nC_nD_n$ in Abhängigkeit von x dar. Berechne den minimalen Flächeninhalt sowie die Koordinaten der zugehörigen Eckpunkte B_0, C_0 und D_0. [Teilergebnis: $A(x) = (1{,}25x^2 - 2x + 4)$ FE]

Drehung eines Pfeils um einen beliebigen Punkt

1

Kann man die Koordinaten von Bildpunkten und Bildpfeilen bei einer Drehung um ein beliebiges Drehzentrum im Koordinatensystem berechnen?

a) Drehe den Pfeil $\overrightarrow{OQ}$ um O(0|0) mit dem Winkelmaß $\alpha = 60°$. Es gilt: Q(4|–3) Berechne die Koordinaten des Pfeils $\overrightarrow{OQ'}$.
b) Drehe den Pfeil $\overrightarrow{ZP}$ um Z mit dem Winkelmaß $\alpha = 60°$. Es gilt: Z(5|4); P(9|1)
c) Berechne die Koordinaten des Pfeils $\overrightarrow{ZP}$. Was stellst du fest?
d) Überprüfe die Aussagen von Klara und Elias.

Man kann ohne zu rechnen die Koordinaten des Pfeils $\overrightarrow{OP'}$ angeben.

Dann kann man auch die Koordinaten von P' berechnen.

2 Für den Punkt P gilt: $P \xrightarrow{Z;\,\alpha\,=\,50°} P'$ mit Z(5|1); P(9|3)
So kann man die Koordinaten des Punktes P'(x'|y') berechnen.

Es ist egal, ob ich den Pfeil eines Vektors um O oder um seinen Fußpunkt drehe. Ich kann in beiden Fällen die bekannte Drehmatrix verwenden.

B Die Pfeile $\overrightarrow{OQ}$ und $\overrightarrow{ZP}$ sind Repräsentanten desselben Vektors: $\overrightarrow{OQ} = \overrightarrow{ZP} = \begin{pmatrix} 4 \\ 2 \end{pmatrix}$

Drehst du den Pfeil $\overrightarrow{OQ}$ um O(0|0) mit $\alpha = 50°$, erhältst du den Pfeil $\overrightarrow{OQ'}$.

$\overrightarrow{OQ'} = \begin{pmatrix} \cos 50° & -\sin 50° \\ \sin 50° & \cos 50° \end{pmatrix} \odot \begin{pmatrix} 4 \\ 2 \end{pmatrix}$

Bei der Drehung des Pfeils $\overrightarrow{ZP}$ um Z mit $\alpha = 50°$ ergibt sich der Pfeil $\overrightarrow{ZP'}$.
Da die Pfeile $\overrightarrow{OQ'}$ und $\overrightarrow{ZP'}$ Repräsentanten desselben Vektors sind, gilt:

$\overrightarrow{ZP'} = \begin{pmatrix} \cos 50° & -\sin 50° \\ \sin 50° & \cos 50° \end{pmatrix} \odot \begin{pmatrix} 4 \\ 2 \end{pmatrix}$ bzw. $\begin{pmatrix} x' - 5 \\ y' - 1 \end{pmatrix} = \begin{pmatrix} \cos 50° & -\sin 50° \\ \sin 50° & \cos 50° \end{pmatrix} \odot \begin{pmatrix} 4 \\ 2 \end{pmatrix}$

Ergebnis: P'(6,04|5,35)

Übungen

Berechne die fehlenden Koordinaten. Überprüfe durch eine Zeichnung.
a) Z(5|–1); P(8|0); $\alpha = 40°$; P'(x'|y') b) Z(–3|1); P(–6|3); $\alpha = –30°$; P'(x'|y')
c) Z(–2|–1); P'(–3|2); $\alpha = 135°$; P(x|y) d) Z(–1|2); P'(3|–2); $\alpha = –60°$; P(x|y)

Lösungen: (4,46|3,46); (–4,6|4,2); (6,7|1,7); (0,83|–2,41)

Drehung eines Pfeils um einen beliebigen Punkt

3 Der Pfeil $\overrightarrow{ZP}$ wird um das Zentrum Z mit dem Winkelmaß α gedreht. Berechne die Koordinaten des Pfeils $\overrightarrow{ZP'}$. Es gilt: Z(3|0,5); P(8|3)
    a) α = 90°   b) α = 180°   c) α = 270°   d) α = −90°

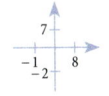

4 Das Dreieck ABC ist gleichseitig. Es gilt: A(3|1); B(7|3)
    a) Zeichne das Dreieck ABC. Berechne die Koordinaten des Punktes C.
    b) Berechne den Flächeninhalt des Dreiecks ABC.

5 Die Punkte A und B sind Eckpunkte der Raute ABCD.
Es gilt: A(−2|−3); B(2|1); α = 55°
    a) Zeichne die Raute. Berechne die Koordinaten der fehlenden Eckpunkte.
    b) Berechne den Flächeninhalt der Raute.
    c) Berechne das Maß ε des spitzen Winkels, unter dem die Strecke [AB] die x-Achse schneidet.

6 Die Dreiecke AB_nC_n sind gleichschenklig mit der Basis $[B_nC_n]$. Die Punkte B_n liegen auf der Geraden g mit y = 0,5x − 1. Die Winkel B_nAC_n haben stets das Maß α = 53,13°.
Es gilt: A(2|1)
    a) Zeichne die Dreiecke AB_1C_1 für x = 5 und AB_2C_2 für x = 7.
    b) Stelle die Koordinaten der Punkte C_n in Abhängigkeit von der Abszisse x der Punkte B_n dar. [Ergebnis: $C_n(0{,}2x + 2{,}4 | 1{,}1x − 1{,}8)$]
    c) Berechne die Gleichung des Trägergraphen der Punkte C_n.
    d) Für welchen Wert von x liegt der Punkt B_3 auf dem Trägergraphen der Punkte C_n?
    e) Für welche Werte von x beträgt der Flächeninhalt der Dreiecke AB_nC_n 8,4 FE?

7 Gegeben sind Quadrate $AB_nC_nD_n$ mit A(4|−1). Die Punkte $B_n(x|y)$ liegen auf der Geraden g mit y = −x + 8.
    a) Zeichne die Quadrate $AB_1C_1D_1$ für x = 3 und $AB_2C_2D_2$ für x = 5.
    b) Stelle die Koordinaten der Punkte D_n in Abhängigkeit von der Abszisse x der Punkte B_n dar. [Ergebnis: $D_n(x − 5 | x − 5)$]
    c) Berechne die Gleichung des Trägergraphen t der Punkte D_n.
    d) Stelle die Koordinaten der Punkte C_n in Abhängigkeit von der Abszisse x der Punkte B_n dar. [Ergebnis: $C_n(2x − 9 | 4)$]
    e) Gib die Gleichung des Trägergraphen h der Punkte C_n an.
    f) Berechne den Flächeninhalt der Quadrate $AB_nC_nD_n$ in Abhängigkeit von der Abszisse x der Punkte B_n. [Ergebnis: $A(x) = (2x^2 − 26x + 97)$ FE]
    g) Das Quadrat $AB_0C_0D_0$ hat minimalen Flächeninhalt. Zeichne dieses Quadrat. Berechne den minimalen Flächeninhalt sowie die Koordinaten der Eckpunkte B_0, C_0 und D_0.
    h) Die Diagonale $[B_3D_3]$ des Quadrates $AB_3C_3D_3$ liegt auf der Geraden g. Berechne den Flächeninhalt des Quadrates $AB_3C_3D_3$.

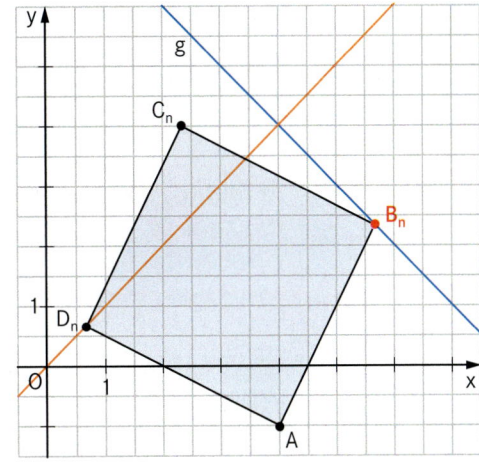

Lösungen: y = x; y = 4; 12,5; 6,6; 12

Achsenspiegelung

1 Beim Billard soll beim Spiel über die Bande [OU] mit der Kugel A die Kugel P getroffen werden. Es gilt: A(3|0); P(8|1)

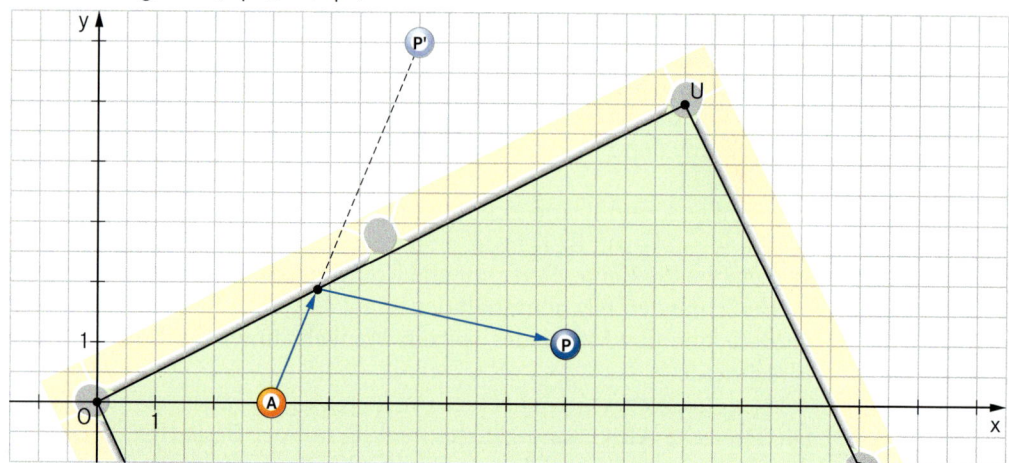

a) Versuche die Aufgabe mit Hilfe eines dynamischen Geometrieprogramms zu lösen.
b) Begründe: Der Billardspieler zielt auf den Bildpunkt P'.
c) Berechne die Koordinaten von P'.
    A P'(5,4|5,7)   B P'(5,6|5,8)   C P'(5,5|5,5)

2 So kann man bei einer Achsenspiegelung mit Hilfe des Winkelmaßes α, den die Gerade s mit der Richtung der positiven x-Achse einschließt, und den Koordinaten des Punktes P(x|y) die Koordinaten des Punktes P'(x'|y') berechnen.

Begründe: $\overrightarrow{OP} = \begin{pmatrix} x \\ y \end{pmatrix} = \begin{pmatrix} a\cos\varphi \\ a\sin\varphi \end{pmatrix}$ $\overrightarrow{OP'} = \begin{pmatrix} x' \\ y' \end{pmatrix} = \begin{pmatrix} a\cos(2\alpha - \varphi) \\ a\sin(2\alpha - \varphi) \end{pmatrix}$

Erkläre folgende Umformung:
$$\begin{pmatrix} x' \\ y' \end{pmatrix} = \begin{pmatrix} a\cos 2\alpha \cos\varphi + a\sin 2\alpha \sin\varphi \\ a\sin 2\alpha \cos\varphi - a\cos 2\alpha \sin\varphi \end{pmatrix}$$
$$\begin{pmatrix} x' \\ y' \end{pmatrix} = \begin{pmatrix} a\cos\varphi \cos 2\alpha + a\sin\varphi \cos 2\alpha \\ a\cos\varphi \sin 2\alpha - a\sin\varphi \cos 2\alpha \end{pmatrix}$$
$$\begin{pmatrix} x' \\ y' \end{pmatrix} = \begin{pmatrix} x\cos 2\alpha + y\sin 2\alpha \\ x\sin 2\alpha - y\cos 2\alpha \end{pmatrix}$$

Berechne die Koordinaten von P' mit Hilfe der Abbildungsgleichung.

M   Abbildungsgleichung der Achsenspiegelung an einer Ursprungsgeraden
$x' = x\cos 2\alpha + y\sin 2\alpha$ *Koordinatenform* | $\begin{pmatrix} x' \\ y' \end{pmatrix} = \begin{pmatrix} \cos 2\alpha & \sin 2\alpha \\ \sin 2\alpha & -\cos 2\alpha \end{pmatrix} \odot \begin{pmatrix} x \\ y \end{pmatrix}$ *Matrixform*
$y' = x\sin 2\alpha - y\cos 2\alpha$

Übung

3 Berechne die Koordinaten des Bildpunktes und überprüfe sie mit Hilfe einer Zeichnung.

$P(3|2) \xrightarrow{y=0,5x} P'(x'|y')$
$m = 0,5 = \tan\alpha;\ \alpha = 26,57°;\ 2\alpha = 53,14°$
$\begin{pmatrix} x' \\ y' \end{pmatrix} = \begin{pmatrix} 3\cos 53,14° + 2\sin 53,14° \\ 3\sin 53,14° - 2\cos 53,14° \end{pmatrix} = \begin{pmatrix} 3,4 \\ 1,2 \end{pmatrix}$

a) P(2|3);   s: $y = 0,4x$
b) P(−3,5|−2);   s: $y = -\frac{3}{4}x$
c) P(−1,5|−1,5);   s: $y = -\frac{2}{5}x$
d) P(5|−2);   s: $y = 0,1x$

Spiegelung an besonderen Geraden

1 Welche Abbildung beschreibt die Abbildungsgleichung? Gib zu jeder Abbildungsgleichung auch die Matrixform an.

(1) x' = y
∧ y' = x

(2) x' = −y
∧ y' = −x

(3) x' = x
∧ y' = −y

(4) x' = −x
∧ y' = y

M

Achsenspiegelung an der x-Achse

x' = x
∧ y' = −y

$$\begin{pmatrix} x' \\ y' \end{pmatrix} = \begin{pmatrix} 1 & 0 \\ 0 & -1 \end{pmatrix} \odot \begin{pmatrix} x \\ y \end{pmatrix}$$

Achsenspiegelung an der y-Achse

x' = −x
∧ y' = y

$$\begin{pmatrix} x' \\ y' \end{pmatrix} = \begin{pmatrix} -1 & 0 \\ 0 & 1 \end{pmatrix} \odot \begin{pmatrix} x \\ y \end{pmatrix}$$

Achsenspiegelung an der Winkelhalbierenden des 1. und 3. Quadranten

x' = y
∧ y' = x

$$\begin{pmatrix} x' \\ y' \end{pmatrix} = \begin{pmatrix} 0 & 1 \\ 1 & 0 \end{pmatrix} \odot \begin{pmatrix} x \\ y \end{pmatrix}$$

Achsenspiegelung an der Winkelhalbierenden des 2. und 4. Quadranten

x' = −y
∧ y' = −x

$$\begin{pmatrix} x' \\ y' \end{pmatrix} = \begin{pmatrix} 0 & -1 \\ -1 & 0 \end{pmatrix} \odot \begin{pmatrix} x \\ y \end{pmatrix}$$

Spiegelung an besonderen Geraden

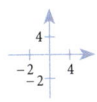

2 Der Punkt A (3 | 2) wird durch Spiegelung an der Geraden s mit y = x auf den Punkt B und durch Spiegelung an der x-Achse auf den Punkt D abgebildet. Der Punkt B wird durch Spiegelung an der y-Achse auf den Punkt C abgebildet.
a) Zeichne und ermittle die Koordinaten der Bildpunkte B, C und D.
b) Das Viereck ABCD ist ein besonderes Viereck.

3 Bestimme die Gleichung der Bildgeraden. Es gilt: g ⟼ᵗ g'

a) g: y = $\frac{3}{5}$ x;   s: y = −x

b) g: y = −0,4x;   s: y = 0

c) g: y = −x + 3;   s: y = −x

d) g: y = −2x − 1,5;   s: x = 0

g: y = 0,5x;   s: y = x

$$\begin{pmatrix} x' \\ y' \end{pmatrix} = \begin{pmatrix} 0 & 1 \\ 1 & 0 \end{pmatrix} \odot \begin{pmatrix} x \\ 0,5x \end{pmatrix}$$

x' = 0,5x ∧ y' = x; y' = 2x'; g': y = 2x

4 Gegeben sind Dreiecke PQR_n wie in der Abbildung dargestellt.
Es gilt: P (2 | −1); Q (7 | 2); $R_n \in g$
a) Zeichne mit einem dynamischen Geometrieprogramm Dreiecke PQR_n. Miss den Umfang der Dreiecke. Was stellst du fest?
b) Das Dreieck PQR_0 hat minimalen Umfang. Ermittle den Punkt R_0 durch Konstruktion. Berechne anschließend die Koordinaten von R_0.
c) Neben dem Dreieck PQR_0 gibt es weitere Sonderformen von Dreiecken. Zeichne diese und berechne die fehlenden Koordinaten der Eckpunkte.

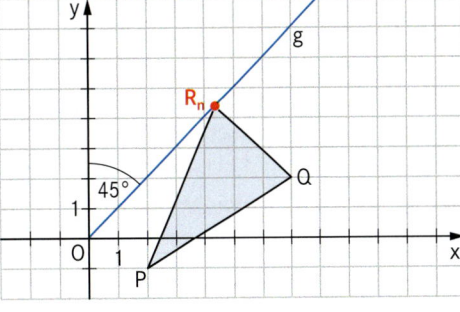

Vermischte Übungen

1 Berechne die Koordinaten des Bildpunkts und überprüfe sie mit Hilfe einer Zeichnung. Es gilt: A $\xmapsto{s}$ A'

a) A(3|1); s: y = 2x b) A(−2|−3); s: y = −$\frac{2}{5}$x c) A(1,6|0,2); s: y = −$\frac{1}{3}$x

d) A(1,5|−0,5); s: 2y = x e) A(0|2,5); s: y = 0,75x f) A(−0,8|−1,6); s: y = −$\frac{1}{4}$x

Lösungen: (0,05|1,79); (−1|3); (0,5|1,5); (0,62|3,55); (1,16|−1,12); (2,4|−0,7)

2 Der Bildpunkt entsteht durch Spiegelung des Urpunkts an einer Ursprungsgeraden s. Gib die Gleichung der Spiegelachse, die Abbildungsgleichung und die Koordinaten von B' an.

a) A(2|−3); A'(−2|3); B(−4|1) b) A(−5|2); A'(−2|5); B(5|2)
c) A(−5|0,4); A'(−3,9|3,2); B(−2|−3) d) A(4|−1,5); A'(−0,3|4,3); B(1|−2)

3 Durch das Gleichungssystem wird eine Achsenspiegelung an einer Ursprungsgeraden festgelegt. Gib die Abbildungsgleichung in Matrixschreibweise an und bestimme das Maß des Winkels, den die Spiegelachse mit der positiven x-Achse einschließt.

a) (I) x' = 0,8x + 0,6y b) (I) x' = 0,8x − 0,6y
   (II) ∧ y' = 0,6x − 0,8y   (II) ∧ y' = −0,6x − 0,8y

Lösungen: 18,43; 60; 105; 161,57

c) (I) x' = −$\frac{1}{2}$x + $\frac{1}{2}$√3 y d) (I) x' = −$\frac{1}{2}$√3 x − $\frac{1}{2}$y
   (II) ∧ y' = $\frac{1}{2}$√3 x + $\frac{1}{2}$y   (II) ∧ y' = −$\frac{1}{2}$x + $\frac{1}{2}$√3 y

4 Gib die Gleichung der Spiegelachse an und schreibe die Abbildungsgleichung in Koordinatenform. Berechne die Koordinaten des Bildpunktes P' von P(2|−3).

a) $\begin{pmatrix}x'\\y'\end{pmatrix} = \begin{pmatrix}1 & 0\\0 & -1\end{pmatrix} \odot \begin{pmatrix}x\\y\end{pmatrix}$ b) $\begin{pmatrix}x'\\y'\end{pmatrix} = \begin{pmatrix}0,8 & -0,6\\-0,6 & -0,8\end{pmatrix} \odot \begin{pmatrix}x\\y\end{pmatrix}$

Lösungen (nur Koordinaten): (2|3); (−3|2); (1,60|−3,23); (3,4|1,2)

c) $\begin{pmatrix}x'\\y'\end{pmatrix} = \begin{pmatrix}0 & 1\\1 & 0\end{pmatrix} \odot \begin{pmatrix}x\\y\end{pmatrix}$ d) $\begin{pmatrix}x'\\y'\end{pmatrix} = \begin{pmatrix}-\frac{1}{2} & -\frac{1}{2}\sqrt{3}\\-\frac{1}{2}\sqrt{3} & \frac{1}{2}\end{pmatrix} \odot \begin{pmatrix}x\\y\end{pmatrix}$

5 Die Punkte $B_n(x|y)$ von Dreiecken AB_nC liegen auf der Geraden g mit y = −x. Es gilt: A(−8|0); C(1|5)

a) Zeichne die Dreiecke AB_1C für x = 0 und AB_2C für x = 6.

b) Berechne die Maße der Winkel, den die Strecken $[AB_1]$ und $[CB_1]$ mit der Geraden g einschließen. Führe die Rechnung ebenso durch für die Strecken $[AB_2]$ und $[CB_2]$.

c) Konstruiere den Punkt B_0 so, dass die Gerade g Winkelhalbierende des Winkels CB_0A ist. Berechne anschließend die Koordinaten von B_0.

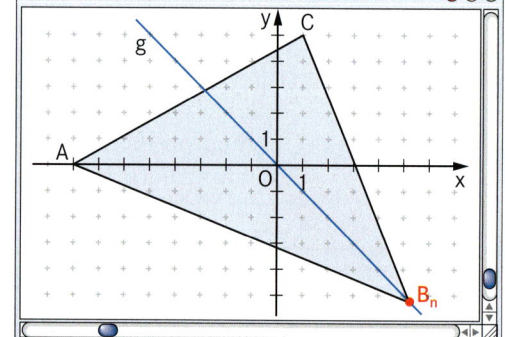

a) Welcher Wert wird nicht überschritten? $\frac{1}{2} + \frac{1}{4} + \frac{1}{8} + \frac{1}{16} + \frac{1}{32} + \frac{1}{64} + \ldots$

b) Gibt es auch hier einen Wert, der nicht überschritten wird?
$\frac{1}{2} + \frac{1}{3} + \frac{1}{4} + \frac{1}{5} + \frac{1}{6} + \frac{1}{7} + \frac{1}{8} + \ldots$

Weitere Abbildungen – Matrixform

1 In der Abbildung werden geometrische Figuren auf geometrische Bildfiguren abgebildet. Gib für die dargestellten Abbildungen die Koordinaten- und die Matrixformen an. Entnimm die benötigten Werte der Zeichnung.

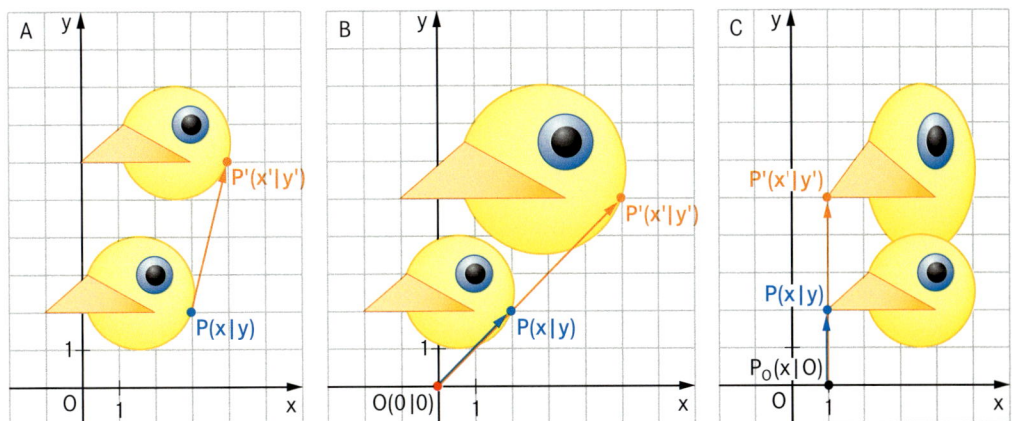

Parallelverschiebung

Abbildungsgleichung einer Parallelverschiebung mit dem Vektor $\vec{v} = \begin{pmatrix} v_x \\ v_y \end{pmatrix}$

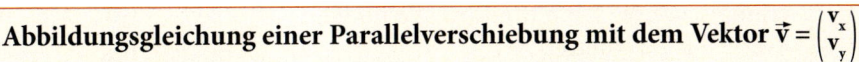

$x' = x + v_x$
$\wedge\ y' = y + v_y$ *Koordinatenform*

$\begin{pmatrix} x' \\ y' \end{pmatrix} = \begin{pmatrix} 1 & 0 \\ 0 & 1 \end{pmatrix} \odot \begin{pmatrix} x \\ y \end{pmatrix} \oplus \begin{pmatrix} v_x \\ v_y \end{pmatrix}$ *Matrixform*

Zentrische Streckung

Abbildungsgleichung einer Zentrischen Streckung mit dem Zentrum $O(0|0)$; $k \neq 0$

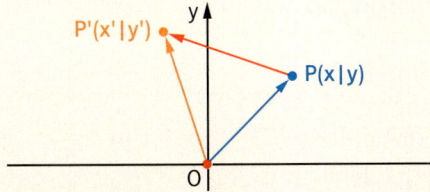

$x' = k \cdot x$
$\wedge\ y' = k \cdot y$ *Koordinatenform*

$\begin{pmatrix} x' \\ y' \end{pmatrix} = \begin{pmatrix} k & 0 \\ 0 & k \end{pmatrix} \odot \begin{pmatrix} x \\ y \end{pmatrix}$ *Matrixform*

Orthogonale Affinität

Abbildungsgleichung ein orthogonalen Affinität mit der x-Achse als Affinitätsachse und dem Affinitätsfaktor k

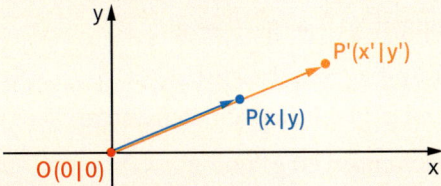

$x' = x$
$\wedge\ y' = k \cdot y$ *Koordinatenform*

$\begin{pmatrix} x' \\ y' \end{pmatrix} = \begin{pmatrix} 1 & 0 \\ 0 & k \end{pmatrix} \odot \begin{pmatrix} x \\ y \end{pmatrix}$ *Matrixform*

Übung

2 Der Punkt $P(x|y)$ wird auf den Punkt $P'(x'|y')$ abgebildet. Gib eine mögliche Abbildungsgleichung in Matrixform an. Berechne gegebenenfalls fehlende Koordinaten.

a) $x' = 1{,}6x$; $P(-1{,}25|5{,}5)$
$\wedge\ y' = 1{,}6y$

b) $P(3|1{,}5)$; $P'(3|-4{,}5)$

c) $x' = x + 1{,}5$; $P'(-2{,}5|3)$
$\wedge\ y' = y - 4$

Lösungen: $(-4|7)$; -3; $(-2|8{,}8)$

Vermischte Übungen

1 Ermittle die Funktionsgleichung des Ur- bzw. Bildgraphen bzw. den Affinitätsfaktor k.
Es gilt: Graph zu f $\xrightarrow{\text{x-Achse; k}}$ Graph zu f'

a) f: $y = \sqrt{x} + 3$; $k = 0{,}5$
b) f: $y = \sqrt{x+3}$; $k = -0{,}5$

c) f': $y = -2^x$; $k = -1$
d) f: $y = 3^{x-1} + 2$; $k = -2$

e) f': $y = 2 \log_2 x$; $k = 2$
f) f: $y = \log_2 (x-3) - 2$; $k = 1{,}5$

g) f: $y = x^{-\frac{1}{3}}$; $P'(0{,}571 | -2{,}410)$
h) f': $y = -1{,}5 x^{\frac{2}{3}} + 1{,}5$; $P(5{,}2 | 2)$

2 Berechne die Gleichung des Graphen zu f' bzw. den Verschiebungsvektor $\vec{v}$. Gib zu f und zu f' jeweils die Definitions- und Wertemenge an sowie die Gleichungen der Asymptoten.

a) f: $y = 2^x - 1$; $\vec{v} = \begin{pmatrix} 3 \\ -2 \end{pmatrix}$
b) f: $y = -2^{x+1} - 1$; $\vec{v} = \begin{pmatrix} -2 \\ 3 \end{pmatrix}$

c) f: $y = 2 \log_2 (x-3)$; $\vec{v} = \begin{pmatrix} -1 \\ 2 \end{pmatrix}$
d) f: $y = \frac{3}{x-2} + 4$; $\vec{v} = \begin{pmatrix} -3 \\ -2 \end{pmatrix}$

e) f: $y = \sqrt{x-2} + 3$; f': $y = \sqrt{x+1} - 2$
f) f: $y = -0{,}5^{x+2} - 3$; f': $y = -0{,}5^{x-1} + 2$

3 Gegeben ist die Funktion f_1 mit der Gleichung $y = 0{,}5 a^x + b$. Entnimm alle nötigen Werte der Zeichnung.
a) Bestimme die Werte a und b in der Gleichung zu f_1.
b) Der Graph von f_1' verläuft durch den Punkt B. Ermittle die Gleichung von f_1'.
c) Der Graph zu f_1 wird durch eine andere Abbildung auf den Graphen f_2 abgebildet. Der Graph von f_2 verläuft durch den Punkt C.

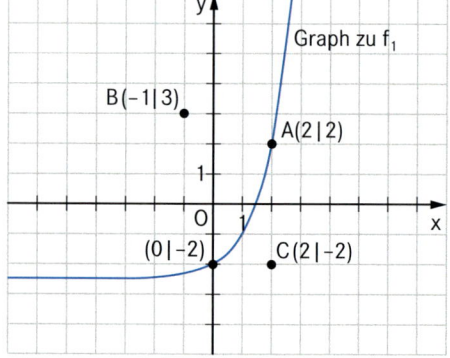

4 Gegeben sind folgende Abbildungen: g $\xrightarrow{s_1}$ g* $\xrightarrow{s_2}$ g'.

Es gilt: g mit $y = -\frac{1}{2}x + 2$; s_1 mit $y = x$; s_2 mit $x = 0$

a) Zeichne die Geraden g, g* und g' in ein Koordinatensystem.

b) Ermittle rechnerisch die Gleichungen zu g* und g'.

c) Zeige durch Rechnung, dass gilt: g $\xrightarrow{(0|0);\ 90°}$ g'.

5 Gegeben ist die Parabel p mit $y = 2x^2 - 4$ und die Gerade g mit $16x + y = 24$. Die Parabel p wird durch orthogonale Affinität mit der x-Achse als Affinitätsachse und dem Affinitätsfaktor k auf die Parabel p' abgebildet. Die Gerade g ist dann Tangente an p'. Berechne den Affinitätsfaktor k und die Gleichung der Parabel p'.

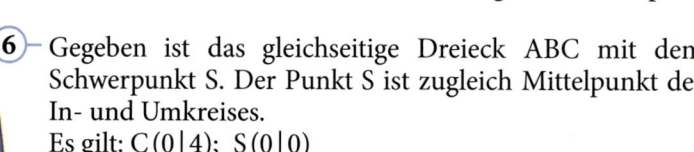

Hier gibt es wohl zwei Lösungen!

6 Gegeben ist das gleichseitige Dreieck ABC mit dem Schwerpunkt S. Der Punkt S ist zugleich Mittelpunkt des In- und Umkreises.
Es gilt: $C(0|4)$; $S(0|0)$
a) Der Inkreis lässt sich auf den Umkreis abbilden. Gib die zugehörige Abbildungsgleichung an.
b) Berechne die Koordinaten der Punkte A und B.
c) Berechne jeweils den prozentualen Anteil des Flächeninhalts des Inkreises bzw. des Dreiecks ABC am Flächeninhalt des Umkreises.

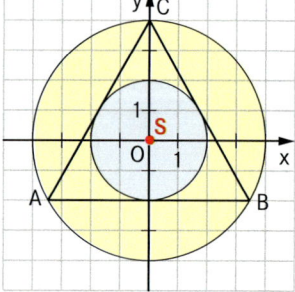

Fixpunkte – Fixgeraden bei Abbildungen

Fixpunkt
F = F′
x = x′
y = y′

1 Welche Abbildung wird durch die Matrixform beschrieben?
Überprüfe, ob die gegebenen Punkte Fixpunkte der Abbildung sind.

A(2|−1) ist Fixpunkt der Abbildung:
$$\begin{pmatrix} x' \\ y' \end{pmatrix} = \begin{pmatrix} 0{,}6 & -0{,}8 \\ -0{,}8 & -0{,}6 \end{pmatrix} \odot \begin{pmatrix} 2 \\ -1 \end{pmatrix}$$
x′ = 1,2 + 0,8   x′ = 2   (w)
y′ = −1,6 + 0,6   y′ = −1   (w)
Der Punkt A ist Fixpunkt.

a) $\begin{pmatrix} x' \\ y' \end{pmatrix} = \begin{pmatrix} 0{,}6 & -0{,}8 \\ -0{,}8 & -0{,}6 \end{pmatrix} \odot \begin{pmatrix} x \\ y \end{pmatrix}$

B(2,5|−1,25); C(−3,6|1,9);
D(0,84|−0,42)

b) $\begin{pmatrix} x' \\ y' \end{pmatrix} = \begin{pmatrix} 0 & 1 \\ -1 & 0 \end{pmatrix} \odot \begin{pmatrix} x \\ y \end{pmatrix}$

A(−$\frac{2}{3}$|−1); B(1,5|1,5); C(0|0)

Bei Widerspruch existiert kein Fixpunkt!

2 Überprüfe zunächst, ob die gegebene Abbildung Fixpunkte besitzt.
Um welche Abbildung handelt es sich?

Für Fixpunkte gilt: x′ = x ∧ y′ = y
$\begin{pmatrix} x \\ y \end{pmatrix} = \begin{pmatrix} 3 & 0 \\ 0 & 3 \end{pmatrix} \odot \begin{pmatrix} x \\ y \end{pmatrix}$
x = 3x ∧ y = 3y
x = 0 ∧ y = 0 Fixpunkt O(0|0)

a) $\begin{pmatrix} x' \\ y' \end{pmatrix} = \begin{pmatrix} 1{,}5 & 0 \\ 0 & 1{,}5 \end{pmatrix} \odot \begin{pmatrix} x \\ y \end{pmatrix} \oplus \begin{pmatrix} -2 \\ 4 \end{pmatrix}$

b) $\begin{pmatrix} x' \\ y' \end{pmatrix} = \begin{pmatrix} \frac{1}{2}\sqrt{2} & -\frac{1}{2}\sqrt{2} \\ \frac{1}{2}\sqrt{2} & \frac{1}{2}\sqrt{2} \end{pmatrix} \odot \begin{pmatrix} x \\ y \end{pmatrix}$

c) $\begin{pmatrix} x' \\ y' \end{pmatrix} = \begin{pmatrix} \frac{1}{2}\sqrt{3} & -\frac{1}{2} \\ \frac{1}{2} & \frac{1}{2}\sqrt{3} \end{pmatrix} \odot \begin{pmatrix} x \\ y \end{pmatrix}$

d) $\begin{pmatrix} x' \\ y' \end{pmatrix} = \begin{pmatrix} 1 & 0 \\ 0 & 1 \end{pmatrix} \odot \begin{pmatrix} x \\ y \end{pmatrix} \oplus \begin{pmatrix} -1 \\ 3 \end{pmatrix}$

3 Die Gerade g wird auf die Gerade g′ abgebildet. Überprüfe durch Rechnung, ob die Gerade g Fixgerade der jeweiligen Abbildung ist.

Fixgerade
g = g′

g: y = x − 1 $\xmapsto{s:\, y\,=\,x}$ g′
$\begin{pmatrix} x' \\ y' \end{pmatrix} = \begin{pmatrix} 0 & -1 \\ -1 & 0 \end{pmatrix} \odot \begin{pmatrix} x \\ x-1 \end{pmatrix}$
x′ = −x + 1   x = −x′ + 1
y′ = −x
y′ = −(−x′ + 1)
Ergebnis: g = g′ mit y = x − 1
g ist Fixgerade

a) g: y = −2x + 1;   g $\xmapsto{y\,=\,\frac{1}{2}x}$ g′

b) g: y = 2,5x − 2;   g $\xmapsto{\vec{v}\,=\,\binom{2}{5}}$ g′

c) g: y = 0,4x + 1,5;   g $\xmapsto{(0|0);\,\varphi\,=\,45°}$ g′

d) g: y = −0,75x − 3;   g $\xmapsto{x\text{-Achse};\,k\,=\,0{,}5}$ g′

e) g: y = $\frac{2}{7}$x;   g $\xmapsto{Z(0|0);\,k\,=\,2}$ g′

f) g: y = $\frac{2}{3}$x − 1;   g $\xmapsto{y\,=\,1{,}5}$ g′

4 Die Gerade g wird durch zentrische Streckung mit dem Streckungszentrum Z(3|−1) und dem Streckungsfaktor k = 2 abgebildet. Zeige, dass g mit y = −$\frac{2}{3}$x + 1 Fixgerade ist.

Fixpunktgerade
Gerade, deren Punkte Fixpunkte sind

5 Die Abbildung ist durch folgende Vorschrift gegeben: $\begin{pmatrix} x' \\ y' \end{pmatrix} = \begin{pmatrix} 0{,}6 & 0{,}8 \\ 0{,}8 & -0{,}6 \end{pmatrix} \odot \begin{pmatrix} x \\ y \end{pmatrix}$

a) Berechne die Bildpunkte von A(2|1); B(−3|−1,5); C(1,6|0,8); D(2|4). Was fällt dir auf?
b) Bestimme rechnerisch die Gleichung der Fixpunktgeraden.
c) Bestimme die Gleichung der Fixgeraden durch den Punkt D.

Gibt es Zahlenpaare (a|b) mit a, b ∈ ℕ, a > b, bei denen Differenz (a−b) und arithmetisches Mittel $\left(\frac{a+b}{2}\right)$ übereinstimmen?

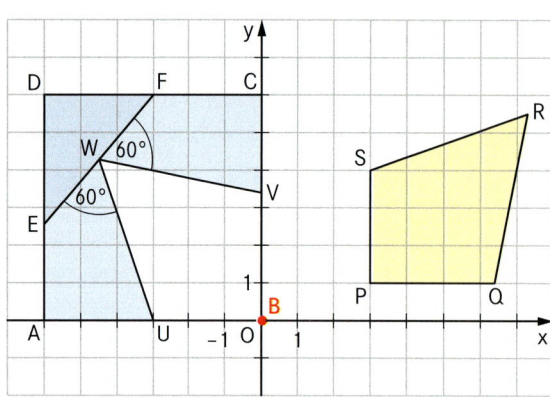

1 a) Die blaue Figur in der Abbildung links lässt sich mit Hilfe der gelben Figur zu einem Quadrat ABCD ergänzen. Gib die Abbildungsgleichungen an.

Die drei blauen Teilfiguren des Quadrats kann man an das gelbe Viereck so anlegen, dass sich ein gleichseitiges Dreieck ergibt.

b) Zeichne die Figuren und schneide sie aus. Überprüfe die Aussage von Maximilian im Bild oben.
c) Nenne die erforderlichen Hintereinanderausführungen von Abbildungen in Aufgabe b).

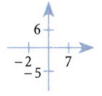

2 Die Dreiecke AB_nC_n sind rechtwinklig mit den Hypotenusen $[B_nC_n]$, wobei die Katheten $[AC_n]$ doppelt so lang sind wie die Katheten $[AB_n]$. Die Eckpunkte $B_n(x|y)$ der Dreiecke AB_nC_n liegen auf der Geraden g mit $y = 0{,}5x - 2$. Es gilt: $A(0|0)$
a) Zeichne die Dreiecke AB_1C_1 für $x = -2$ und AB_2C_2 für $x = 3$.
b) So kann man die Koordinaten der Punkte $C_n(x_C | y_C)$ in Abhängigkeit von der Abszisse der Punkte B_n darstellen.

Die Punkte B_n lassen sich durch eine Hintereinanderausführung von zwei Abbildungen auf die Punkte C_n abbilden.
Drehe die Punkte $B_n(x | 0{,}5x - 2)$ um 90° um den Punkt A auf die Punkte $B_n^*(x^* | y^*)$.

$$\begin{pmatrix} x^* \\ y^* \end{pmatrix} = \begin{pmatrix} 0 & -1 \\ 1 & 0 \end{pmatrix} \odot \begin{pmatrix} x \\ 0{,}5x - 2 \end{pmatrix}$$

$x^* = -0{,}5x + 2$
$\wedge \; y^* = x$
Es folgt: $B_n^*(-0{,}5x + 2 | x)$

Bilde nun die Punkte B_n^* durch zentrische Streckung am Zentrum A mit $k = 2$ auf die Punkte C_n ab.

$$\begin{pmatrix} x' \\ y' \end{pmatrix} = \begin{pmatrix} 2 & 0 \\ 0 & 2 \end{pmatrix} \odot \begin{pmatrix} -0{,}5x + 2 \\ x \end{pmatrix}$$

$x' = -x + 4$
$\wedge \; y' = 2x$
Ergebnis: $C_n(-x + 4 | 2x)$

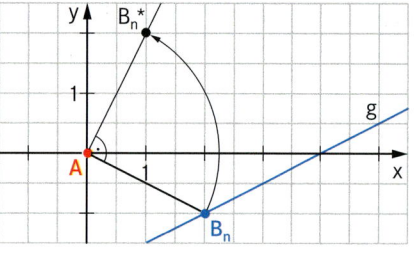

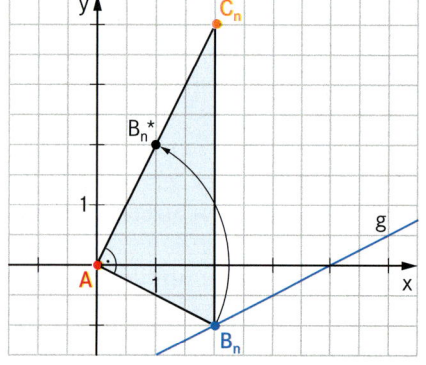

„Rechtwinklig" riecht nach Drehung und „doppelt so lang" nach zentrischer Streckung!

c) Löse die Aufgaben a) und b) für Dreiecke AB_nC_n, für die gilt: $\sphericalangle B_nAC_n = 60°$; $\overline{AC_n} = 2{,}5\,\overline{AB_n}$; $A(0|0)$; $B_n \in g$ mit $y = x - 2$
d) Der Punkt S' ist Bildpunkt des Punktes $S(3|4)$ der Doppelabbildung in Aufgabe 1a).
e) Die Punkte $T_n(3|y)$ liegen auf der Strecke [PS] der Aufgabe 1. Stelle die Koordinaten der Bildpunkte $T_n'(x'|y')$ der Doppelabbildung in 1a) in Abhängigkeit von y dar.

Verknüpfung von Abbildungen

Übungen

3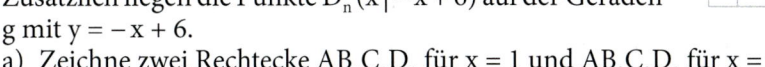

a) Durch welche Abbildungen kann der Punkt P auf den Punkt P' abgebildet werden?
b) Berechne die fehlenden Koordinaten.

4 Das Dreieck ABC wird zweimal durch orthogonale Affinität abgebildet. Es gilt:

$\triangle ABC \xrightarrow{\text{x-Achse; } k^* = 1{,}5} \triangle A^*B^*C^* \xrightarrow{\text{x-Achse; } k^* = -\frac{3}{4}} \triangle A'B'C'$; $A(-3|1)$; $B(1|-1)$; $C(2{,}5|3)$

a) Konstruiere das Dreieck $A^*B^*C^*$ und berechne die Koordinaten der Eckpunkte.
b) Bilde das Dreieck $A^*B^*C^*$ weiter ab und berechne ebenso die Koordinaten der Bildpunkte A'B'C'.
c) Das Dreieck ABC kann direkt durch orthogonale Affinität auf das Dreieck A'B'C' abgebildet werden. Gib den Affinitätsfaktor k an.
d) Berechne die Flächeninhalte der Dreiecke ABC, $A^*B^*C^*$ und A'B'C' und überprüfe, ob für den Umfang der Dreiecke auch gilt $u' = |k| \cdot u$.
e) Zeige rechnerisch, dass die Abbildung durch orthogonale Affinität nicht winkeltreu ist.

5 Für die Dreiecke AB_nC_n gilt: $C_n \in g$ mit $y = -\frac{3}{4}x + 5$;
$\sphericalangle B_nAC_n = 120°$; $\overline{AB_n} = \frac{2}{3} \cdot \overline{AC_n}$

a) Zeichne die Dreiecke AB_1C_1, AB_2C_2 und AB_3C_3 für $x = 1$, $x = 2$ und $x = 3$.
b) Bilde die Punkte C_n auf die Punkte B_n ab.
c) Ermittle die Gleichung des Trägergraphen der Punkte B_n.

6 Gegeben sind die Rechtecke $AB_nC_nD_n$ mit $A(0|0)$. Die Strecken $[AB_n]$ sind doppelt so lang wie die Strecken $[AD_n]$. Zusätzlich liegen die Punkte $D_n(x|-x+6)$ auf der Geraden g mit $y = -x + 6$.

a) Zeichne zwei Rechtecke $AB_1C_1D_1$ für $x = 1$ und $AB_2C_2D_2$ für $x = 4$
b) Stelle die Koordinaten der Punkte $B_n(x_B|y_B)$ in Abhängigkeit von der Abszisse x der Punkte D_n dar.
c) Schätze ab, ob ein Flächeninhalt von 18 FE bei einem der Rechtecke möglich ist.
d) Stelle die Koordinaten der Punkte C_n in Abhängigkeit von x dar.
   [Ergebnis: $C_n(-x+12|-3x+6)$]
e) Berechne die Gleichung des Trägergraphen der Punkte C_n.
f) Berechne den Wert von x, für den die Diagonale $[B_3D_3]$ eines der Rechtecke $AB_3C_3D_3$ auf der Geraden g liegt.
g) Berechne den Flächeninhalt der Rechtecke in Abhängigkeit von x. Bestätige deine Antwort aus Aufgabe c).
h) Berechne die Belegung von x, für die eines der Rechtecke minimalen Flächeninhalt hat.
i) Berechne die Belegung von x, für die beim Rechteck $AB_4C_4D_4$ die Diagonale $[B_4D_4]$ mit der Geraden g einen Winkel mit dem Maß 40° einschließt.

Vermischte Übungen

1 Für die Abbildung eines Punktes P gilt:

$$\overrightarrow{ZP'} = k \cdot \overrightarrow{ZP} \text{ bzw. } \begin{pmatrix} x' - x_Z \\ y' - y_Z \end{pmatrix} = k \cdot \begin{pmatrix} x - x_Z \\ y - y_Z \end{pmatrix}$$

a) Welche Abbildung liegt hier vor? Fertige eine geeignete Skizze an.
b) Stelle die Abbildungsgleichung in Matrixform dar.
c) Berechne die Koordinaten von P', wenn gilt: $P(-15|8)$; $Z(-1|2)$; $k = 4$
d) Berechne die Koordinaten des Zentrum Z und den Streckungsfaktor k.
Es gilt: $P'(5,1|-0,8)$; $P(2,7|-1,6)$; $x_Z = 1,5$

2 Auf der Seite [BC] des Rechtecks ABCD wandern die Punkte $P_n(8|y)$. Sie bilden zusammen mit den Punkten A und Q_n Dreiecke AP_nQ_n.
Es gilt: $\sphericalangle P_nAQ_n = 45°$; $\overline{AQ_n} : \overline{AP_n} = 3 : 2$; $A(0|0)$; $B(8|0)$; $C(8|12)$

a) Zeichne die Dreiecke AP_1Q_1 für $y = 1$ und AP_2Q_2 für $y = 4$.
b) Berechne die Gleichung des Trägergraphen der Punkte Q_n.
[Zwischenergebnis: $Q_n(6\sqrt{2} - 0{,}75\sqrt{2} \cdot y | 6\sqrt{2} + 0{,}75\sqrt{2} \cdot y)$]
c) Es gibt ein Dreieck AP_0Q_0, bei dem der Eckpunkt Q_0 zusätzlich auf der Seite [CD] liegt. Berechne die Koordinaten der Eckpunkte P_0 und Q_0.
d) Es gibt ein Dreieck AP_3Q_3, das den halben Flächeninhalt des Rechtecks ABCD hat. Berechne die Koordinaten der Eckpunkte P_3 und Q_3.

3 Gegeben sind die Trapeze $A_nB_nC_nD_n$ mit den parallelen Grundseiten $[A_nD_n]$ und $[B_nC_n]$. Die Trapeze sind symmetrisch zur Geraden s mit $y = 2x$. Die Punkte $A_n(x|y)$ liegen auf der Geraden g mit $y = -x - 1$.

Für die Pfeile $\overrightarrow{A_nB_n}$ gilt:
$\overrightarrow{A_nB_n} = \begin{pmatrix} -1 \\ 4 \end{pmatrix}$

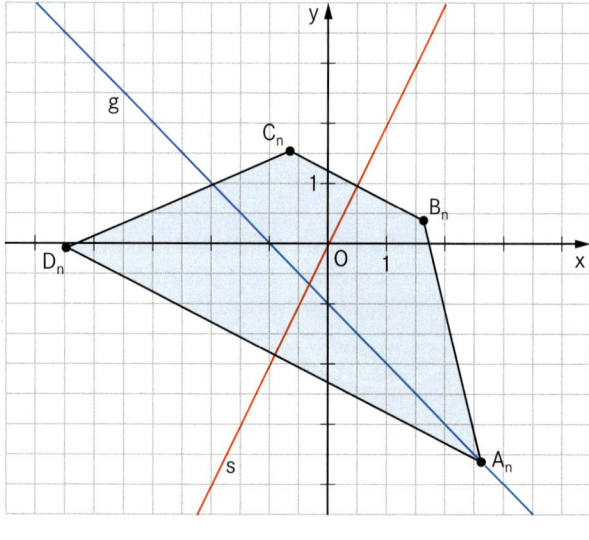

a) Zeichne zwei Trapeze $A_1B_1C_1D_1$ für $x = 2$ und $A_2B_2C_2D_2$ für $x = 4$.
b) Die Punkte A_n lassen sich auf die Punkte B_n abbilden. Stelle die Koordinaten der Punkte B_n in Abhängigkeit von der Abszisse x der Punkte A_n dar. Berechne die Gleichung des Trägergraphen h_B der Punkte B_n.
[Ergebnis: $B_n(x-1|-x+3)$; $h_B: y = -x + 2$]
c) Aus welchem Intervall kann man x wählen, so dass Trapeze $A_nB_nC_nD_n$ existieren?
d) Die Punkte B_n können auf die Punkte C_n abgebildet werden. Zeige, dass sich die Koordinaten der Punkte C_n wie folgt in Abhängigkeit von der Abszisse x der Punkte A_n darstellen lassen: $C_n(-1{,}4x + 3 | 0{,}2x + 1)$
e) Berechne die Gleichung des Trägergraphen h_C der Punkte C_n.
f) Berechne das Maß α_1 des Winkels $B_1A_1D_1$.
Begründe anschließend: In allen Trapezen sind die Winkelmaße α_n gleich.
g) Berechne den Flächeninhalt des Trapezes $A_1B_1C_1D_1$.

Vermischte Übungen

4 Der Punkt A(0|0) ist gemeinsamer Eckpunkt von Rauten $AB_nC_nD_n$, die durch die Diagonalen $[B_nD_n]$ in gleichseitige Dreiecke zerlegt werden. Die Eckpunkte B_n liegen auf der Geraden g mit y = 3.

> Ordinate bedeutet y-Koordinate

a) Zeichne die Rauten $AB_1C_1D_1$ für x = 3 und $AB_2C_2D_2$ für x = −1.
b) Berechne die Koordinaten der Eckpunkte C_1, D_1 sowie C_2, D_2.
c) Für welchen Wert von x haben die Punkte C_0 und D_0 gleichen Abszissen- und gleichen Ordinatenwert?

5 Die Punkte $B_n(x|y)$ von Dreiecken AB_nC_n liegen auf der Geraden g mit y = x − 3.
Die Winkel B_nAC_n haben stets das Maß 30° und die Winkel C_nB_nA das Maß 120°. So kann man die Punkte B_n auf die Punkte C_n abbilden.

> **B** Die Dreiecke AB_nC_n sind ähnlich, da sie in zwei Winkelmaßen übereinstimmen. Somit ist auch das Verhältnis der Streckenlängen $\overline{AC_n} : \overline{AB_n}$ konstant.
> Mit dem Sinussatz im Dreieck AB_nC_n folgt:
> $$\frac{\overline{AC_n}}{\sin 120°} = \frac{\overline{AB_n}}{\sin 30°}$$
> $$\overline{AC_n} = \frac{0{,}5\sqrt{3}\ \overline{AB_n}}{0{,}5}$$
> $$\overline{AC_n} = \sqrt{3}\ \overline{AB_n}$$

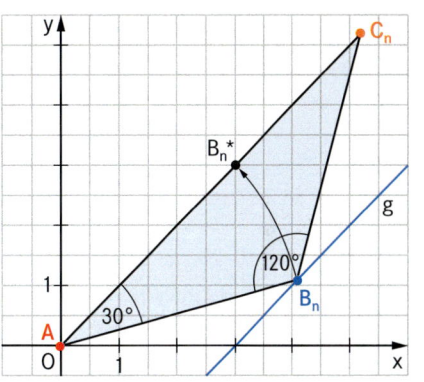

a) Zeige, dass sich die Koordinaten der Punkte C_n wie folgt in Abhängigkeit von der Abszisse x der Punkte B_n darstellen lassen: $C_n(0{,}63x + 2{,}60 | 2{,}37x − 4{,}5)$
b) Berechne die Gleichung des Trägergraphen der Punkte C_n.
c) Die Strecke $[AC_1]$ verläuft parallel zur Geraden g. Berechne die Belegung von x.
d) Berechne die Belegung von x, für die das Dreieck AB_0C_0 minimalen Flächeninhalt hat.

6 Gegeben sind Drachenvierecke $AB_nC_nD_n$, deren Diagonalen $[AC_n]$ auf der Symmetrieachse liegen. Die Punkte $B_n(x|y)$ liegen auf der Geraden g mit y = 0,5x − 2.
Die Winkel B_nAD_n haben stets das Maß 73,74° und die Winkel C_nB_nA das Maß 123,69°.
Es gilt: A(0|0)
a) Zeichne die Drachenvierecke $AB_1C_1D_1$ für x = 4 und $AB_2C_2D_2$ für x = 6.
b) Stelle die Koordinaten der Punkte D_n in Abhängigkeit von der Abszisse x der Punkte B_n dar. [Ergebnis: $D_n(−0{,}2x + 1{,}92 | 1{,}1x − 0{,}56)$]
c) Die Punkte B_n lassen sich auf die Punkte C_n abbilden. Stelle die Koordinaten der Punkte C_n in Abhängigkeit von der Abszisse x der Punkte B_n dar.
[Ergebnis: $C_n(1{,}25x + 3 | 2{,}5x − 4)$]
d) Berechne die Belegung von x, für die die Diagonale $[B_3D_3]$ Element der Geraden g ist.
e) Berechne die Belegung von x, für die das Drachenviereck $AB_4C_4D_4$ einen Flächeninhalt von 37,9 FE hat.
f) Berechne die Belegung von x, für die das Drachenviereck $AB_0C_0D_0$ minimalen Flächeninhalt hat.
g) Berechne die Belegung von x (x > 2,5), für die die Strecke $[B_5C_5]$ mit der Geraden g einen Winkel mit dem Maß 20° bildet.

Vermischte Übungen

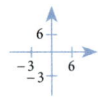

7 Die Punkte $B_n(x|y)$ auf der Geraden g mit $y = 0{,}5x - 2$ bilden zusammen mit den Punkten $A(-2|1)$ und C_n Dreiecke AB_nC_n. Die Winkel B_nAC_n haben stets das Maß $36{,}87°$ und die Strecken $[AC_n]$ sind halb so lang wie die Strecken $[AB_n]$.

a) Zeichne die Dreiecke AB_1C_1 für $x = 2$ und AB_2C_2 für $x = 8$.
b) So kann man die Koordinaten der Punkte C_n in Abhängigkeit von der Abszisse x der Punkte B_n darstellen.

B Die Punkte B_n lassen sich auf die Punkte $C_n(x'|y')$ abbilden.
Drehe den Pfeil $\overrightarrow{AB_n}$ um $36{,}87°$ um den Fußpunkt A. Du erhältst den Pfeil $\overrightarrow{AB_n^*}$.

$$\overrightarrow{AB_n^*} = \begin{pmatrix} \cos 36{,}87° & -\sin 36{,}87° \\ \sin 36{,}87° & \cos 36{,}87° \end{pmatrix} \odot \begin{pmatrix} x + 2 \\ 0{,}5x - 2 - 1 \end{pmatrix}$$

$$\overrightarrow{AB_n^*} = \begin{pmatrix} 0{,}5x + 3{,}4 \\ x - 1{,}2 \end{pmatrix}$$

Strecke nun den Pfeil $\overrightarrow{AB_n^*}$ am Zentrum A mit $k = 0{,}5$. Du erhältst den Pfeil $\overrightarrow{AC_n}$.

$$\begin{pmatrix} x' + 2 \\ y' - 1 \end{pmatrix} = 0{,}5 \cdot \begin{pmatrix} 0{,}5x + 3{,}4 \\ x - 1{,}2 \end{pmatrix}$$

$x' = 0{,}25x - 0{,}3$
$\wedge\ y' = 0{,}5x + 0{,}4$
Ergebnis: $C_n(0{,}25x - 0{,}3 | 0{,}5x + 0{,}4)$

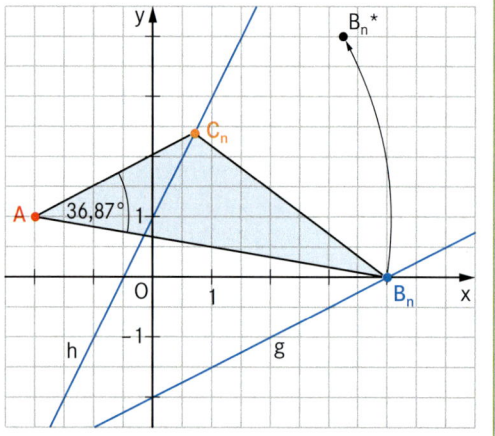

Berechne die Gleichung des Trägergraphen h der Punkte C_n.
[Ergebnis: h mit $y = 2x + 1$]

c) Die Strecke $[AC_3]$ verläuft parallel zur x-Achse. Berechne die Koordinaten der Eckpunkte B_3 und C_3.
d) Die Strecke $[B_4C_4]$ liegt auf der Geraden g. Berechne die Koordinaten der Eckpunkte B_4 und C_4.
e) Berechne die Belegung von x, für die der Flächeninhalt des Dreiecks AB_0C_0 minimal ist.
f) Löse die Aufgaben a) und b) für Dreiecke AB_nC_n, für die gilt: $\sphericalangle B_nAC_n = 53{,}13°$; $\overrightarrow{AC_n} = \frac{2}{3} \cdot \overrightarrow{AB_n}$; $A(-1|-1{,}5)$; $B_n \in g$ mit $y = x - 2$

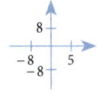

8 Gegeben sind gleichschenklige Trapeze ABC_nD_n mit der gemeinsamen Grundseite $[AB]$ mit $A(-6|3)$ und $B(-3|-6)$.
Für die Schenkel $[BC_n]$ gilt: $\overrightarrow{BC_n} = \begin{pmatrix} 5\cos\alpha + 3 \\ 5\sin^2\alpha \end{pmatrix}$

a) Zeichne die Trapeze ABC_1D_1 für $\alpha = 0°$ und ABC_2D_2 für $\alpha = 50°$.
b) Berechne die Gleichung des Trägergraphen der Punkte C_n und zeichne diesen in die Zeichnung von a) ein. [Ergebnis: p mit $y = -0{,}2x^2 - 1$]
c) Aus welchem Intervall kann man α wählen, so dass Trapeze ABC_nD_n existieren?
d) Berechne die Koordinaten der Punkte D_n in Abhängigkeit von α.
[Ergebnis: $D_n(3\sin^2\alpha + 4\cos\alpha - 3{,}6 | -4\sin^2\alpha + 3\cos\alpha + 4{,}8)$]
e) Berechne mit dem GTR die Belegung von α, für die im Trapez ABC_3D_3 der Punkt D_3 die x-Koordinate $-3{,}6$ hat.
[Ergebnis: $\alpha = 122{,}4°$]
f) Berechne den Flächeninhalt des Trapezes in Aufgabe e).
g) Berechne die Belegung von α, für die Diagonalen $[AC_4]$ und $[AC_5]$ mit der Grundseite $[AB]$ Winkel mit dem Maß $40°$ einschließen.
h) Eines der Trapeze ist ein Rechteck. Berechne das Winkelmaß α.

Aufgaben aus dem Alltag

1 Das gelb gefärbte Küchenelement soll im Küchenplan oben rechts in der Ecke so eingebaut werden, dass die Küchenzeile am Fenster im Plan symmetrisch ist.
  a) Gib die erforderlichen Abbildungsgleichungen in Matrixform an.
  b) Ergänze den Küchenplan mit dem blauen und roten Küchenelement nach deinen Vorstellungen.

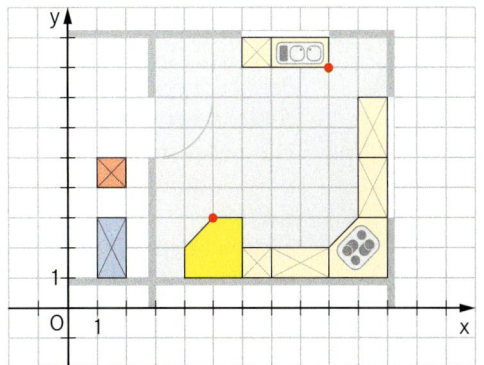

2 In einer Ausstellungshalle wird ein Gemälde mit der Länge [DE] mit Hilfe eines rechteckigen Spiegels [AB] und eines Strahlers L beleuchtet.
  a) Bestimme die Länge des Spiegels und des Gemäldes zeichnerisch.
  b) Berechne die Koordinaten der Punkte B und E und gib die Länge des Spiegels und des Gemäldes in wahrer Größe an.
  c) Die Aufgabe lässt sich auch mit Hilfe der zentrischen Streckung lösen.

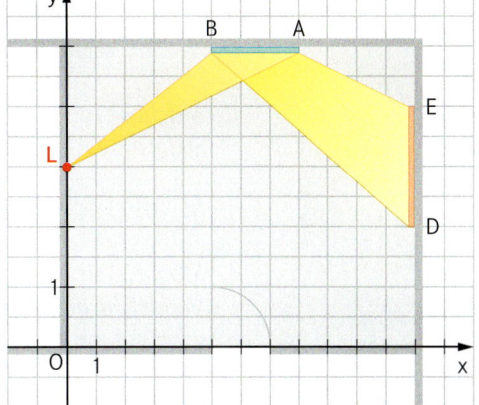

3 Auf Grund der Forderungen von Bürgern aus Walperding wird der ursprüngliche Bebauungsplan geändert. Wegen des stark zugenommenen LKW-Verkehrs auf der Umgehungsstraße UV soll die Längsseite des rechts abgebildeten Hauses mit dem Vektor $\vec{v} = \begin{pmatrix} 3 \\ -2 \end{pmatrix}$ verschoben werden. Um die Solarenergie besser nutzen zu können, soll es zusätzlich aus der West-Ost-Richtung in eine NO-SW-Richtung gedreht werden.

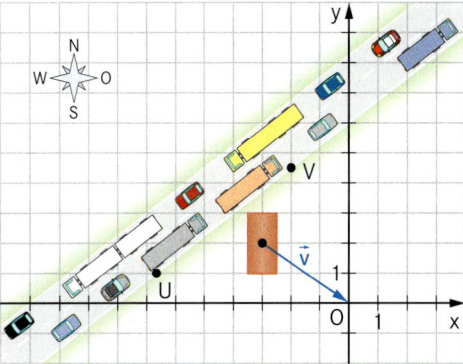

4 Vom Brunnen Q aus beobachtet Herr Sedlmeier über das Schaufenster [AB], dass sich jemand an seinem Auto zu schaffen macht. Welche Länge des Fahrzeugs kann Herr Sedlmeier überblicken?
  a) Löse die Aufgabe durch Konstruktion. Entnimm die notwendigen Informationen aus der Abbildung rechts.
  b) Löse die Aufgabe durch Rechnung.

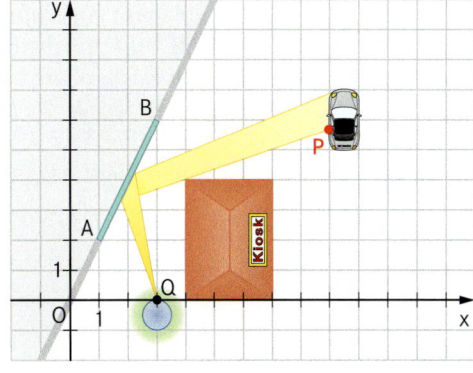

Lösungsstrategie für die Abschlussprüfung

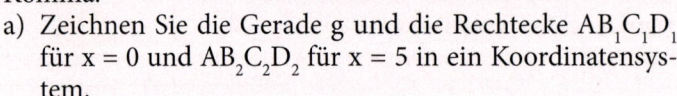

A — Der Punkt A(4|1) ist gemeinsamer Eckpunkt von Rechtecken $AB_nC_nD_n$. Die Diagonalenschnittpunkte $M_n(x\,|\,0{,}2x+2)$ der Rechtecke $AB_nC_nD_n$ liegen auf der Geraden g mit der Gleichung $y = 0{,}2x + 2$ mit $\mathbb{G} = \mathbb{R} \times \mathbb{R}$. Es gilt: $\sphericalangle B_nAM_n = 30°$. Die nebenstehende Skizze zeigt das Rechteck $AB_0C_0D_0$ für $x = 2{,}5$. Runden Sie im Folgenden auf zwei Stellen nach dem Komma.

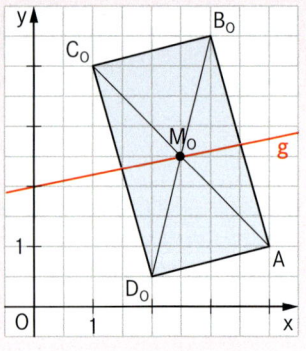

a) Zeichnen Sie die Gerade g und die Rechtecke $AB_1C_1D_1$ für $x = 0$ und $AB_2C_2D_2$ für $x = 5$ in ein Koordinatensystem.
Zeigen Sie sodann durch Rechnung, dass der Punkt C_1 die Koordinaten $C_1(-4\,|\,3)$ besitzt.
Für die Zeichnung: 1 LE $\triangleq$ 1 cm; $-5 \leq x \leq 8$; $-3 \leq y \leq 7$

> Die Koordinaten des Punktes C_1 können auf unterschiedlichen Wegen berechnet werden:
> 1. Möglichkeit:
>   Stelle eine Abbildungsvorschrift auf.
>
> $M_1(0\,|\,2) \xrightarrow{\overrightarrow{AM_1}} C_1$
>
> 2. Möglichkeit:
>   Vergleiche die Koordinaten entsprechender Pfeile.
> $\overrightarrow{MC_1} = \overrightarrow{AM_1}$

b) Zeigen Sie, dass für die Länge der Strecken $[AB_n]$ gilt: $\overline{AB_n} = \sqrt{3} \cdot \overline{AM_n}$

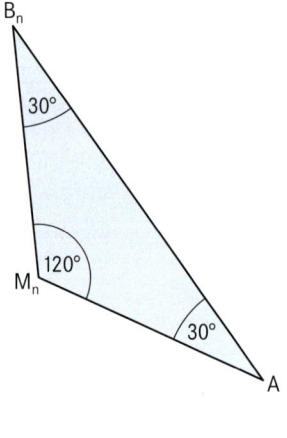

> Fertige eine Skizze eines Dreiecks an, in dem die genannten Strecken liegen.
> Trage die gegebene Winkelgröße in die Zeichnung ein und bestimme damit die fehlenden Winkelgrößen.
> 1. Möglichkeit:
>   Du kannst den Sinussatz verwenden.
>
> $\dfrac{\overline{AB_n}}{\sin 120°} = \dfrac{\overline{AM_n}}{\sin 30°}$.
>
>   Löse nach $\overline{AB_n}$ auf.
> 2. Möglichkeit:
>   Alle Rechtecke $AB_nC_nD_n$ sind ähnlich. Du kannst dir somit ein einfaches Zahlenbeispiel suchen, z. B. 1 LE für die Länge der Strecke $[AM_n]$, und den Kosinussatz verwenden. Setze $\overline{AB_n} = y$ LE.
> $y^2 = 1^2 + 1^2 - 2 \cdot 1 \cdot \cos 120°$
> $y = \sqrt{3}$
>   Somit folgt: $\overline{AB_n} = \sqrt{3} \cdot \overline{AM_n}$

Lösungsstrategie für die Abschlussprüfung

A — c) Ermitteln Sie rechnerisch die Koordinaten der Punkte B_n in Abhängigkeit von der Abszisse x der Punkte M_n.
[Ergebnis: $B_n(1{,}67x - 1{,}13 \mid -0{,}57x + 5{,}96)$]

> *Es gibt mehrere Möglichkeiten die Koordinaten $B_n(x' \mid y')$ zu berechnen.*
> *1. Möglichkeit:*
> *Den Pfeil $\overrightarrow{M_nB_n}$ erhält man, in dem man den Pfeil $\overrightarrow{M_nA}$ um 120° dreht.*
> *Stelle hierzu die entsprechende Abbildungsgleichung in Matrixform auf.*
>
> $\begin{pmatrix} x' - x \\ y' - 0{,}2x - 2 \end{pmatrix} = \begin{pmatrix} \cos 120° & -\sin 120° \\ \sin 120° & \cos 120° \end{pmatrix} \odot \begin{pmatrix} 4 - x \\ 1 - 0{,}2x - 2 \end{pmatrix}$
>
> $\begin{pmatrix} x' - x \\ y' - 0{,}2x - 2 \end{pmatrix} = \begin{pmatrix} 0{,}67x - 1{,}13 \\ -0{,}77x + 3{,}96 \end{pmatrix}$
>
> *Löse nach x' und y' auf und du erhältst $B_n(1{,}67x - 1{,}13 \mid -0{,}57x + 5{,}96)$.*
>
> *2. Möglichkeit:*
> *Den Pfeil $\overrightarrow{AB_n}$ erhält man, in dem man den Pfeil $\overrightarrow{AM_n}$ um −30° dreht und mit dem Faktor $\sqrt{3}$ streckt.*
> *Stelle für die Drehung die entsprechenden Abbildungsgleichungen auf, wobei gilt: $\overrightarrow{AM_n} \xrightarrow{A;\, \varphi = -30°} \overrightarrow{AB^*}$*
>
> $\overrightarrow{AB^*} = \begin{pmatrix} \cos(-30°) & -\sin(-30°) \\ \sin(-30°) & \cos(-30°) \end{pmatrix} \odot \begin{pmatrix} x - 4 \\ 0{,}2x + 2 - 1 \end{pmatrix}$
>
> *Bilde den Pfeil $\overrightarrow{AB^*}$ durch zentrische Streckung ab:* $\begin{pmatrix} x' - 4 \\ y' - 1 \end{pmatrix} = \sqrt{3} \cdot \overrightarrow{AB^*}$
>
> *Löse nach x' und y' auf. Du erhältst $B_n(1{,}67x - 1{,}13 \mid -0{,}57x + 5{,}96)$.*

d) Bestimmen Sie die Gleichung des Trägergraphen h der Punkte B_n und zeichnen Sie sodann den Trägergraphen h in das Koordinatensystem zu a) ein.
[Ergebnis: h: $y = -0{,}34x + 5{,}57$]

e) Im Rechteck $AB_3C_3D_3$ gilt: $B_3 \in g$. Berechnen Sie die Koordinaten des zugehörigen Diagonalenschnittpunktes M_3.

> *Der Punkt B_3 ist der Schnittpunkt der Geraden g und h.*
> *Berechne die x-Koordinate von B_3 mit $0{,}2x_{B_3} + 2 = -0{,}34x_{B_3} + 5{,}57$*
> *Setze den berechneten Wert gleich der x-Koordinate $1{,}67x - 1{,}13$ der Punkte B_n und löse nach x auf.*
> *Somit erhältst du die x-Koordinate des Punktes M_3.*

f) Unter den Rechtecken $AB_nC_nD_n$ hat das Rechteck $AB_4C_4D_4$ den kleinstmöglichen Flächeninhalt.
Berechnen Sie die x-Koordinate des zugehörigen Diagonalenschnittpunktes M_4 und geben Sie den minimalen Flächeninhalt an.

> *Der Flächeninhalt ist minimal, wenn der Abstand des Punktes A zum Mittelpunkt M_n am kleinsten ist. Für diesen Fall gilt: $[AM_n] \perp g$*
>
> *Setze das Skalarprodukt des Vektors $\overrightarrow{AM_n}$ und des Richtungsvektors der Geraden g gleich Null. Du erhältst die x-Koordinate des Punktes M_4.*
> *Stelle die Vektoren $\overrightarrow{AB_4}$ und $\overrightarrow{AC_4}$ auf und berechne mit Hilfe der Flächendeterminaten den dazugehörigen Flächeninhalt.*

Weitere Beispiele zu Prüfungsaufgaben findest du in Kap. 9 ab Seite 200.

Team 10 auf Vorbereitungs-Tour

① Auf einer neben einem Fluss gelegenen Wiese findet im Rahmen eines Zeltlagers ein Geschicklichkeitswettbewerb statt. Dabei soll man unter anderem möglichst schnell vom Startpunkt P zum Flussufer AB laufen, Wasser aufnehmen und zur Zieltonne R rennen.
Es gilt: A(0|2); B(3|8); P(3|1); R(4|7)
a) Zeichne drei verschiedene Laufstrecken und berechne ihre Längen.
   Der Maßstab deiner Zeichnung ist 1 : 5000
b) Wie würdest du laufen?

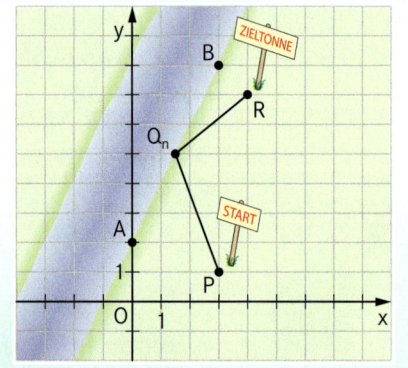

④ Die Abbildung zeigt den Mantel eines sogenannten Spates.
a) Zeichne, schneide und falte den Mantel zu einem Körper. Mit welchem Körper kann man den Spat vergleichen? Beschreibe Unterschiede.
b) Zeige: Die Mantelfläche beträgt 48 cm².
c) Jeder Punkt P des Mantels lässt sich durch eine Achsenspiegelung an der x-Achse und eine anschließende Parallelverschiebung wie im Bild auf einen Punkt P′ des Mantels abbilden. Finde die zugehörigen Abbildungsgleichungen.
d) Berechne das Volumen des Spates.
e) Untersuche das Volumen des Spates, wenn du die Form änderst aber Höhe und Mantelfläche beibehältst. Ändern sich die in c) ermittelten Abbildungsgleichungen?
f) Jeder Punkt P_n wird zunächst an einer Parallelen zur x-Achse gespiegelt.

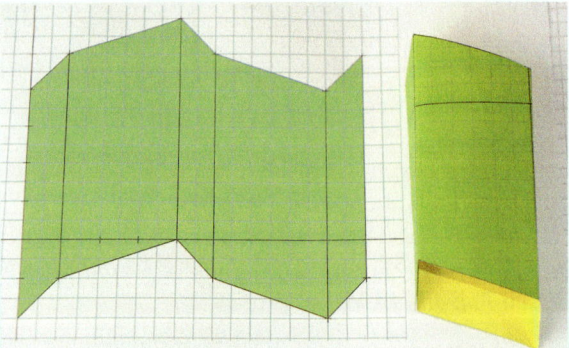

② Gegeben ist eine Schar von Quadraten $A_nB_nC_nD_n$. Das nächstgrößere Quadrat ist wie in der Abbildung dargestellt immer dem kleineren Quadrat umbeschrieben. Es gilt: $A_0(1,5|-1,5)$; $B_0(1,5|1,5)$; $C_0(-1,5|1,5)$; $D_0(-1,5|-1,5)$
a) Zeichne die Quadrate $A_nB_nC_nD_n$ für $n = 0$; $n = 1$; $n = 2$ und $n = 3$.
b) Durch eine Doppelabbildung kann man das Quadrat $A_0B_0C_0D_0$ auf das Quadrat $A_1B_1C_1D_1$ abbilden. Gib die beiden Abbildungen an.

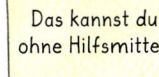

Das kannst du ohne Hilfsmittel.

c) Übertrage die Tabelle in dein Heft und ergänze sie.

Quadrat $A_nB_nC_nD_n$	$n = 0$	$n = 1$	$n = 2$	$n = 3$		
Flächeninhalt in FE	9 = 9 · ▦	= 9 · ▦	= 9 · ▦	= 9 · ▦	= 9 · ▦	= 9 · ▦

d) Wie viele Doppelabbildungen muss man ausführen, um aus dem Quadrat $A_0B_0C_0D_0$ ein Quadrat mit dem Flächeninhalt 2 304 FE zu erhalten?
e) Liegen bei dem Quadrat in Aufgabe d) die Diagonalen auf den Koordinatenachsen? Begründe.

③ Die Mittelpunkte $M_n(x|x + 1)$ von Rauten $AB_nC_nD_n$ liegen auf der Geraden g mit $y = x + 1$.
Die Winkel B_nAM_n haben stets das Maß 36,87°.
Es gilt: $A(4|0)$
a) Zeichne die Rauten $AB_1C_1D_1$ für $x = 2$ und $AB_2C_2D_2$ für $x = 5$ in ein Koordinatensystem ein.
b) Zeige, dass gilt: $\overline{AB_n} = 1,25 \cdot \overline{AM_n}$
c) Stelle die Koordinaten der Punkte B_n in Abhängigkeit von der Abszisse der Punkte M_n dar.
[Ergebnis: $B_n(1,75x + 0,75|0,25x + 4)$]
d) Die Strecke $[B_3C_3]$ steht senkrecht auf der Geraden g. Berechne die Belegung von x.

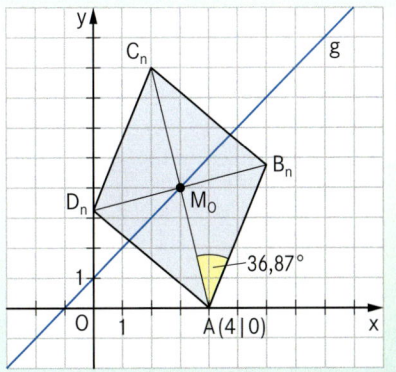

9 Vorbereitung Abschlussprüfung

Aufgaben ohne Hilfsmittel

1 Im Herzen der Antarktis wurde der Kälterekord für die Erde aufgestellt. Er liegt bei –136 Grad Fahrenheit (°F). Geben Sie die Temperatur in Grad Celsius (°C) an. Hinweis: Die Temperatur in °F erhält man, wenn man das 1,8-fache oder $\frac{9}{5}$-fache der Temperatur in °C mit 32 addiert.

2 Das dargestellte Diagramm ist ein Würfeldiagramm über eine Stadtbevölkerung.
2.1 Warum wurde zur Darstellung des Sachverhaltes ein Würfeldiagramm gewählt?
2.2 Wie viele Kinder sind 1 bis 16 Jahre alt, wenn die Kantenlängen des grünen Würfels halb so lang sind wie die des roten Würfels? Erklären Sie, wie Sie die Anzahl ermittelt haben.

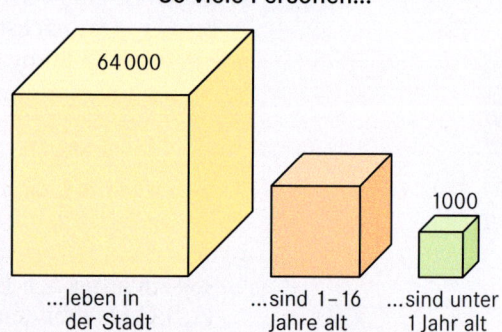

3 Seit 2012 gelten für die Hauptuntersuchung beim TÜV bei Mängeln höhere Hürden. Bei fünfjährigen Autos ergab sich nach den neuen Regeln folgende Mängelliste:
Ölverlust — bei 20 von 1000 Autos
Achsfedern/Dämpfung — bei $\frac{2}{25}$ der Autos
Beleuchtung — bei jedem 9. Auto
Lenkung — bei 0,9 % der Autos
Bei welchem Mangel werden die Prüfer in Zukunft genauer hinsehen, da er am häufigsten auftritt. Welcher Mangel tritt am seltensten auf? Begründen Sie Ihre Entscheidung.

4 Laut einer Studie der Universität Stuttgart entsorgen Industrie, Handel, Großverbraucher wie Gaststätten und Kantinen sowie Privathaushalte bundesweit in einem Jahr circa 11 Millionen Tonnen Lebensmittel. Es wird angenommen, dass der tatsächliche Anteil an weggeworfenen Lebensmitteln höher ist, da die direkt vom Acker entsorgten Abfälle nicht berücksichtigt wurden.
4.1 Berechnen Sie, wie viel Prozent der Lebensmittelabfälle durch die Privathaushalte verursacht werden. Runden Sie auf ganze Prozent.
4.2 Viele Lebensmittelabfälle in Privathaushalten sind vermeidbar. Die vermeidbaren Abfälle setzen sich wie folgt zusammen:
25 % Gemüse und 18 % Obst
12 % Speisereste
20 % Teig- und Backwaren
264 000 t sonstige Abfälle
Erstellen Sie ein geeignetes Diagramm.

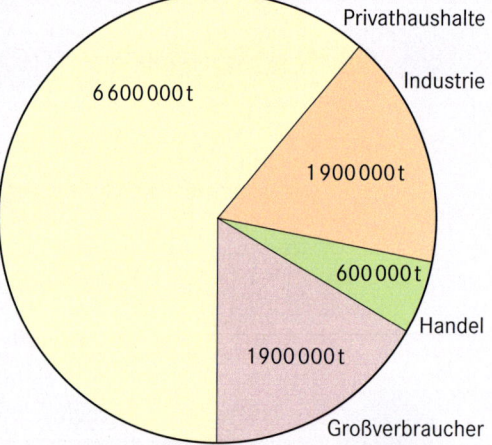

Ausführliche Lösungen sind ab Seite 218 zu finden.

5 Berechnen Sie zu der gegebenen Funktion f die Gleichung der Umkehrfunktion f^{-1}. Geben Sie die fehlenden Definitions- und Wertemengen und – falls vorhanden – die Gleichungen der Asymptoten an.
5.1 f: $y = x^{-3}$
5.2 f: $y = (x+1)^2 + 3$ mit $\mathbb{D}_f = \{x \mid x \leq -1\}$
5.3 f: $y = 7 \cdot \left(\frac{1}{2}\right)^x$
5.4 f: $y = \log_3 x$

6 Geben Sie die Gleichungen von drei Potenzfunktionen an, die keine Nullstellen besitzen.

Vorbereitung Abschlussprüfung – Aufgaben ohne Hilfsmittel

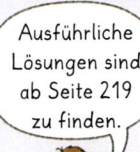

Ausführliche Lösungen sind ab Seite 219 zu finden.

7 Gegeben sind mehrere quadratische Gleichungen. Entscheiden Sie ohne Berechnung der Lösungen, ob die Gleichung lösbar ist oder nicht. Begründen Sie Ihre Entscheidung bei den Gleichungen, die keine Lösung besitzen. $\mathbb{G} = \mathbb{R}$

7.1 $1{,}7x^2 = 2{,}89$ 7.2 $(x+1)^2 = -4$ 7.3 $(x-5)^2 + 2 = 1$ 7.4 $x^2 + x + 7 = 0$
    $1{,}7x^2 = -2{,}89$ $(-x-1)^2 = -4$ $(x+5)^2 - 2 = 1$ $-x^2 + x + 7 = 0$

8 Lösen Sie die Gleichung. $\mathbb{G} = \mathbb{R}_0^+$

8.1 $2 \cdot \sqrt[3]{x} = 60$ 8.2 $\frac{1}{3}x^3 + 7 = 16$ 8.3 $2 \cdot 0{,}5^{x+2} + 0{,}5^2 = 4{,}25$ 8.4 $5^{2x} = 25 \cdot 5^{x-1}$

9 Im Koordinatensystem sind Graphen zu verschiedenen Funktionen dargestellt.

9.1 Ordnen Sie die Funktionsgleichungen den Graphen richtig zu.

   A $y = \log_{0{,}75}(x+1)$
   B $y = \log_3(x-2) + 1$
   C $y = 3 \cdot 2^x - 1$
   D $y = 0{,}75 \cdot 3^x$
   E $y = 3 \cdot \left(\frac{3}{4}\right)^x + 1$

9.2 Beschreiben Sie Lage und Verlauf des übrig gebliebenen Graphen.

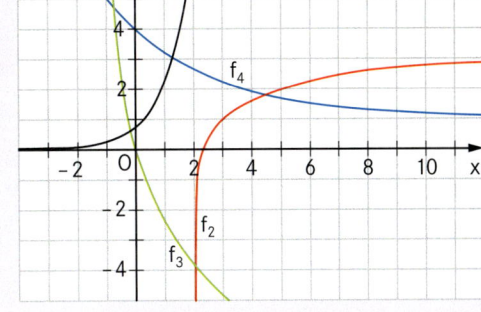

10 Gegeben sind folgende Funktionsgleichungen. Beschreiben Sie jeweils Lage und Aussehen des dazugehörigen Graphen.

10.1 $y = -0{,}5x^2$ 10.2 $y = x$ 10.3 $y = -0{,}25x^5$ 10.4 $y = 0{,}2 \cdot 3^x$
$y = -0{,}5x^2 + 1$ $y = \frac{1}{3}x$ $y = 0{,}25x^{-5}$ $y = 3^x$
$y = 0{,}5x^2 - 1$ $y = \frac{1}{3}x - 4$ $y = -0{,}25(x+2)^5$ $y = \log_3 x$
$y = 0{,}5x^2 + 2x + 1$ $y = -\frac{1}{3}x + 4$ $y = (x+2)^{-5}$ $y = 2 \cdot 3^x$

11 Der Punkt $A(12|2)$ liegt auf dem Graphen zur Funktion f mit $y = \lg(x-c) + 1$. Eine Gerade g schneidet die y-Achse im Punkt $P(0|1)$.

11.1 Geben Sie eine Gleichung der Geraden g an, so dass die Gerade g den Graphen der Funktion f sicher nicht schneidet. Begründen Sie Ihre Wahl.

11.2 Begründen Sie ohne Gleichsetzen der beiden Funktionsgleichungen, dass die Gerade g mit der Steigung -1 den Graphen von f schneidet.

12 In einer Regentonne mit quadratischer Grundfläche (siehe Abbildung rechts) steht das Wasser 40 cm hoch. Anschließend laufen pro Minute 8,0 Liter Wasser in die Tonne.

12.1 Wie hoch steht das Wasser nach 4 Minuten?

12.2 Geben Sie eine Funktionsgleichung an, die den Füllstand y cm des Wassers nach x Minuten beschreibt.

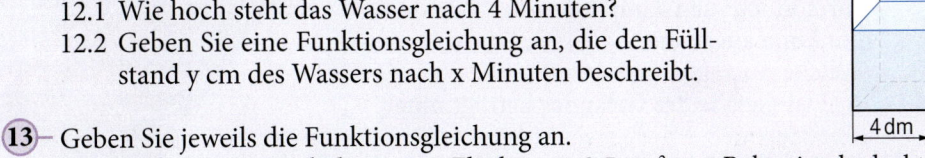

13 Geben Sie jeweils die Funktionsgleichung an.

13.1 Auf einer Petrischale ist eine Fläche von 2,5 cm² von Bakterien bedeckt. Die Fläche wächst täglich um 3 %. x bezeichnet die Anzahl der vergangenen Tage, y den Flächeninhalt der von den Bakterien bedeckten Teil der Petrischale in cm².

13.2 Radioaktives Jod-131 wird für medizinische Zwecke in einem Labor hergestellt. Es zerfällt mit einer Halbwertszeit von 8 Tagen. Das Labor lagert 6 Mikrogramm Jod-131. Nach x Tagen sei noch die Masse y in Mikrogramm vorhanden.

Vorbereitung Abschlussprüfung – Aufgaben ohne Hilfsmittel

Ausführliche Lösungen sind auf Seite 220 zu finden.

Für folgende Aufgaben aus der Trigonometrie dürfen Sie die Tabelle verwenden, wobei die angegebenen Werte teilweise gerundet sind.

α	0°	30°	45°	60°	90°	26,565°	53,13°
cos α	1	0,87	0,71	0,5	0	0,89	0,6
sin α	0	0,5	0,71	0,87	1	0,45	0,8
tan α	0	0,58	1	1,73	–	0,5	1,33

14 Bestimmen Sie den Flächeninhalt des Dreiecks. Alle notwendigen Angaben sind in den Zeichnungen zu finden.

14.1

14.2

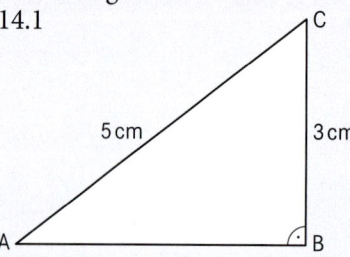

15 Bestimme in Abhängigkeit von α die Maßzahl x der Länge des rot markierten Kreisbogens für α ∈ [0; 90°].

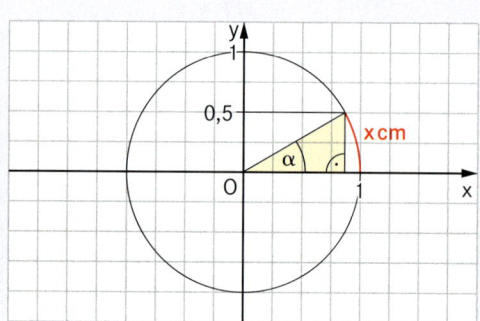

16

Im regelmäßigen Sechseck ABCDEF beträgt die Höhe des gleichseitigen Dreiecks ABM 4 cm.

16.1 Berechnen Sie die Seitenlänge des Dreiecks ABM auf Zehntelzentimeter gerundet.

16.2 Welchen Flächeninhalt hat das gleichschenklige Dreieck ABS im Vergleich zum Dreieck ABM? Begründen Sie ihr Ergebnis.

17 Das Bild zeigt einen Speed-Skifahrer auf der Abfahrtspiste. Das Gefälle des Abhangs wird durch den Graphen einer linearen Funktion angenähert.
Welche Aussagen sind wahr?

A Das Gefälle des Geländes beträgt unter 60 %.

B Das Gefälle des Geländes beträgt über 100 %.

C Der Tangens des Winkels 180° − α ist kleiner als −1.

D Der Tangens des Winkels 180° − α liegt in etwa bei −0,5.

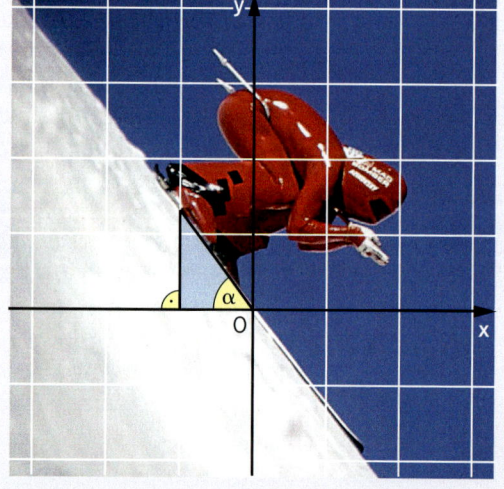

Vorbereitung Abschlussprüfung – Aufgaben ohne Hilfsmittel

18 Gegeben ist das Dreieck ABC. Berechnen Sie die Länge der Strecke [AC].
Entnehmen Sie der Zeichnung alle notwendigen Angaben.

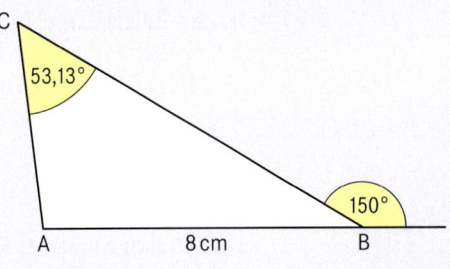

19 Von einem Würfel mit der Kantenlänge 10 cm wird der markierte Teil abgetrennt.
  19.1 Begründen Sie, dass der abgetrennte Körper ein Prisma ist.
  19.2 Berechnen Sie das Volumen des abgetrennten Teilkörpers.
  19.3 Begründen Sie ohne Rechnung, dass der abgetrennte Teilkörper viermal in den Würfel passt.

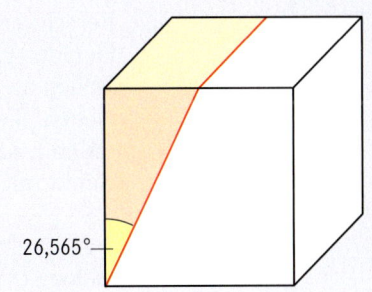

20

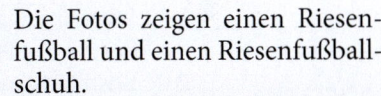

Die Fotos zeigen einen Riesenfußball und einen Riesenfußballschuh.
Die Überlegungen zu jeder Teilaufgabe müssen festgehalten werden und nachvollziehbar sein. Verwenden Sie für die Zahl π den Näherungswert 3,14.
  20.1 Bestimmen Sie den ungefähren Durchmesser des Fußballs und damit seinen Oberflächeninhalt.
  20.2 Zwischen der Schuhgröße y und der Fußlänge x cm besteht annähernd folgender Zusammenhang: y = 1,6x
  Geben Sie eine mögliche Schuhgröße für den Riesenfußballschuh an.
  20.3 Wie groß wäre ein Fußballspieler, der mit den Fußballschuhen spielt?

21 Die Abbildung zeigt eine Folge von Dreiecken OP_nP_{n+1}. Mit Hilfe einer Doppelabbildung erhält man aus dem Dreieck OP_0P_1 das Dreieck OP_1P_2.

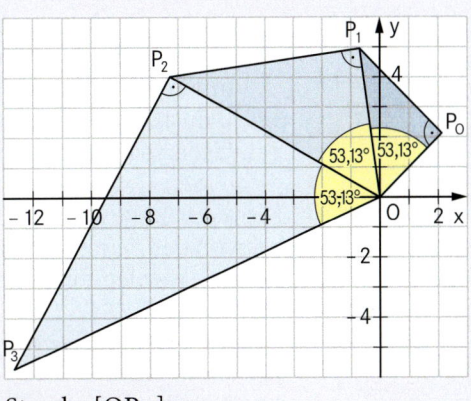

  21.1 Der Punkt P_0 hat die Polarkoordinaten $P_0(3\,|\,45°)$. Berechnen Sie die kartesischen Koordinaten von P_0.
  21.2 Zeigen Sie durch Rechnung, dass gilt: $\overline{OP_1} = 5$ LE; $\overline{P_0P_1} = 4$ LE
  21.3 Geben Sie die beiden Abbildungen mit allen notwendigen Bestimmungsstücken an.
  21.4 Geben Sie einen Term für die Länge der Strecke $[OP_{10}]$ an.
  Die Berechnung des Termwerts ist nicht erforderlich.

Ausführliche Lösungen sind ab Seite 220 zu finden.

Vorbereitung Abschlussprüfung – Funktionen

1 In der Zeichnung sind der Graph h sowie die Gerade g dargestellt.
  1.1 Welche Funktionsgleichung beschreibt h? Begründen Sie Ihre Entscheidung.
  A $y = \frac{2}{x}$
  B $y = -\frac{2}{x}$
  C $y = \frac{x}{2}$
  1.2 Stellen Sie die Gleichung der Geraden g auf.
  1.3 Berechnen Sie die Schnittpunkte der Geraden g mit dem Graphen h auf zwei Stellen nach dem Komma gerundet.
  1.4 Geben Sie die Gleichung einer Geraden a an, die keinen gemeinsamen Punkt mit dem Graphen h besitzt.

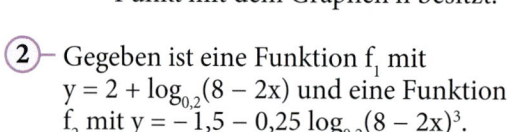

2 Gegeben ist eine Funktion f_1 mit $y = 2 + \log_{0,2}(8 - 2x)$ und eine Funktion f_2 mit $y = -1{,}5 - 0{,}25 \log_{0,2}(8 - 2x)^3$.
  2.1 Geben Sie jeweils die Definitions- und Wertemenge sowie die Gleichungen der Asymptoten an.
  2.2 Bestimmen sie die Abbildungsgleichung, mit der der Graph zu f_1 auf den Graphen zu f_2 abgebildet wird.
  2.3 Auf dem Graphen zu f_1 liegen Punkte $P_n(x \mid y_P)$, auf dem Graphen zu f_2 Punkte $Q_n(x \mid y_Q)$ mit gleicher Abszisse x. Berechnen Sie den Wert für x, für den die Länge der Strecke $[P_1Q_1]$ 1,5 LE beträgt.
  2.4 Berechnen Sie x so, dass der Punkt $T(x \mid 0{,}25)$ Mittelpunkt der Strecke $[P_2Q_2]$ ist.

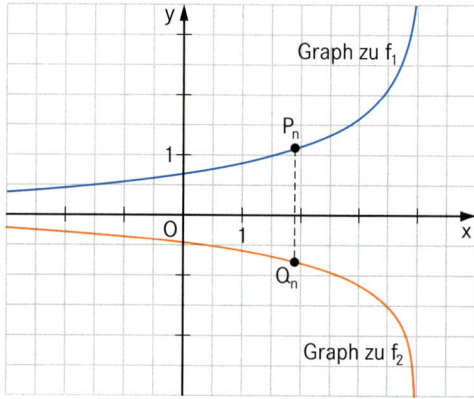

3 Ein Organismus wird von 500 Viren befallen, die sich für eine Zeit lang exponentiell vermehren. Die Anzahl der Viren im Organismus wächst in dieser Zeit jede Stunde um 20 %. Der Vorgang kann durch eine Gleichung der Form $y = k \cdot a^x$ beschrieben werden, wobei y für die Anzahl der Viren und x für die Anzahl der Stunden steht.
  3.1 Stellen Sie die zugehörige Funktionsgleichung auf.
  3.2 Erstellen Sie für die Anzahl y der Viren eine Wertetabelle. Es gilt: $x \in [0; 6]$
  3.3 Zeichnen Sie den Graphen in ein Koordinatensystem.
    Für die Zeichnung: 1 cm ≙ 1 h; $0 \leq x \leq 6$; 1 cm ≙ 200 Viren; $0 \leq y \leq 1600$
  3.4 Wie viele Viren befinden sich nach 11 Stunden im Organismus, wenn sie sich weiterhin exponentiell vermehren?
  3.5 Berechnen Sie, nach welcher Zeit sich mehr als 2100 Viren im Organismus befinden. Geben Sie das Ergebnis auf ganze Minuten gerundet an.

Ausführliche Lösungen sind ab Seite 221 zu finden.

4 Die radioaktive Masse y Gramm des radioaktiven Isotops Phosphor-29 wird in Abhängigkeit von der Zeit x Sekunden durch die Gleichung $y = m \cdot 1{,}1842^{-x}$ beschrieben. In einem Versuch wurden folgende Werte ermittelt:

x	5	2
y	2,14	3,56

  4.1 Berechnen Sie die ursprüngliche Masse m des Materials.
  4.2 Erstellen Sie den Graphen der Funktion für $x \in [0; 30]$ mit $\Delta x = 10$.
  4.3 Berechnen Sie, nach welcher Zeit noch 1 g (0,1 g) radioaktives Material vorhanden ist.
  4.4 Ermitteln Sie die Halbwertszeit von Phosphor-29.

Vorbereitung Abschlussprüfung – Funktionen

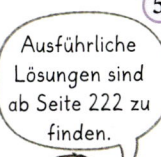
Ausführliche Lösungen sind ab Seite 222 zu finden.

5 Der Wertverlust eines Neuwagens beträgt im ersten Jahr ungefähr 24,2 %. In den folgenden Jahren sind es durchschnittlich nur noch 5,7 %. Im Jahr 2014 beträgt der Verkaufswert eines zwei Jahre alten Gebrauchtwagens 10 899 €.
  - 5.1 Begründen Sie, dass der jeweils gültige Verkaufswert in den Folgejahren durch die Gleichung y = 10 899 · 0,943^x dargestellt werden kann. Dabei steht x für die seit 2014 vergangenen Jahre und y für den Verkaufswert des Gebrauchtwagens in €.
  - 5.2 Stellen Sie den Verkaufswert des Autos für die Jahre 2014 bis 2023 grafisch dar.
  - 5.3 Wie groß ist der Verkaufswert des Gebrauchtwagens im Jahr 2026? Runden Sie auf ganze Euro.
  - 5.4 Der Gebrauchtwagen soll für 9500 € verkauft werden. Berechnen Sie, in welchem Jahr der Halter des Wagens ihn verkaufen muss.
  - 5.5 Berechnen Sie den Neupreis des Wagens auf ganze Euro gerundet.

6 Die Punkte P_n(x|y) liegen auf der unteren Randkurve des Axialschnitts eines waagrecht liegenden Weinglases.

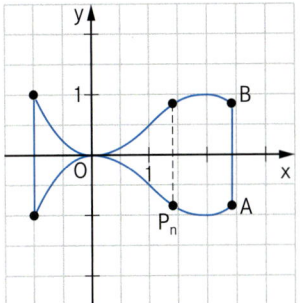

  - 6.1 Durch welche der folgenden Gleichungen kann die untere Randkurve beschrieben werden?
    A y = −0,5 · 2^x
    B y = 0,25x^3 − 0,75x^2
    C y = 0,5 x^3
  - 6.2 Geben Sie die Gleichung der oberen Randkurve an.
  - 6.3 Der Axialschnitt ist im Maßstab 1:5 verkleinert. Berechnen Sie den Flächeninhalt der Öffnung des Glases mit dem Durchmesser $\overline{AB}$ für x = 2,2.
  - 6.4 Die bisherige Randkurve soll so abgebildet werden, dass die Öffnung des Glases vergrößert wird. Geben Sie eine mögliche Abbildung an.
    Berechnen Sie die Gleichung der zugehörigen oberen und unteren Randkurve.

7 Der Luftdruck nimmt mit der Höhe über dem Meeresspiegel exponentiell ab. Dabei sinkt der Luftdruck pro 5500 m Höhenzunahme um die Hälfte. Am Boden beträgt der normale Luftdruck 1013 hPa.
  - 7.1 Stellen Sie die Abnahme des Luftdrucks grafisch dar. Hierbei steht x m für die Höhe über dem Meeresspiegel und y für den Luftdruck in hPa.
    Für die Zeichnung:
    1 cm ≙ 1000 m; 0 ≦ x ≦ 12000; 1 cm ≙ 100 hPa; 0 ≦ y ≦ 1100
  - 7.2 Stellen Sie die zugehörige Funktionsgleichung auf. (Runden Sie den Abnahmefaktor auf sechs Stellen nach dem Komma.)
  - 7.3 Berechnen Sie, in welcher Höhe über dem Meeresspiegel ein Luftdruck von 400 hPa herrscht.
  - 7.4 Geben Sie an, um wie viel Prozent der Luftdruck alle 11000 m abnimmt.
  - 7.5 Bei einer Tiefdruckwetterlage mit Regen herrschen andere Verhältnisse. Die Druckverhältnisse können durch die Gleichung y = 960 · 0,999884^x beschrieben werden. Ergänzen Sie den dazugehörigen Graphen in der Zeichnung zu 7.1. Berechnen Sie in welcher Höhe der Luftdruck gleich wäre.
  - 7.6 Die Eigenschaft der Druckabnahme nutzt man zum Beispiel beim Einsatz von Stratosphären-Ballons. Erklären Sie deren Nutzen.
  - 7.7 Das derzeit „tiefste (zugängliche) Loch" der Welt mit 9101 m befindet sich bei Windischeschenbach. Nehmen Sie an, dass sich die Funktion für den Luftdruck über dem Meeresspiegel auch für den Druck unter dem Meeresspiegel erweitern lässt. Begründen Sie hiermit, welcher Luftdruck am Boden des Bohrloches herrscht.

8 Gegeben ist eine Funktion f mit der Gleichung $y = 3(x+4)^{\frac{1}{3}} - 2$ in der Grundmenge $\mathbb{R} \times \mathbb{R}$.
  8.1 Begründen Sie, dass stets $x \geq -4$ gilt und geben Sie die Wertemenge an.
  8.2 Zeichnen Sie den Graphen zu f in ein Koordinatensystem. Bilden Sie den Graphen durch Achsenspiegelung an der Geraden mit $y = x$ auf den Graphen zu f' ab.
  Für die Zeichnung: $-5 \leq x \leq 5$; $-5 \leq y \leq 5$
  8.3 Bestimmen Sie die Gleichung von f'.
  8.4 Zu jedem Punkt $A_n(x \mid 3(x+4)^{\frac{1}{3}} - 2)$ mit $x < 4$ auf dem Graphen zu f gibt es einen Bildpunkt C_n auf dem Graphen zu f'. Diese Punkte bilden mit $D(4 \mid 4)$ Rauten $A_n B_n C_n D$, deren Symmetrieachse die Gerade mit $y = x$ ist. Zeichnen Sie eine der Rauten in das Koordinatensystem zu 8.2 ein.
  8.5 Der Flächeninhalt dieser Rauten $A_n B_n C_n D$ hängt nur von der Abszisse x der Punkte A_n ab. Welcher der Graphen stellt diesen Zusammenhang annähernd richtig dar. Begründen Sie.

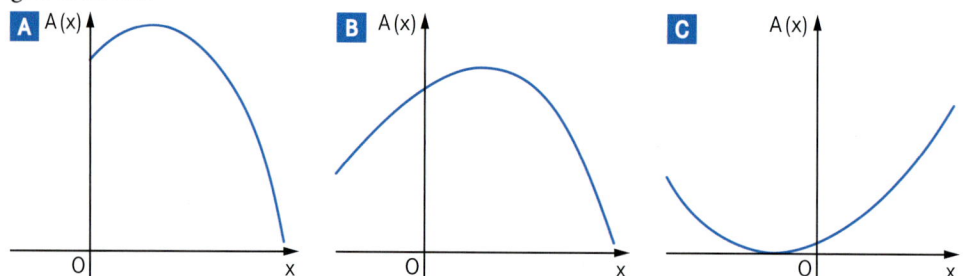

9 Gegeben ist die Funktion f_1 mit der Gleichung $y = 1{,}75^{x+2} - 1$ mit $\mathbb{G} = \mathbb{R} \times \mathbb{R}$.
  9.1 Geben Sie die Definitions- und Wertemenge der Funktion f_1 sowie die Gleichung der Asymptote an und zeichnen Sie den Graphen zu f_1 für $x \in [-7; 2]$ in ein Koordinatensystem. Für die Zeichnung: 1 LE $\triangleq$ 1 cm; $-8 \leq x \leq 3$; $-6 \leq y \leq 6$
  9.2 Der Graph zu f_1 wird zuerst durch eine orthogonale Affinität an der x-Achse mit $k = -0{,}5$ auf den Graphen zu f_2 und dann durch Parallelverschiebung mit $\vec{v} = \begin{pmatrix} -2 \\ 3 \end{pmatrix}$ auf den Graphen zu f_3 abgebildet. Ergänzen Sie in der Zeichnung zu 9.1 diese Graphen.
  9.3 Berechnen Sie die Gleichungen von f_2 und f_3.
  [Teilergebnis: f_2: $y = -0{,}5 \cdot 1{,}75^{x+2} + 0{,}5$]
  9.4 Die Funktion f_2^{-1} ist Umkehrfunktion zu f_2. Ermitteln Sie die Gleichung von f_2^{-1}.
  9.5 Die Graphen zu f_1 und f_2 schneiden sich im Punkt T. Berechnen Sie die Koordinaten.
  9.6 Es gibt zwei Paare von Punkten P_1 und Q_1 bzw. P_2 und Q_2 auf den Graphen zu f_1 bzw. f_2 mit jeweils gleicher Abszisse x, deren y-Koordinaten sich um 4 unterscheiden. Ermitteln Sie die Koordinaten der vier Punkte auf zwei Stellen nach dem Komma gerundet.

10 Gegeben ist die Funktion f_1 mit der Gleichung $y = \log_2(x+3)$ mit $\mathbb{G} = \mathbb{R} \times \mathbb{R}$. Der Graph zu f_1 wird durch Achsenspiegelung an der x-Achse und anschließender Parallelverschiebung mit dem Vektor $\vec{v}$ auf den Graphen der Funktion f_2 mit der Gleichung $y = -\log_2(x+4) + 3$ abgebildet.
  10.1 Geben Sie die Definitions- und Wertemenge der Funktion f_1 sowie die Gleichung der Asymptote h an und zeichnen Sie die Graphen zu f_1 und f_2 in ein geeignetes Koordinatensystem.
  10.2 Geben Sie die Koordinaten des Verschiebungsvektors $\vec{v}$ an.
  10.3 Bestimmen Sie die nach y aufgelöste Gleichung der Umkehrfunktion f_2^{-1} und zeichnen Sie den Graphen zu f_2^{-1} in das Koordinatensytem zu 10.1 ein.

Ausführliche Lösungen sind ab Seite 223 zu finden.

Vorbereitung Abschlussprüfung – Funktionen

11 Die Gleichung $y = -0{,}5^{x+1} + 2$ legt eine Funktion f fest. Runden Sie jeweils auf zwei Stellen nach dem Komma.

11.1 Geben Sie die Definitions- und Wertemenge der Funktion sowie die Gleichung der Asymptote an. Zeichnen Sie den Graphen zu f in ein Koordinatensystem.
Für die Zeichnung: 1 LE ≙ 1 cm; $-4 \leq x \leq 5$; $-3 \leq y \leq 4$

11.2 Der Punkt $P(x_P \,|\, -3)$ liegt auf dem Graphen zu f. Berechnen Sie die Abszisse x_P.

11.3 Der Graph der Funktion f wird durch Parallelverschiebung mit dem Vektor $\vec{v} = \binom{3}{1}$ auf den Graphen zu f' abgebildet. Tragen Sie den Graphen in das Koordinatensystem zu 11.1 ein. Zeigen Sie sodann, dass für die Gleichung von f' gilt: $y = -4 \cdot 0{,}5^x + 3$

11.4 Die Graphen zu f und f' schneiden sich in einem Punkt S. Berechnen Sie dessen Koordinaten.

11.5 Auf den Graphen zu f und f' liegen Punkte $P_n(x \,|\, -0{,}5^{x+1} + 2)$ und $Q_n(x \,|\, -4 \cdot 0{,}5^x + 3)$ mit gleicher Abszisse x. Zeichnen Sie für $x = -0{,}5$ die Punkte P_1 und Q_1 in das Koordinatensystem zu 11.1 ein.

11.6 Es gibt eine Strecke $[P_2Q_2]$ mit der Streckenlänge von 1 LE. Berechnen Sie die Koordinaten dieser Punkte.

12 Die Gleichung $y = -0{,}5 \cdot 2^{x-1} + 6$ legt eine Funktion f_1 fest. Der Graph zu f_1 wird durch Parallelverschiebung mit dem Vektor $\vec{v}$ auf den Graphen zu f_2 mit der Gleichung $y = -0{,}5 \cdot 2^{x-4} + 3$ abgebildet ($\mathbb{G} = \mathbb{R} \times \mathbb{R}$).

12.1 Geben Sie Definitions- und Wertemenge der Funktionen an und bestimmen Sie die Nullstelle der Funktion f_1 (auf zwei Stellen nach dem Komma gerundet).

12.2 Zeichnen Sie die Graphen der Funktionen f_1 und f_2 in ein Koordinatensystem. Geben Sie die Koordinaten von $\vec{v}$ an.
Für die Zeichnung: 1 LE ≙ 1 cm; $-4 \leq x \leq 8$; $-4 \leq y \leq 8$

12.3 Berechnen Sie die Koordinaten des Schnittpunktes P der Graphen zu f_1 und f_2 (auf zwei Stellen nach dem Komma gerundet).

12.4 Spiegelt man den Graphen zu f_1 an der Winkelhalbierenden des 1. und 3. Quadranten, so erhält man den Graphen der Funktion f_3.
Zeigen Sie, dass für die Gleichung von f_3 gilt: $y = \log_2(6 - x) + 2$

13 Durch die Gleichung $y = 0{,}5 \cdot (x + 2)^{-2} + 1$ ($\mathbb{G} = \mathbb{R} \times \mathbb{R}$) ist eine Funktion f festgelegt.

13.1 Geben Sie Definitions- und Wertemenge sowie die Gleichung der Asymptoten an.

13.2 Zeichnen Sie den Graphen zu f in ein Koordinatensystem.
Für die Zeichnung: 1 LE ≙ 1 cm; $-7 \leq x \leq 4$; $-6 \leq y \leq 6$

13.3 Der Graph der Funktion f wird zunächst durch Parallelverschiebung mit dem Vektor $\vec{v} = \binom{-1}{2}$ auf den Graphen der Funktion f_1 und dieser dann durch Spiegelung an der x-Achse auf den Graphen zu f_2 abgebildet. Bestimmen Sie rechnerisch die Gleichungen von f_1 und f_2.
[Ergebnisse: f_1 mit $y = 0{,}5 \cdot (x + 3)^{-2} + 3$; f_2 mit $y = -0{,}5 \cdot (x + 3)^{-2} - 3$]

13.4 Auf dem Graphen zu f liegen Punkte $C_n(x \,|\, 0{,}5 \cdot (x + 2)^{-2} + 1)$. Sie sind Eckpunkte von Dreiecken AB_nC mit $A(-3 \,|\, -1)$ und $B(2 \,|\, -1)$. Ergänzen Sie die Zeichnung zu 13.2 mit dem Dreieck ABC_1 für $x = -1{,}5$ und zeigen Sie, dass für den Flächeninhalt der Dreiecke in Abhängigkeit von x gilt: $A(x) = [1{,}25(x + 2)^{-2} + 5]$ FE

13.5 Für welche Werte von x ist $A(x) > 6{,}25$ FE?

Ausführliche Lösungen sind ab Seite 224 zu finden.

14 Bei einem Freistoß wird die Flugbahn des Balles durch eine Potenzfunktion dritten Grades der Form y = ax³ + bx² beschrieben. Vom Abstoßpunkt aus erreicht der Ball nach rund 5 m eine Höhe von 1,5 m, nach 12 m eine Höhe von 4 m. Dann fällt er nach unten. Die Entfernung vom Abstoßpunkt sei x m und die Flughöhe y m.

- 14.1 Stellen Sie eine Gleichung auf, die die Flugbahn des Balles beschreibt.
- 14.2 Welche Höhe dürfen die Spieler einer „Mauer" in 7,2 m Entfernung höchstens erreichen, damit der Ball über ihre Köpfe fliegt?
- 14.3 Wird der Ball von keinem Spieler berührt, trifft er wieder auf den Boden auf. In welcher Entfernung vom Abstoßpunkt ist dies der Fall?
  Hinweis: Klammere den Term x^2 aus.
- 14.4 Nimm an, der Ball würde in 2,2 m Höhe über die Torlinie fliegen. In welcher Entfernung vom Tor war dann der Freistoß? Bestimme die Werte auf zwei Stellen nach dem Komma mit dem Taschenrechner.

15 Ein Vermieter darf laut Gesetz die Miete für seine Wohnungen innerhalb von drei Jahren maximal um 20 % erhöhen. Zwischen zwei Mieterhöhungen müssen mindestens 12 Monate liegen.

- 15.1 Vermieter Hausmann hält sich exakt an die gesetzliche Vorschrift und erhöht die Miete jährlich im Monat Januar. Um welchen Prozentsatz darf er in jedem Jahr die Miete erhöhen?
- 15.2 Im Jahr 2014 betrug die Miete für eine der Wohnungen von Herrn Hausmann 750 € im Monat. Wie hoch ist die Miete im Jahr 2018?
- 15.3 Stellen Sie eine Gleichung auf, die das jährliche Ansteigen der Miete bei Vermieter Hausmann beschreibt.
- 15.4 Bei Vermieter Waltmann kostet im Jahr 2014 eine vergleichbare Wohnung 800 €. Er erhöht aber jährlich um 5 %. Stellen Sie eine Gleichung für diesen Mietzins auf.
- 15.5 In welchem Jahr ist die Miete bei Herrn Hausmann höher als bei Herrn Waltmann? Wie hoch ist sie dann bei beiden? Runden Sie auf ganze Euro.
- 15.6 Frau Kellermann verlangt im Jahr 2014 ebenfalls 800 € Miete für eine ihrer Wohnungen. Sie erhöht jährlich im Monat Januar die Miete um den gleichen Prozentsatz. Nach 3 Jahren beträgt die Miete der Wohnung 940 €. Berechnen Sie, um wie viel Prozent die Miete jährlich zunimmt. Runden Sie auf zwei Stellen nach dem Komma.

16 Herr Vorsicht beschließt im Alter von 40 Jahren eine Kapitallebensversicherung abzuschließen, die er 27 Jahre später zurück erhält. Die Versicherungssumme beträgt 43 000 €. Herr Vorsicht zahlt zu Beginn eines jeden Jahres 1425 € ein. Bei der Auszahlung erhält Herr Vorsicht neben der Versicherungssumme noch eine Gewinnbeteiligung, deren Höhe von verschiedenen Faktoren wie Zins- und Kostenentwicklung abhängt. Nach den Bedingungen beim Abschluss der Versicherung soll Herr Vorsicht bei der Auszahlung 64 000 € erhalten.

- 16.1 Mit welchem durchschnittlichen Zinssatz ist das Geld von Herrn Vorsicht angewachsen? Zur vereinfachten Berechnung verwendet man als Startkapital den nach der halben Laufzeit eingezahlten Betrag.
- 16.2 Frau Reichelt legt ihr erspartes Geld zu 3 % Zinssatz bei ihrer Bank an. Nach wie viel Jahren beträgt ihr Guthaben mehr als 64 000 €, wenn sie 25 000 € anlegt?
- 16.3 Welchen Betrag müsste Frau Reichelt zu den Bedingungen in 16.2 anlegen, um nach 27 Jahren wie Herr Vorsicht ebenfalls 64 000 € zu besitzen?

Vorbereitung Abschlussprüfung – Funktionen

17 Um sich vor radioaktiver γ-Strahlung zu schützen, wird strahlendes Material in einem Bleibehälter aufbewahrt. Eine 10 mm dicke Bleischicht reduziert die Strahlung auf die Hälfte des ursprünglichen Wertes.

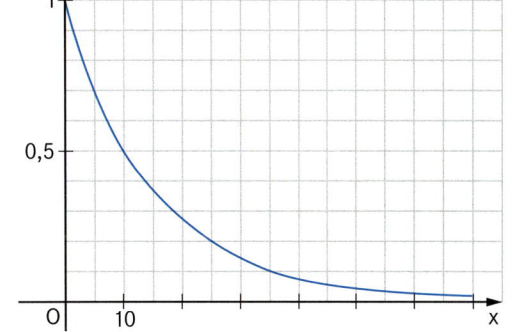

17.1 In der Grafik ist die Abnahme der Strahlungsintensität y in Abhängigkeit von der Dicke x mm der Bleiplatte dargestellt. Der Graph lässt sich durch eine Funktion f mit einer Gleichung der Form $y = a^{-x}$ beschreiben. Ermitteln Sie die Gleichung.

17.2 Berechnen Sie, auf welchen Bruchteil die Strahlung bei einer 25 mm dicken Platte reduziert wird.

17.3 Wie dick muss eine Platte sein, damit nur 10 % des ursprünglichen Wertes durch die Abschirmung strahlen?

17.4 Berechnen Sie, wie dick die Platte sein muss, damit die Strahlung auf ein Hundertstel des ursprünglichen Wertes reduziert wird.

17.5 Anstelle von Bleiplatten zur Abschirmung kann auch Aluminium verwendet werden. Eine 7 cm dicke Aluminiumplatte zur Abschirmung von γ-Strahlung hat denselben Effekt wie eine 2,2 mm dicke Bleischicht. Ermitteln Sie die Gleichung für die Abnahme der Strahlungsintensität y in Abhängigkeit von der Dicke x mm der Aluminiumplatte.

18 Bei der chemischen Reaktion von Zink mit Salzsäure entstehen Zinkchlorid und Wasserstoff. Dabei nimmt die Konzentration der Salzsäure mit der Zeit ab. Im Diagramm ist die Abnahme der Konzentration $y \frac{mol}{l}$ nach x Sekunden für eine bestimmte Art von Salzsäure dargestellt.

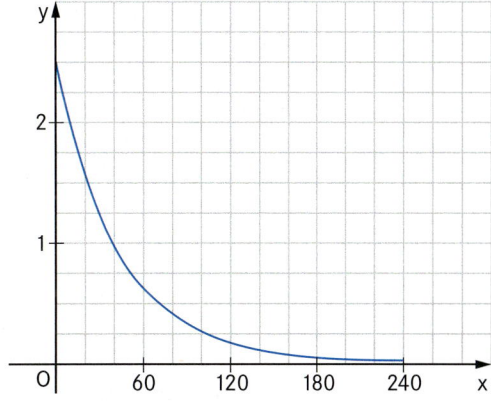

18.1 Entnehmen Sie der Zeichnung, nach welcher Zeit noch die Hälfte und wann 25 % der ursprünglichen Konzentration vorhanden ist.

18.2 Prüfen Sie, ob für dieses Material die Abnahme der Konzentration $y \frac{mol}{l}$ in Abhängigkeit von der Zeit x Sekunden durch eine Gleichung der Form $y = 2 \cdot a^{-x}$ beschrieben werden kann.

18.3 In einem Versuch wird durch Zugabe reiner Salzsäure die Konzentration wieder auf den ursprünglichen Wert erhöht. Begründen Sie, welcher der Graphen A, B oder C den Vorgang annähernd beschreibt.

Ausführliche Lösungen sind auf Seite 225 zu finden.

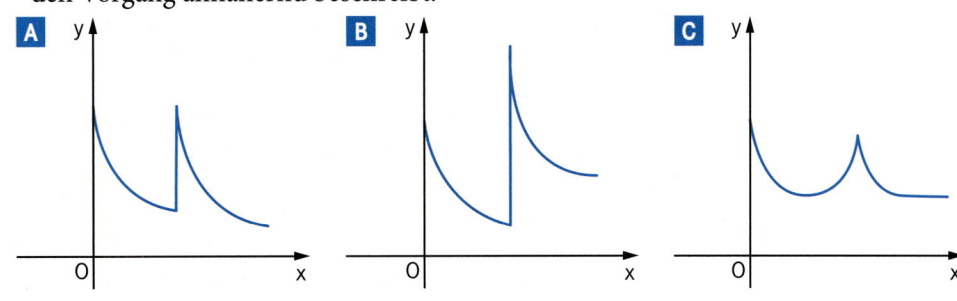

Ausführliche Lösungen sind auf Seite 226 zu finden.

zur ASP

19* Ein Forschungsteam untersucht den Wachstumsprozess einer Bakterienkultur. Hierzu wurde jeweils die Anzahl y der Bakterien nach x Tagen in einer Tabelle erfasst:

x	0	5	10	15	20	25
y	$5{,}00 \cdot 10^6$	$8{,}91 \cdot 10^6$	$15{,}88 \cdot 10^6$	$28{,}29 \cdot 10^6$	$50{,}41 \cdot 10^6$	$89{,}82 \cdot 10^6$

19.1 Zeichnen Sie den dazugehörigen Graphen.
Für die Zeichnung: 1 cm ≙ 4 d; $0 \leq x \leq 28$; 1 cm ≙ $20 \cdot 10^6$ Bakterien; $0 \leq y \leq 100 \cdot 10^6$

19.2 Die Zahlenpaare der Tabelle gehören zu einer Funktion f mit einer Gleichung der Form $y = 5 \cdot 10^6 \cdot 1{,}9^{ax}$ mit $\mathbb{G} = \mathbb{R} \times \mathbb{R}$ und $a \in \mathbb{R}^+$. Berechnen Sie den zugehörigen Wert für a auf zwei Stellen nach dem Komma gerundet. [Ergebnis: a = 0,18]

19.3 Um wie viel Prozent wächst die Bakterienkultur täglich? Runden Sie auf zwei Stellen nach dem Komma.

19.4 Wegen eines Übertragungsfehlers wurde die Tabelle oben wie folgt korrigiert:

x	2	7	12	17	22	27
y	$5{,}00 \cdot 10^6$	$8{,}91 \cdot 10^6$	$15{,}88 \cdot 10^6$	$28{,}29 \cdot 10^6$	$50{,}41 \cdot 10^6$	$89{,}82 \cdot 10^6$

Zeichnen Sie den Graphen der Funktion f´ für die korrigierte Tabelle in das Koordinatensystem zu 19.1 ein.

19.5 Der Graph der Funktion f kann auf den Graphen der Funktion f´ abgebildet werden. Zeigen Sie rechnerisch, dass für die Gleichung der Funktion f´ gilt:
$y = 3{,}97 \cdot 10^6 \cdot 1{,}9^{0{,}18x}$; $\mathbb{G} = \mathbb{R} \times \mathbb{R}$

19.6 Ermitteln Sie mit Hilfe der beiden Graphen den Unterschied in der Anzahl der Bakterien für x = 22.

19.7 Berechnen Sie den Wert für x auf Ganze gerundet, so dass der Unterschied in der Anzahl der Bakterien $100 \cdot 10^6$ beträgt.

20 Es wird der Zusammenhang zwischen dem Druck x bar und dem Volumen y cm³ einer eingeschlossenen Luftmenge untersucht. Dazu sind eine Glasröhre und eine Stahlkugel so geschliffen, dass die Kugel einen Raum in der Glasröhre abgrenzt und doch leicht beweglich ist. Beim Versuchsstart hat die eingeschlossene Luftmenge ein Volumen von 20,0 cm³ und einem Druck von 1,0 bar. Während des Versuchs bleibt die Temperatur der eingeschlossenen Luft konstant.

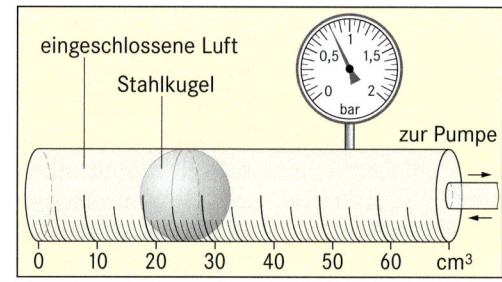

20.1 Im Versuch wurde folgende Wertetabelle erstellt:

x bar	0,5	0,6	0,8	1,0	1,2	1,4	1,6	1,8	2,0	2,2
y cm³	40,0	33,3	25	20	16,7	14,3	12,5	11,1	10,0	9,1

Zeigen Sie rechnerisch, dass die Paare (x|y) zu einer Funktion f_1 der indirekten Proportionalität gehören. Runden Sie dabei auf ganze Zahlen.

20.2 Geben Sie die Gleichung dieser Funktion f_1 an.
20.3 Berechnen Sie, welches Volumen die eingeschlossene Luft bei 2,5 bar hätte.
20.4 Bei welchem Druck beträgt das eingeschlossene Luftvolumen 15,0 cm³?
20.5 Der Graph zu f_1 wird von einer Geraden g mit $y = -10x + 40$ geschnitten. Zeichnen Sie beide Graphen in ein Koordinatensystem. Berechnen Sie die Koordinaten der Schnittpunkte A und B.
Für die Zeichnung: 1 bar ≙ 2 cm; $0 \leq x \leq 3$; 10 cm³ ≙ 1 cm; $0 \leq y \leq 50$
20.6 Die Funktion f_2 mit $y = \frac{16}{x} + 5$ stellt einen anderen Zusammenhang dar. Tragen Sie den Graphen zu f_2 in die Zeichnung zu 20.5 ein und berechnen Sie die Koordinaten des Schnittpunktes C der Graphen f_1 und f_2.

*aus einer früheren Abschlussprüfung

Vorbereitung Abschlussprüfung – Funktionen

21 Der asiatische Marienkäfer wurde in den achtziger Jahren nach Europa gebracht, um Blattläuse biologisch zu bekämpfen, da er viel gefäßiger ist als unser heimischer Marienkäfer. Nun verbreitet sich der asiatische Marienkäfer allerdings in freier Wildbahn, besitzt aber keine natürlichen Feinde.
In einem kleinen Beobachtungsgebiet wurden zu Beginn des Jahres 2013 insgesamt 200 asiatische Marienkäfer gezählt. Zu Beginn des Jahres 2015 waren es bereits 51 200 Käfer. Der Zusammenhang zwischen der Anzahl y der Tiere und der von diesem Zeitpunkt an vergangenen Jahre x lässt sich durch eine Funktion f mit der Gleichung $y = y_0 \cdot a^x$ mit $\mathbb{G} = \mathbb{R}_0^+ \times \mathbb{R}_0^+$ beschreiben.

21.1 Berechnen Sie, in welchem Jahr die Anzahl der Marienkäfer größer als 1 000 000 sein wird.

21.2 Zu Beginn welchen Jahres werden erstmals über eine Milliarden Marienkäfer mehr als im Jahr zuvor gezählt werden?

22* Nach der Verabreichung eines Medikaments wird dieses im menschlichen Körper abgebaut. Nach x h (Stunden) beträgt die Masse des Medikaments im Körper y mg. Messungen zeigen, dass der Abbau von Medikamenten im Körper durch die Funktion f mit der Gleichung $y = y_0 \cdot 10^{n \cdot x}$ ($\mathbb{G} = \mathbb{R} \times \mathbb{R}$; $y_0 \in \mathbb{R}^+$; $n \in \mathbb{R}$) dargestellt werden kann. Dabei bedeutet y_0 mg die Anfangsmasse des verabreichten Medikamentes und n die Abklingrate der Konzentration des Medikaments im Körper. Um 8:00 Uhr werden einem Patienten 5,0 mg eines Medikaments verabreicht. Für dieses Medikament gilt: $n = -0{,}07572$

22.1 Tabellarisieren Sie die Funktion f: $y = 5{,}0 \cdot 10^{-0{,}07572 \cdot x}$ für $x \in [0;\ 8]$ in Schritten von $\Delta x = 1$ auf zwei Stellen nach dem Komma gerundet und zeichnen Sie sodann die Graphen zu f in ein Koordinatensystem.
Für die Zeichnung: 1 cm $\triangleq$ 1 h; $0 \leq x \leq 8$; 1 cm $\triangleq$ 0,5 mg; $0 \leq y \leq 5{,}5$

22.2 Berechnen Sie, wie viel Prozent des Medikaments der Körper stündlich abbaut. (Auf zwei Stellen nach dem Komma runden.)

22.3 Um die optimale Wirksamkeit des Medikaments zu erreichen, darf die Masse des Medikaments im Körper 1,5 mg nicht unterschreiten und 8 mg nicht überschreiten. Berechnen Sie die Uhrzeiten auf Minuten genau, zu denen die nächste Verabreichung von ebenfalls 5,0 mg frühestens oder spätestens erfolgen muss.

22.4 Die zweite Verabreichung von 5,0 mg des Medikaments erfolgt um 12:30 Uhr. Berechnen Sie die um 16:00 Uhr im Körper befindliche Masse. (Auf zwei Stellen nach dem Komma.)

22.5 Ein anderes Medikament wird vom Körper nach 4 Stunden zur Hälfte abgebaut. Berechnen Sie für dieses Medikament den Wert für n auf fünf Stellen nach dem Komma gerundet.

22.6 Ein Patient nimmt dreimal hintereinander die gleiche Masse des Medikaments aus 22.5 im Abstand von 6 Stunden ein. Einer der Graphen in den unten stehenden Diagrammen A, B und C stellt die Masse des Medikaments im Körper des Patienten qualitativ in Abhängigkeit von der Zeit dar.
Geben Sie das zugehörige Diagramm an und begründen Sie Ihre Auswahl.

Ausführliche Lösungen sind ab Seite 226 zu finden.

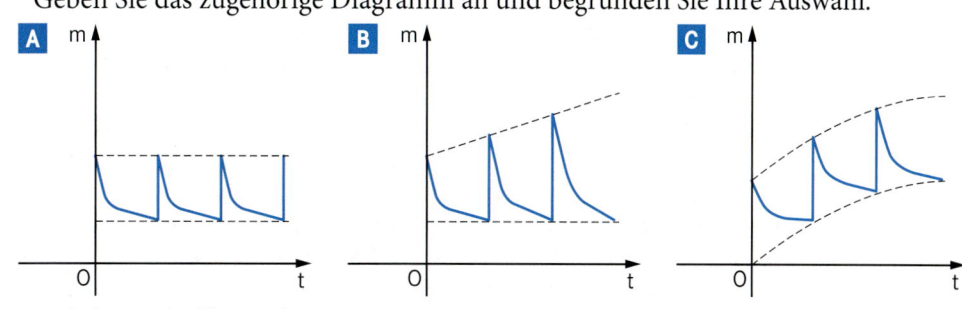

*aus einer früheren Abschlussprüfung

Vorbereitung Abschlussprüfung – Trigonometrie

Ausführliche Lösungen sind ab Seite 227 zu finden.

1 Gegeben sind Dreiecke OP_nQ_n.
Es gilt: $O(0|0°)$; $P_n(4|180°+\alpha)$; $Q_n(2,5|360°-\alpha)$; $\alpha \in [0°; 90°]$
1.1 Zeichnen Sie die Dreiecke OP_1Q_1 für $\alpha = 40°$ und OP_2Q_2 für $\alpha = 70°$.
Für die Zeichnung: $-6 \leq x \leq 4$; $-8 \leq y \leq 1$
1.2 Zeigen Sie, dass sich der Flächeninhalt der Dreiecke wie folgt in Abhängigkeit von α darstellen lässt: $A(\alpha) = 10 \sin\alpha \cos\alpha$ FE
1.3 Welcher Flächeninhalt ergibt sich jeweils an den Intervallgrenzen für α?
1.4 Berechnen Sie das Winkelmaß α, für das gilt: $A = 2,5$ FE
1.5 Für welche Belegung von α hat eines der Dreiecke maximalen Flächeninhalt? Geben Sie diesen an.

2 Die Pfeile $\overrightarrow{OP} = \binom{6}{-3}$ und $\overrightarrow{OQ_n} = \binom{4\sin\alpha + 1}{2\cos^2\alpha}$ mit $\alpha \in [0°; 180°[$ spannen Dreiecke OPQ_n auf.
2.1 Zeichnen Sie zwei Dreiecke für $\alpha = 45°$ und $\alpha = 120°$.
Für die Zeichnung: 1 LE $\triangleq$ 1 cm; $-1 \leq x \leq 7$; $-4 \leq y \leq 2$
2.2 Zeigen Sie, dass sich der Flächeninhalt der Dreiecke wie folgt in Abhängigkeit von α darstellen lässt: $A(\alpha) = (-6\sin^2\alpha + 6\sin\alpha + 7,5)$ FE
2.3 Bestimmen Sie die Belegungen von α, für die die Dreiecke maximalen bzw. minimalen Flächeninhalt haben.

3 Die Dreiecke AB_nC_n sind gleichschenklig mit der Basis $[B_nC_n]$. Es gilt: $\overline{B_nD} = 3$ cm
3.1 Zeigen Sie, dass für die Schenkellängen a in Abhängigkeit von α gilt:
$$a(\alpha) = \frac{3\sin(\alpha + 40°)}{\sin\alpha} \text{ cm}$$
3.2 Berechnen Sie die Belegung von α, für die gilt: $a = 6$ cm

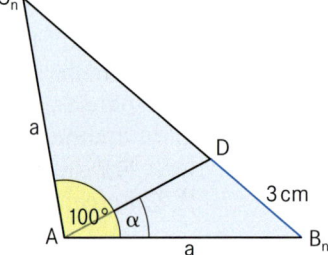

4 Die Punkte D_n liegen auf dem Kreis um M mit dem Radius $\overline{AM}$. M ist Mittelpunkt der Strecke [AC]. Es gilt: $\overline{AM} = 6$ cm; $\sphericalangle B_nAC = \alpha$
4.1 Stellen Sie den Flächeninhalt A_1 der Dreiecke AD_nM in Abhängigkeit von α dar.
[Ergebnis: $A_1(\alpha) = 18\sin 2\alpha$ cm²]
4.2 Berechnen Sie den Flächeninhalt A_2 der Dreiecke D_nB_nC in Abhängigkeit von α.
[Ergebnis: $A_2(\alpha) = 72\sin^2\alpha \tan\alpha$ cm²]
4.3 Berechnen Sie die Belegung von α, für die die Dreiecke D_1CM und D_1B_1C denselben Flächeninhalt haben.
4.4 Berechnen Sie die Inhalte der blau und gelb markierten Flächen für $\alpha = 30°$.

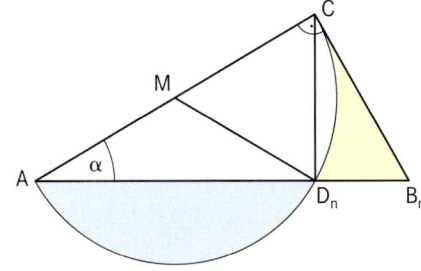

5 Gegeben sind die Pfeile $\overrightarrow{OP_n} = \binom{2\cos\varphi + 3}{3\sin^2\varphi}$ und $\overrightarrow{OR_n} = \binom{3\cos\varphi - 1}{3}$. Sie spannen zusammen mit $O(0|0)$ für $\varphi \in {]}0°; 200°[$ Parallelogramme $OP_nQ_nR_n$ auf.
5.1 Berechnen Sie die Koordinaten der Pfeile $\overrightarrow{OP_1}$ und $\overrightarrow{OR_1}$ für $\varphi = 20°$ sowie $\overrightarrow{OP_2}$ und $\overrightarrow{OR_2}$ für $\varphi = 120°$. Zeichnen Sie die Parallelogramme $OP_1Q_1R_1$ und $OP_2Q_2R_2$ in ein Koordinatensystem ein. Für die Zeichnung: 1 LE $\triangleq$ 1 cm; $-3 \leq x \leq 7$; $-1 \leq y \leq 6$
5.2 Zeigen Sie, dass sich die Seitenlänge $\overline{OR_n}$ wie folgt darstellen lässt:
$\overline{OR_n}(\varphi) = \sqrt{9\cos^2\varphi - 6\cos\varphi + 10}$ LE
5.3 Für welches Winkelmaß φ beträgt die Länge der Strecke $[OR_n]$ 5 LE?
5.4 Bestimmen Sie die Koordinaten der Punkte Q_n in Abhängigkeit von φ.
5.5 Geben Sie die Gleichung des Trägergraphen der Punkte P_n an.

Vorbereitung Abschlussprüfung – Trigonometrie

6 Die Abbildung zeigt die Nationalflagge der Republik Timor Leste in Südostasien.
Die Strecke [EG] ist Mittelparallele des Rechtecks ABCD und der Punkt F Mittelpunkt der Strecke [EG]. Die Punkte P_n wandern auf der Strecke [EF].

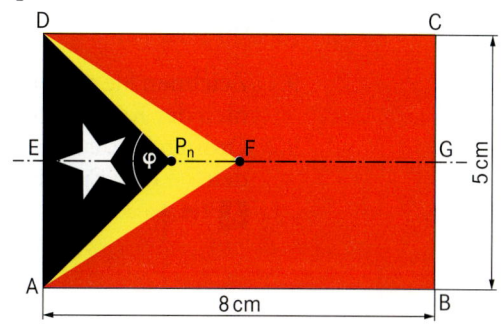

6.1 Zeichnen Sie die Flagge für $\varphi = 80°$ (ohne Stern).
6.2 Aus welchem Intervall kann man φ wählen, so dass Dreiecke AP_nD existieren?
6.3 Stellen Sie den Flächeninhalt der Dreiecke AP_nD und der Trapeze $ABGP_n$ in Abhängigkeit von φ dar.

[Ergebnis: $A_{Trapez}(\varphi) = \left(20 - \dfrac{3{,}125}{\tan\dfrac{\varphi}{2}}\right) cm^2$]

6.4 Der Winkel DP_1A hat das Maß $\varphi = 73°$. Welchen Bruchteil der Gesamtstrecke nimmt $[P_1F]$ ein?
6.5 Berechnen Sie das Winkelmaß φ, für das der Flächeninhalt des Dreiecks AP_2D genau 40 % des Flächeninhalts des Trapezes $ABGP_2$ beträgt.

7 Das Dreieck ABC ist gleichseitig mit der Seitenlänge 6 cm. Trägt man wie in der Abbildung dargestellt drei Winkel mit jeweils dem Maß ε an, so entstehen neue Dreiecke $P_nQ_nR_n$. Es gilt: $\varepsilon \in \,]0°;\ 30°[$

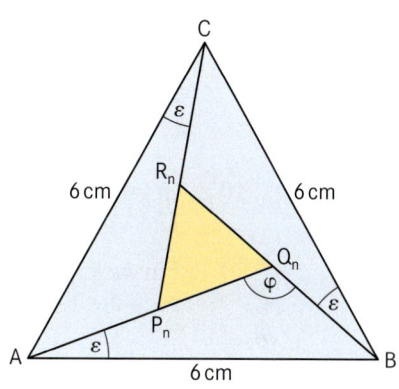

7.1 Zeigen Sie, dass für das Maß der Winkel AQ_nB gilt: $\varphi = 120°$
7.2 Zeigen Sie durch Rechnung, dass gilt:
$\overline{AQ_n}(\varepsilon) = 4\sqrt{3}\sin(60° - \varepsilon)$ cm;
$\overline{BQ_n}(\varepsilon) = 4\sqrt{3}\sin\varepsilon$ cm
7.3 Zeigen Sie, dass sich die Seitenlängen $\overline{P_nQ_n}$ wie folgt in Abhängigkeit von ε darstellen lassen:
$\overline{P_nQ_n}(\varepsilon) = 6(\cos\varepsilon - \sqrt{3}\sin\varepsilon)$ cm
7.4 Berechnen sie den Flächeninhalt des Dreiecks $P_1Q_1R_1$ für $\varepsilon = 20°$.

8 Für die Dreiecke $A_nB_nC_n$ gilt:
$\overline{A_nC_n} = (4 + 3x)$ cm; $\overline{B_nC_n} = (7 - x)$ cm; $x \in \mathbb{R}$; $\sphericalangle B_nA_nC_n = 30°$

Die Dreiecke $A_nB_nC_n$ rotieren um A_nB_n als Achse.

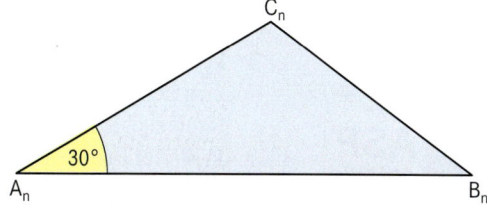

8.1 Untersuchen Sie, ob für $x = 4$ ein Rotationskörper existiert.
8.2 Unter den Rotationskörpern gibt es einen, dessen Axialschnitt eine Raute ist. Berechnen Sie die Oberfläche dieses Körpers.
8.3 Berechnen Sie den größtmöglichen Wert für x, für den Rotationskörper existieren.

Ausführliche Lösungen sind auf Seite 228 zu finden.

Vorbereitung Abschlussprüfung – Trigonometrie

9 Die Pfeile $\overrightarrow{QP_n} = \begin{pmatrix} 6 \cos \alpha \\ \frac{3}{\cos \alpha} + 1 \end{pmatrix}$ rotieren um die y-Achse und erzeugen oben offene Kegel ($\alpha \in \;]0°;\;90°[$).

9.1 Zeichnen Sie den Axialschnitt eines Kegels für $\alpha = 40°$. Zeigen Sie, dass für das Volumen der Kegel in Abhängigkeit von α gilt: $V(\alpha) = \pi\,(12 \cos^2 \alpha + 36 \cos \alpha)$ VE

9.2 Ordnen Sie der Funktion des Volumens der Kegel den richtigen Graphen zu. Begründen Sie Ihre Entscheidung.

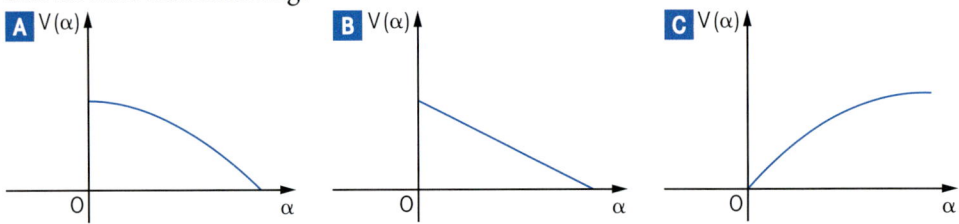

9.3 Für welchen Wert von α ergibt sich ein Kegel mit einem Öffnungswinkel von 90°?

10 Die Zeichnung zeigt das Schlussstück einer Vorhangstange aus Holz. Das Abschlussstück setzt sich aus einem Kegel und einer Halbkugel zusammen. Würde man die Halbkugel zur Kugel ergänzen, berührt die Mantelfläche des Kegels die Kugel. Die Höhe des Kegels beträgt 6 cm.

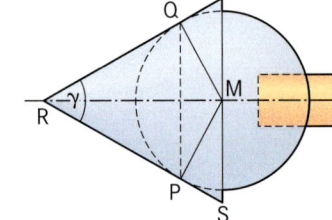

10.1 Zeigen Sie, dass sich die Volumina von Kegel und Halbkugel wie folgt in Abhängigkeit vom Maß γ des Öffnungswinkels des Kegels darstellen lassen:

$$V_{\text{Kegel}}(\gamma) = 72\,\pi\,\tan^2 \tfrac{\gamma}{2} \text{ cm}^3; \quad V_{\text{Halbkugel}}(\gamma) = 144\,\pi\,\sin^3 \tfrac{\gamma}{2} \text{ cm}^3$$

10.2 Begründen Sie:
Die Volumina von Kegel und Halbkugel verhalten sich wie $1 : \left(\sin \gamma \cos \tfrac{\gamma}{2}\right)$.

10.3 Für welchen Wert von γ ist das Volumen der Halbkugel halb so groß wie das Volumen des Kegels? Lösen Sie die Aufgabe mit dem GTR.

11 Ein Kreisel aus Holz hat die Form eines Doppelkegels. Er wird aus einem Holzzylinder ausgefräst. Der Öffnungswinkel des oberen Kegels des Kreisels beträgt 90°, die Gesamthöhe des Kreisels beträgt 4 cm. Die weitere Form ist variabel. Es gilt: $\alpha \in \;]0°;\;90°[$

11.1 Welchen Durchmesser kann der Zylinder maximal haben?

11.2 Zeigen Sie, dass sich der Radius der Kreisel wie folgt in Abhängigkeit von α darstellen lässt:

$$r(\alpha) = \frac{4 \tan \alpha}{1 + \tan \alpha} \text{ cm}$$

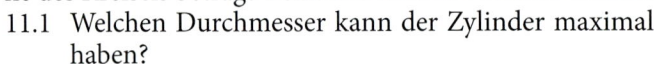

11.3 Das Volumen der Kreisel hängt ebenfalls von α ab:

$$V(\alpha) = \frac{64}{3}\,\pi\,\frac{\tan^2 \alpha}{(1 + \tan \alpha)^2} \text{ cm}^3$$

Bestätigen Sie durch Rechnung.

11.4 Wie groß ist das Maß des Winkels α, wenn das Volumen des Kreisels 15 % des maximalen Zylindervolumens betragen soll? Wie groß ist in diesem Fall der Radius des Kreisels? Runden Sie auf eine Stelle nach dem Komma.

11.5 Wie viel Prozent des tatsächlich benötigten Zylindervolumens hat das Volumen des Kreisels aus 11.4 wirklich? Begründen Sie.

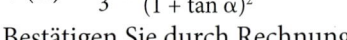

Ausführliche Lösungen sind auf Seite 229 zu finden.

zur ASP

Ausführliche Lösungen sind ab Seite 229 zu finden.

12 Gegeben sind die Vierecke AB_nCD_n. Der Punkt S ist Mittelpunkt der Diagonalen [AC]. Er teilt die Diagonalen $[B_nD_n]$ im Verhältnis $\overline{B_nS}:\overline{SD_n} = 2:1$.
Es gilt: $A(-4|-3)$; $C(0|5)$; $B_n(1 + 2\cos\alpha \,|\, 1 - 2\sin^2\alpha)$ mit $\alpha \in [0°;\ 360°]$.

12.1 Zeichnen Sie die Vierecke AB_1CD_1 für $\alpha = 30°$ und AB_2CD_2 für $\alpha = 90°$ in ein Koordinatensystem ein.
Für die Zeichnung: $-6 \leq x \leq 5$; $-4 \leq y \leq 6$

12.2 Ordnen Sie die Gleichung des Trägergraphen der Punkte B_n richtig zu und zeichnen Sie ihn in das Koordinatensystem zu 12.1 ein.
A $y = 1 - 0,5(x-1)^2$ **B** $y = 0,5(x-1)^2 - 1$ **C** $y = 0,25(x-1)^2 - 1$

12.3 Die Diagonalen der Vierecke AB_3CD_3 und AB_4CD_4 stehen aufeinander senkrecht. Berechnen Sie die Koordinaten der Punkte B_3 und B_4.

12.4 Stellen Sie die Koordinaten der Eckpunkte D_n in Abhängigkeit von α dar und ermitteln Sie, welche Werte x_D annehmen kann.
[Teilergebnis: $D_n(-3,5 - \cos\alpha \,|\, 1 + \sin^2\alpha)$]

12.5 Welcher der folgenden Graphen beschreibt den Trägergraphen der Punkte D_n?

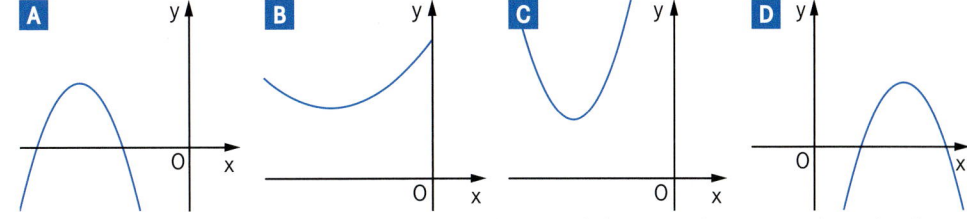

12.6 Der Eckpunkt D_5 des Vierecks AB_5CD_5 liegt auf der Geraden g mit der Gleichung $y = -0,5x - 0,5$. Berechnen Sie den zugehörigen Wert von α.

12.7 Zeigen Sie, dass sich der Flächeninhalt der Vierecke AB_nCD_n wie folgt in Abhängigkeit von α darstellen lässt: $A(\alpha) = (-6\cos^2\alpha + 12\cos\alpha + 24)$ FE

12.8 Welche Extremwerte kann der Flächeninhalt annehmen?

13 Eine beliebte Volksfestattraktion ist Intergalaktika 3000. An 8 m langen Tragearmen sind Gondeln als „fliegende Untertassen" befestigt, die um die Achse AB gedreht werden können. Zusätzlich kann durch das Ausfahren eines Hydraulikzylinders mit x m die Länge der Verstrebung $[AC_n]$ und damit die „Flughöhe" verändert werden.

13.1 Berechnen Sie das Maß φ_0 des Winkels C_0BA in der Ruhelage der Gondeln.

13.2 Zeigen Sie, dass sich das Maß φ des Winkels C_nBA wie folgt in Abhängigkeit von x darstellen lässt:
$$\cos\varphi = \frac{-x^2 - 8x + 35,25}{39}$$

13.3 Berechnen Sie den maximalen Wert für φ, wenn die größte Verlängerung der Verstrebung $[AC_n]$ 2,0 m beträgt.

13.4 Zeigen Sie, dass sich die Höhe h der Gondelaufhängung über dem Boden wie folgt in Abhängigkeit von φ darstellen lässt: $h(\varphi) = (10 - 8\cos\varphi)$ m

13.5 Berechnen Sie die maximale „Flughöhe".

13.6 Wie viele Stufen mit 20 cm Höhe sind zum bequemen Einsteigen in die Gondel nötig?

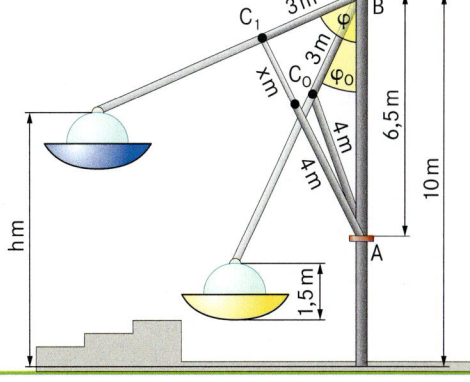

Vorbereitung Abschlussprüfung – Trigonometrie

14 Die Punkte Z_n sind die Symmetriepunkte von Parallelogrammen ABC_nD_n.
Es gilt: $A(-3,5 \mid 2)$; $B(-2 \mid -4)$; $\overrightarrow{BZ_n} = \begin{pmatrix} 2\cos\varphi + 1 \\ 2 + \frac{1}{\cos\varphi} \end{pmatrix}$; $\varphi \in [0°;\ 90°[$

14.1 Berechnen Sie die Koordinaten der Vektoren $\overrightarrow{BZ_1}$ für $\varphi = 0°$ und $\overrightarrow{BZ_2}$ für $\varphi = 70°$.
Zeichnen Sie die Parallelogramme ABC_1D_1 und ABC_2D_2 in ein Koordinatensystem ein. Für die Zeichnung gilt: $-5 \leq x \leq 8$; $-5 \leq y \leq 8$

14.2 Zeigen Sie, dass für die Koordinaten der Punkte D_n gilt: $D_n\left(4\cos\varphi \mid \frac{2}{\cos\varphi}\right)$

14.3 Bestimmen Sie die Koordinaten der Eckpunkte C_n in Abhängigkeit von φ.

14.4 Ordnen Sie die Gleichungen der Trägergraphen der Punkte C_n und D_n richtig zu:

A $y = \frac{8}{x-1,5} - 6$ **B** $y = -\frac{8}{x}$ **C** $y = \frac{8}{x+1,5} + 6$ **D** $y = \frac{8}{x}$

14.5 Zeichnen Sie den Trägergraphen der Punkte D_n in das Koordinatensystem zu 14.1 ein. Für welchen Wert von φ liegt ein Eckpunkt D_3 auf der Winkelhalbierenden des 1. Quadranten?

14.6 Für welche Belegungen von φ nimmt eines der Parallelogramme einen Flächeninhalt von 43,6 FE an? [Teilergebnis: $A(\varphi) = \left(24\cos\varphi + \frac{3}{\cos\varphi} + 18\right)$ FE]

14.7 Die Seite $[AD_4]$ des Parallelogramms ABC_4D_4 verläuft durch den Punkt $P(0 \mid 4)$. Berechnen Sie den zugehörigen Wert von φ und zeichnen Sie das Parallelogramm ABC_4D_4 in die Zeichnung zu 14.1 ein.

14.8 Berechnen Sie die Innenwinkelmaße des Parallelogramms ABC_4D_4.

14.9 Die Diagonale $[BD_5]$ verläuft senkrecht zur Geraden g mit $y = -\frac{2}{3}x - 3$.
Berechnen Sie die Koordinaten der Eckpunkte C_5 und D_5 des Parallelogramms ABC_5D_5.

15* Die Punkte $A(1 \mid -1)$; $B_n(3 + 4\cdot\cos\varphi \mid 1 - 3\cdot\sin^2\varphi)$ mit $\varphi \in [0°;\ 123,27°[$ und $C(5 \mid 1)$ sind Eckpunkte von Vierecken AB_nCD_n. Der Punkt S ist der Schnittpunkt der Diagonalen der Vierecke AB_nCD_n und zugleich der Mittelpunkt der Diagonale $[AC]$.
Gleichzeitig teilt der Punkt S die Diagonalen $[B_nD_n]$ im Verhältnis $\overline{B_nS} : \overline{SD_n} = 1:3$.

15.1 Zeichnen Sie die Vierecke AB_1CD_1 für $\varphi = 90°$ und AB_2CD_2 für $\varphi = 60°$ in ein Koordinatensystem.
Für die Zeichnung: 1 LE ≙ 1 cm; $-4 \leq x \leq 7$; $-3 \leq y \leq 7$

15.2 Berechnen Sie die Koordinaten der Punkte D_n in Abhängigkeit von φ. Zeigen Sie sodann rechnerisch, dass für die Gleichung des Trägergraphen p der Punkte D_n gilt:
$y = -\frac{1}{16}\cdot(x-3)^2 + 6$

[Teilergebnis: $D_n(3 - 12\cdot\cos\varphi \mid -3 + 9\sin^2\varphi)$]
Zeichnen Sie sodann den Trägergraphen p in das Koordinatensystem zu 15.1 ein.

15.3 Unter den Vierecken AB_nCD_n gibt es ein Drachenviereck AB_3CD_3.
Zeichnen Sie dieses Drachenviereck in das Koordinatensystem zu 15.1 ein.
Bestimmen Sie rechnerisch den zugehörigen Wert für φ sowie die Koordinaten des Punktes B_3. (Auf zwei Stellen nach dem Komma runden.)

15.4 Zeigen Sie, dass sich der Flächeninhalt $A(\varphi)$ der Vierecke AB_nCD_n in Abhängigkeit von φ wie folgt darstellen lässt: $A(\varphi) = (-24\cdot\cos^2\varphi + 16\cdot\cos\varphi + 16)$ FE.

15.5 Unter den Vierecken AB_nCD_n besitzt das Viereck AB_0CD_0 den größten Flächeninhalt A_{max}.
Berechnen Sie diesen Flächeninhalt und den zugehörigen Wert von φ.

Ausführliche Lösungen sind ab Seite 230 zu finden.

* Aus einer früheren Abschlussprüfung

Vorbereitung Abschlussprüfung – Trigonometrie

16 Im Viereck ABCD in der Abbildung rechts sind drei Kreissektoren eingezeichnet. Die Diagonale [BD] liegt auf der Symmetrieachse des Kreissektors DPQ.
Es gilt:
$\overline{AB}$ = 8 cm; $\overline{BC}$ = 6 cm; $\overline{CD}$ = 5 cm;
$\overline{DE}$ = $\overline{DF}$ = 3,5 cm; ∢ CBA = 90°;
∢ DCB = 75°; $\overline{DP}$ = 2,8 cm; ∢ PDQ = φ

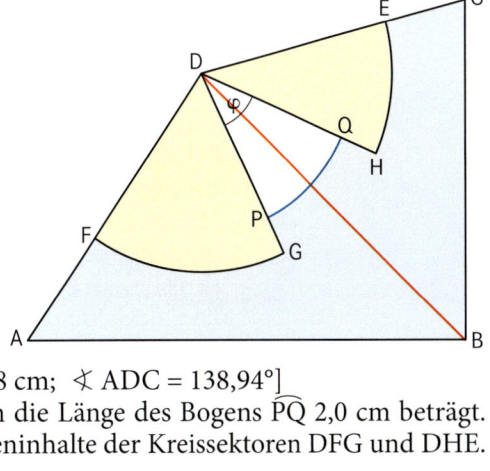

16.1 Berechnen Sie auf zwei Stellen nach dem Komma gerundet die Längen der Strecken [AC] und [AD] sowie das Maß des Winkels ADC.
[Teilergebnisse: $\overline{AC}$ = 10 cm; $\overline{AD}$ = 5,68 cm; ∢ ADC = 138,94°]

16.2 Berechnen Sie das Winkelmaß φ, wenn die Länge des Bogens $\widehat{PQ}$ 2,0 cm beträgt. Berechnen Sie für diesen Fall die Flächeninhalte der Kreissektoren DFG und DHE.
[Teilergebnis: φ = 40,9°]

16.3 Stellen Sie den Flächeninhalt A des Kreissektors DFG in Abhängigkeit von φ dar.
[Ergebnis: A (φ) = (8,51 − 0,05 φ) cm²]

16.4 Das Maß φ des Winkels PDQ wird so verändert, dass die Strecke [DP] parallel zur Seite [BC] verläuft. Berechnen Sie den Flächeninhalt des Kreissektors DPQ.

16.5 Das Maß φ des Winkels PDQ wird so verändert, dass der Flächeninhalt des Kreissektors DPQ 25 % der Summe der beiden Flächeninhalte der Kreissektoren DFG und DHE beträgt. Berechnen Sie das Winkelmaß φ.

16.6 Zeigen Sie, dass für die Länge der Sehnen [FG] in Abhängigkeit von φ gilt:
$$\overline{FG}(\varphi) = \sqrt{24{,}5 - 24{,}5 \cos\left(79{,}64° - \frac{\varphi}{2}\right)} \text{ cm}$$

16.7 Berechnen Sie das Winkelmaß φ, für das gilt: $\overline{FG}$ = 3,5 cm

17 Die Grundfläche der Pyramide ABCS ist das gleichschenklige Dreieck ABC mit der Basis [BC]. Der Punkt E ist Mittelpunkt der Basis. Die Strecke [PQ] verläuft parallel zur Basis [BC], die Spitze S liegt senkrecht über dem Punkt A (siehe Abbildung).
Es gilt: $\overline{AE}$ = 8 cm; $\overline{BC}$ = 12 cm; $\overline{ET}$ = 2 cm; $\overline{AS}$ = 8 cm; Ebenen durch [PQ] schneiden die Strecke [ES] in den Punkten R_n. Die Winkel R_nTA haben das Maß φ.

17.1 Zeichnen Sie ein Schrägbild für q = ½; ω = 45° und [AE] auf der Schrägbildachse. Tragen Sie die Strecke [TR₁] für φ = 60° in das Schrägbild ein.

17.2 Aus welchem Intervall kann man φ wählen, so dass Dreiecke PQR_n existieren?

17.3 Zeigen Sie, dass für die Längen der Strecken [TR_n] in Abhängigkeit von φ gilt:
$$\overline{TR_n}(\varphi) = \frac{\sqrt{2}}{\sin(\varphi - 45°)} \text{ cm}$$

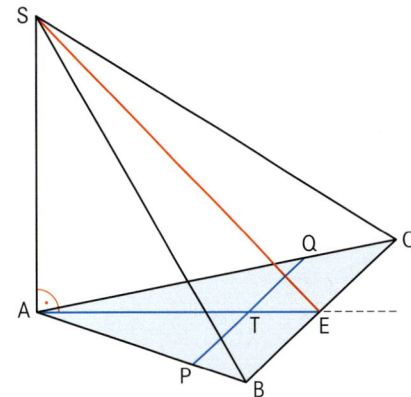

17.4 Berechnen Sie die Belegung von φ, für die gilt: $\overline{TR_n}$ = 1,5 cm

17.5 Stellen Sie den Flächeninhalt der Dreiecke PQR_n in Abhängigkeit von φ dar.

17.6 Berechnen Sie die Belegung von φ, für die das Dreieck PQR_2 gleichseitig ist.

17.7 Berechnen Sie das Maß von φ, für das der Winkel PR_3Q im Dreieck PQR_3 das Maß 80° hat.

Ausführliche Lösungen sind ab Seite 232 zu finden.

18* Das Trapez ABCD hat die parallelen Grundseiten [AD] und [BC] und die Höhe [EF]. Das Trapez ist Grundfläche einer Pyramide ABCDS (siehe Abbildung).
Es gilt: $\overline{AD} = 10$ cm; $\overline{BC} = 6$ cm; $\overline{EF} = 7$ cm; $\overline{EG} = 3$ cm; $\overline{GS} = 8$ cm

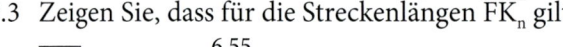

18.1 Berechnen Sie das Maß ε des Winkels FES, das Maß δ des Winkels SFE und die Länge der Strecken [ES] und [FS].
[Ergebnisse: ε = 69,44°; δ = 63,43°; $\overline{ES}$ = 8,54 cm; $\overline{FS}$ = 8,94 cm]

18.2 Auf der Kante [AS] liegen Punkte L_n und auf der Kante [DS] liegen Punkte H_n mit $[L_n H_n] \parallel [AD]$.
Die Strecken $[L_n H_n]$ schneiden die Strecke [ES] in den Punkten K_n.
Die Winkel K_nFE haben das Maß φ mit φ ∈ [0°; 63,43°[.
Die Punkte B, C, H_n und L_n sind Eckpunkte von gleichschenkligen Trapezen $BCH_n L_n$.
Zeichnen Sie für φ = 48° das Trapez $BCH_1 L_1$ mit seiner Höhe $[FK_1]$ ein.
Begründen Sie die obere Intervallgrenze für den Winkel φ.

18.3 Zeigen Sie, dass für die Streckenlängen $\overline{FK_n}$ gilt:
$$\overline{FK_n}(\varphi) = \frac{6{,}55}{\sin(69{,}44° + \varphi)} \text{ cm}$$

18.4 Im Trapez $BCH_2 L_2$ hat die Höhe $[FK_2]$ die Länge 8 cm.
Berechnen Sie das zugehörige Maß von φ.

18.5 Welcher der folgenden Diagramme stellt die Länge der Strecken $\overline{FK_n}$ in Abhängigkeit von φ dar? Begründen Sie Ihre Antwort.

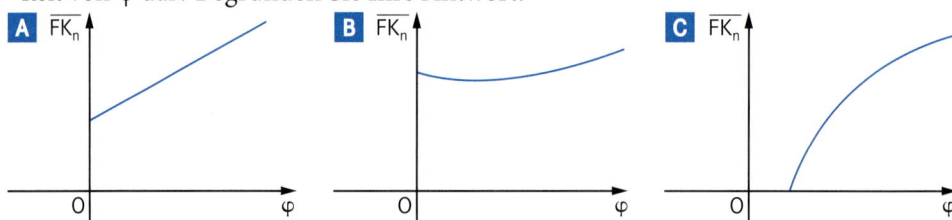

18.6 Die Streckenlängen $\overline{L_n H_n}$ lassen sich wie folgt in Abhängigkeit von φ darstellen:
$$\overline{L_n H_n}(\varphi) = \left(10 - \frac{8{,}20 \sin \varphi}{\sin(\varphi + 69{,}44°)}\right) \text{ cm oder}$$
$$\overline{L_n H_n}(\varphi) = \frac{10{,}5 \sin(63{,}43° - \varphi)}{\sin(\varphi + 69{,}44°)} \text{ cm}$$
Bestätigen Sie rechnerisch einen der beiden Terme.

18.7 Berechnen Sie den Flächeninhalt des Trapezes $BCH_1 L_1$ aus Teilaufgabe 18.2.

18.8 Die Punkte K_n sind Spitzen von Pyramiden $ABCDK_n$ mit der Grundfläche ABCD und den Höhen $[K_n P_n]$. Die Punkte P_n liegen auf der Strecke [EF]. Ermitteln Sie durch Rechnung das Volumen V der Pyramiden $ABCDK_n$ in Abhängigkeit von φ.

$$\left[\text{Zwischenergebnis: } \overline{K_n P_n}(\varphi) = \frac{6{,}55 \cdot \sin \varphi}{\sin(69{,}44° + \varphi)} \text{ cm}\right]$$

18.9 Das Volumen der Pyramide $ABCDK_1$ ist um 60 % kleiner als das Volumen der Pyramide ABCDS. Berechnen Sie das dazugehörige Winkelmaß φ.

Ausführliche Lösungen sind ab Seite 233 zu finden.

zur ASP

* Aus einer früheren Abschlussprüfung

Vorbereitung Abschlussprüfung – Trigonometrie

19 Das Dachgeschoss eines Altbaus in Schräghausen wird im Rahmen von Sanierungsmaßnahmen geändert. Es ist geplant, die senkrecht zur rechteckigen Grundfläche ABCD stehende Giebelfront BCH durch eine Schrägdachfläche BCP_n zu ersetzen. Der senkrecht zur Grundfläche verlaufende Giebel ADG bleibt unverändert. Im Abstand von 2,50 m zur Grundfläche soll eine Decke $A'B_nC_nD'$ eingezogen werden.
Es gilt: $\overline{AB}$ = 8,00 m; $\overline{AD}$ = 10,00 m; $\overline{EG}$ = 5,00 m; $\overline{FH}$ = 4,00 m; $\sphericalangle HFP_n = \varepsilon$.

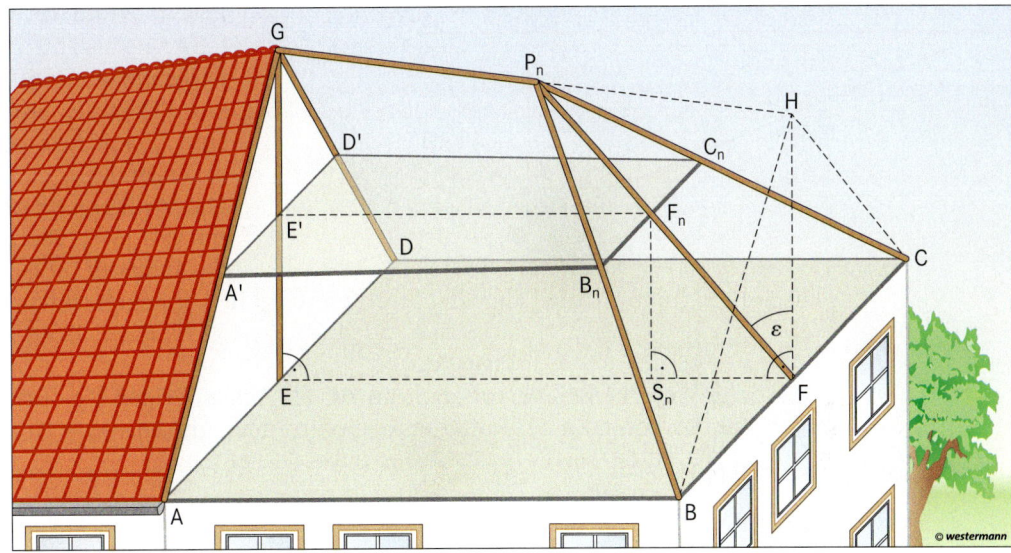

19.1 Zeigen Sie: Der Winkel GHF hat das Maß 97,13°.

19.2 Berechnen Sie die Länge der Strecken $[FP_n]$ in Abhängigkeit von ε.

$$\left[\text{Ergebnis: } \overline{FP_n}(\varepsilon) = \frac{3{,}97}{\sin(97{,}13° + \varepsilon)} \text{ m}\right]$$

19.3 Aus welchem Intervall kann man ε wählen, so dass Strecken $[FP_n]$ existieren?

19.4 Für welches Maß von ε wäre das Dreieck BCP_1 gleichseitig?

19.5 Zeigen Sie, dass sich die Länge der Strecken $[B_nC_n]$ wie folgt in Abhängigkeit von ε darstellen lässt:

$$\overline{B_nC_n}(\varepsilon) = \left(10 - \frac{6{,}30 \sin(97{,}13° + \varepsilon)}{\cos \varepsilon}\right) \text{ m}$$

19.6 Die Strecke $[B_2C_2]$ ist 4,60 m lang. Berechnen Sie für diesen Fall das Winkelmaß ε.
[Ergebnis: ε = 47,43°]
Berechnen Sie anschließend den Flächeninhalt der Decke $A'B_2C_2D'$.

19.7 Die Raumhöhe soll wie oben angegeben stets 2,50 m betragen. Welcher der folgenden Graphen könnte den Flächeninhalt der Decke $A'B_nC_nD'$ in Abhängigkeit von ε beschreiben? Begründen Sie.

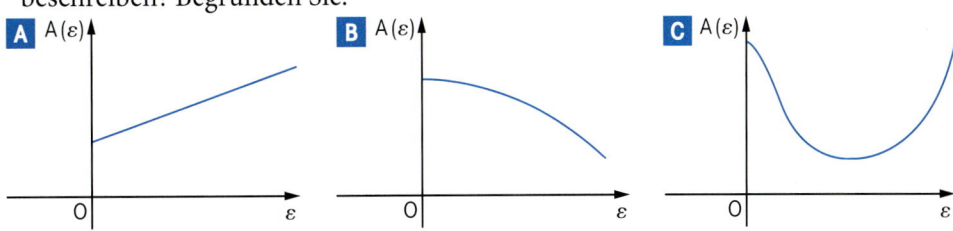

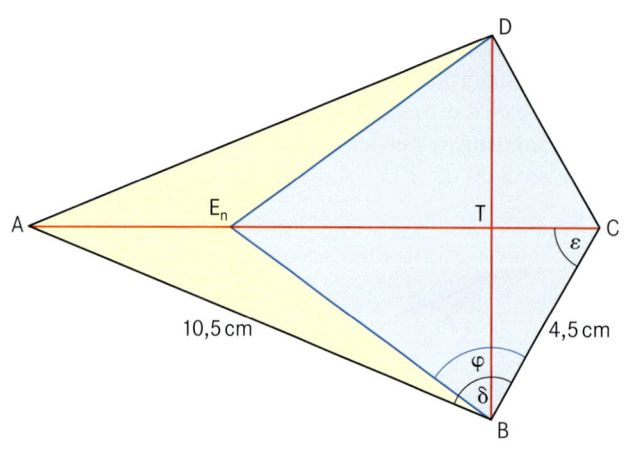

20* Im Drachenviereck ABCD mit der Symmetrieachse AC ist der Punkt T Schnittpunkt der Diagonalen.
Es gilt: $\overline{AC}$ = 12 cm; weitere Maße siehe Abbildung

20.1 Berechnen Sie das Maß ε des Winkels ACB und das Maß δ des Winkels CBA.
[Ergebnisse: ε = 60°; δ = 98,21°]

20.2 Die Punkte E_n auf der Strecke [AT] sind Eckpunkte von Drachenvierecken $BCDE_n$.
Die Winkel CBE_n haben das Maß φ mit φ ∈]30°; 98,21°]. Begründen Sie das Intervall für φ.

20.3 Berechnen Sie die Länge der Strecken $[CE_n]$ in Abhängigkeit von φ.
$\left[\text{Ergebnis: } \overline{CE_n}(\varphi) = \dfrac{4{,}5 \sin \varphi}{\sin(60° + \varphi)} \text{ cm}\right]$

20.4 Die Vierecke $BCDE_n$ rotieren um AC als Achse. Zeigen Sie durch Rechnung, dass für das Volumen der Rotationskörper in Abhängigkeit von φ gilt:
$V(\varphi) = \dfrac{71{,}57 \sin \varphi}{\sin(60° + \varphi)} \text{ cm}^3$

20.5 Berechnen Sie das Maß φ so, dass der zugehörige Rotationskörper ein Volumen von 50 cm³ hat.

20.6 Welcher der unten abgebildeten Graphen beschreibt mit Sicherheit nicht das Volumen in Abhängigkeit von φ? Begründen Sie Ihre Antwort.

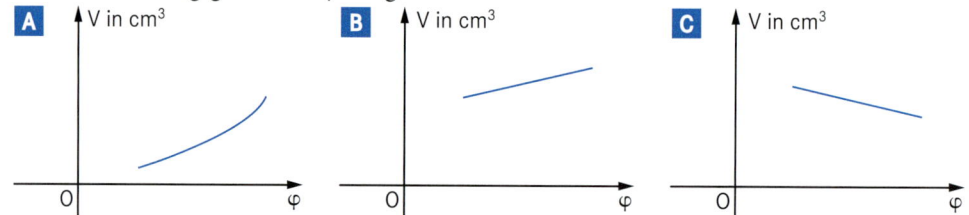

20.7 Jedem Rotationskörper aus 20.4 kann eine Kugel einbeschrieben werden. In dem zum Viereck $BCDE_2$ gehörenden Rotationskörper beträgt der Kugelradius 2,5 cm. Der Axialschnitt dieser Kugel ist der Kreis k mit dem Mittelpunkt M. Der Kreis k berührt die Strecke [BC] im Punkt F. Zeichnen Sie den Kreis k, das Viereck $BCDE_2$ und die Strecken [MF] und [MB]. Berechnen Sie das zugehörige Maß φ des Winkels CBE_2.

20.8 In eine der Kugeln aus 20.7 läuft durch eine Öffnung, die oben angebracht ist, pro Sekunde immer die gleiche Menge einer Flüssigkeit. Welcher der folgenden Diagramme beschreibt die Füllhöhe in Abhängigkeit von der Zeit? Begründen Sie.

Ausführliche Lösungen sind auf Seite 236 zu finden.

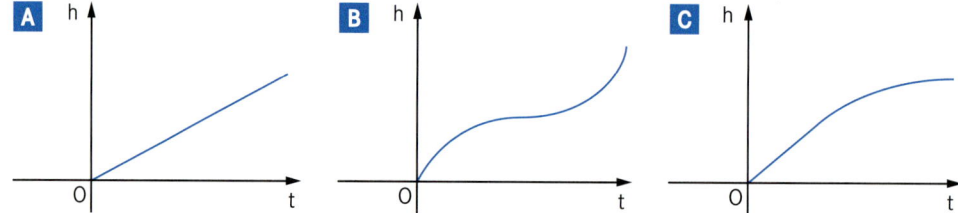

20.9 Zeigen Sie durch Rechnung, dass für den Oberflächeninhalt O der Rotationskörper in Abhängigkeit von φ gilt: $O(\varphi) = \left(55{,}13 + \dfrac{759{,}41}{\sin(60° + \varphi)}\right) \text{ cm}^2$

* Aus einer früheren Abschlussprüfung

21 Gegeben sind die gleichschenkligen Trapeze A_nB_nCD mit $\overline{DC}$ = 3 cm. Die Winkel A_nDC haben das Maß ε mit ε ∈]90°; 180°[. Die Geraden A_nB_n und CD haben einen Abstand von 4 cm.

21.1 Berechnen Sie die Schenkellängen und die Länge der Strecken [A_nB_n] in Abhängigkeit von ε.

21.2 Die Trapeze A_nB_nCD rotieren um die Gerade CD. Zeigen Sie durch Rechnung, dass für das Volumen V der entstehenden Rotationskörper in Abhängigkeit von ε gilt:
$V(ε) = (48π + 85\frac{1}{3}π \cdot \tan(ε - 90°))$ cm³

21.3 Für welches Maß ε des Winkels A_nDC besitzt der Rotationskörper ein Volumen von 88π cm³?

21.4 Zeigen Sie, dass sich der Oberflächeninhalt O der Rotationskörper wie folgt in Abhängigkeit von ε darstellen lässt:
$O(ε) = \left(24π + \dfrac{64π \cdot \sin(ε - 90°) + 32π}{\cos(ε - 90°)}\right)$ cm²

22 Die Abbildung zeigt ein Förderband. Die Längen der Strecken [AB], [MB] und [MC] sind stets konstant. Durch Verschieben der Stütze [MC] kann die Strecke [BC] vergrößert oder verkleinert werden. Dadurch kann die Höhe [HD], um die die Last gehoben werden kann, verändert werden.
Es gilt: Die Strecke [CD] kann eine minimale Länge von 1,10 m erreichen.
$\overline{AB}$ = 2,00 m; $\overline{MB}$ = 3,00 m; $\overline{MC}$ = 4,00 m; $\overline{AD}$ = 10,00 m

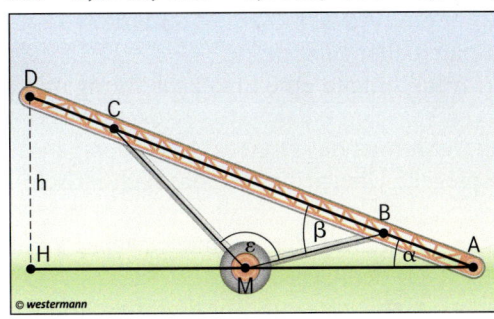

22.1 Das Maß ε des Winkels BMC wird verkleinert. Welche Aussage trifft zu?
 A Das Maß α des Winkels BAM bleibt gleich.
 B Das Maß α des Winkels BAM wird größer.
 C Das Maß α des Winkels BAM wird kleiner.

22.2 Berechnen Sie, welches Maß ε der Winkel BMC maximal annehmen kann.

22.3 Zeigen Sie, dass sich die Länge der Strecke [BC] wie folgt in Abhängigkeit von ε darstellen lässt:
$\overline{BC}(ε) = \sqrt{25 - 24\cos ε}$ m

22.4 Für welches Winkelmaß ε ist die Strecke [BC] 6,0 m lang? [Ergebnis: ε = 117,3°]

22.5 Zeigen Sie, dass für das Maß β des Winkels CBM gilt: $\sin β = \dfrac{4 \sin ε}{\sqrt{25 - 24\cos ε}}$

22.6 Berechnen Sie für ε = 117,3° das Winkelmaß β, das zugehörige Winkelmaß α und die Hubhöhe h des Förderbandes.

Ausführliche Lösungen sind auf Seite 237 zu finden.

Vorbereitung Abschlussprüfung – Abbildungen

1 Die Punkte P_n liegen auf der Geraden g_1 mit $y = -2x - 2$.

Für alle Punkte Q_n gilt: $\overrightarrow{P_nQ_n} = \binom{3}{2}$

1.1 Zeichnen Sie g_1 und drei Pfeile $\overrightarrow{P_1Q_1}$, $\overrightarrow{P_2Q_2}$ und $\overrightarrow{P_3Q_3}$ in ein Koordinatensystem.
Für die Zeichnung: $-5 \leq x \leq 6$; $-5 \leq y \leq 5$

1.2 Bestimmen Sie die Gleichung des Trägergraphen h aller Punkte Q_n.

1.3 Berechnen Sie die Koordinaten des Punktes $P_0 \in g_1$, wenn für Q_0 zusätzlich gilt: $Q_0 \in g_2$ mit $y = -x + 3$

2 Das Dreieck ABC wird an der Achse s gespiegelt.

Es gilt: $A(1|4)$; $B(-3,5|-1)$; $C(4|-2)$; s mit $y = -0,5x$

2.1 Zeichnen Sie die Spiegelachse s und die Dreiecke ABC und A′B′C′ in ein Koordinatensystem ein.
Für die Zeichnung: $-5 \leq x \leq 5$; $-4 \leq y \leq 5$

2.2 Geben Sie die Abbildungsvorschrift in Matrix- und Koordinatenform an und berechnen Sie die Koordinaten der Bildpunkte A′, B′ und C′.

2.3 Bestimmen Sie die Koordinaten der Fixpunkte dieser Abbildung.

2.4 Weisen Sie rechnerisch nach, dass s eine Fixpunktgerade ist.

3 Das Dreieck ABC wird zuerst an der Geraden g_1 und dann an der Geraden g_2 gespiegelt.

Es gilt: $A(-4|-1)$; $B(-3|2)$; $C(-6|3)$; $g_1: y = \frac{3}{4}x$; $g_2: y = -\frac{4}{3}x$

3.1 Lösen Sie die Aufgabe zeichnerisch.
Für die Zeichnung: 1 LE ≙ 1 cm; $-6 \leq x \leq 6$; $-7 \leq y \leq 7$

3.2 Berechnen Sie die Koordinaten aller Bildpunkte.

3.3 Finden Sie für die beiden Abbildungen eine Ersatzabbildung und geben Sie diese in Matrixform an.

3.4 Ändert sich das Ergebnis, wenn man das Dreieck ABC zuerst an der Geraden g_2 und dann an der Geraden g_1 spiegelt? Überprüfen Sie das rechnerisch.

4 Die gleichschenkligen Dreiecke A_nB_nC mit der Symmetrieachse s haben den Punkt C gemeinsam. Die Punkte A_n liegen auf den Geraden g.

Es gilt: $C(-3|-3)$; s mit $y = x$; g mit $y = \frac{4}{5}x - 4$

Ausführliche Lösungen sind ab Seite 238 zu finden.

4.1 Zeichnen Sie den Punkt C, die Geraden g und s sowie die Dreiecke A_1B_1C für $x = 2,5$ und A_2B_2C für $x = 5$ in ein Koordinatensystem ein und geben Sie an, welche Werte für x gewählt werden können. Für die Zeichnung:
1 LE ≙ 1 cm; $-4 \leq x \leq 6$; $-5 \leq y \leq 6$

4.2 Berechnen Sie die Koordinaten der Punkte B_1 und B_2 und bestimmen Sie die Gleichung des Trägergraphen h aller Punkte B_n.

4.3 Existiert unter den Dreiecken A_nB_nC auch ein gleichseitiges Dreieck A_0B_0C? Berechnen Sie gegebenfalls die Koordinaten von A_0 und B_0.

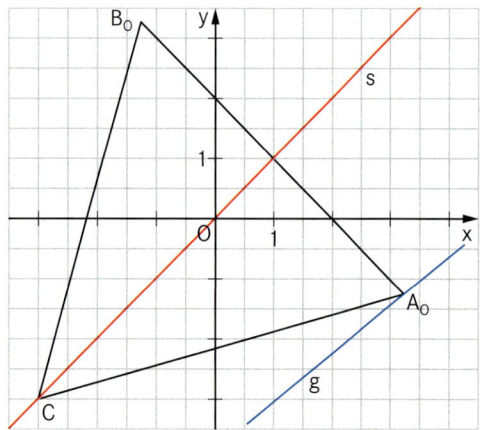

5 Gegeben sind das Dreieck ABC und eine Schar von gleichschenklig-rechtwinkligen Dreiecken RS_nT_n. Es gilt: $A(2|-2)$; $B(1|3)$; $C(-4|-1)$; $R(1,5|0,5)$; $\sphericalangle S_nRT_n = 90°$; $S_n(x|y) \in [BC]$
Die Skizze zeigt das Dreieck RS_0T_0 für $x = -1,2$.

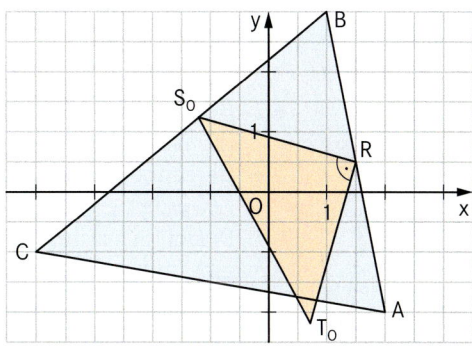

5.1 Zeichnen Sie die gleichschenklig-rechtwinkligen Dreiecke RS_1T_1, RS_2T_2 und RS_3T_3 für $S_1(0,5|y_1)$; $S_2(-1,5|y_2)$ und $S_3(-2,5|y_3)$ in ein Koordinatensystem ein. Für die Zeichnung: $-4 \leqq x \leqq 2$; $-4 \leqq y \leqq 3$

5.2 Bestimmen Sie die Gleichung des Trägergraphen h der Punkte T_n.

5.3 Es gibt ein Dreieck RS_4T_4, das dem Dreieck ABC einbeschrieben ist. Berechnen Sie die Koordinaten der Eckpunkte.

6 Gegeben ist eine Parabel p mit $y = -\frac{1}{2}x^2 + 2x - 1$. Es gilt: p 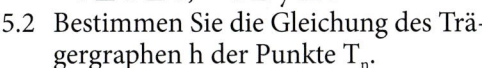 p_1

6.1 Zeichnen Sie p und p_1 in ein Koordinatensystem und zeigen Sie, dass für p_1 gilt: $y = \frac{1}{3}x^2 + \frac{1}{3}x - 3\frac{11}{12}$
Für die Zeichnung: $-5 \leqq x \leqq 5$; $-5 \leqq y \leqq 5$

6.2 Führen Sie die folgenden Abbildungen durch: p $\xrightarrow{\text{y-Achse}}$ p_2 $\xrightarrow{\text{x-Achse}}$ p_3.
Zeichnen Sie p_2 und p_3 in das Koordinatensystem von 6.1 und bestätigen Sie durch Rechnung, dass für p_3 gilt: $y = \frac{1}{2}x^2 + 2x + 1$

6.3 Die Parabeln p und p_3 können durch Punktspiegelung aufeinander abgebildet werden. Geben Sie dazu die Abbildungsgleichung an und bestätigen Sie dies durch Rechnung.

7 Die Seite $[AB_n]$ ist jeweils die Basis von gleichschenkligen Dreiecken AB_nC_n. Die Mittelpunkte $M_n(x|y)$ der Strecken $[AB_n]$ liegen auf der Geraden g. Es gilt:
$A(0|0)$; g: $y = 3x - 7,5$; $\overline{M_nC_n} = 2 \cdot \overline{AM_n}$
Nebenstehende Skizze zeigt das Dreieck AB_0C_0 für $M_0(2,75|0,75)$.

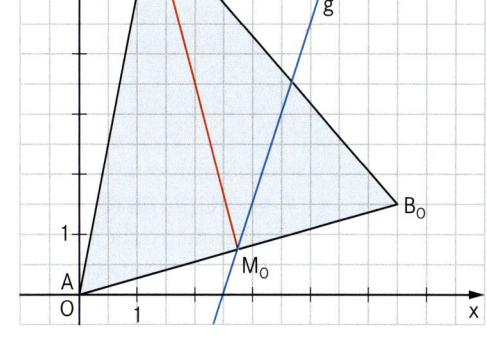

7.1 Zeichnen Sie die Dreiecke AB_1C_1, AB_2C_2 und AB_3C_3 für $M_1(2|y_1)$; $M_2(2,5|y_2)$ und $M_3(3,5|y_3)$ und die Gerade g in ein Koordinatensystem ein. Für die Zeichnung: $-2 \leqq x \leqq 8$; $-4 \leqq y \leqq 10$

7.2 Ermitteln Sie die Koordinaten der Punkte C_n in Abhängigkeit von der Abszisse x der Punkte M_n und bestimmen Sie die Gleichung des Trägergraphen h der Punkte C_n.

7.3 Für ein Dreieck AB_4C_4 gilt:
Das Winkelmaß α zwischen der x-Achse und der Strecke $[AB_4]$ beträgt 26,57°. Berechnen Sie die Koordinaten der Punkte M_4, B_4 und C_4.

7.4 Der Trägergraph k der Schwerpunkte S_n der Dreiecke AB_nC_n hat die Gleichung
k: $y = -\frac{11}{3}x + 10,8$
Bestätigen Sie diese Gleichung durch Rechnung.

7.5 Gibt es einen Wert für x so, dass im Dreieck AB_5C_5 die Gerade durch die Punkte B_5 und S_5 senkrecht auf der Geraden g steht? Begründen Sie dies rechnerisch.

Ausführliche Lösungen sind ab Seite 239 zu finden.

Ausführliche Lösungen sind ab Seite 241 zu finden.

8 Die Ursprungsgerade durch den Punkt C(−3|−2) ist gemeinsame Symmetrieachse der Rauten $A_nB_nCD_n$. Die Punkte D_n liegen auf der Geraden g mit y = 0,5x − 3.

8.1 Zeichnen Sie die Rauten $A_1B_1CD_1$ für $D_1(2|y_1)$ und $A_2B_2CD_2$ für $D_2(4|y_2)$ in ein Koordinatensystem und bestimmen Sie das Intervall von x, für das Rauten $A_nB_nCD_n$ existieren.
Für die Zeichnung: 1 LE ≙ 1 cm; −4 ≦ x ≦ 8; −3 ≦ y ≦ 6

8.2 Bestimmen Sie das Maß α des Winkels D_1CB_1 durch Rechnung.
[Zwischenergebnis: $B_1(−1,1|2,6)$]

8.3 Berechnen Sie die Gleichung des Trägergraphen h der Punkte B_n.
[Zwischenergebnis: $B_n(0,84x − 2,76 | 0,73x + 1,14)$]

8.4 Prüfen Sie rechnerisch, ob es unter den Rauten $A_nB_nCD_n$ auch ein Quadrat $A_4B_4CD_4$ gibt und berechnen Sie gegebenenfalls die Koordinaten der Punkte B_4, D_4 und A_4.

9 Auf der Geraden g liegen Punkte $P_n(x|−6x − 15)$. Der Punkt R ist Eckpunkt von gleichschenkligen Dreiecken P_nQ_nR mit der Symmetrieachse s.
Es gilt: g mit y = −6x − 15; s mit y = 1,5x; R(4|6)

9.1 Zeichnen Sie die Geraden in ein Koordinatensystem und tragen Sie die Dreiecke P_1Q_1R für x = −3 und P_2Q_2R für x = −3,5 ein.
Für die Zeichnung: 1 LE ≙ 1 cm; −5 ≦ x ≦ 8; −4 ≦ y ≦ 7

9.2 Zeigen Sie sodann durch Rechnung, dass der Punkt Q_1 die Koordinaten $Q_1(3,9|−1,62)$ besitzt.

9.3 Für welche Werte x existieren Dreiecke P_nQ_nR?

9.4 Ermitteln Sie rechnerisch die Koordinaten der Punkte Q_n in Abhängigkeit von der Abszisse x der Punkte P_n.
[Ergebnis: $Q_n(−5,9x − 13,8 | −1,36x − 5,7)$]

9.5 Berechnen Sie die Gleichung des Trägergraphen t der Punkte Q_n und zeichnen Sie den Trägergraph in das Koordinatensystem zu 9.1 ein.

9.6 Die Punkte Q_3 und Q_4 liegen auf der Seite [AC] bzw. [BC] des Dreiecks ABC mit A(4|−4), B(8|−1) und C(5|3). Berechnen Sie die Koordinaten von Q_3 und Q_4.

10 Gegeben ist das Dreieck ABC. Es gilt: A(−6|−1); B(4|−5); C(2|6)

10.1 Zeigen Sie durch Rechnung, dass der Punkt P(0|0) Schwerpunkt des Dreiecks ABC ist.

10.2 Durch die Punkte P, Q_n und R_n werden Dreiecke PQ_nR_n festgelegt. Dabei liegen die Punkte Q_n auf der Strecke [BC], die Winkel Q_nPR_n haben das Maß 53,13° und die Länge der Strecken [PR_n] beträgt 75 % der Länge der Strecken [PQ_n].
Zeichnen Sie die Dreiecke PQ_1R_1 und PQ_2R_2 für $Q_1(3|y_1)$ und $Q_2(3,5|y_2)$.
Nebenstehende Skizze zeigt ein mögliches Dreieck PQ_0R_0.

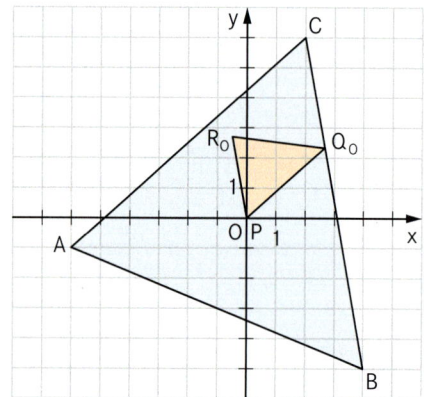

10.3 Es gibt ein Dreieck PQ_4R_4, dessen Eckpunkt R_4 auf der Strecke [AC] liegt. Konstruieren Sie dieses Dreieck und berechnen Sie die Koordinaten von R_4.

Ausführliche Lösungen sind ab Seite 242 zu finden.

zur ASP

11 Die Pfeile $\overrightarrow{AB_n}$ legen die Katheten der gleichschenklig-rechtwinkligen Dreiecke AB_nC_n fest. Es gilt:

$A(0|0);\ \overrightarrow{AB_n} = \begin{pmatrix} 4\sin\varphi - 2 \\ \frac{1}{\sin\varphi} + 1 \end{pmatrix};\ \varphi \in\ ]0°;\ 180°[$

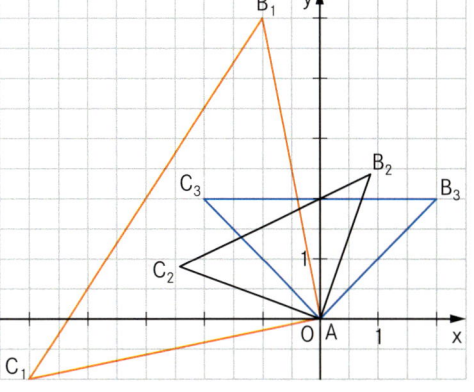

11.1 Berechnen Sie die Koordinaten der Punkte B_1 und C_1 für $\varphi = 15°$.

11.2 Berechnen Sie die Gleichung des Trägergraphen h der Punkte B_n.

11.3 Bestimmen Sie rechnerisch die Gleichung des Trägergraphen t der Eckpunkte C_n.

[Ergebnis: $C_n\left(-\frac{1}{\sin\varphi} - 1\ \middle|\ 4\sin\varphi - 2\right)$]

11.4 Für welchen Wert von φ hat der Punkt C_4 die Koordinaten $C_4(-\sqrt{2} - 1\ |\ 2\sqrt{2} - 2)$?

11.5 Für welches Maß von φ steht die Strecke $[AC_5]$ senkrecht auf der Strecke $[B_1C_1]$?

12

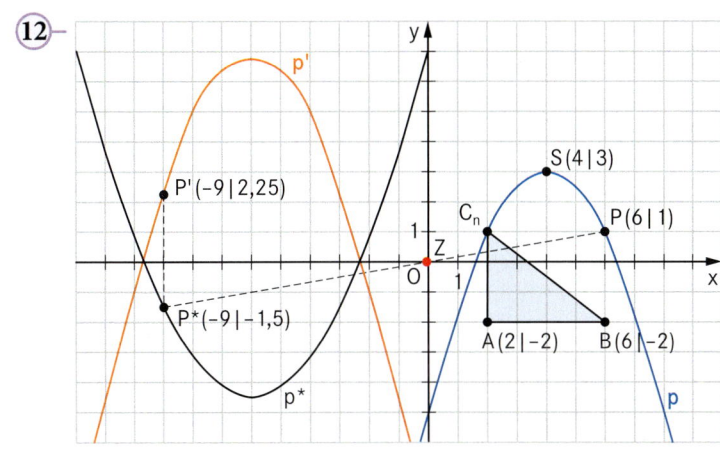

12.1 Zeigen Sie mit Hilfe der Angaben in der Abbildung, dass die Parabel p die Gleichung $y = -0{,}5(x - 4)^2 + 3$ hat.

12.2 Die Parabel p wird auf die Parabel p* und anschließend auf die Parabel p' abgebildet. Ermitteln Sie die zugehörigen Abbildungsgleichungen.

12.3 Zeigen Sie, dass für den Flächeninhalt der Dreiecke ABC_n in Abhängigkeit von der Abszisse x der Punkte C_n gilt: $A(x) = [-(x-4)^2 + 10]$ FE

12.4 Bestimmen Sie das Intervall von x, für das Dreiecke ABC_n existieren.

12.5 Berechnen Sie die Belegung von x, für die die Strecke $[AC_1]$ mit der x-Achse einen Winkel mit dem Maß 74,05° einschließt.

12.6 Die Dreiecke ABC_n werden durch die in 12.2 angesprochenen Abbildungen zunächst auf Dreiecke $A^*B^*C_n^*$ und anschließend auf Dreiecke $A'B'C_n'$ abgebildet. Stellen Sie den Flächeninhalt der Dreiecke $A'B'C_n'$ in Abhängigkeit von x dar.
[Ergebnis: $A'(x) = [-3{,}375(x-4)^2 + 33{,}75]$ FE]

12.7 Berechnen Sie den Flächeninhalt des Dreiecks $A'B'C_2'$ für $C_2(x|2{,}5)$.

12.8 Begründen Sie den Zusammenhang zwischen den Flächeninhalten der Dreiecke ABC_n und der Dreiecke $A'B'C_n'$ und den verwendeten Abbildungen.

12.9 Berechnen Sie den Faktor k, für den der Flächeninhalt der Dreiecke $A'B'C_n'$ das 4,096fache der Dreiecke ABC_n beträgt.

13 Der Punkt A und die Punkte B_n sind Eckpunkte von gleichseitigen Dreiecken AB_nC_n. Die Punkte S_n sind die Schnittpunkte der Seitenhalbierenden der Dreiecke AB_nC_n. Die Punkte P_n auf den Geraden AS_n bilden mit den Punkten der Dreiecke Drachenvierecke $AB_nP_nC_n$ mit den Symmetrieachsen AS_n.
Es gilt: $A(0|0)$; $B(x|-x+5)$; $B \in g$ mit $y = -x+5$; $\overline{S_nP_n} = 1{,}5 \cdot \overline{AS_n}$

13.1 Zeichnen Sie die Gerade g und die Drachenvierecke $AB_1P_1C_1$ für $x = 0{,}5$ und $AB_2P_2C_2$ für $x = 3$ in ein Koordinatensystem.
Für die Zeichnung: 1 LE ≙ 1 cm; $-5 \leq x \leq 5$; $0 \leq y \leq 7$

13.2 Ermitteln Sie die Koordinaten der Punkte C_n in Abhängigkeit von der Abszisse x der Punkte B_n und bestimmen Sie den Trägergraphen h der Punkte C_n.
[Zwischenergebnis: $C_n(1{,}37x - 4{,}35 | 0{,}37x + 2{,}5)$]

13.3 Berechnen Sie die Gleichung des Trägergraphen t der Punkte P_n in Abhängigkeit von der Abszisse x der Punkte B_n.
[Zwischenergebnis: $P_n(1{,}98x - 3{,}63 | -0{,}53x + 6{,}25)$]

13.4 Überprüfen Sie rechnerisch, ob im Drachenviereck $AB_0P_0C_0$ mit dem kleinsten Flächeninhalt die Symmetrieachse senkrecht zur Geraden g steht.

14 Gegeben ist die Funktion f mit der Gleichung $y = \log_3(x+1) - 1{,}5$ mit $\mathbb{G} = \mathbb{R} \times \mathbb{R}$.

14.1 Geben Sie die Definitionsmenge von f und die Gleichung der Asymptoten h an. Zeichnen Sie dann den Graphen zu f für $x \in [-0{,}9; 5]$ in ein Koordinatensystem.
Für die Zeichnung: 1 LE ≙ 1 cm; $-9 \leq x \leq 5$; $-8 \leq y \leq 1$

14.2 Der Punkt $A(-5|1)$ und die Punkte $C_n(x | \log_3(x+1) - 1{,}5)$ auf dem Graphen zu f bilden zusammen mit den Punkten B_n gleichschenklig-rechtwinklige Dreiecke AB_nC_n mit den Basen $[B_nC_n]$. Zeichnen Sie die Dreiecke AB_1C_1 für $x = -0{,}5$ und AB_2C_2 für $x = 3$ in das Koordinatensystem zu 14.1 ein.

14.3 Berechnen Sie die Koordinaten der Punkte B_n in Abhängigkeit von der Abszisse x der Punkte C_n. Bestimmen Sie anschließend die Gleichung des Trägergraphen t der Punkte B_n.
[Zwischenergebnis: $B_n(\log_3(x+1) - 7{,}5 | -x - 4)$]

14.4 Die Kathete $[AB_3]$ verläuft parallel zur y-Achse. Berechnen Sie die Koordinaten des Punktes C_3 auf zwei Stellen nach dem Komma gerundet.

14.5 Der Eckpunkt C_4 liegt auf der y-Achse. Berechnen Sie den Flächeninhalt des Dreiecks AB_4C_4.

15* Die Punkte $A(0|0)$ und $B(5|-1)$ sind mit den Punkten $C_n(6\cos\alpha + 4{,}5 | -3\cos\alpha + 6)$ mit $\alpha \in [0°; 180°]$ Eckpunkte von Vierecken ABC_nD_n.
Die Winkel D_nC_nB haben stets das Maß 90°; für die Strecken $[C_nD_n]$ gilt: $\overline{C_nD_n} = \frac{1}{2} \cdot \overline{BC_n}$
Runden Sie jeweils auf zwei Stellen nach dem Komma.

15.1 Berechnen Sie die Koordinaten der Eckpunkte C_1 für $\alpha = 45°$ und C_2 für $\alpha = 100°$. Zeichnen Sie sodann die Vierecke ABC_1D_1 und ABC_2D_2 in ein Koordinantensystem.
Für die Zeichnung: 1 LE ≙ 1 cm; $-2 \leq x \leq 9$; $-2 \leq y \leq 8$

15.2 Berechnen Sie die Koordinaten der Eckpunkte D_n in Abhängigkeit von α und geben Sie die Gleichung des Trägergraphen t der Punkte D_n an.
[Teilergebnis: $D_n(7{,}5\cos\alpha + 1 | 5{,}75)$]

15.3 Bei den Vierecken ABC_3D_3 und ABC_4D_4 sind die Seiten $[AD_3]$ bzw. $[AD_4]$ um 50% länger als die Seite $[AB]$. Berechnen Sie den zugehörigen Wert für α.

15.4 Das Viereck ABC_5D_5 ist ein Trapez, in dem die Seite $[AD_5]$ parallel zur Seite $[BC_5]$ verläuft. Berechnen Sie den zugehörigen Wert für α.

15.5 Im Viereck ABC_6D_6 stehen $[AB]$ und $[BC_6]$ aufeinander senkrecht. Berechnen Sie den zugehörigen Wert für α.

Ausführliche Lösungen sind ab Seite 243 zu finden.

* Aus einer früheren Abschlussprüfung

Vorbereitung Abschlussprüfung – Abbildungen

16* Die Strecke [AD] mit A(5|2,5) und D(−1|−5,5) ist die gemeinsame Grundseite von gleichschenkligen Trapezen AB_nC_nD mit den Schenkeln $[AB_n]$ und $[DC_n]$.
Die Eckpunkte $B_n(x | \frac{1}{2}x + 5)$ liegen auf der Geraden g mit der Gleichung $y = \frac{1}{2}x + 5$
mit $\mathbb{G} = \mathbb{R} \times \mathbb{R}$. Dabei gilt: $x \in\ ]-4;\ 11[$
Runden Sie jeweils auf zwei Stellen nach dem Komma.

16.1 Zeichnen Sie die Gerade g, die Trapeze AB_1C_1D für $x = -0,5$ und AB_2C_2D für $x = 3$ und die Symmetrieachse s der Trapeze in ein Koordinatensystem.
Für die Zeichnung: 1 LE ≙ 1 cm; $-7 \leq x \leq 6$; $-6 \leq y \leq 7$

16.2 Bestimmen Sie durch Rechnung die Koordinaten der Punkte C_n in Abhängigkeit von der Abszisse x der Punkte B_n.
[Ergebnis: $C_n(-0,20x - 4,80 | -1,10x - 1,40)$]

16.3 Ermitteln Sie die Gleichung des Trägergraphen t der Punkte C_n.

16.4 Man erhält nur für $x \in\ ]-4;\ 11[$ Trapeze AB_nC_nD. Bestätigen Sie durch Rechnung die obere Intervallgrenze.

16.5 Unter den Trapezen AB_nC_nD gibt es das Trapez AB_3C_3D, dessen Schenkel $[DC_3]$ parallel zur x-Achse liegt.
Bestimmen Sie durch Rechnung die x-Koordinate des Punktes C_3.

16.6 Konstruieren Sie in das Koordinatensystem zu 16.1 das Trapez AB_0C_0D, dessen Diagonalen senkrecht aufeinander stehen.
Berechnen Sie sodann die x-Koordinate des Punktes B_0 des Trapezes AB_0C_0D.

17* Die Eckpunkte C_n der Drachenvierecke $AB_nC_nD_n$ liegen auf der Geraden g mit $y = 0,5x + 7,5$. Die Punkte Z_n sind die Diagonalenschnittpunkte, die Geraden AC_n sind die Symmetrieachsen der Drachenvierecke.
Es gilt: A(0|0); $\sphericalangle B_nAD_n = 90°$; $\overline{AZ_n} : \overline{Z_nC_n} = 3 : 2$
Nebenstehende Skizze zeigt das Drachenviereck $AB_0C_0D_0$ für $x = -1$.

17.1 Zeichnen Sie die Drachenvierecke $AB_1C_1D_1$ für $x = -2$ und $AB_2C_2D_2$ für $x = 1$ in ein Koordinatensystem.
Für die Zeichnung: 1 LE ≙ 1 cm; $-6 \leq x \leq 6$; $-1 \leq y \leq 9$

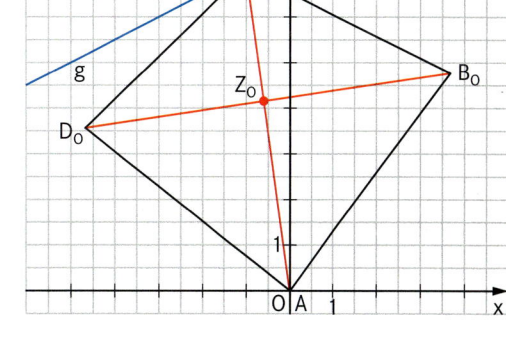

17.2 Berechnen Sie die Koordinaten der Punkte Z_n in Abhängigkeit von der Abszisse x der Punkte C_n.
[Ergebnis: $Z_n(0,6x | 0,3x + 4,5)$]

17.3 Zeigen Sie, dass gilt: $\overline{AZ_n} : \overline{AB_n} = 1 : \sqrt{2}$

17.4 Ermitteln Sie die Gleichung des Trägergraphen t der Punkte B_n.
[Zwischenergebnis: $B_n(0,91x + 4,53 | -0,31x + 4,53)$]

17.5 Berechnen Sie den Wert für x, für den die Symmetrieachse AC_3 senkrecht zur Geraden g steht.

17.6 Unter den Drachenvierecken $AB_nC_nD_n$ besitzt das Drachenviereck $AB_4C_4D_4$ einen extremen Flächeninhalt. Berechnen Sie die x-Koordinate des Punktes B_4.
[Zwischenergebnis: $A(x) = (0,77x^2 + 4,57x + 33,98)$ FE]

17.7 Der Punkt Z_5 liegt auf der Parabel p mit $y = -\frac{1}{16}x^2 + \frac{1}{2}x + 4,5$.
Berechnen Sie die Koordinaten des Punktes C_5 und das Maß des Winkels $D_5C_5B_5$.

* Aus einer früheren Abschlussprüfung

Lösungen zu „Wiederholung"

zu Seite 6
Prozent – Binomische Formeln

1 b) $\frac{1}{8}$ **0,125**   **12,5%**   **25** von 200

c) $\frac{2}{5}$ **0,4**   **40%**   186 von 465

d) $\frac{3}{100}$ 0,03   **3%**   72 von **2400**

e) $\frac{2}{3}$ **0,$\overline{6}$** $66\frac{2}{3}\%$ 66 von **99**

f) $\frac{4}{9}$ **0,$\overline{4}$**   **44,$\overline{4}$%**   z. B. **36 von 81**

2 10% von 150 € sind 15 €, d. h. Preis nach der ersten Reduzierung: 135 €
15% von 135 € sind 20,25 €, d. h. Preis nach der zweiten Reduzierung: 114,75 €
Reduzierung insgesamt: $\frac{114{,}75\,€}{150\,€}$; 100% − 76,5% = 23,5%

3

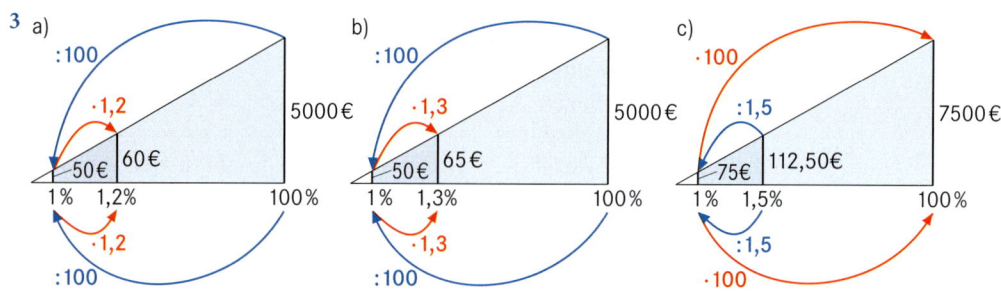

Familie Klein bekommt 60 € Zinsen pro Jahr.
Familie Groß erhält 1,3% Zinsen.
Der Betrag von Familie Klein Beträgt 7500 €.

4 a) $x^2 - 9$ b) $4 + 4y + y^2$ c) $25 - 10x + x^2$ d) $9x^2 + 12x + 4$
e) $25x^2 - 1$ f) $0{,}25x^2 - x + 1$ g) $(2x+3)^2$ h) $(0{,}1x - 7)^2$
i) $(6 - x^2)(6 + x^2)$ k) $(5x - 0{,}2)^2$

5 a) $(3 + \mathbf{x})^2 = \mathbf{9 + 6x} + x^2$ b) $(x - 5)^2 = \mathbf{x^2 - 10x} + 25$ c) $(\mathbf{x} + 1)(x - 1) = \mathbf{x^2 - 1}$ d) $\mathbf{4} + 8x + \mathbf{4x^2} = (2 + 2x)^2$

6 a) $T_{max} = 5$ für $x = 0$ b) $T_{min} = 5$ für $x = 0$ c) $T_{max} = 5$ für $x = -2$ d) $T_{min} = 5$ für $x = -2$
e) $T_{max} = 0$ für $x = -3$ f) $T_{min} = -7$ für $x = -3$ g) $T_{max} = 3$ für $x = 8$ h) $T_{min} = 9$ für $x = 1$

7 a) $T(x) = (x + 3)^2 - 6$; $T_{min} = -6$ für $x = -3$ c) $T(x) = 2(x + 1)^2 + 3$; $T_{min} = 3$ für $x = -1$
b) $T(x) = -3(x - 1{,}5)^2 + 6{,}75$; $T_{max} = +6{,}75$ für $x = 1{,}5$ d) $T(x) = 0{,}5(x + 1)^2 + 0{,}5$; $T_{min} = 0{,}5$ für $x = -1$
e) $T(x) = -(x + 0{,}5)^2 + 2{,}75$; $T_{max} = 2{,}75$ für $x = -0{,}5$ f) $T(x) = 3(x + 0{,}2)^2 + 2{,}88$; $T_{min} = 2{,}88$ für $x = -0{,}2$

---

zu Seite 7
Reelle Zahlen – Bruchgleichungen

1 a) $\mathbb{D} = \{x \mid x \geq 2\}$ b) $\mathbb{D} = \{a \mid a \geq -\frac{1}{3}\}$ c) $\mathbb{D} = \{a \mid a > 0\}$ d) $\mathbb{D} = \{x \mid x < 1 \wedge x > 0\}$

2 a) $16\sqrt{x}$ b) $9 - 6 + 5 = 8$ c) $x - y$ d) $2ab$ e) $(2 + x) \cdot \sqrt{a - b}$

3 a) $\mathbb{L} = \{16\}$ b) $\mathbb{L} = \{16\}$ c) $\mathbb{L} = \{3\}$ d) $\mathbb{L} = \{15\}$

4 a) $T_1(x) = \sqrt{x} \cdot \sqrt{x} + 1 = x + 1$; $T_3(x) = \sqrt{x+1} \cdot \sqrt{x+1} = x + 1 = T_1(x)$; $T_2(x) = x \cdot \sqrt{x} + 1$
Für $x \geq 1$ gilt: $x \cdot \sqrt{x} \geq x$ z. B. $x = 4$ $4 \cdot \sqrt{4} \geq 4$
Es folgt: $T_2(x) \geq T_1(x)$ und $T_2(x) \geq T_3(x)$
b) Für $0 < x < 1$ gilt: $x \cdot \sqrt{x} \leq x$ z. B. $x = 0{,}04$ $0{,}04 \cdot \sqrt{0{,}04} \leq 0{,}04$
                                                            $0{,}04 \cdot 0{,}2 \leq 0{,}04$
Es folgt: $T_2(x) \leq T_1(x)$ und $T_2(x) \leq T_3(x)$

5 a) $6\sqrt{10}$ b) $5y\sqrt{xy}$ c) $2\sqrt{x^2 + y^2}$ d) $(x - 1)\sqrt{y}$

6 a) $\mathbb{D} = \{x \mid x > 0\}$; $\frac{3\sqrt{5x}}{x}$ b) $\mathbb{D} = \mathbb{R}$; $\frac{a}{33}(6 + \sqrt{3})$ c) $\mathbb{D} = \{a \mid a \geq 0\}$; $\frac{\sqrt{2a} - 2}{a - 2}$ d) $\mathbb{D} = \{a \mid a > 0\}$; $\frac{5(a - \sqrt{a})}{a - 1}$

7 a) $\mathbb{D} = \mathbb{R} \setminus \{3\}$; $\mathbb{L} = \{-10\}$ b) $\mathbb{D} = \mathbb{R} \setminus \{0; 2\}$; $\mathbb{L} = \{-22\}$
c) $\mathbb{D} = \mathbb{R} \setminus \{-2{,}5; -1{,}25\}$; $\mathbb{L} = \{-20\}$ d) $\mathbb{D} = \mathbb{R} \setminus \{-1; 0\}$; $\mathbb{L} = \{-\frac{2}{3}\}$

8 a) $\frac{5+x}{9-2x} = \frac{23+x}{11-2x}$; $\mathbb{D} = \mathbb{R}\setminus\{4{,}5;\ 5{,}5\}$; $x = 4$

9 x Jungen; (736 − x) Mädchen $\frac{x}{736-x} = \frac{65}{27}$ $x = 520$

---

zu Seite 8
Kongruenzsätze –
Kreise am Dreieck

1 a) nicht möglich, da b + c < a   b) möglich, da b + c > a   c) möglich, da a > c und α > γ
d) nicht möglich, da bei γ = 90° c > a gelten muss

2 a) △ $A_1B_1C_1$ kongruent zu △ $A_2B_2C_2$ (nach WSW)
b) △ $A_1B_1C_1$ nicht kongruent zu △ $A_2B_2C_2$ (nach SSW_g)

3 a) α = 180° − (60° + 80°) = 40°;   b) Lösung eindeutig nach SWS   c) Lösung eindeutig nach SSW_g
Lösung eindeutig nach WSW

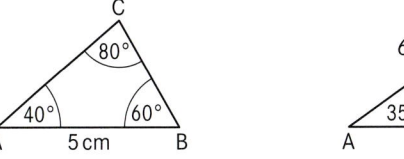
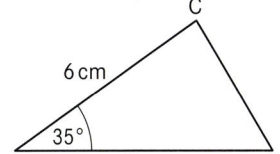
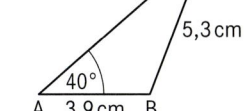

d) Lösung nicht möglich, da der gegebene Winkel nicht der größeren der gegebenen Seiten gegenüberliegt.

4 a)
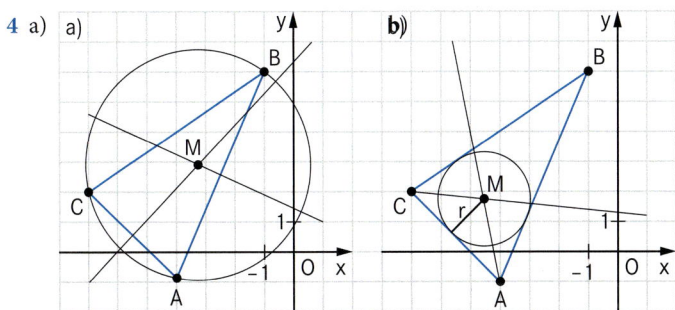

5 a) Die Punkte B_n und D_n liegen auf dem Thaleskreis über [AC]
b)
c)
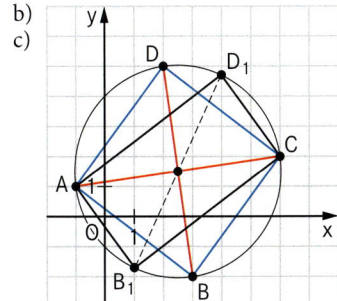

d) Für D_2 (x | 3) gibt es zwei Rechtecke, da die Parallele zur x-Achse den Thaleskreis zweimal schneidet, für B_3 (x | −3) gibt es keinen Schnittpunkt.

6
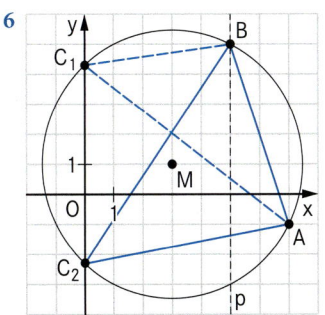

Es gibt 2 Lösungen, die Dreiecke ABC_1; ABC_2.

7 a)
b)
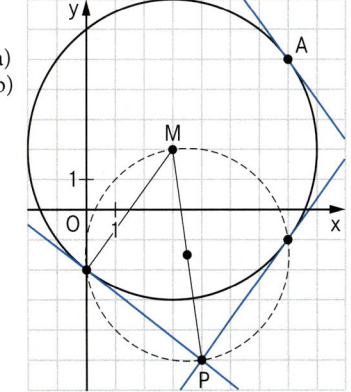

Lösungen zu „Wiederholung"

zu Seite 9
Flächeninhalt ebener Vielecke

1 a) f   b) w   c) w   d) f

2 –

3
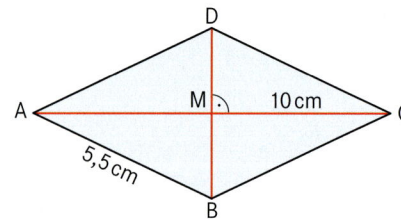

$\overline{MB}^2 + (5\,cm)^2 = (5{,}5\,cm)^2$
$\overline{MB} = 2{,}3\,cm$
$A = 2 \cdot \frac{1}{2} \cdot 10\,cm \cdot 2{,}3\,cm = 23\,cm^2$

4
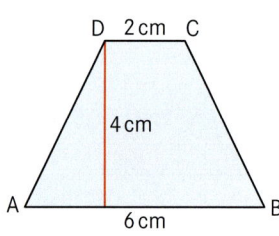

$\overline{AD}^2 = (2\,cm)^2 + (4\,cm)^2$
$\overline{AD} = \sqrt{20}\,cm = 4{,}5\,cm$
$u = 6\,cm + 2\,cm + 2 \cdot 4{,}5\,cm = 17\,cm$
$A = \frac{1}{2}(6\,cm + 2\,cm) \cdot 4\,cm = 16\,cm^2$

5 $29\,cm = 2 \cdot 5{,}5\,cm + (a + c); \quad (a + c) = 18\,cm$
$18{,}9\,cm^2 = \frac{1}{2} \cdot 18\,cm \cdot h; \quad h = 2{,}1\,cm$

6 $A_{Wand} = \frac{1}{2}(304\,cm + 430\,cm) \cdot 150\,cm + \frac{1}{2} \cdot (430\,cm + 160\,cm) \cdot 322\,cm - 90\,cm \cdot 200\,cm$
$A_{Wand} = 132\,040\,cm^2$
$A_{Wand} = 13{,}2\,m^2 \quad A_{Verschnitt} = 2{,}0\,m^2 \quad A_{Gesamt} = 15{,}2\,m^2$

7 a) $\overline{D_1B_1} = (6 + 3)\,LE = 9\,LE$
$\overline{A_1C} = (10 - 3)\,LE = 7\,LE$
$A_{A_1B_1CD_1} = 31{,}5\,FE$

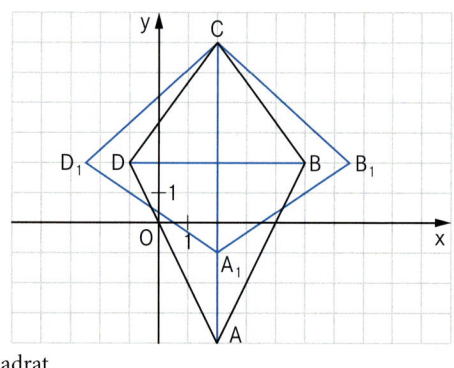

b) $0 < x < 6$

c) $A(x) = \frac{1}{2} \cdot (6 + x) \cdot (10 - x)\,F$
$A(x) = (-0{,}5\,x^2 + 2x + 30)\,FE$

d) $A(x) = [-0{,}5\,(x - 2)^2 + 32]\,FE$
$A_{max} = 32\,FE$ für $x = 2$
$\overline{D_1B_1} = 8\,LE = \overline{A_1C}$
Diagonalen sind gleich lang und senkrecht $\Rightarrow$ Quadrat

zu Seite 10
Flächeninhalt ebener Vielecke

8 a) $A = \frac{1}{2} \cdot 5{,}5\,cm \cdot 3{,}7\,cm$
$A = 10{,}18\,cm^2$

b) $A = \frac{1}{2} \cdot (4{,}2\,cm)^2$
$A = 8{,}82\,cm^2; \quad c = 5{,}94\,cm$

c) $12{,}92\,cm^2 = \frac{1}{2} \cdot 7{,}6\,cm \cdot c$
$c = 3{,}4\,cm; \quad a = 8{,}34\,cm$

9 a) $32\,cm^2 = a \cdot 5\,cm$
$a = 6{,}4\,cm$
$23{,}8\,cm = 2 \cdot (6{,}4\,cm + b)$
$b = 5{,}5\,cm$

b) $32\,cm^2 = \frac{1}{2}\,g \cdot \frac{1}{8}\,g$
$g = 22{,}63\,cm$

c) $32\,cm^2 = \frac{1}{2} \cdot d \cdot d$
$d = 8\,cm$

Lösungen zu „Wiederholung"

10 a)

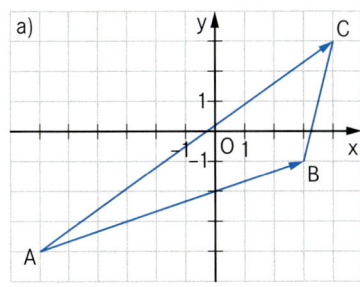

$\vec{AB} = \begin{pmatrix} 9 \\ 3 \end{pmatrix}$; $\vec{AC} = \begin{pmatrix} 10 \\ 7 \end{pmatrix}$

$A = \frac{1}{2} \cdot \begin{vmatrix} 9 & 10 \\ 3 & 7 \end{vmatrix}$ FE; A = 16,5 FE

b)

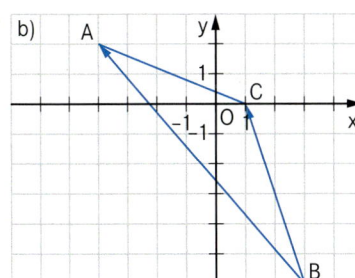

$\vec{BA} = \begin{pmatrix} -7 \\ 8 \end{pmatrix}$; $A = \frac{1}{2} \cdot \begin{vmatrix} -2 & -7 \\ 6 & 8 \end{vmatrix}$ FE

A = 13 FE

11

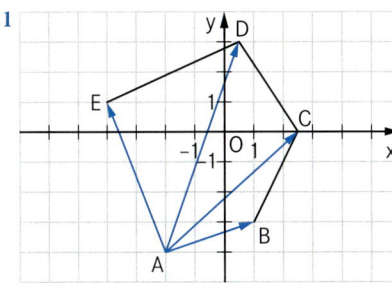

$\vec{AB} = \begin{pmatrix} 3 \\ 1 \end{pmatrix}$; $\vec{AC} = \begin{pmatrix} 4,5 \\ 4 \end{pmatrix}$; $\vec{AD} = \begin{pmatrix} 2,5 \\ 7 \end{pmatrix}$; $\vec{AE} = \begin{pmatrix} -2 \\ 5 \end{pmatrix}$

$A = \frac{1}{2} \cdot \begin{vmatrix} 3 & 4,5 \\ 1 & 4 \end{vmatrix}$ FE $+ \frac{1}{2} \cdot \begin{vmatrix} 4,5 & 2,5 \\ 4 & 7 \end{vmatrix}$ FE $+ \frac{1}{2} \cdot \begin{vmatrix} 2,5 & -2 \\ 7 & 5 \end{vmatrix}$ FE

A = 3,75 FE + 10,75 FE + 13,25 FE
A = 27,75 FE

12 $\vec{AB} = \begin{pmatrix} 8 \\ 1 \end{pmatrix}$; $\vec{AC_n} = \begin{pmatrix} x+2 \\ 4,5 \end{pmatrix}$; 30 FE $= \begin{vmatrix} 8 & x+2 \\ 1 & 4,5 \end{vmatrix}$ FE; 30 FE = (36 − x − 2) FE; x = 4   C (4|2)

13 $\vec{AB} = \begin{pmatrix} 6 \\ 2 \end{pmatrix}$; $\vec{AC} = \begin{pmatrix} x+1 \\ \frac{1}{3}x+4 \end{pmatrix}$; $A = \frac{1}{2} \cdot \begin{vmatrix} 6 & x+1 \\ 2 & \frac{1}{3}x+4 \end{vmatrix}$ FE; $A = \frac{1}{2} \cdot [2x + 24 − 2x − 2]$ FE; A = 11 FE

Die Punkte C_n liegen auf einer Parallelen zu AB, somit haben alle Dreiecke die gleiche Grundlinie und Höhe.

14 a)

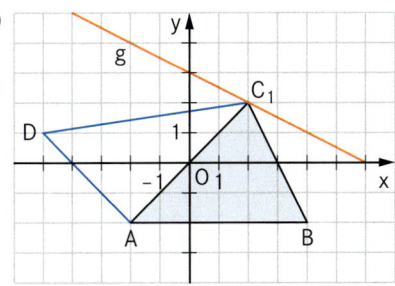

C_1 (2|2); c = [4 − (−2)] LE = 6 LE; h_1 = [2 − (−2)] LE
$A_1 = \frac{1}{2} \cdot 6 \cdot 4$ FE; A_1 = 12 FE

b) h(x) = [−0,5x + 3 − (−2)] LE; h(x) = (−0,5x + 5) LE
$A(x) = \frac{1}{2} \cdot 6 \cdot (−0,5x + 5)$ FE; A(x) = (−1,5x + 15) FE

c) (−0,5x + 5) = 3; x = 4

d) $A_{\triangle AC_nD} = \frac{1}{2} \cdot \begin{vmatrix} x+2 & -3 \\ 0,5x+5 & 3 \end{vmatrix}$ FE

$A_{\triangle AC_nD}$ = (0,75x + 10,5) FE; A(x) = (−1,5x + 15 + 0,75x + 10,5) FE; A(x) = (−0,75x + 25,5) FE

e) $y_c = 1: -0,5x + 3 = 1$ oder $m_{AD} = m_{BC}: \frac{1+2}{-5+2} = \frac{-0,5x+3+2}{x-4}$; $-1 = \frac{-0,5x+5}{x-4}$

x = 4 \qquad\qquad x = −2

Lösungen zu „Wiederholung"

zu Seite 11
Relation –
Funktion –
Umkehrfunktion

1 R mit $y = -0{,}5x^2 + 3$
a) für $x = -4$ einsetzen: $y = -0{,}5 \cdot (-4)^2 + 3$
usw. $y = -5 \in \mathbb{Z}$
R = {(-4|-5); (-2|1); (0|3); (2|1); (4|-5)}

c) Die Relation ist eine Funktion,
ihre Umkehrung ist eine Relation.

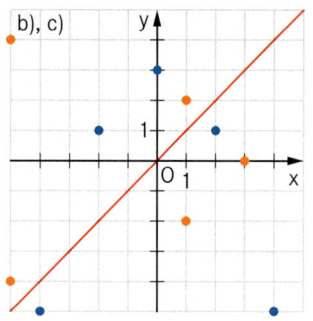
b), c)

2 a)

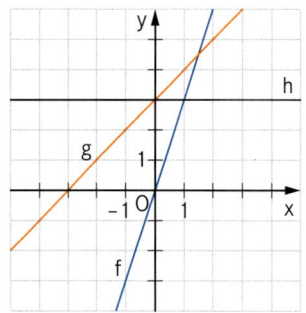

b) $f: y = -1{,}5x + 2$
$g: y = 1{,}5x + 2$
$h: y = -4x - 4$

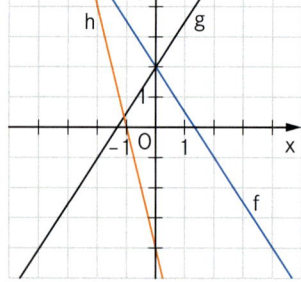

3 $g_1: y = 3x - 2$ $\quad$ $g_2: y = 2$ $\quad$ $g_3: y = -x + 2$ $\quad$ $g_4: y = -2x$

4 a) $\vec{AB} = \begin{pmatrix} 7 \\ -2 \end{pmatrix}$; $m = -\frac{2}{7}$; $g: y = -\frac{2}{7}(x-2) + 1$ bzw. $g: y = -\frac{2}{7}x + \frac{11}{7}$

b) $g: y = -x + 5{,}5$ $\qquad$ c) $g: y = -12x + 5{,}5$ $\qquad$ d) $g: y = \frac{5}{3}x + \frac{25}{3}$

5 a)

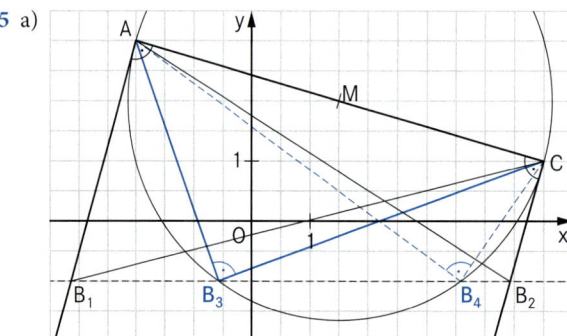

b) $B_3(-0{,}7|-1)$; $B_4(3{,}6|-1)$
$AB_1 \perp AC$; $m_{AC} = -\frac{2}{7}$; $m_{AB1} = \frac{7}{2}$
$B_1 \in AB_1$ mit $y = 3{,}5(x+2) + 3$
$y = -1$ einsetzen:
$-1 = 3{,}5(x+2) + 3$
$-3{,}14 = x$
$B_1(-3{,}14|-1)$,
ebenso $B_2(4{,}43|-1)$

6 a)

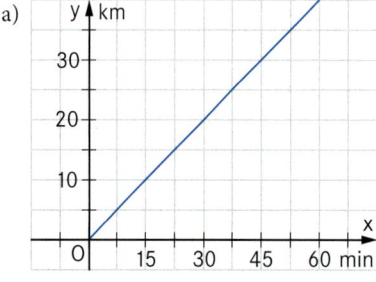

b) Weg = Geschwindigkeit · Zeit
$y = 40 \cdot x$

c) $96 = 40 \cdot x$; $x = 2{,}4$
Er braucht 2,4 h (2 h 24 min).
$y = 40 \cdot 0{,}75$
In 45 min kommt er 30 km weit.

Lösungen zu „Wiederholung"

zu Seite 12
Lineare Gleichungssysteme

1 a) $\mathbb{L}=\{(-5|-7)\}$ b) $\mathbb{L}=\{(2|-1)\}$ c) $\mathbb{L}=\{(1{,}36|-3{,}64)\}$ d) $\mathbb{L}=\{(x|y)\,|\,y=0{,}25x-1{,}5\}$ e) $\mathbb{L}=\{1{,}5|-2{,}5)\}$ f) $\mathbb{L}=\emptyset$

2 a) $\mathbb{L}=\{(1|0)\}$
$y=0{,}5x-0{,}5$
$\wedge\,y=-3x+3$

b) $\mathbb{L}=\emptyset$
$y=0{,}5+1$
$\wedge\,y=0{,}5x-0{,}5$

c) $\mathbb{L}=\{(x|y)\,|\,y=\tfrac{1}{3}x+1\}$
$y=\tfrac{1}{2}x-\tfrac{1}{2}$
$\wedge\,2y=x-1$

d) $\mathbb{L}=\{(1|2)\}$
$y=x+1$
$\wedge\,y=-x+3$

e) Ein lineares Gleichungssystem hat
– genau eine Lösung, wenn die zugehörigen Geraden unterschiedliche Steigung haben.
– keine Lösung, wenn die zugehörigen Geraden gleiche Steigung und verschiedene y-Achsenabschnitte haben.
– unendlich viele Lösungen, wenn die zugehörigen Geraden gleiche Steigung und gleiche y-Achsenabschnitte haben.

f) (1) $y=-0{,}6x+2{,}4$
$\wedge\,y=0{,}6x-2{,}4$
$\mathbb{L}=\{(4|0)\}$

(2) $y=-0{,}6x+2{,}4$
$\wedge\,y=-0{,}6x-2{,}4$
$\mathbb{L}=\emptyset$

(3) $y=-0{,}6x+2{,}4$
$\wedge\,y=-0{,}6x+2{,}4$
$\mathbb{L}=\{(x|y)\,y=-0{,}6x+2{,}4\}$

3 Anzahl der Besucher: x
Ausgaben in y €: $y=8000+0{,}25\cdot x\cdot 10+3000$
Einnahmen in y €: $y=10x+5x$

$11\,000+4x=15x;\;x=1000$
Zur Veranstaltung müssten mindestens 1000 Besucher kommen.

zu Seite 13
quadratische Funktionen und Gleichungen

1 a) $S_1(-4|-4)$ b) $S_2(-1|-7)$ c) $S_3(3|-1)$ d) $S_4(3|0)$ e) $S_5(1{,}5|9)$ f) $S_6(0|-1)$

a), b), c)
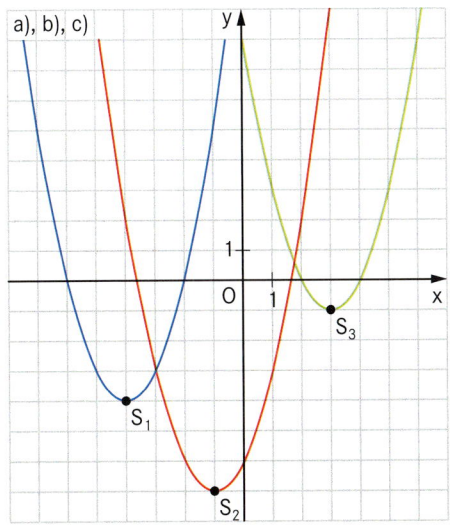

d), e), f)
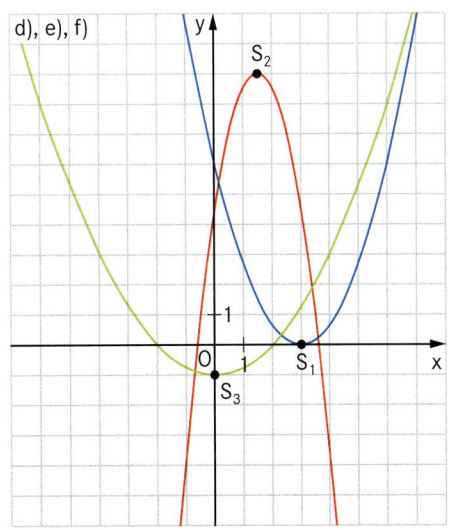

2 a) $y=1{,}5x^2+bx+c$
(I) $5=1{,}5\cdot 4^2+b\cdot 4+c$
(II) $\wedge\,0{,}5=1{,}5\cdot 1^2+b\cdot 1+c$
$\Rightarrow\;4{,}5=22{,}5+3b$
$-6=b$
$\Rightarrow\;c=5$ p mit $y=1{,}5x^2-6x+5$

b) p mit $y=-0{,}5x^2+x+2{,}5$
c) $a=-1$; p mit $y=-x^2+6x-7$
d) p mit $y=x^2-2x-1$
e) $S(-2|y_s)$; $a=-1$; $y=-(x+2)^2+y_s$
p mit $y=-x^2-4x+9$

3 a)
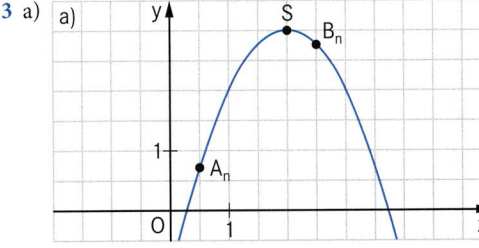

b) $x_B=x+2$ in p einsetzen
$y=-(x+2-2)^2+3$
$y=-x^2+3$
$B_n(x+2|-x^2+3)$

c) $A(x)=\tfrac{1}{2}\begin{vmatrix}x+2 & x\\ -x^2+3 & -x^2+4x-1\end{vmatrix}$ FE
$=\tfrac{1}{2}[(x+2)(-x^2+4x-1)-(-x^2+3)\cdot x]$ FE
$=(x^2+2x-1)$ FE

d) z. B. $A(x)=[(x^2+2x+1^2-1)-1]$ FE $=[(x+1)^2-2]$ FE   d. h. A_{min} wäre -2 FE, was nicht möglich ist.

Lösungen zu „Wiederholung"

3 e) $\quad 10{,}25 = x^2 + 2x - 1$
$\quad\quad x^2 + 2x - 11{,}25 = 0$
$$x_{1/2} = \frac{-2 \pm \sqrt{4 + 4 \cdot 11{,}25}}{2}$$
$x_1 = 2{,}5 \quad x_2 = -4{,}5$

4 a) $\mathbb{L} = \emptyset$ \quad **b)** $\mathbb{L} = \{-\frac{7}{2} - \frac{\sqrt{61}}{2};\ -\frac{7}{2} + \frac{\sqrt{61}}{2}\}$ \quad **c)** $\mathbb{L} = \{-1;\ 2\}$ \quad **d)** $\mathbb{L} = \emptyset$

5 ursprüngl. Dreieck: $A_1 = \frac{2^2}{4}\sqrt{3}\ cm^2 = \sqrt{3}\ cm^2$ \quad\quad neue Dreiecke: $A_2 = \frac{(2+x)^2}{4}\sqrt{3}\ cm^2$

Gleichung: $\sqrt{3} + 4 = \frac{(2+x)^2}{4}\sqrt{3}$; $x_1 = 1{,}64$; $x_2 = -5{,}64$
Für $x = 1{,}64$ ist das neue Dreieck um 4 cm² größer.

6 a) $p \cap g(t)$: $-x^2 + 8x - 13 = -x + t$
$\quad D = 9^2 - 4(-1)(-t-13)$
$\quad D = 0$: $29 - 4t = 0$
$\quad\quad\quad t = 7{,}25$
Tangente t mit $y = -x + 7{,}25$
Berührpunkt:
$-x^2 + 8x + x - 13 - 7{,}25 = 0$
$x = 4{,}5 \quad B(4{,}5 \mid 2{,}75)$

b) $p \cap h$: $-x^2 + 8x - 13 = -x + 1$
$\quad x_1 = 2; \quad x_2 = 7$
$\quad P(2 \mid -1) \quad Q(7 \mid -6)$

---

zu Seite 14
Zentrische Streckung

1 a)

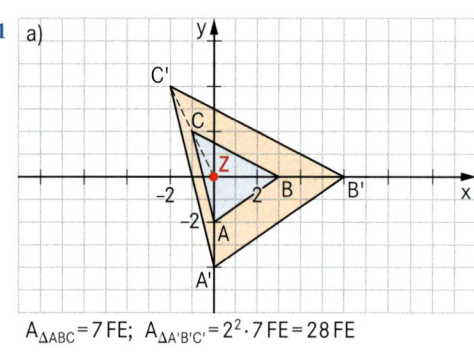

$A_{\triangle ABC} = 7$ FE; $A_{\triangle A'B'C'} = 2^2 \cdot 7$ FE $= 28$ FE

b)

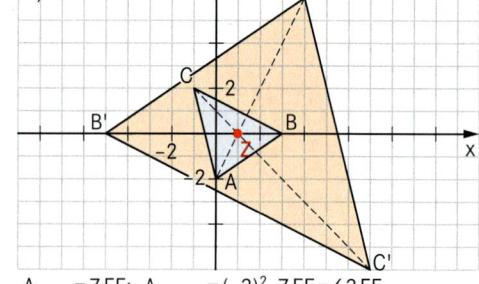

$A_{\triangle ABC} = 7$ FE; $A_{\triangle A'B'C'} = (-3)^2 \cdot 7$ FE $= 63$ FE

c)

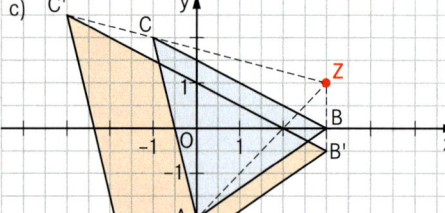

$A_{\triangle ABC} = 7$ FE; $A_{\triangle A'B'C'} = 1{,}5^2 \cdot 7$ FE $= 15{,}75$ FE

d)

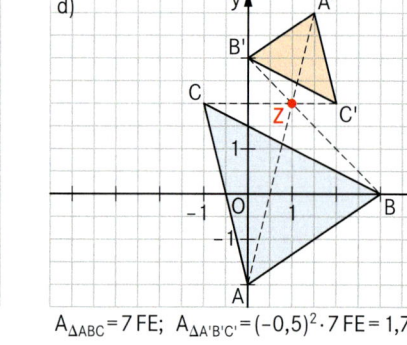

$A_{\triangle ABC} = 7$ FE; $A_{\triangle A'B'C'} = (-0{,}5)^2 \cdot 7$ FE $= 1{,}75$ FE

2 a) Die Dreiecke sind ähnlich, da sie im Maß zweier Winkel übereinstimmen (Scheitelwinkel und Winkel mit dem Maß 17,3°)
Für die Maßzahlen gilt: $\frac{x}{4{,}2} = \frac{3}{6{,}4}$; $x = 1{,}97$ \quad $\frac{y}{6{,}4} = \frac{2{,}5}{4{,}2}$; $y = 3{,}81$

b) Aufgrund der 90°-Winkel sind die Seiten mit den Längen y cm und 3,5 cm parallel, der Winkel mit dem Maß 36° findet sich als Stufenwinkel auch im zweiten Dreieck, somit stimmen die Dreiecke im Maß zweier Winkel überein und sind ähnlich.
$\frac{x}{2{,}5} = \frac{8{,}67}{5{,}04}$; $x = 4{,}30$ \quad $\frac{y}{5{,}04} = \frac{3{,}5}{2{,}5}$; $y = 7{,}06$

Lösungen zu „Wiederholung"

3 a) Da [AB]∥[A'B'] gilt: ∢BAC = ∢B'A'C'; (Stufenwinkel); ∢ACB ist gemeinsam, somit Übereinstimmung im Maß zweier Winkel
b) Für die Maßzahlen gilt: $\frac{6}{4} = \frac{3,6}{h_{c'}}$; $h_{c'} = 2,4$ cm

4 a)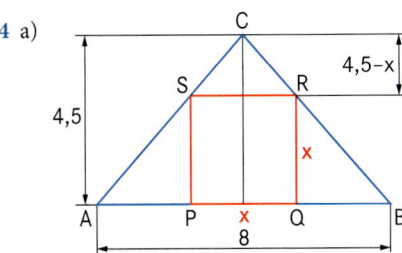

b) Für die Maßzahlen gilt: $\frac{x}{4,5-x} = \frac{8}{4,5}$
$$4,5 \cdot x = 36 - 8x$$
$$x = 2,88$$
Seitenlänge des Quadrat: 2,88 cm

c) $A_{Quadrat} = 8,29$ cm²; $A_{Dreieck} = 18$ cm²
Ergebnis: 46 %

5 a) $\frac{9-y}{x} = \frac{9}{12}$; $108 - 12y = 9x$; $12y = 108 - 9x$; $y(x) = 9 - 0,75x$
b) $A(x) = x \cdot (9 - 0,75x)$; $A(x) = -0,75x^2 + 9x$;
$A(x) = -0,75(x-6)^2 + 27$; $A_{max} = 27$ cm² für $x = 6$
Seitenlängen des Rechtecks: $\overline{DE} = 6$ cm; $\overline{EF} = 4,5$ cm

---

zu Seite 15
Rechnen mit Vektoren

1 a) $\vec{AB} = \binom{4}{2}$; $\vec{ZP} = \binom{-4}{2}$; $\overline{AB} = \overline{ZP}$, aber [AB] ist nicht parallel zu [ZP]

b) $\vec{AB} = \binom{1,5}{-2,3}$; $\vec{ZP} = \binom{-1,5}{+2,3}$; $\overline{AB} = \overline{ZP}$; [AB] ∥ [ZP]

c) $\vec{AB} = \binom{x-2}{x^2+0,5}$; $\vec{ZP} = \binom{x+2-4}{x^2+2x+1-(2x+0,5)} = \binom{x-2}{x^2+0,5}$; $\overline{AB} = \overline{ZP}$; [AB] ∥ [ZP]

2 a) $\vec{AD} = \binom{3}{5}$, somit gilt: $\vec{DC} = \binom{5}{-3}$
(oder $\vec{DC} = \binom{-5}{3}$, aber Umlaufsinn beachten)
mit C(x|y) folgt: $\binom{x-1}{y-4} = \binom{5}{-3}$
x = 6 und y = 1   **C(6|1)**

b) $\vec{AB} = \vec{DC}$
mit B(x|y) folgt: $\binom{x+2}{y+1} = \binom{5}{-3}$
x = 3 und y = −4   **B(3|−4)**

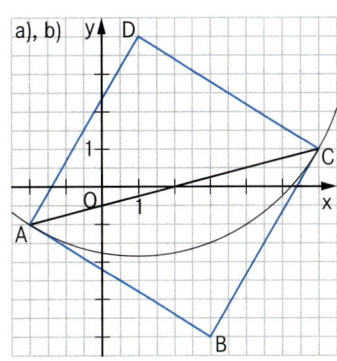

3 $M_{[DB]}\left(\frac{-1+3}{2}\middle|\frac{1,5+0,5}{2}\right)$; $M_{[DB]}(1|1)$
$\vec{MD} = \binom{-2}{0,5}$, somit $\vec{MC} = \binom{0,5}{2}$
mit C(x|y) folgt: $\binom{x-1}{y-1} = \binom{0,5}{2}$
x = 1,5 und y = 3   **C(1,5|3)**
$\vec{MA} = \binom{-0,5}{-2}$; A(x|y) → **A(0,5|−1)**

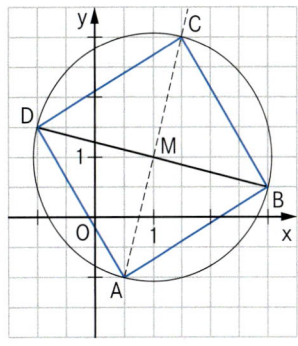

4 a) $x_s = \frac{-3+1,5+0}{3}$; $y_s = \frac{1+2+4,5}{3}$; S(−0,5|2,5)

b) $x_s = \frac{2,5+5+0}{3}$; $4 = \frac{2+4+x}{3}$; $x_s = 2,5$; $x_c = 6$

c) $4,2 = \frac{3+x_B+1,5}{3}$; $x_s = \frac{-1+(-2)+5,7}{3}$; $x_B = 8,1$; $y_s = 0,9$

d) $3 = \frac{8+x_C}{2}$; $5 = \frac{2+y_C}{2}$; $x_C = -2$; $x_C = 8$; $x_S = \frac{-4+8+(-2)}{3}$; $y_S = \frac{1+2+8}{3}$; $x_S = \frac{2}{3}$; $y_S = \frac{11}{3}$

5 $\vec{ZP'} = k \cdot \vec{ZP}$
a) $\binom{x'-5}{y'-4} = 2,5 \cdot \binom{-2}{-3}$; $x' - 5 = -5 \wedge y' - 4 = -7,5$; $x' = 0 \wedge y' = -3,5$; **P'(0|−3,5)**

b) $\binom{1+1}{1,5-2} = k \cdot \binom{x_P+1}{1-2}$; **k = 0,5; $x_P = 3$**

5 c) $\begin{pmatrix} x' \\ y'+3 \end{pmatrix} = 1{,}5 \cdot \begin{pmatrix} x \\ 0{,}5x-4+3 \end{pmatrix}$; (I) $x' = 1{,}5x$ ∧; (II) $y' + 3 = 1{,}5(0{,}5x - 1)$; **P'(1,5x | 0,75x − 4,5)**

d) $\begin{pmatrix} 2x-2-2 \\ y'+1 \end{pmatrix} = k \cdot \begin{pmatrix} x-2 \\ x^2+4+1 \end{pmatrix}$; (I) $2x - 4 = k(x-2)$ ∧ (II) $y' + 1 = k(x^2 + 5)$
mit (I) folgt: $2 \cdot (x-2) = k \cdot (x-2)$; **k = 2**
in (II): $y' = 2(x^2 + 5) - 1$; **y' = 2x² + 9**

6 A(3|1); B(5|2) A'(6|1); B'(11|3,5)

a) $\vec{AB} = \begin{pmatrix} 2 \\ 1 \end{pmatrix}$; $\vec{A'B'} = \begin{pmatrix} 5 \\ 2{,}5 \end{pmatrix}$; mit $\vec{A'B'} = k \cdot \vec{AB}$ folgt **k = 2,5**

$\vec{ZA'} = k \cdot \vec{ZA}$; $\begin{pmatrix} 6-x_Z \\ 1-y_Z \end{pmatrix} = 2{,}5 \cdot \begin{pmatrix} 3-x_Z \\ 1-y_Z \end{pmatrix}$

$6 - x_Z = 7{,}5 - 2{,}5x_Z$ ∧ $1 - y_Z = 2{,}5 - 2{,}5y_Z$

$x_Z = 1$ ∧ $y_Z = 1$ **Z(1|1)**

b) C(2|2); C'(3,5|3,5)
$A = 0{,}5 \cdot 3 \cdot 1$ FE = 1,5 FE; $A' = 0{,}5 \cdot 7{,}5 \cdot 2{,}5$ FE = 9,375 FE
$\frac{A'}{A} = 6{,}25$; **A' = 2,5² · A**

7 a) $\vec{ZP'} = k \cdot \vec{ZP}$

Mit $P(x | 2x+1) \in g$ und $P'(x' | y') \in g'$ folgt:
$\begin{pmatrix} x'-1{,}5 \\ y'-2 \end{pmatrix} = -1{,}5 \cdot \begin{pmatrix} x-1{,}5 \\ 2x+1-2 \end{pmatrix}$

(I) $x' = -1{,}5x + 3{,}75$
∧ (II) $y' = -3x + 3{,}5$
aus (I) folgt: $x = -\frac{2}{3}x' + 2{,}5$
in (II): $y' = -3(-\frac{2}{3}x' + 2{,}5) + 3{,}5$
     $y' = -2x' - 4$
→ **g': y = −2x − 4**

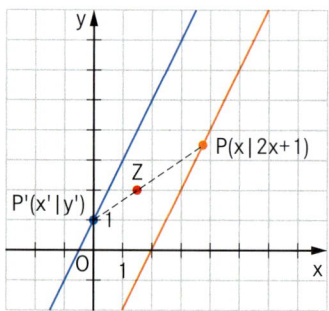

b) $\vec{ZP'} = k \cdot \vec{ZP}$
Mit $P(x | (x+1)^2 - 2) \in g$ und $P'(x' | y') \in g'$ folgt:
$\begin{pmatrix} x'+2 \\ y'-1 \end{pmatrix} = -2 \cdot \begin{pmatrix} x+2 \\ (x+1)^2-2-1 \end{pmatrix}$
(I) $x' = -2x - 6$
∧ (II) $y' = -2(x+1)^2 + 7$
aus (I) folgt: $x = -0{,}5x' - 3$
in (II): $y' = -2(-0{,}5x' - 3 + 1)^2 + 7$
     $y' = -2(-0{,}5x - 2)^2 + 7$
     $y' = -2 \cdot (-0{,}5)^2(x+4)^2 + 7$
p': y = −0,5(x + 4)² + 7

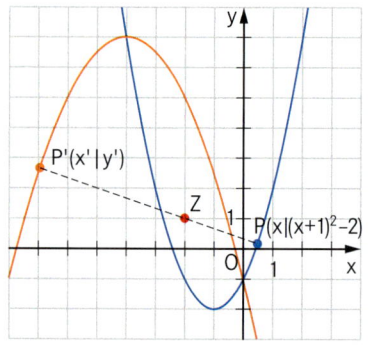

c) $\vec{ZP'} = k \cdot \vec{ZP}$
Mit $P(x | 0{,}5(x-3)^2 + 1) \in g$ und $P'(x' | y') \in g'$ folgt:
$\begin{pmatrix} x'-4 \\ y'+1 \end{pmatrix} = 3 \cdot \begin{pmatrix} x-4 \\ 0{,}5(x-3)^2+1+1 \end{pmatrix}$
(I) $x' = 3x - 8$
∧ (II) $y' = 1{,}5(x-3)^2 + 5$

aus (I) folgt: $x = \frac{1}{3}x' + \frac{8}{3}$

in (II): $y' = 1{,}5(\frac{1}{3}x' + \frac{8}{3} - 3)^2 + 5$

     $y' = 1{,}5 \cdot \left(\frac{1}{3}\right)^2 \cdot (x-1)^2 + 5$

p': y = $\frac{1}{6}$(x − 1)² + 5

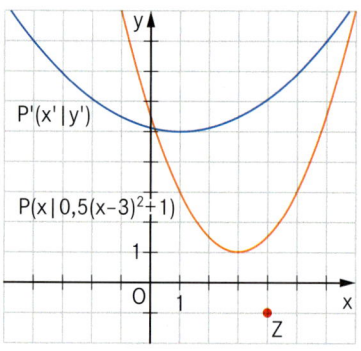

Lösungen zu „Wiederholung"

zu Seite 16
Flächensätze im rechtwinkligen Dreieck

1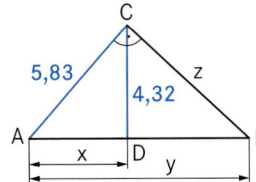

$\overline{AD}$ = x cm $\quad\quad$ $\overline{AB}$ = y cm
x = $\sqrt{5{,}83^2 - 4{,}32^2}$ $\quad$ $5{,}83^2 = 3{,}91 \cdot y$
$\overline{AD}$ = 3,91 cm $\quad\quad$ $\overline{AB}$ = 8,69 cm
$\overline{BC}$ = x cm $\quad\quad\quad$ A = $\frac{1}{2}$ · 5,83 cm · 6,44 cm
z = $\sqrt{8{,}69^2 - 5{,}83^2}$ $\quad$ A = 18,78 cm²
$\overline{BC}$ = 6,44 cm

2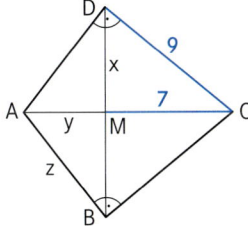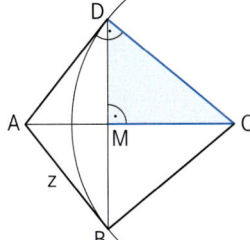

$\overline{MD}$ = x cm $\quad\quad$ $\overline{AM}$ = y cm
x = $\sqrt{9^2 - 7^2}$ $\quad\quad$ y · 7 = 5,66²
$\overline{MD}$ = 5,66 cm $\quad\quad$ $\overline{AM}$ = 4,58 cm

$\overline{AB}$ = z cm $\quad\quad\quad$ $\overline{AC}$ = $\overline{AM}$ + $\overline{MC}$
z = $\sqrt{5{,}66^2 + 4{,}58^2}$ $\quad\quad$ = 11,58 cm
$\overline{AB}$ = 7,28 cm $\quad\quad\quad$ $\overline{BD}$ = 2 · $\overline{MD}$
$\quad\quad\quad\quad\quad\quad\quad$ = 11,32 cm

Du beginnst mit dem Dreieck MCD, um das Drachenviereck zu konstruieren.

3 a) $\overline{BD}$ = d = $\sqrt{(6 \text{ cm})^2 + (6 \text{ cm})^2}$ $\quad$ **b)** $\overline{AB'}$ = (6 + x) cm $\quad$ Für die Maßzahlen gilt:
d = 8,49 cm $\quad\quad\quad\quad\quad\quad\quad\quad\quad$ $\overline{AE'}$ = (6 – x) cm $\quad$ d² = (6 + x)² + 6²
$\quad\quad\quad\quad\quad\quad\quad\quad\quad\quad\quad\quad\quad\quad\quad\quad\quad\quad\quad$ e² = (6 + x)² + 6² + (6 – x)²
e² = (8,49 cm)² + (6 cm)² $\quad\quad\quad\quad\quad\quad\quad\quad\quad\quad\quad$ (2√30)² = 108 + 2x²
e² = 10,40 cm $\quad\quad\quad\quad\quad\quad\quad\quad\quad\quad\quad\quad\quad\quad$ 6 = x² $\quad$ x = 2,45 (∨ x = – 2,45)

4 a)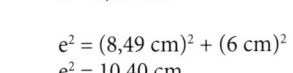

b) Die Diagonalen des Drachenvierecks verlaufen parallel zu den Koordinatenachsen.

$\overline{AC}$ = $y_C - y_A$ $\quad\quad\quad\quad\quad$ $\overline{BD}$ = $x_B - x_D$
$\overline{AC}$ = (3 – (–1)) LE = 4 LE $\quad$ $\overline{BD}$ = (3 – 1) LE = 2 LE
A = $\frac{1}{2}$ · $\overline{AC}$ · $\overline{BD}$ = 4 FE

c) Da die Diagonalen parallel zu den Koordinatenachsen verlaufen, besitzt der Schnittpunkt der Diagonalen als Mittelpunkt der Strecke [BD] die Koordinaten M (2|2).

$\overline{MC}$ = $y_C - y_M$ $\quad\quad\quad\quad\quad$ $\overline{AM}$ = $y_M - y_A$
$\overline{MC}$ = (3 – 2) LE = 1 LE $\quad\quad$ $\overline{AM}$ = (2 – (–1)) LE = 3 LE
$\overline{BC}$ = $\sqrt{(\frac{1}{2} \cdot 2)^2 + 1^2}$ LE = 1,41 LE $\quad$ $\overline{AB}$ = $\sqrt{(\frac{1}{2} \cdot 2)^2 + 3^2}$ LE = 3,16 LE

5 a), b)

a) $\overline{AC}$ = $\sqrt{(2 - (-6))^2 + (1{,}5 - (-4{,}5))^2}$ LE = $\sqrt{100}$ LE
$\quad\quad$ = 10 LE

$\overline{AB}$ = $\sqrt{(3{,}5 - (-6))^2 + (-0{,}5 - (-4{,}5))^2}$ LE
$\quad\quad$ = $\sqrt{106{,}25}$ LE = 10,3 LE

$\overline{BC}$ = $\sqrt{(2 - 3{,}5)^2 + (1{,}5 - (-0{,}5))^2}$ LE = $\sqrt{6{,}25}$ LE
$\quad\quad$ = 2,5 LE

Für die Maßzahlen gilt nach dem Satz des Pythagoras:
$\sqrt{106{,}25}^2 = \sqrt{100}^2 + \sqrt{6{,}25}^2$
106,25 = 106,25 (w) ⇒ rechtwinklig

c) $\overline{A_nB_n}^2 = [(10 - 2x)^2 + (2{,}5 + x)^2]$ LE²; $\overline{A_nB_n}$ = $\sqrt{5x^2 - 35x + 106{,}25}$ LE = $\sqrt{5(x - 3{,}5)^2 + 45}$ LE;
$\overline{A_nB_n}_{min}$ = $\sqrt{45}$ LE = 6,71 LE für x = 3,5

Lösungen zu „Wiederholung"

6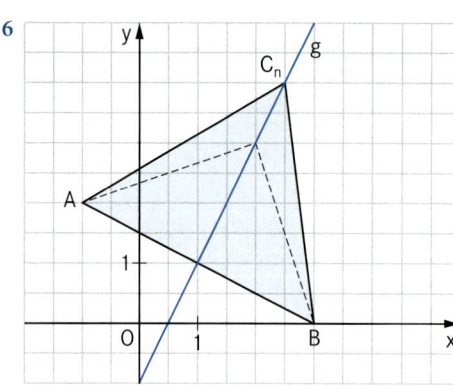

a) C_n liegt auf der Mittelsenkrechten über [AB].
$m_{AB} = -\frac{1}{2}$; $m_g = 2$ mit M (1|1)
g: y = 2 (x − 1) + 1
     y = 2x − 1

b) C_n (x | 2x − 1)
$\overline{AC_n} = \sqrt{(x+1)^2 + (2x-1-2)^2}$ LE
$\overline{AC_n} = \sqrt{5x^2 - 10x + 10}$ LE

c) $\sqrt{10} = \sqrt{5x^2 - 10x + 10}$
10 = 5x² − 10x + 10
0 = 5x(x − 2)
(x = 0 ∨) x = 2 C_1 (2|3)

d) $\overline{AC_1}^2 + \overline{BC_1}^2 \stackrel{?}{=} \overline{AB}^2$
$\sqrt{10}^2 + \sqrt{10}^2 \stackrel{?}{=} \sqrt{4^2 + 2^2}^2$
10 + 10 = 20 (w) ⇒ rechtwinklig

---

zu Seite 17 Kreis-Raumgeometrie

1 a) 2π cm² = r2π $\frac{4}{3}$; r = $\frac{128}{3}$ cm; r = 6 cm
   2π cm² = $\frac{8}{3}$ · 6 cm · b; b = 2,09 cm

   b) 25π cm = r · π · $\frac{64}{9}$; r = 15 cm
   AS = $\frac{8}{3}$ · 15 cm · 25π cm = 187,5π cm²

   c) 200 cm² = $\frac{8}{3}$r · 10 cm; r = 40 cm; 10 cm = 40 cm · π · $\frac{x}{3}$; a = 14,32°

2 b = 3,5 cm · π · $\frac{8-y}{8}$; b = 3,67 cm   Gleichseitiges Dreieck ⇒ $\overline{AB}$ = r = 3,5 cm

3 a) 11,18 dm = $\sqrt{64 + 25 + b^2}$ dm; b = 6 dm;
   b) O = (8 · 6 · 2 + 8 · 5 · 2 + 6 · 5 · 2) dm²
   O = 236 dm²
   V = 8 · 6 · 5 dm³ = 240 dm³

4

	a)	b)	c)
A_G in cm²	120	**4,1**	60
h in cm	**2,1**	3,7	**0,75**
V in cm³	256	15	**45**

5 530,44 cm² = $\frac{a^2}{4}\sqrt{3}$; a = 35,0 cm
   M = u · h
   M = 3 · 35 cm · 52 cm = 5460 cm²

6 $V_{Schachtel} = A_{Sechseck}$ · 3 cm = 6 · $\frac{(6\,cm)^2}{4}$ · $\sqrt{3}$ · 3 cm = 280,6 cm³
   $V_{Pralinen}$ = 24 · (2,1 cm)³ = 222,3 cm³
   0,7 · 280,6 cm³ = 196,4 cm³   Die Pralinenschachtel ist keine Mogelpackung.

7 a)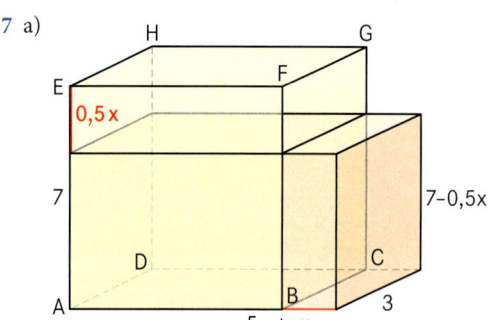

b) x ∈]0; 14[

c) V (x) = [3 · (5 + x) (7 − 0,5x)] cm³
   = (−1,5 x² + 13,5 x + 105) cm³

d) V (x) = [−1,5 (x − 4,5)² + 135,375] cm³
   V_{max} = 135,375 cm³ für x = 4,5

e) O (x) = 2[(5+x) · 3 + (7−0,5x) · 3 + (5+x)(7−0,5x)] cm²
   = (−x² + 12x + 142) cm² = [−(x − 6)² + 178] cm²
   Nein

f) d_r^2 = [(5 + x)² + 3²] + (7 − 0,5x)²
   $d_r = \sqrt{1,25x^2 + 3x + 83}$

g) $\sqrt{1,25x^2 + 3x + 83}$ = 10; 1,25 x² + 3x − 17 = 0,5
   x_1 = 2,68; (x_2 = −5,08)

Lösungen zu „Wiederholung"

zu Seite 18
Raumgeometrie

8 b)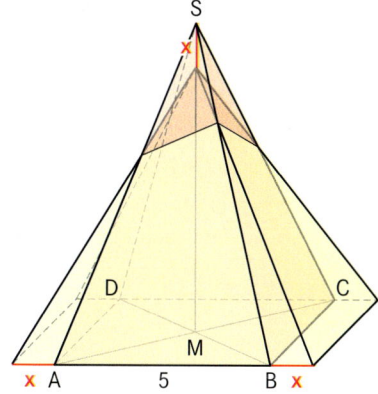

a) $x \in {]0; 7[}$

c) $A_G = (5 + 2x) \cdot 5 \text{ cm}^2 = (25 + 10x) \text{ cm}^2$
$h = (7 - x) \text{ cm}$

$V(x) = \frac{1}{3}(25 + 10x)(7 - x) \text{ cm}^3$
$= \frac{1}{3}(175 + 70x - 25x - 10x^2) \text{ cm}^3$
$= (-\frac{10}{3}x^2 + 15x + 58\frac{1}{3}) \text{ cm}^3$

d) $V(x) = -\frac{10}{3}(x^2 - 4{,}5x + 2{,}25^2 - 2{,}25^2 - 17{,}5) \text{ cm}^3$
$= -\frac{10}{3}[(x - 2{,}25^2) - 22{,}5625] \text{ cm}^3$
$= [-\frac{10}{3}(x - 2{,}25)^2 + 75{,}21] \text{ cm}^3$

$V_{max} = 75{,}21 \text{ cm}^3$ für $x = 2{,}25$

9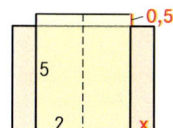

$r = (2 + x) \text{ cm}$
$h = (5 - 0{,}5x) \text{ cm}$

a) $V(x) = (2 + x)^2 \pi (5 - 0{,}5x) \text{ cm}^3$
$= \pi(4 + 4x + x^2)(5 - 0{,}5x) \text{ cm}^3$
$= \pi(20 - 2x + 20x - 2x^2 + 5x^2 - 0{,}5x^3) \text{ cm}^3$
$= \pi(-0{,}5x^3 + 3x^2 + 18x + 20) \text{ cm}^3$

b)

x	-5	-4	-3	-2	-1	0	1	2	3	4	5	6	7	8	9	10
V(x)	212	88	20	0	17	63	127	201	275	339	385	402	382	314	190	0

c) $M(x) = 2 \cdot (2 + x) \pi (5 - 0{,}5x) \text{ cm}^2$
$= 2 \cdot \pi (10 - x + 5x - 0{,}5x^2) \text{ cm}^2$
$M(x) = 2\pi(-0{,}5x^2 + 4x + 10) \text{ cm}^2$
$= -\pi[x^2 - 8x + 4^2 - 4^2 - 20] \text{ cm}^2$
$= -\pi[(x-4)^2 - 36] \text{ cm}^2$
$= [-\pi(x-4)^2 + 36\pi] \text{ cm}^2$

$M_{max} = 36\pi \text{ cm}^2$ für $x = 4$

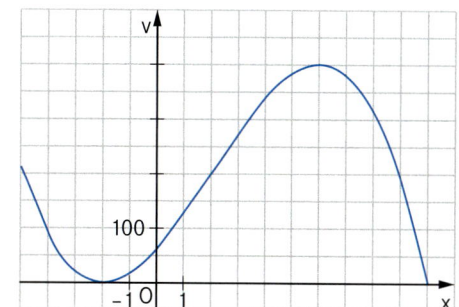

10 $V_Z = 80 \text{ cm}^2 \cdot 9 \text{ cm} = 720 \text{ cm}^3$
$r_Z = \sqrt{\frac{80}{\pi}} \text{ cm} = 5{,}05 \text{ cm}$
$V_K = \frac{1}{3} r_K^2 \cdot \pi \cdot 9 \text{ cm}$
$0{,}2 \cdot 720 \text{ cm}^3 = \frac{1}{3} r_K^2 \cdot \pi \cdot 9 \text{ cm}; \quad 3{,}91 \text{ cm} = r_K$
$s = \sqrt{r^2 + h^2} = \sqrt{5{,}11^2 + 9^2} \text{ cm} = 9{,}81 \text{ cm}$
$A_K = (3{,}91 \text{ cm})^2 \cdot \pi = 48{,}03 \text{ cm}^2$
$M_K = 3{,}91 \text{ cm} \cdot \pi \cdot 9{,}81 \text{ cm} = 120{,}50 \text{ cm}^2$
$O_{neu} = O_Z + M_K - A_K = 2 \cdot 80 \text{ cm}^2 + 2 \cdot \pi \cdot 5{,}05 \text{ cm} \cdot 9 \text{ cm} + 120{,}50 \text{ cm}^2 - 48{,}03 \text{ cm}^2 = 518{,}04 \text{ cm}^2$

11 a)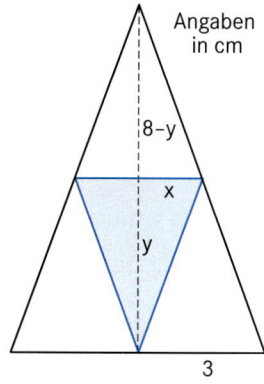

Angaben in cm

b) $V = \frac{1}{3} \cdot 1{,}5^2 \pi \cdot 4 \text{ cm}^3 = 3\pi \text{ cm}^3 = 9{,}42 \text{ cm}^3$
$O = 1{,}5\pi (1{,}5 + \sqrt{1{,}5^2 + 4^2}) \text{ cm}^2 = 8{,}66\pi \text{ cm}^2 = 27{,}20 \text{ cm}^2$

c) $x = y; \quad \frac{8-y}{x} = \frac{8}{3}$
$y = -\frac{8}{3}x + 8;$
$x = -\frac{8}{3}x + 8; \quad x = 2{,}18$

d) $2x = s$
$s = \sqrt{(x^2 + (-\frac{8}{3}x + 8)^2)}$
$4x^2 = x^2 + \frac{64}{9}x^2 - \frac{128}{3}x + 64$
$(x_1 = 8{,}56); \quad x_2 = 1{,}82$

e) $V(x) = \frac{1}{3}x^2\pi \cdot (-\frac{8}{3}x + 8) \text{ cm}^3 = (-\frac{8}{9}\pi x^3 + \frac{8}{3}\pi x^2) \text{ cm}^3$

12 $1333 = 4\pi r^2; \quad r = 10{,}30 \text{ cm}; \quad u = 2 \cdot 10{,}30 \text{ cm} \cdot \pi = 64{,}71 \text{ cm}$

13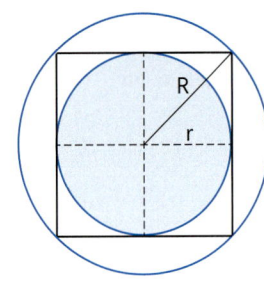

$r = 3$ cm; $R = 3\sqrt{2}$ cm $= 4{,}24$ cm

$V_e = \frac{4}{3} \cdot 3^3 \pi$ cm³ $= 113{,}10$ cm³

$V_u = \frac{4}{3} (3\sqrt{2})^3 \pi$ cm³ $= 319{,}89$ cm³

$O_e = 4 \cdot 3^2 \pi$ cm² $= 113{,}10$ cm²

$O_u = 4 (3\sqrt{2})^2 \pi$ cm² $= 226{,}19$ cm²

Vergleich: $O_u = 2\, O_e$

---

zu Seite 178
Aufgaben ohne Hilfsmittel

1 y: Temperatur in °F; x: Temperatur in °C

$y = \frac{9}{5}x + 32$

$-136 = \frac{9}{5}x + 32$

$\frac{-168 \cdot 5}{9} = x$ $-93{,}3 = x$ Die Temperatur beträgt **–93,3 °C**.

2 2.1 Bei einem Säulendiagramm z. B. beträgt die Höhe der roten Säule das 64-fache der blauen Säule. Zeichnet man die blaue Säule 1 cm hoch, hat die rote Säule eine Höhe von 64 cm. Dies ist auf einem DIN A4 Blatt gar nicht darstellbar. Zeichnet man die blaue Säule kürzer, wird die Darstellung sehr ungenau.

2.2 Die Kantenlänge des grünen Würfels ist halb so lang wie die des roten Würfels, z. B. Kantenlänge grüner Würfel 1 cm, Kantenlänge roter Würfel 2 cm. Somit besitzt der grüne Würfel ein Volumen von 1 cm³, der rote Würfel ein Volumen von (2 cm)³ = 8 cm³. Dies entspricht einer Personenzahl von 8000 zwischen 1 und 16 Jahren.

3 Ölverlust bei 20 von 1000 Autos bedeutet $\frac{20}{1000} = \frac{2}{100} = 2\,\%$ aller Autos.

Ein Mangel bei der Dämpfung tritt bei $\frac{2}{25} = \frac{8}{100} = 8\,\%$ aller Autos auf.

Die Beleuchtung ist bei jedem 9. Auto, d. h. bei $\frac{1}{9} = 0{,}\overline{1} \approx 11\,\%$ aller Autos defekt.

Bei 0,9 % der Autos ist die Lenkung mangelhaft, dies ist somit der Mangel, der am seltensten auftritt. Mit 11 % ist die Beleuchtung der am häufigsten auftretende Mangel.

4 4.1

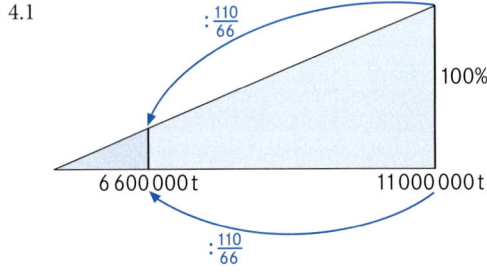

$100\,\% \cdot \frac{66}{110} = \frac{660}{11}\,\% = \mathbf{60\,\%}$

4.2 Säulendiagramm:

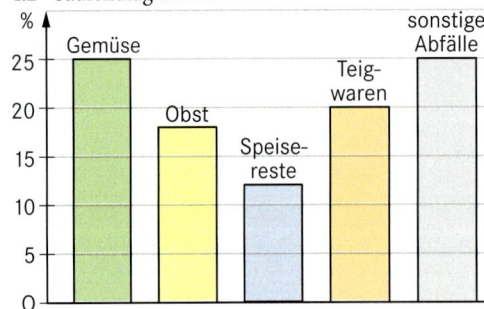

Kreisdiagramm:

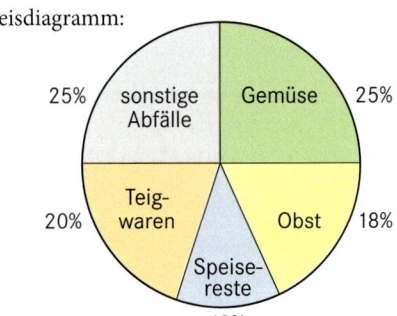

Lösungen zu „Vorbereitung Abschlussprüfung"

5 5.1 $\mathbb{D}_f = \mathbb{R}\setminus\{0\}$; $\mathbb{W}_f = \mathbb{R}\setminus\{0\}$; Asymptoten: x-Achse und y-Achse

$f^{-1} : x = y^{-3}$ $\quad x = \frac{1}{y^3}$ $\quad y^3 = \frac{1}{x}$ $\quad y = \left(\frac{1}{x}\right)^{\frac{1}{3}} = x^{-\frac{1}{3}}$

$\mathbb{D}_{f^{-1}} = \mathbb{R}\setminus\{0\}$; $\mathbb{W}_{f^{-1}} = \mathbb{R}\setminus\{0\}$; Asymptoten: x-Achse und y-Achse

5.2 $\mathbb{D}_f = \{x \mid x \leq -1\}$; $\mathbb{W}_f = \{y \mid y \geq 3\}$; keine Asymptoten

$f^{-1} : x = (y+1)^2 + 3$ $\quad \sqrt{x-3} - 1 = y$

$\mathbb{D}_{f^{-1}} = \{x \mid x \geq 3\}$; $\mathbb{W}_{f^{-1}} = \{y \mid y \leq -1\}$; keine Asymptoten

5.3 $\mathbb{D}_f = \mathbb{R}$; $\mathbb{W}_f = \mathbb{R}^+$; Asymptote: x-Achse

$f^{-1} : x = 7 \cdot \left(\frac{1}{2}\right)^y$ $\quad \frac{x}{7} = \left(\frac{1}{2}\right)^y$ $\quad y = \log_{\frac{1}{2}}\left(\frac{x}{7}\right)$

$\mathbb{D}_{f^{-1}} = \mathbb{R}^+$; $\mathbb{W}_{f^{-1}} = \mathbb{R}$; Asymptote: y-Achse

5.4 $\mathbb{D}_f = \mathbb{R}^+$; $\mathbb{W}_f = \mathbb{R}$; Asymptote: y-Achse

$f^{-1} : x = \log_3 y$ $\quad y = 3^x$

$\mathbb{D}_{f^{-1}} = \mathbb{R}$; $\mathbb{W}_{f^{-1}} = \mathbb{R}^+$; Asymptote: x-Achse

6 z. B.: $f_1: y = x^2 + 1$; $f_2: y = x^4 - 2$; $f_3: y = x^{-2}$

**zu Seite 179
Aufgaben ohne Hilfsmittel**

7 7.1 $1{,}7x^2 = 2{,}89$: lösbar
$1{,}7x^2 = -2{,}89$: keine Lösung, da jede Quadratzahl eine positive Zahl ist

7.2 $(x+1)^2 = -4$: keine Lösung, da jede Quadratzahl eine positive Zahl ist
$(-x-1)^2 = -4$: keine Lösung, da jede Quadratzahl eine positive Zahl ist

7.3 $(x-5)^2 + 2 = 1$: keine Lösung, da das Quadrat aus $(x-5)$ die negative Zahl -1 sein müsste
$(x+5)^2 - 2 = 1$: lösbar

7.4 $x^2 + x + 7 = 0$: keine Lösung, da der Graph eine nach oben geöffnete Normalparabel ist, die entlang der positiven x-Achse und entlang der positiven y-Achse verschoben wurde und somit keine Nullstellen besitzt.
$-x^2 + x + 7 = 0$: lösbar

8 8.1 $2 \cdot \sqrt[3]{x} = 60$
$\sqrt[3]{x} = 30$
$x = 30^3 = 27\,000$ $\quad \mathbb{L} = \{27\,000\}$

8.2 $\frac{1}{3}x^3 + 7 = 16$
$x^3 = 27$
$x = 3$ $\quad \mathbb{L} = \{3\}$

8.3 $2 \cdot 0{,}5^{x+2} + 0{,}5^2 = 4{,}25$
$2 \cdot 0{,}5^x \cdot 0{,}5^2 + 0{,}5^2 = 4{,}25$
$0{,}5 \cdot 0{,}5^x + 0{,}25 = 4{,}25$
$0{,}5^x = 8$
$x = -3$ $\quad \mathbb{L} = \emptyset$

8.4 $5^{2x} = 25 \cdot 5^{x-1}$
$5^{2x} = 5^2 \cdot 5^{x-1}$
$5^{2x} = 5^{2+x-1}$
$2x = x + 1$
$x = 1$ $\quad \mathbb{L} = \{1\}$

9 9.1 f_1: **D**; f_2: **B**; f_3: **A**; f_4: **E**

9.2 $y = 3 \cdot 2^x - 1$ nicht zugeordnet
Die Exponentialfunktion besitzt die Gerade mit der Gleichung $y = -1$ als Asymptote und verläuft durch den Punkt $(0 \mid 2)$. Je größer der x-Wert, desto größer ist der dazugehörige y-Wert.

10 10.1 $y = -0{,}5x^2$: nach unten geöffnete Parabel mit dem Öffnungsfaktor $0{,}5$ und dem Scheitel $S(0\mid 0)$
$y = -0{,}5x^2 + 1$: nach unten geöffnete Parabel mit dem Öffnungsfaktor $0{,}5$ und dem Scheitel $S(0\mid 1)$
$y = 0{,}5x^2 - 1$: nach oben geöffnete Parabel mit dem Öffnungsfaktor $0{,}5$ und dem Scheitel $S(0\mid -1)$
$y = 0{,}5x^2 + 2x + 1$: nach oben geöffnete Parabel mit dem Öffnungsfaktor $0{,}5$, entlang der negativen x-Achse und entlang der negativen y-Achse verschoben

10.2 $y = x$: Gerade, Winkelhalbierende des 1. und 3. Quadranten

$y = \frac{1}{3}x$: Gerade, im 1. und 3. Quadranten, durch den Ursprung, flacher als die Winkelhalbierende

$y = \frac{1}{3}x - 4$: Gerade, verläuft wie die vorherige nur um 4 LE entlang der y-Achse nach unten verschoben

$y = -\frac{1}{3}x + 4$: Gerade, schneidet die y-Achse bei $+4$ und verläuft fallend mit einer Steigung von $-\frac{1}{3}$

10.3 $y = -0,25x^5$: zum Ursprung punktsymmetrische Potenzfunktion im 2. und 4. Quadranten mit dem Öffnungsfaktor 0,25; verläuft durch den Ursprung

$y = 0,25x^{-5}$: zum Ursprung punktsymmetrische Potenzfunktion im 1. und 3. Quadranten mit dem Öffnungsfaktor 0,25; Koordinatenachsen sind Asymptoten

$y = -0,25(x + 2)^5$: Potenzfunktion, verläuft wie die Funktion mit der Gleichung $y = -0,25x^5$ nur um 2 LE entlang der x-Achse nach links verschoben

$y = (x + 2)^{-5}$: punktsymmetrische Potenzfunktion mit der x-Achse und der Gerade mit der Gleichung $x = -2$ als Asymptoten

10.4 $y = 0,2 \cdot 3^x$: Exponentialfunktion eines Wachstumsprozesses, x-Achse ist Asymptote, verläuft durch den Punkt $(0|0,2)$

$y = 3^x$: Exponentialfunktion eines Wachstumsprozesses, x-Achse ist Asymptote, verläuft durch den Punkt $(0|1)$

$y = \log_3 x$: Logarithmusfunktion, mit zunehmenden x-Wert wird der dazugehörige y-Wert größer, y-Achse ist Asymptote, verläuft durch den Punkt $(1|0)$

$y = 2 \cdot 3^x$: Exponentialfunktion eines Wachstumsprozesses, x-Achse ist Asymptote, verläuft durch den Punkt $(0|2)$

11 $A(12|2)$ in $y = \lg(x - c) + 1$ einsetzen:
$2 = \lg(12 - c) + 1$
$1 = \lg(12 - c)$
$10 = 12 - c$ $c = 2$ $\Rightarrow$ f: $y = \lg(x - 2) + 1$

Der Graph der Funktion f verläuft im 1. und 4. Quadranten, mit zunehmenden x-Wert wird der y-Wert größer, Gerade mit der Gleichung $x = 2$ ist Asymptote

11.1 Z. B.: Da der Graph der Funktion im 1. Quadranten nur sehr langsam ansteigt, $A(12|2)$ liegt auf dem Graphen, verläuft der Graph unterhalb der Winkelhalbierenden des 1. Quadranten und schneidet diese nicht. $\Rightarrow$ g: $y = x + 1$

11.2 Der Graph der Gerade verläuft fallend durch den 4. Quadranten und der Graph der Logarithmusfunktion besitzt die Gerade mit der Gleichung $x = 2$ als Asymptote, somit gibt es einen Schnittpunkt.

12 12.1 Grundfläche der Tonne: $(4\text{ dm})^2 = 16\text{ dm}^2$; Wasserzulauf pro Minute: $8\,l = 8\text{ dm}^3$
Pro Minute steigt damit die Wasserhöhe um $8\text{ dm}^3 : 16\text{ dm}^2 = 0,5\text{ dm} = 5\text{ cm}$
Nach vier Minuten steht das Wasser $4 \cdot 5\text{ cm} + 40\text{ cm} = 60\text{ cm}$ hoch.

12.2 $y = 5x + 40$

13 13.1 $y = 2,5 \cdot 1,03^x$ 13.2 $y = 6 \cdot \left(\frac{1}{2}\right)^{\frac{x}{8}}$

---

zu Seite 180
Aufgaben ohne
Hilfsmittel

14 14.1 $\overline{AB} = \sqrt{5^2 - 3^2}\text{ cm} = \sqrt{16}\text{ cm} = 4\text{ cm}$; $A_{ABC} = \frac{1}{2} \cdot \overline{AB} \cdot \overline{BC} = \frac{1}{2} \cdot 4\text{ cm} \cdot 3\text{ cm} = \mathbf{6\text{ cm}^2}$

14.2 $\tan 30° = \frac{2,9\text{ cm}}{\overline{PQ}}$; $\overline{PQ} = 2,9\text{ cm} : 0,58 = 5\text{ cm}$; $A_{PQR} = \frac{1}{2} \cdot \overline{PQ} \cdot \overline{PR} = \frac{1}{2} \cdot 5\text{ cm} \cdot 2,9\text{ cm} = \mathbf{7,25\text{ cm}^2}$

15 $\sin \alpha = 0,5 \Rightarrow \alpha = 30°$ $x\text{ cm} = \frac{30°}{360°} \cdot 2 \cdot 1\text{ cm} \cdot \pi = \frac{1}{6}\pi\text{ cm}$

16 16.1 $\sphericalangle AMB = 360° : 6 = 60°$
$\tan 30° = \frac{x}{4\text{ cm}}$; $x = 0,58 \cdot 4\text{ cm} = 2,32\text{ cm}$; Die Seitenlänge beträgt $2 \cdot 2,3\text{ cm} = \mathbf{4,6\text{ cm}.}$

16.2 Die beiden Dreiecke ABM und ABS haben die gleiche Grundseite, das Dreieck ABS eine doppelt so lange Höhe. Somit hat das Dreieck ABS den doppelten Flächeninhalt vom Dreieck ABM.

17 Betrachtet man den Graphen der linearen Funktion, erkennt man, dass man für das eingezeichnete Steigungsdreieck 1 LE nach links und ca. 1,3 LE nach oben gehen muss. Ein Gefälle von 100 % bedeutet, auf einer Länge von 100 m fällt das Gelände um 100 m. Somit ist bei der abgebildeten Piste das Gefälle über 100 %, wie bei Antwort **B** beschrieben.
Weiterhin gilt: $\tan(180° - \alpha) = -\frac{1,3}{1} = -1,3$. Damit ist Antwort **C** ebenfalls richtig.

---

zu Seite 181
Aufgaben ohne
Hilfsmittel

18 $\sphericalangle CBA = 30°$ $\frac{\overline{AC}}{\sin 30°} = \frac{8\text{ cm}}{\sin 53,13°}$; $\overline{AC} = \frac{8\text{ cm}}{0,8} \cdot 0,5 = \mathbf{5\text{ cm}}$

19 19.1 Bei einem Prisma sind Grund- und Deckfläche kongruent und liegen parallel zueinander. Der markierte Körper besitzt als Grund- und Deckfläche das rechtwinklige Dreieck mit dem eingezeichneten Winkelmaß und sie liegen parallel zueinander.

Lösungen zu „Vorbereitung Abschlussprüfung"

19.2 $\tan 26{,}565° = \frac{x}{10\text{ cm}}$; $x = 0{,}5 \cdot 10$ cm $= 5$ cm

$V = \frac{1}{2} \cdot 10 \cdot 5 \cdot 10$ cm³ $= 250$ cm³

19.3 Grundfläche des Prismas ist das rechtwinklige Dreieck mit einer Kathetenlänge von 10 cm und einer Kathetenlänge von 5 cm. Der Flächeninhalt dieses Dreiecks ist somit viermal so groß wie der Flächeninhalt eines Quadrats mit der Seitenlänge 10 cm.
Die Höhe des Prismas und die Höhe des Würfels betragen jeweils 10 cm.
Somit ist das Volumen des Würfels viermal so groß wie das Volumen des Prismas und das Prisma passt viermal in den Würfel.

20 20.1 Die abgebildeten Personen werden als Vergleichsgrößen herangezogen. Größe des Mannes im Bild ⇒ 3 cm. Nimmt man eine tatsächlich Körpergröße von 1,80 m an, ergibt sich ein Faktor vor 60.
Durchmesser des Balls im Foto: 3,5 cm ⇒ Durchmesser in der Wirklichkeit: 2,10 m
Oberflächeninhalt des Balls: $O_{Ball} = 4 \cdot (1{,}05 \text{ m})^2 \cdot \pi =$ **13,85 m²**

20.2 Größe der Kinder im Bild ⇒ 2 cm bzw. 2,5 cm. Nimmt man ihre tatsächliche Körpergröße mit 0,90 m bzw. 1,125 m (≙ Durchschnittsgröße von 2- bzw. 5-jährigen Jungen), ergibt sich ein Faktor von 45.
Schuhlänge im Foto: 9 cm ⇒ Schuhlänge in der Wirklichkeit **4,05 m**
(Fußlänge ist zwar etwas kürzer, das wird hier aber vernachlässigt)
Schuhgröße y = 1,6 · 450 = **648**

20.3 Annahme: Ein Fußballspieler ist 1,80 m groß und hat Schuhgröße 45.
Person mit Schuhgröße 648 ist dann 648 : 45 · 1,80 m = 25,92 ≈ **26 m** groß.

21 21.1 $P_0(3 \mid 45°)$; $P_0(3 \cdot \cos 45° \mid 3 \cdot \sin 45°)$; $P_0(2{,}13 \mid 2{,}13)$

21.2 $\cos 53{,}13° = \frac{3 \text{ LE}}{\overline{OP_1}}$; $\overline{OP_1} = \frac{3 \text{ LE}}{0{,}6} = 5$ LE $\qquad \sin 53{,}13° = \frac{\overline{P_0P_1}}{5 \text{ LE}}$; $\overline{P_0P_1} = 0{,}8 \cdot 5$ LE $= 4$ LE

21.3 $\overline{OP_1} = \frac{5}{3} \cdot \overline{OP_0}$, da $\overline{OP_0} = 3$ LE und $\overline{OP_1} = 5$ LE

$\triangle OP_0P_1 \xrightarrow{O;\, \alpha\, =\, 53{,}13°} \triangle OP_0{}^*P_1{}^* \xrightarrow{O;\, k\, =\, \frac{5}{3}} \triangle OP_1P_2$

21.4 $\overline{OP_1} = \frac{5}{3} \cdot \overline{OP_0}$; $\overline{OP_2} = \frac{5}{3} \cdot \overline{OP_1} = \frac{5}{3} \cdot \frac{5}{3} \cdot \overline{OP_0} = \left(\frac{5}{3}\right)^2 \cdot \overline{OP_0}$; $\overline{OP_{10}} = \left(\frac{5}{3}\right)^{10} \cdot 3$ LE

**zu Seite 182
Funktionen**

1 1.1 Der Graph ist eine Hyperbel, also A oder B $\qquad$ $P(1 \mid -2) \in h$ einsetzen, ergibt Lösung B

1.2 g mit $y = \frac{1}{2}x + 3$

1.3 $g \cap h$: $\qquad y = \frac{1}{2}x + 3 \qquad\qquad \mathbb{G} = \mathbb{R} \times \mathbb{R} \qquad x_1 = -0{,}76 \qquad x_2 = -5{,}24$

$\qquad\qquad \wedge\; y = -\frac{2}{x}$

$\qquad\qquad -\frac{2}{x} = \frac{1}{2}x + 3 \qquad \mathbb{G} = \mathbb{R} \qquad\qquad y_1 = 2{,}63 \qquad\qquad y_2 = 0{,}38$

$\qquad\qquad -2 = \frac{1}{2}x^2 + 3x \qquad\qquad\qquad\qquad\quad S_1(-0{,}76 \mid 2{,}63) \qquad S_2(-5{,}24 \mid 0{,}38)$

1.4 z. B. a : y = x

2 2.1 wegen $8 - 2x > 0$ gilt: $\mathbb{D}_1 = \mathbb{D}_2 = \{x \mid x < 4\}$; $\mathbb{W}_1 = \mathbb{R}$; $\mathbb{W}_2 = \mathbb{R}^-$

2.2 z. B. $P(1{,}5 \mid 1) \longmapsto P'(1{,}5 \mid -0{,}75)$; somit $k = -\frac{3}{4}$

Abbildungsgleichung: $\quad x' = x$
$\qquad\qquad\qquad\qquad\quad \wedge\; y' = -0{,}75 \cdot y$

2.3 $\overline{P_nQ_n} = (y_P - y_Q)$ LE $= [2 + \log_{0{,}2}(8 - 2x) - (-1{,}5 - 0{,}25 \log_{0{,}2}(8 - 2x)^3)]$ LE
$\qquad\qquad = [3{,}5 + 1{,}75 \log_{0{,}2}(8 - 2x)]$ LE

$3{,}5 + 1{,}75 \log_{0{,}2}(8 - 2x) = 1{,}5$
$\qquad \log_{0{,}2}(8 - 2x) = -1{,}14$
$\qquad\qquad\quad 8 - 2x = 0{,}2^{-1{,}14}$
$\qquad\qquad\qquad\quad x = 0{,}87$

2.4 Für den Mittelpunkt $T(x \mid 0{,}25)$ gilt:
$0{,}5(2 + \log_{0{,}2}(8 - 2x) - 1{,}5 - 0{,}75 \log_{0{,}2}(8 - 2x)) = 0{,}25$
$\qquad\qquad 0{,}5 + 0{,}25 \log_{0{,}2}(8 - 2x) = 0{,}5$
$\qquad\qquad\qquad \log_{0{,}2}(8 - 2x) = 0$
$\qquad\qquad\qquad\qquad 8 - 2x = 1$
$\qquad\qquad\qquad\qquad\qquad x = 3{,}5$

Lösungen zu „Vorbereitung Abschlussprüfung"

3 3.1 Anfangswert 500, Wachstumsfaktor 1,2
Gleichung y = 500 · 1,2^x

3.2
x	0,0	1,0	2,0	3,0	4,0	5,0	6,0
y	500	600	720	864	1037	1244	1493

3.4 y = 500 · 1,2^{11} = 3715
Es befinden sich 3715 Viren im Organismus.

3.5 2100 = 500 · 1,2^x
1,2^x = 4,2
x = log$_{1,2}$ 4,2 = 7,87
nach 7 h 53 min befinden sich mehr als 2100 Viren im Organismus.

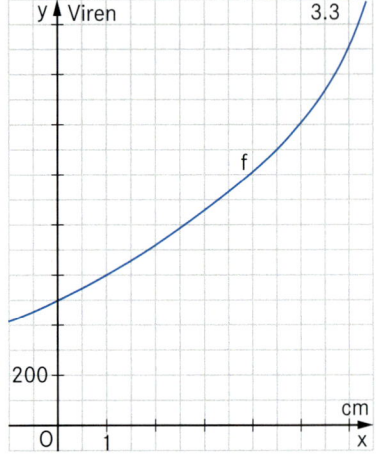

4 4.1 y = m · 1,1842^{-x}
2,14 = m · 1,1842^{-5}
m = 4,98
Ursprüngliche Masse 4,98 g

4.3 1 = 4,98 · 1,1842^{-x}
−x = log$_{1,1842}$ 0,20
x = 9,5 nach 9,5 Sek. ist noch 1 g vorhanden.
0,1 = 4,98 · 1,1842^{-x}
x = 23,1 nach 23,1 Sek. ist noch 0,1 g vorhanden

4.4 0,5 · 4,98 = 4,98 · 1,1842^{-x}
x = 4,1 Halbwertszeit 4,1 Sek.

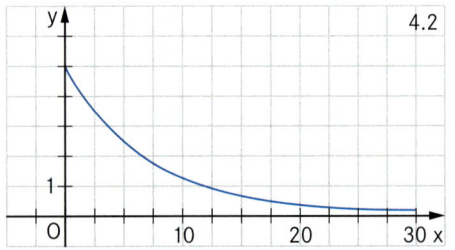

zu Seite 183 Funktionen

5 5.1 Anfangswert 10 899
Wachstumsfaktor 1 − 0,057 = 0,943
Gleichung: y = 10 899 · 0,943^x

5.3 2026 − 2014 = 12
y = 10 899 · 0,943^{12}
Verkaufswert 5389 €

5.4 10 899 · 0,943^x = 9500
x = log$_{0,943}$ $\frac{9500}{10\,899}$
x = 2,34
Verkauf im Jahr 2016

5.5 Ein Jahr vorher: x = − 1
y = 10 899 · 0,943^{-1}
y = 11 587,5

Neupreis: 11 558 € ≙ 75,8 %
15 284 € ≙ 100 %

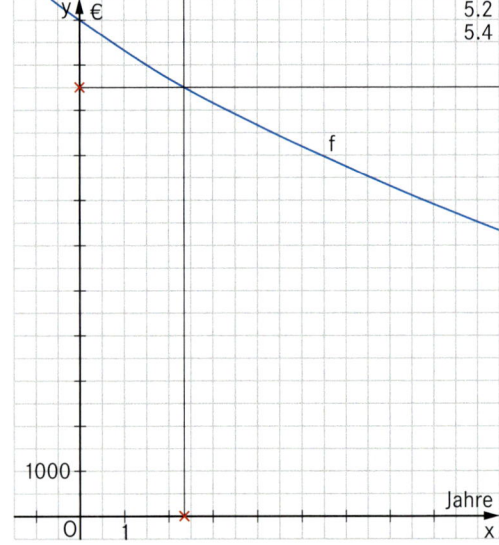

6 6.1 **B**, da A eine Exponentialfunktion und C eine am Ursprung punktsymmetrische Parabel beschreibt.
6.2 f' mit y = − 0,25x^3 + 0,75x^2
6.3 f(2, 2) = − 0,968; r = 0,968 cm · 5 = 4,84 cm   A = (4,84 cm)^2 π = 73,59 cm^2
6.4 z. B. Orthogonale Affinität mit k = 1,2   neue Gleichung: y = 1,2 · (0,25x^3 − 0,75x^2)
                                                                    y = 0,3x^3 − 0,9x^2

Lösungen zu „Vorbereitung Abschlussprüfung"

7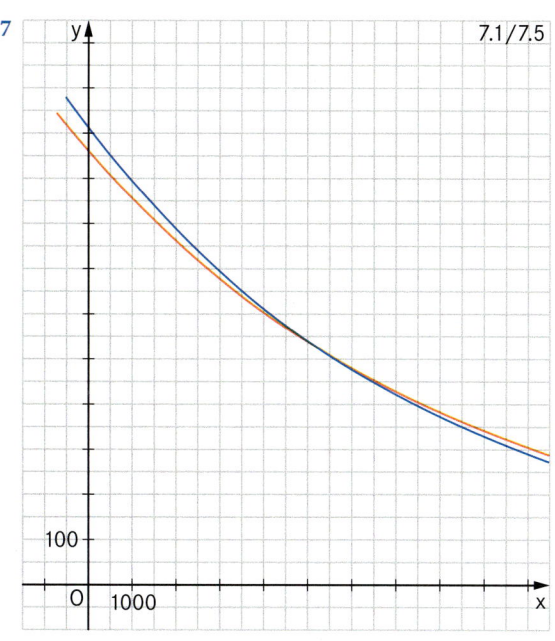

7.1/7.5

7.2 Anfangswert 1013, für $x = 5500$ $y = 506,5$
$y = 1013 \cdot a^x$
$506,5 = 1013 \cdot a^{5500}$ $a = 0,999874$
$y = 1013 \cdot 0,999874^x$
(da nach 5500 m der halbe Luftdruckwert erreicht wird, gilt auch
$y = 1013 \cdot 0,5^{\frac{x}{500}}$)

7.3 $400 = 1013 \cdot 0,999874^x$ $x = \log_{0,999874} \frac{400}{1013}$
Höhe 7374 m

7.4 $0,5 \cdot 0,5 = 0,25$ Abnahme 75 %

7.5 $960 \cdot 0,999884^x = 1013 \cdot 0,999874^x$
$\left(\frac{0,999884}{0,999874}\right)^x = \frac{1013}{960}$ $x = 5373$
In 5373 m Höhe wäre der Luftdruck gleich.

7.6 Am Boden wird der Ballon nur teilweise gefüllt. In der Höhe nimmt das Gas einen größeren Raum ein. Der Ballon platzt nicht.

7.7 $y = 1013 \cdot 0,999874^{-9101} = 321,8$
Es würde eine Luftdruck von 322 hPa herrschen.

---

zu Seite 184 Funktionen

8 8.1 Wegen der Wurzeldefinition gilt
$x + 4 \geqq 0$; $\mathbb{W} = \{y | y \geqq -2\}$

8.3 f mit $y = 3(x + 4)^{\frac{1}{3}} - 2$
f' mit $x = 3(y + 4)^{\frac{1}{3}} - 2$
$\frac{1}{3}x + \frac{2}{3} = (y + 4)^{\frac{1}{3}}$
$\frac{1}{27}(x + 2)^3 - 4 = y$

8.5 Graph **B**, da negative x-Werte mögliche sind und der Flächeninhalt bei zunehmenden x-Werten erst größer wird und dann kleiner.

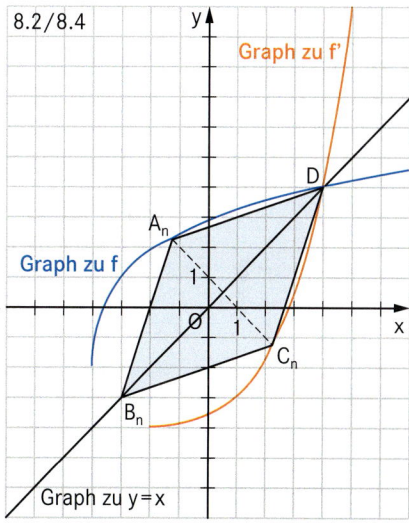

8.2/8.4

9.1 $\mathbb{D} = \mathbb{R}$; $\mathbb{W} = \{y | y > -1\}$
Asymptote $y = -1$

9.3 $x_2 = x$
$\wedge$ $y_2 = -0,5(1,75^{x+2} - 1)$
f_2 mit $y = -0,5 \cdot 1,75^{x+2} + 0,5$
$x_3 = x - 2$
$\wedge$ $y_3 = -0,5 \cdot 1,75^{x+2} + 0,5 + 3$
f_3 mit $y = -0,5 \cdot 1,75^{x+4} + 3,5$

9.4 f_2^{-1} mit $x = -0,5 \cdot 1,75^{y+2} + 0,5$
$-2x + 1 = 1,75^{y+2}$
$y + 2 = \log_{1,75}(-2x + 1)$
$y = \log_{1,75}(-2x + 1) - 2$

9.5 $1,75^{x+2} = -0,5 \cdot 1,75^{x+2} + 0,5$
$1,5 \cdot 1,75^{x+2} = 1,5$
$x + 2 = \log_{1,75} 1$
$x = -2$ $T(-2 | 0)$

9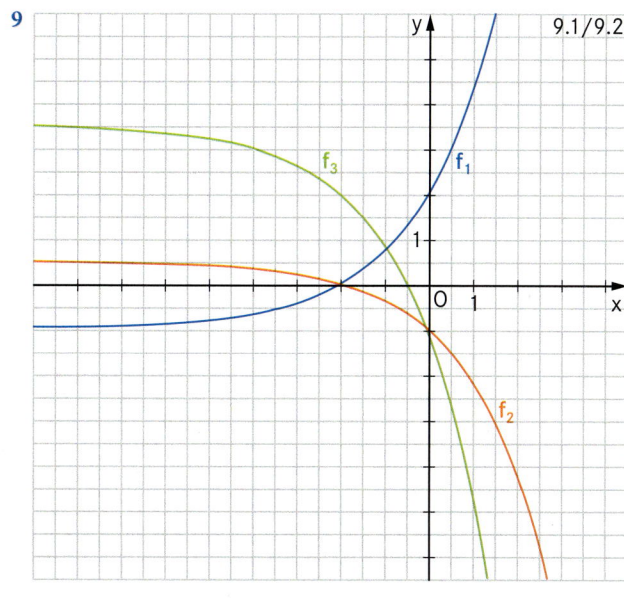

9.1/9.2

9.6 $y_P - y_Q = 4$ oder $y_Q - y_P = 4$
$1{,}74^{x+2} - 1 - (-0{,}5 \cdot 1{,}75^{x+4} + 3{,}5) = 4$ $(-0{,}5 \cdot 1{,}75^{x+4} + 3{,}5) - (1{,}75^{x+2} - 1) = 4$
$7{,}75 \cdot 1{,}75^x = 8{,}5$ $-7{,}75 \cdot 1{,}75^x = -0{,}5$
$x = \log_{1{,}75} \frac{8{,}5}{7{,}75}$ $x = \log_{1{,}75} \frac{0{,}5}{7{,}75}$
$x = 0{,}17$ $x = -4{,}90$
$P_1(0{,}17 \mid 2{,}37)$ $P_2(-4{,}90 \mid -0{,}80)$
$Q_1(0{,}17 \mid -1{,}63)$ $Q_2(-4{,}90 \mid 3{,}20)$

10 10.1 $\mathbb{D} = \{x \mid x > -2\}$
$\mathbb{W} = \mathbb{R}$
Asymptote $x = -2$

10.2 $\vec{v} = \begin{pmatrix} -2 \\ 3 \end{pmatrix}$

10.3 f_2^{-1} mit $x = -\log_2(y+4) + 3$
$-x + 3 = \log_2(y+4)$
$2^{3-x} = y + 4$
$y = 2^{3-x} - 4$

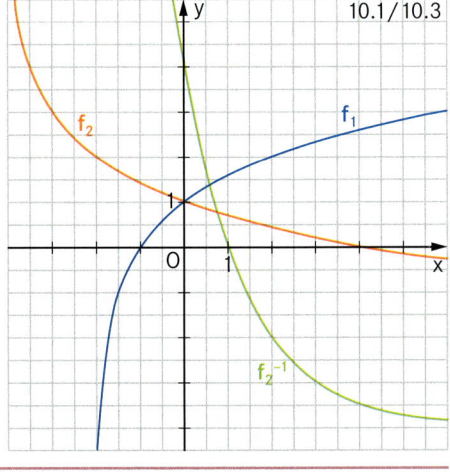
10.1 / 10.3

zu Seite 185
Funktionen

11 11.1 $\mathbb{D} = \mathbb{R}$; $\mathbb{W} = \{y \mid y < 2\}$

11.2 $-3 = -0{,}5^{x+1} + 2$
$x + 1 = \log_{0{,}5} 5$; $x = -3{,}32$

11.3 $x' = x + 3$
$\wedge \; y' = -0{,}5^{x+1} + 2 + 1$
$x = x' - 3$
$\Rightarrow y' = -0{,}5^{x'-2} + 3$
$y' = -0{,}5^{x'} : 0{,}5^2 + 3$
f' mit $y = -4 \cdot 0{,}5^x + 3$

11.4 (I) $y = -0{,}5^{x+1} + 2$
(II) $\wedge \; y = -4 \cdot 0{,}5^x + 3$
(I) = (II) $-0{,}5^{x+1} + 2 = -4 \cdot 0{,}5^x + 3$
$3{,}5 \cdot 0{,}5^x = 1$
$S(1{,}81 \mid 1{,}86)$ $x = \log_{0{,}5} \frac{2}{7}$; $x = 1{,}81$

11.6 $y_P - y_Q = 1$ oder $y_Q - y_P = 1$
$3{,}5 \cdot 0{,}5^x - 1 = 1$ $-3{,}5 \cdot 0{,}5^x + 1 = 1$
$0{,}5^x = \frac{4}{7}$; $x = 0{,}81$ $0{,}5^x = 0$; $\mathbb{L} = \emptyset$; $P_2(0{,}81 \mid 1{,}71)$; $Q_1(0{,}87 \mid 0{,}71)$

11.1 / 11.5
Graph zu f'
Graph zu f
P_1
Q_1

12 12.1 $\mathbb{D}_1 = \mathbb{R}$; $\mathbb{W}_1 = \{y \mid y < 6\}$
$\mathbb{D}_2 = \mathbb{R}$; $\mathbb{W}_2 = \{y \mid y < 3\}$
Nullstelle: $-0{,}5 \cdot 2^{x-1} + 6 = 0$
$2^{x-1} = 12$
$x - 1 = \log_2 12$
$x = 4{,}58$

12.2 $\vec{v} = \begin{pmatrix} 3 \\ -3 \end{pmatrix}$

12.3 (I) $y = -0{,}5 \cdot 2^{x-1} + 6$
(II) $\wedge \; y = -0{,}5 \cdot 2^{x-4} + 3$
(I) = (II) $-0{,}5 \cdot 2^{x-1} + 6 = -0{,}5 \cdot 2^{x-4} + 3$
$0{,}5 \cdot 2^{x-4} - 0{,}5 \cdot 2^{x-1} = -3$
$2^x \cdot 2^{-4} - 2^x \cdot 2^{-1} = -6$
$2^x \left(\frac{1}{16} - \frac{1}{2}\right) = -6$
$2^x = \frac{96}{7}$
$x = \log_2 \frac{96}{7}$; $x = 3{,}78$
in (I) $y = 2{,}57$ $P(3{,}78 \mid 2{,}57)$

12.4 f_3 ist Umkehrfunktion zu f_1:
$x - 6 = -0{,}5 \cdot 2^{y-1}$
$2 \cdot (6 - x) = 2^{y-1}$
$y - 1 = \log_2 2 \cdot (6 - x)$
$y - 1 = \log_2 2 + \log_2 (6 - x)$
$y = \log_2 (6 - x) + 2$

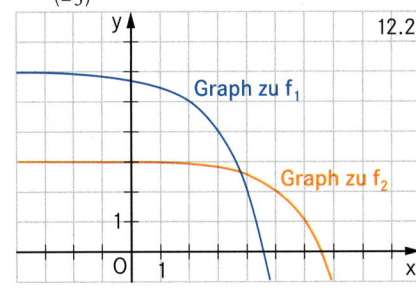
12.2
Graph zu f_1
Graph zu f_2

Lösungen zu „Vorbereitung Abschlussprüfung"

13 13.1 $\mathbb{D} = \mathbb{R}\setminus\{-2\}$; $\mathbb{W} = \{y \mid y > 1\}$;
Asymptoten mit $x = -2$ und $y = 1$

13.3 $x' = x - 1$
$\wedge\ y' = 0{,}5(x+2)^{-2} + 1 + 2$
somit $y' = 0{,}5(x'+1+2)^{-2} + 3$
f_1 mit $y = 0{,}5(x+3)^{-2} + 3$
$x' = x$
$\wedge\ y' = -[0{,}5(x+3)^{-2} + 3]$
f_2 mit $y = -0{,}5(x+3)^{-2} - 3$

13.4 $\overrightarrow{AB} = \begin{pmatrix}5\\0\end{pmatrix}$ $\overrightarrow{AC_n} = \begin{pmatrix}x+3\\0{,}5(x+2)^2+2\end{pmatrix}$

$A(x) = 0{,}5 \begin{vmatrix} 5 & x+3 \\ 0 & 0{,}5(x+2)^2+2 \end{vmatrix}$ FE
$= 0{,}5\,[2{,}5(x+2)^{-2} + 10]$ FE
$= [1{,}25(x+2)^{-2} + 5]$ FE

13.5 $1{,}25(x+2)^{-2} + 5 > 6{,}25$
$(x+2)^{-2} > 1$
$\frac{1}{(x+2)^2} > 1$
$1 > (x+2)^2$
$1 > |x+2|$; $x \in\ ]-3;\ -1[\setminus\{-2\}$

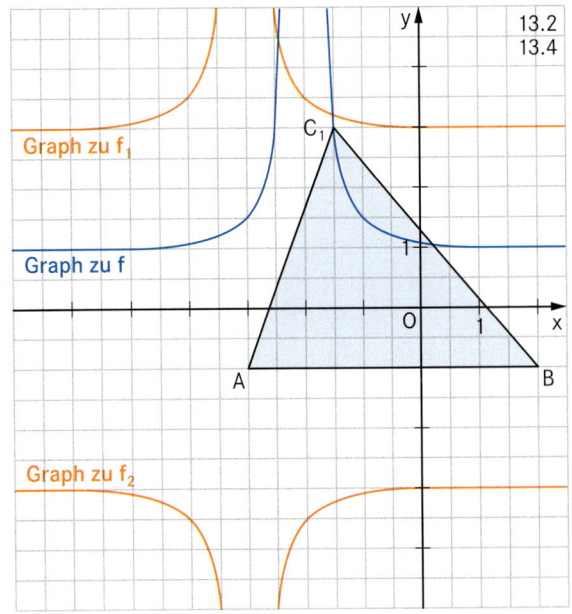

13.2
13.4

Graph zu f_1
Graph zu f
Graph zu f_2

---

zu Seite 186 Funktionen

14 14.1 A(5 | 1,5) und B(12 | 4) in $y = ax^3 + bx^2$ einsetzen:
$1{,}5 = 125a + 25b$
$4 = 1728a + 144b$
$a = -0{,}0046$, $b = 0{,}083$

14.2 $y = -0{,}0046 \cdot 7{,}23 + 0{,}083 \cdot 7{,}22$
$y = 2{,}585$
Sie dürfen höchstens 2,6 m hoch springen.

14.3 $x^2(-0{,}0046x + 0{,}0834) = 0$
$x^2 = 0\ \vee\ -0{,}0046x + 0{,}083 = 0$
(Abstoßpunkt) $x = 18{,}04$
Nach etwa 18 m trifft er wieder auf.

14.4 mit △table = 0,01 erhält man $x_1 = 6{,}42$
$x_2 = 16{,}22$
Der Freistoß kann rund 6 m oder 16 m vom Tor entfernt sein.

15 15.1 $1{,}2 = 1 \cdot (1 + \frac{p}{100})^3$
$1{,}2^{\frac{1}{3}} = 1 + \frac{p}{100}$; $p = 6{,}27$
Jährliche Mieterhöhung 6,27 %

15.2 $y = 750 \cdot 1{,}0627^x$
15.3 $y = 750 \cdot 1{,}0627^4$
$y = 957$ Die Miete beträgt 957 €

15.4 $y = 800 \cdot 1{,}05^x$
15.5 Vergleich der Tabellenwerte des GTR:
$x = 6$; $y_1 = 1080$ $y_2 = 1072$
Im Jahr 2020: Miete Hausmann 1080 €, Miete Waltmann 1072 €
15.6 $940 = a = 1{,}055$
Jährliche Mieterhöhung 5,5 %

16 16.1 Startkapital $13 \cdot 1425\ € = 18\,525\ €$
$64\,000 = 18\,525 \cdot (1 + \frac{p}{100})^{27}$
$p = 4{,}7$; durchschnittl. Zinssatz 4,7 %

16.2 $64\,000 = 25\,000 \cdot 1{,}03^x$
$x = \log_{1{,}03} 2{,}56$
$x = 31{,}8$; nach 32 Jahren

16.3 $64\,000\ € = K_0 \cdot 1{,}03^{24}$ $K_0 = 31\,484\ €$

---

zu Seite 187 Funktionen

17 17.1 $0{,}5 = a^{-10}$
$0{,}5 \cdot a^{10} = 1$
$a^{10} = 2$
$a = 1{,}07$
Gleichung: $y = 1{,}07^{-x}$

17.2 $y = 1{,}07^{-25}$; die Strahlung wird auf $\frac{18}{100}$ reduziert.

17.3 $0{,}1 = 1 \cdot 1{,}07^{-x}$
$0{,}1 \cdot 1{,}07^x = 1$
$x = \log_{1{,}07} 10$
Plattendicke 34 mm

17.4 $0{,}01 = 1 \cdot 1{,}07^{-x}$; Plattendicke 68 mm

17.5 Blei $x = 2{,}2$ $y = 0{,}86$
Alu $0{,}86 = a^{-70}$; $a = 1{,}04$; $y = 1{,}04^{-x}$

18 18.1 Aus dem Graphen erhält man: Nach 30 min ist die Hälfte, nach ca. 58 min noch ein Viertel der Konzentration vorhanden.

18.2 B(30 | 1) in $y = 2 \cdot a^{-x}$ einsetzen
$1 = 2 \cdot a^{-30}$
$0{,}5 = a^{-30}$
$a = 1{,}023$

Prüfen mit $x = 60$
$y = 2 \cdot 1{,}023^{-60}$
$y = 0{,}51$

18.3 Die Konzentration nimmt langsam ab, wird dann plötzlich auf den alten Wert erhöht, also Graph **A**.

zu Seite 188
Funktionen

19 19.1

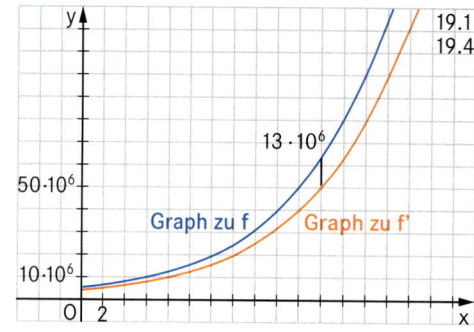

19.2 $y = 5 \cdot 10^6 \cdot 1{,}9^{ax}$
     $8{,}91 \cdot 10^6 = 5 \cdot 10^6 \cdot 1{,}9^{5a}$
     $1{,}782 = 1{,}9^{5a}$
     $5a = \log_{1{,}9} 1{,}782$
     $a = 0{,}18$

19.3   für $x = 1$ erhält man $y = 5{,}61 \cdot 10^6$
     $\frac{5{,}61}{5{,}00} = 1{,}122$; Wachstum 12,20 %

19.5 $P(0\,|\,5 \cdot 10^6) \xmapsto{\binom{2}{0}} P'(2\,|\,5 \cdot 10^6)$

     $P(x\,|\,5 \cdot 10^6 \cdot 1{,}9^{0{,}18x}) \xmapsto{\binom{2}{0}} P'(x'\,|\,y')$
     $x' = x + 2 \Leftrightarrow x = x' - 2$
     $\wedge\ y' = 5 \cdot 10^6 \cdot 1{,}9^{0{,}18x}$
     $\Rightarrow y' = 5 \cdot 10^6 \cdot 1{,}9^{0{,}18\,(x'-2)}$
     $y' = \frac{5 \cdot 10^6}{1{,}9^{0{,}36}} \cdot 1{,}9^{0{,}18x'}$
     f′ mit $y = 3{,}97 \cdot 10^6 \cdot 1{,}9^{0{,}18x}$

19.6   Aus der Zeichnung für $x = 22$: Unterschied $1{,}3 \cdot 10^6$

19.7 $5 \cdot 10^6 \cdot 1{,}9^{0{,}18x} - 3{,}97 \cdot 10^6 \cdot 1{,}9^{0{,}18x} = 100 \cdot 10^6$
     $1{,}03 \cdot 1{,}9^{0{,}18x} = 100$ ($x = 39{,}60$)
     $x = 40$

20 20.1   indirekt proportional, wenn $x \cdot y = k$
     $0{,}5 \cdot 40 = 20$; $0{,}6 \cdot 33{,}3 = 20$; $0{,}8 \cdot 25 = 20$ …

20.2 $x \cdot y = 20$; $y = \frac{20}{x}$; $\mathbb{G} = \mathbb{R}^+ \times \mathbb{R}^+$

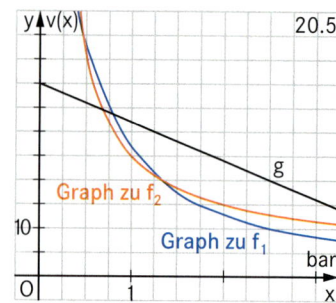

20.3 $x = 2{,}5$; $y = \frac{20}{2{,}5} = 8$; $V = 8\ \text{cm}^3$

20.4 $15 = \frac{20}{x}$; $x = 1{,}33$; Druck 1,33 bar

20.5   Schnittpunkte: $\frac{20}{x} = -10x + 40$ $\mathbb{G} = \mathbb{R}^+$
     $20 = -10x^2 + 40x$
     $10x^2 - 40x + 20 = 0$
     $x_1 = 3{,}41$ $x_2 = 0{,}59$
     $\Rightarrow y_1 = 5{,}90$ $y_2 = 34{,}14$
     $A(3{,}41\,|\,5{,}90)$; $B(0{,}59\,|\,34{,}14)$

20.6 $f_1 \cap f_2$: $\frac{20}{x} = \frac{16}{x} + 5$
     $20 = 16 + 5x$
     $0{,}8 = x \Rightarrow y = 25$; $C(0{,}8\,|\,25)$

zu Seite 189
Funktionen

21 21.1 $1\,000\,000 = 200 \cdot 16^x$
     $x = \log_{16} 5000$
     $x = 3{,}07$
     Im Jahr 2017 gibt es über 1 Mio Käfer.

21.2 $200 \cdot 16^x - 200 \cdot 16^{x-1} = 1 \cdot 10^9$
     $187{,}5 \cdot 16^x = 1 \cdot 10^9$
     $x = 5{,}57$
     Im Jahr 2020 sind es 5,57 Mio Käfer.

22 22.1   f: $y = 5{,}0 \cdot 10^{-0{,}07572 \cdot x}$; $\mathbb{G} = \mathbb{R} \times \mathbb{R}$

x	0	1	2	3	4	5	6	7	8
$5{,}0 \cdot 10^{-0{,}07572 \cdot x}$	5,00	4,20	3,53	2,96	2,49	2,09	1,76	1,48	1,24

22.2 $1 - 10^{-0{,}07572 \cdot 1} = 0{,}16$
     Stündlich werden 16 % des Medikaments abgebaut.

22.3 $8 - 5 = 5{,}0 \cdot 10^{-0{,}07572 \cdot x}$ $x \in \mathbb{R}_0^+$
     $0{,}6 = 10^{-0{,}07572 \cdot x}$
     $-0{,}07572 \cdot x = \lg 0{,}6$; $x = 2{,}93$
     früheste Uhrzeit: 10:56 Uhr
     $1{,}5 = 5{,}0 \cdot 10^{-0{,}07572 \cdot x}$ $x \in \mathbb{R}_0^+$
     $0{,}3 = 10^{-0{,}07572 \cdot x}$
     $-0{,}07572 \cdot x = \lg 0{,}3$; $x = 6{,}91$
     späteste Uhrzeit: 14:54 Uhr
     Verabreichung zwischen 10:56 Uhr und 14:54 Uhr

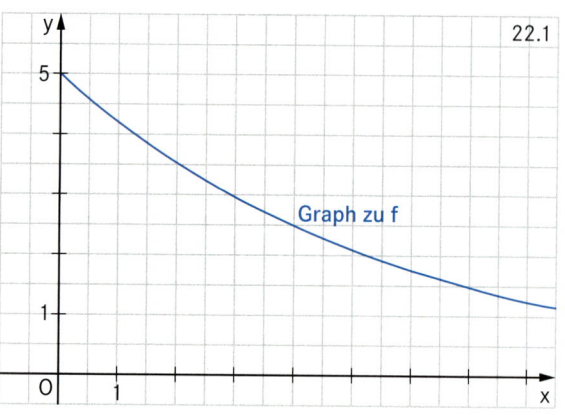

22.4 $y = 5{,}0 \cdot 10^{-0{,}07572 \cdot 4{,}5}$
       $y = 2{,}28$
       $y = (2{,}28 + 5{,}0) \cdot 10^{-0{,}07572 \cdot 3{,}5}$
       $y = 3{,}95$ Um 16:00 Uhr sind 3,95 mg Wirkstoff im Körper.
22.5 $0{,}5 \cdot y_0 = y_0 \cdot 10^{n \cdot 4}$
       $0{,}5 = 10^{n \cdot 4}$
       $n = \frac{\lg 0{,}5}{4} = -0{,}07526$
22.6 Diagramm **C**. Begründung, z. B.: Der Abbau des Medikaments findet so statt, dass die niedrigsten Werte von Verabreichung zu Verabreichung ansteigen, ebenso die höchsten Werte nach den Verabreichungen.

---

zu Seite 190
Trigonometrie

1 1.1 $P_1(4 \mid 220°)$; $Q_1(2{,}5 \mid 320°)$; $P_2(4 \mid 250°)$; $Q_2(2{,}5 \mid 290°)$

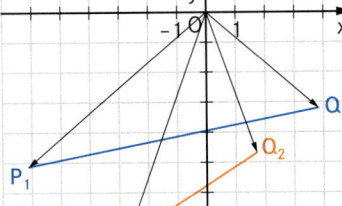

1.2 $P_n(-4\cos\alpha \mid -4\sin\alpha)$ $Q_n(2{,}5\cos\alpha \mid -2{,}5\sin\alpha)$

$A(\alpha) = \frac{1}{2} \cdot \begin{vmatrix} -4\cos\alpha & 2{,}5\cos\alpha \\ -4\sin\alpha & -2{,}5\sin\alpha \end{vmatrix}$ FE

$A(\alpha) = 10 \cos\alpha \sin\alpha$ FE

1.3 $\alpha = 0°$: $A(0°) = 0$ FE $\alpha = 90°$: $A(90°) = 0$ FE

1.4 $10 \sin\alpha \cos\alpha = 2{,}5$ 1.5 $A(\alpha) = 10 \sin\alpha \cos\alpha$

$10 \cdot \frac{\sin 2\alpha}{2} = 2{,}5$ $A(\alpha) = 5 \sin 2\alpha$

$\sin 2\alpha = 0{,}5$ $A_{max} = 5$ FE für $\sin 2\alpha = 1$

$\alpha = 15° \lor \alpha = 75°$ Somit $\alpha = 45°$

2

2.1 $\overrightarrow{OQ_1} = \begin{pmatrix} 3{,}83 \\ 1 \end{pmatrix}$; $\overrightarrow{OQ_2} = \begin{pmatrix} 4{,}46 \\ 0{,}5 \end{pmatrix}$

2.2 $A(\alpha) = \frac{1}{2} \cdot \begin{vmatrix} 6 & 4\cos\alpha + 1 \\ -3 & 2\cos^2\alpha \end{vmatrix}$ FE

$A(\alpha) = \frac{1}{2}(12\cos^2\alpha + 12\sin\alpha + 3)$ FE

$A(\alpha) = [6(1 - \sin^2\alpha) + 6\sin\alpha + 1{,}5]$ FE

$A(\alpha) = (-6\sin^2\alpha + 6\sin\alpha + 7{,}5)$ FE

2.3 $A(\alpha) = [-6(\sin^2\alpha - \sin\alpha + 0{,}5^2 - 0{,}25) + 7{,}5]$ FE

$A(\alpha) = [-6(\sin\alpha - 0{,}5)^2 + 9]$ FE

$A_{max} = 9$ FE für $\alpha = 30° \lor \alpha = 150°$

$A_{max} = (-6 \cdot 0{,}5^2 + 9)$ FE $= 7{,}5$ FE für $\alpha = 90°$

3 3.1 $\frac{3 \text{ cm}}{\sin\alpha} = \frac{a}{\sin[180° - (\alpha + 40°)]}$; $a(\alpha) = \frac{3 \cdot \sin(\alpha + 40°)}{\sin\alpha}$ cm

3.2 $6 \text{ cm} = \frac{3 \cdot \sin(\alpha + 40°)}{\sin\alpha}$ cm $\mid \cdot \sin\alpha \quad \mid : \text{cm}$

$6 \sin\alpha = 3 \sin\alpha \cos 40° + 3 \cos\alpha \sin 40°$ $\mid -3 \sin\alpha \cos 40°$

$3{,}70 \sin\alpha = 1{,}93 \cos\alpha$ $\mid : \cos\alpha \quad \mid : 3{,}70$

$\tan\alpha = 0{,}52$; $\alpha = 27{,}5°$

4 4.1 $\overline{MD_n} = \overline{AM} = 6$ cm;

$A = \frac{1}{2} \cdot 6 \cdot 6 \cdot \sin(180° - 2\alpha)$ cm²

$A = 18 \sin 2\alpha$ cm²

4.2 $\tan\alpha = \frac{\overline{CB_n}}{12 \text{ cm}}$; $\overline{CB_n} = 12 \cdot \tan\alpha$ cm

$\sphericalangle MCD_n = \frac{1}{2}(180° - 2\alpha) = 90° - \alpha$; $\sphericalangle D_nCB_n = \alpha$

Im rechtwinkligen Dreieck AD_nC gilt:

$\sin\alpha = \frac{\overline{CD_n}}{12 \text{ cm}}$

$\overline{CD_n} = 12 \sin\alpha$ cm

$A = \frac{1}{2} \cdot 12 \sin\alpha \cdot 12 \tan\alpha \cdot \sin\alpha$ cm²

$A = 72 \sin^2\alpha \tan\alpha$ cm²

4.3 $A_{\triangle D_1CM} = 18 \sin^2\alpha$ cm²

$18 \sin 2\alpha = 72 \sin^2\alpha \tan\alpha$

$36 \sin\alpha \cos\alpha = 72 \sin^2\alpha \tan\alpha$ $\mid : 36 \sin\alpha$ (für $\alpha \neq 0°$)

$\cos\alpha = 2 \frac{\sin^2\alpha}{\cos\alpha}$

$1 - \sin^2\alpha = 2 \sin^2\alpha$

$\sin^2\alpha = \frac{1}{3}$; $\alpha = 35{,}26°$

4.4 $A_{blau} = \left(\frac{6^2 \cdot \pi \cdot 120°}{360°} - 18 \cdot \sin 60°\right)$ cm²

$A_{blau} = 22{,}11$ cm²

$A_{gelb} = [72 \sin^2 30° \cdot \tan 30° - \left(\frac{6^2 \cdot \pi \cdot 60°}{360°} - 18 \cdot \sin 60°\right)]$ cm²

$A_{gelb} = 7{,}13$ cm²

5 5.1 $\overrightarrow{OP_1} = \begin{pmatrix} 4{,}88 \\ 0{,}35 \end{pmatrix}$; $\overrightarrow{OR_1} = \begin{pmatrix} 1{,}82 \\ 3 \end{pmatrix}$

$\overrightarrow{OP_2} = \begin{pmatrix} 2 \\ 2{,}25 \end{pmatrix}$; $\overrightarrow{OR_2} = \begin{pmatrix} -2{,}5 \\ 3 \end{pmatrix}$

5.2 $\overrightarrow{OR_n} = \sqrt{(3\cos\varphi - 1)^2 + 9}$ LE
$= \sqrt{9\cos^2\varphi - 6\cos\varphi + 10}$ LE

5.3 $25 = 9\cos^2\varphi - 6\cos\varphi + 10$
$(\cos\varphi = 1\tfrac{2}{3} \vee) \cos\varphi = -1 \qquad \boldsymbol{\varphi = 180°}$

5.4 $\overrightarrow{OQ_n} = \overrightarrow{OP_n} \oplus \overrightarrow{OR_n}$

$\overrightarrow{OQ_n} = \begin{pmatrix} 2\cos\varphi + 3 \\ 3\sin^2\varphi \end{pmatrix} \oplus \begin{pmatrix} 3\cos\varphi - 1 \\ 3 \end{pmatrix}$;

$Q_n\,(5\cos\varphi + 2 \mid 3\sin^2\varphi + 3)$

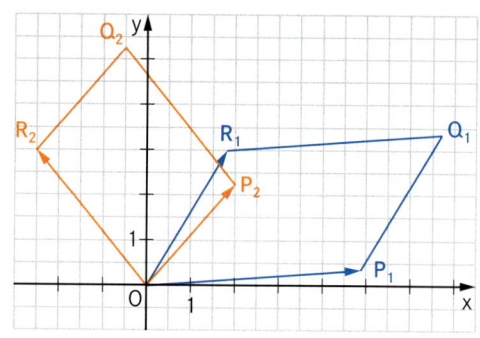

5.5 (I) $x = 2\cos\varphi + 3 \Rightarrow \cos\varphi = \dfrac{x-3}{2}$

(II) $y = 3\sin^2\varphi = 3(1 - \cos^2\varphi)$

(I) in (II): $y = 3[1 - (\tfrac{x-3}{2})^2]$; $\mathbf{t:\ y = 3 - \tfrac{3}{4}(x-3)^2}$

---

zu Seite 191
Trigonometrie

6 6.1 –

6.2 $\tan\dfrac{\varphi}{2} = \dfrac{2{,}5\text{ cm}}{4\text{ cm}}$; $\varphi = 64°$ $\varphi \in [64°;\ 180°[$

6.3 $\tan\dfrac{\varphi}{2} = \dfrac{2{,}5\text{ cm}}{\overline{EP_n}}$

$A_{AP_nD}(\varphi) = \dfrac{1}{2} \cdot 5 \cdot \dfrac{2{,}5}{\tan\frac{\varphi}{2}}\text{ cm}^2$
$= \dfrac{2{,}5^2}{\tan\frac{\varphi}{2}}\text{ cm}^2$

$A_{Trapez}(\varphi) = (8 \cdot 2{,}5 - \dfrac{1}{2}\dfrac{2{,}5^2}{\tan\frac{\varphi}{2}})\text{ cm}^2$
$= (20 - \dfrac{3{,}125}{\tan\frac{\varphi}{2}})\text{ cm}^2$

6.4 $\tan 36{,}5° = \dfrac{2{,}5}{\overline{EP_1}}$

$\overline{EP_1} = 3{,}38$ cm

$\overline{P_1F} = 0{,}62$ cm;

$\dfrac{0{,}62}{8} = 0{,}0775 = \dfrac{31}{400}$

6.5 $\dfrac{2{,}5^2}{\tan\frac{\varphi}{2}} = 0{,}4 \cdot (20 - \dfrac{3{,}125}{\tan\frac{\varphi}{2}})$ $\mid \cdot \tan\dfrac{\varphi}{2}$

$6{,}25 = 8\tan\dfrac{\varphi}{2} - 1{,}25$; $\varphi = 86{,}30°$

7 7.1 $\sphericalangle Q_nBA = 60° - \varepsilon$ $\sphericalangle AQ_nB = 180° - \varepsilon - (60° - \varepsilon)$ $\sphericalangle AQ_nB = 120°$

7.2 $\dfrac{\overline{AQ_n}(\varepsilon)}{\sin(60° - \varepsilon)} = \dfrac{6\text{ cm}}{\sin 120°}$; $\overline{AQ_n}(\varepsilon) = \dfrac{6 \cdot \sin(60° - \varepsilon) \cdot \sqrt{3}}{\frac{1}{2}\sqrt{3} \cdot \sqrt{3}}\text{ cm} = 4\sqrt{3} \cdot \sin(60° - \varepsilon)$ cm

$\dfrac{\overline{BQ_n}(\varepsilon)}{\sin\varepsilon} = \dfrac{6\text{ cm}}{\frac{1}{2}\sqrt{3}}$; $\overline{BQ_n}(\varepsilon) = 4\sqrt{3} \cdot \sin\varepsilon$ cm

7.3 $\overline{P_nQ_n} = \overline{AQ_n} - \overline{BQ_n}\ (\overline{BQ_n} = \overline{AP_n})$
$\overline{P_nQ_n}(\varepsilon) = 4\sqrt{3}(\sin(60° - \varepsilon) - \sin\varepsilon)$ cm
$= 4\sqrt{3}(\tfrac{1}{2}\sqrt{3}\cos\varepsilon - \tfrac{1}{2}\sin\varepsilon - \sin\varepsilon)$ cm
$= 6(\cos\varepsilon - \sqrt{3}\sin\varepsilon)$ cm

7.4 $A_{P_1Q_1R_1} = \dfrac{1}{2} \cdot 2{,}08 \cdot 2{,}08 \cdot \sin 60°$ cm^2
$A_{P_1Q_1R_1} = 1{,}88$ cm^2

8 8.1 Im Dreieck $A_1B_1C_1$ gilt: $\dfrac{16}{\sin\beta} = \dfrac{3}{\sin 30°}$
$\sin\beta = \tfrac{8}{3}\ (>1)$ keine Lösung möglich
Skizze:

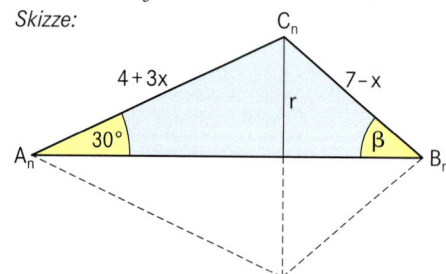

8.2 $4 + 3x = 7 - x$ $\sin 30° = \dfrac{r}{6{,}25\text{ cm}}$
$x = 0{,}75$ $r = 3{,}13$ cm
  $O = 122{,}72$ cm^2

8.3 $\dfrac{4 + 3x}{\sin\beta} = \dfrac{7 - x}{\sin 30°}$; $\sin\beta = \dfrac{4 + 3x}{14 - 2x}$

größter Wert: $\sin\beta = 1$
$\Rightarrow 14 - 2x = 4 + 3x$
$x = 2$

Lösungen zu „Vorbereitung Abschlussprüfung"

zu Seite 192
Trigonometrie

9 9.1 $\overrightarrow{OP_1} = \begin{pmatrix} 4{,}60 \\ 4{,}92 \end{pmatrix}$

$V(\alpha) = \frac{1}{3} \cdot 36 \cos^2 \alpha \cdot \pi \cdot \left(\frac{3}{\cos \alpha} + 1\right)$ VE

$V(\alpha) = \pi (36 \cos \alpha + 12 \cos^2 \alpha)$ VE

9.2 A
Es gilt: $0° < \alpha < 90°$; $\cos \alpha$ und somit das Volumen ist am größten für $\alpha = 0°$ und verringert sich mit zunehmendem α und zwar parabelförmig, weil die Funktionsgleichung quadratisch ist.

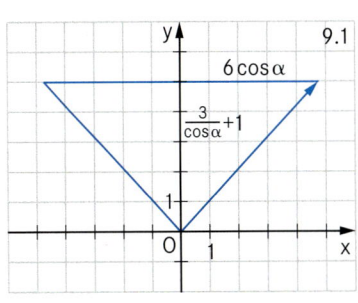

9.3 $6 \cos \alpha = \frac{3}{\cos \alpha} + 1 \qquad | \cdot \cos \alpha$

$6 \cos^2 \alpha - \cos \alpha - 3 = 0$; $D = 73$; $\alpha = 37{,}3°$

10 10.1 $\sin \frac{\gamma}{2} = \frac{r_{HK}}{2}$; $r_{HK} = 6 \sin \frac{\gamma}{2}$ cm

$\tan \frac{\gamma}{2} = \frac{r_{Ke}}{2}$; $r_{Ke} = 6 \tan \frac{\gamma}{2}$ cm

$V_{HK} = \frac{1}{2} \cdot \frac{4}{3} \cdot \pi \cdot 6^3 \cdot \sin^3 \frac{\gamma}{2}$ cm³; $V_{HK} = 144 \pi \sin^3 \frac{\gamma}{2}$ cm³

$V_{Ke} = \frac{1}{3} \cdot 6^2 \cdot \pi \cdot \tan^2 \frac{\gamma}{2} \cdot 6$ cm³; $V_{Ke} = 72 \pi \tan^2 \frac{\gamma}{2}$ cm³

10.2 $\frac{V_{Ke}}{V_{HK}} = \frac{72 \pi \tan^2 \frac{\gamma}{2} \text{ cm}^3}{144 \pi \sin^3 \frac{\gamma}{2} \text{ cm}^3}$

$\frac{V_{Ke}}{V_{HK}} = \frac{\tan^2 \frac{\gamma}{2}}{2 \sin^3 \frac{\gamma}{2}}$

$\frac{V_{Ke}}{V_{HK}} = \frac{\sin^2 \frac{\gamma}{2}}{2 \cos^2 \frac{\gamma}{2} \sin^3 \frac{\gamma}{2}}$

$\frac{V_{Ke}}{V_{HK}} = \frac{1}{2 \cos \frac{\gamma}{2} \cdot \sin \frac{\gamma}{2} \cdot \cos \frac{\gamma}{2}}$

$\frac{V_{Ke}}{V_{HK}} = \frac{1}{\sin \gamma \cos \frac{\gamma}{2}}$

10.3 $\frac{1}{\sin \gamma \cos \frac{\gamma}{2}} = \frac{2}{1}$

$\sin \gamma \cos \frac{\gamma}{2} = 0{,}5$; $\gamma = 31{,}3°$

11 11.1 für $\alpha = 90°$ gilt: $d = 8$ cm

11.2 Planfigur: $r = x$ cm; $\tan \alpha = \frac{x}{4-x}$

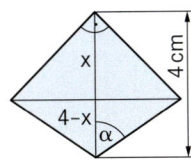

$4 \tan \alpha - x \tan \alpha = x$

$x = \frac{4 \tan \alpha}{1 + \tan \alpha}$

$r(\alpha) = \frac{4 \tan \alpha}{1 + \tan \alpha}$ cm

11.3 $V(\alpha) = \frac{1}{3} \cdot \frac{16 \tan^2 \alpha}{(1 + \tan \alpha)^2} \cdot \pi \cdot 4$ cm³

$V(\alpha) = \frac{64}{3} \pi \frac{\tan^2 \alpha}{(1 + \tan \alpha)^2}$ cm³

11.4 V_{Zyl} max $= 4^2 \cdot \pi \cdot 4$ cm³; V_{Zyl} max $= 201{,}06$ cm³

$30{,}16$ cm³ $= \frac{64}{3} \pi \frac{\tan^2 \alpha}{(1 + \tan \alpha)^2}$ cm³

$0{,}45 = \frac{\tan^2 \alpha}{(1 + \tan \alpha)^2}$

$-0{,}55 \tan^2 \alpha + 0{,}9 \tan \alpha + 0{,}45 = 0$; $D = 1{,}8$

$(\tan \alpha = -0{,}40 \vee) \tan \alpha = 2{,}04$;

$\alpha = 63{,}9°$; $r = 2{,}7$ cm

11.5 $V_{Kegel} = \frac{1}{3} \cdot V_{Zyl}$, da gleiche Höhe und gleicher Radius $\Rightarrow 33{,}3 \%$

zu Seite 193
Trigonometrie

12 12.1

12.2 $x = 1 + 2 \cos \alpha \qquad \cos \alpha = 0{,}5 (x - 1)$
$y = 1 - 2 \sin^2 \alpha \qquad y = 1 - 2 + 2 \cos^2 \alpha$
$\qquad\qquad\qquad\qquad y = -1 + 0{,}5(x - 1)^2$;
Antwort B

12.3 $\overrightarrow{SB_n} \odot \overrightarrow{SA} = 0$; $S(-2 | 1)$

$\begin{pmatrix} 3 + 2 \cos \alpha \\ -2 \sin^2 \alpha \end{pmatrix} \odot \begin{pmatrix} -2 \\ -4 \end{pmatrix} = 0$

$-6 - 4 \cos \alpha + 8 \sin^2 \alpha = 0$

$-8 \cos^2 \alpha - 4 \cos \alpha + 2 = 0$

$D = 80$

$\cos \alpha = -0{,}81 \vee \cos \alpha = 0{,}31$

$\alpha \in \{72°; 144°; 216°; 288°\}$

$B_3(-0{,}62 | 0{,}31)$; $B_4(1{,}62 | -0{,}81)$

12.4 $\overrightarrow{SD_n} = 0{,}5 \cdot \overrightarrow{B_nS}$

$\begin{pmatrix} x_D + 2 \\ y_D - 1 \end{pmatrix} = 0{,}5 \cdot \begin{pmatrix} -3 - 2 \cos \alpha \\ 2 \sin^2 \alpha \end{pmatrix}$

$x_D = -1{,}5 - \cos \alpha - 2$

$y_D = \sin^2 \alpha + 1$

$D_n(-3{,}5 - \cos \alpha | \sin^2 \alpha + 1)$; $-4{,}5 \leqq x_D \leqq 2{,}5$

12.5 $x_D = -3{,}5 - \cos \alpha \qquad \cos \alpha = -3{,}5 - x_D$
$y_D = 1 + \sin^2 a \qquad y_D = 2 - (-3{,}5 - x_D)^2$
$\qquad\qquad\qquad y = -(x + 3{,}5)^2 + 2$; Antwort A

12.6 $1 + \sin^2 \alpha = -0{,}5(-3{,}5 - \cos \alpha) - 0{,}5$
$-\cos^2 \alpha - 0{,}5 \cos \alpha + 0{,}75 = 0$
$D = 3{,}25;\ (\cos \alpha = -1{,}15\ \vee)\ \cos \alpha = 0{,}65$
$\alpha = 49{,}35° \vee \alpha = 310{,}65°$

12.7 $A(\alpha) = \frac{1}{2} \cdot \begin{vmatrix} 5 + 2\cos\alpha & 4 \\ 4 - 2\sin^2\alpha & 8 \end{vmatrix}$ FE $+ \frac{1}{2} \begin{vmatrix} 4 & 0{,}5 - \cos\alpha \\ 8 & 4 + \sin^2\alpha \end{vmatrix}$ FE

$A(\alpha) = \frac{1}{2} \cdot [40 + 16\cos\alpha - 16 + 8\sin^2\alpha + 16 + 4\sin^2\alpha - 4 + 8\cos\alpha]$ FE

$A(\alpha) = (-6\cos^2\alpha + 12\cos\alpha + 24)$ FE

12.8 $A(\alpha) = [-6(\cos^2\alpha - 2\cos\alpha + 1^2 - 1) + 24]$ FE
$A(\alpha) = [-6(\cos\alpha - 1)^2 + 30]$ FE
$A_{max} = 30$ FE für $\alpha = 0° \vee \alpha = 360°$
$A_{min} = 6$ FE für $\alpha = 180°$

13 13.1 $4^2 = 3^2 + 6{,}5^2 - 2 \cdot 3 \cdot 6{,}5 \cdot \cos\varphi_o$
$\cos\varphi_o = 0{,}90$
$\varphi_o = 25{,}3°$

13.2 $(4 + x)^2 = 3^2 + 6{,}5^2 - 2 \cdot 3 \cdot 6{,}5 \cdot \cos\varphi$
$\cos\varphi = \frac{3^2 + 6{,}5^2 - 16 - 8x - x^2}{2 \cdot 3 \cdot 6{,}5}$
$\cos\varphi = \frac{-x^2 - 8x + 35{,}25}{39}$

13.3 $\cos\varphi = \frac{-2^2 - 8 \cdot 2 + 35{,}25}{39} = 0{,}39;\ \varphi = 67°$

13.4 $\cos\varphi = \frac{10\ \text{m} - h(\varphi)}{8\ \text{m}}$
$8\ \text{m} \cdot \cos\varphi = 10\ \text{m} - h(\varphi)$
$h(\varphi) = (10 - 8\cos\varphi)\ \text{m}$

13.5 $h_{max} = (10 - 8 \cdot \cos 67°)\ \text{m} = 6{,}87\ \text{m}$

13.6 $h_{min} = (10 - 8 \cdot \cos 25{,}3°)\ \text{m} = 2{,}77\ \text{m}$
$h_{Treppen} = (2{,}77 - 1{,}50)\ \text{m} = 1{,}27\ \text{m} \Rightarrow 6$ Stufen

zu Seite 194 Trigonometrie

14 14.1 $\overrightarrow{BZ_1} = \binom{3}{3};\ \overrightarrow{BZ_2} = \binom{1{,}68}{4{,}92}$

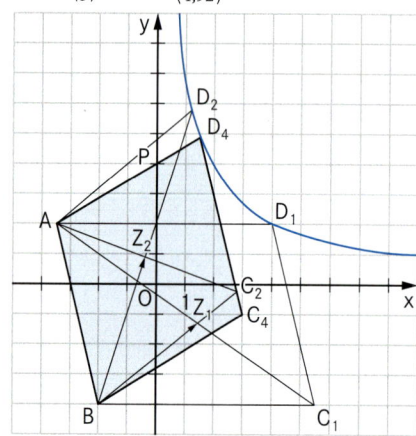

14.2 $\overrightarrow{BD_n} = 2 \cdot \overrightarrow{BZ_n}$
$\binom{x_D + 2}{y_D + 4} = 2 \cdot \binom{2\cos\varphi + 2}{2 + \frac{1}{\cos\varphi}};\ D_n(4\cos\varphi \mid \frac{2}{\cos\varphi})$

14.3 $\overrightarrow{AB} = \overrightarrow{D_n C_n}$
$\binom{-2 + 3{,}5}{-4 - 2} = \binom{x_C - 4\cos\varphi}{y_C - \frac{2}{\cos\varphi}}$
$C_n(1{,}5 + 4\cos\varphi \mid -6 + \frac{2}{\cos\varphi})$

14.4 $x_c = 1{,}5 + 4\cos\varphi;\ \cos\varphi = \frac{1}{4}(x - 1{,}5)$
$y_c = \frac{2}{\cos\varphi} - 6 \qquad y = \frac{2 \cdot 4}{x - 1{,}5} - 6;$ Antwort A
$x_D = 4\cos\varphi;\ \cos\varphi = \frac{x_D}{4}$
$y_D = \frac{2}{\cos\varphi};\qquad y = \frac{2 \cdot 4}{x};$ Antwort D

14.5 Zeichnung; $x_D = y_D$
$4\cos\varphi = \frac{2}{\cos\varphi};\ \cos^2\varphi = 0{,}5;\ \varphi = 45°$

14.6 $A(\varphi) = |\overrightarrow{BD_n}\ \overrightarrow{BA}| = \begin{vmatrix} 4\cos\alpha + 2 & -1{,}5 \\ \frac{2}{\cos\varphi} + 4 & 6 \end{vmatrix}$ FE

$A(\varphi) = (24\cos\varphi + 12 + \frac{3}{\cos\varphi} + 6)$ FE
$A(\varphi) = (24\cos\varphi + \frac{3}{\cos\varphi} + 18)$ FE
$43{,}6$ FE $= (24\cos\varphi + \frac{3}{\cos\varphi} + 18)$ FE
$0 = 24\cos^2\varphi - 25{,}6\cos\varphi + 3$
$D = 367{,}36;\ \cos\varphi = 0{,}93 \vee \cos\varphi = 0{,}13$
$\varphi = 21{,}2° \vee \varphi = 82{,}3°$

14.7 $m_{AP} = m_{AD4};\ m_{AP} = \frac{2}{3{,}5} = \frac{4}{7}$
$\frac{4}{7} = \frac{\frac{2}{\cos\varphi} - 2}{4\cos\varphi + 3{,}5};\ 16\cos\varphi + 14 = \frac{14}{\cos\varphi} - 14$
$16\cos^2\varphi + 28\cos\varphi - 14 = 0$
$D = 1680$
$\cos\varphi = 0{,}41\ (\vee \cos\varphi = -2{,}16)$
$\varphi = 66{,}1°$

14.8 $D_4(1{,}64 \mid 4{,}88) \qquad \overrightarrow{AD_4} = \binom{5{,}12}{2{,}88};\ \overrightarrow{AB} = \binom{1{,}5}{-6}$
$\cos\alpha = \frac{\binom{5{,}12}{2{,}88} \odot \binom{1{,}5}{-6}}{\sqrt{5{,}12^2 + 2{,}88^2} \cdot \sqrt{1{,}5^2 + (-6)^2}}$
$\cos\alpha = -0{,}26$
$\alpha = 105{,}3° = \gamma$
$\beta = \delta = 74{,}7°$

14.9 $\vec{v_g} = \binom{3}{-2};\ \vec{v_g} \odot \overrightarrow{BZ_5} = 0$
$3(2\cos\varphi + 1) - 2(2 + \frac{1}{\cos\varphi}) = 0$
$6\cos^2\varphi - \cos\varphi - 2 = 0$
$D = 49;\ \cos\varphi = \frac{2}{3}\ (\vee \cos\varphi = -0{,}5)$
$\varphi = 48{,}2°$
$C_5(4{,}17 \mid -3) \qquad D_5(2\tfrac{2}{3} \mid 3)$

Lösungen zu „Vorbereitung Abschlussprüfung"

15 15.1 $B_1(3 | -2)$; $B_2(5 | -1{,}25)$

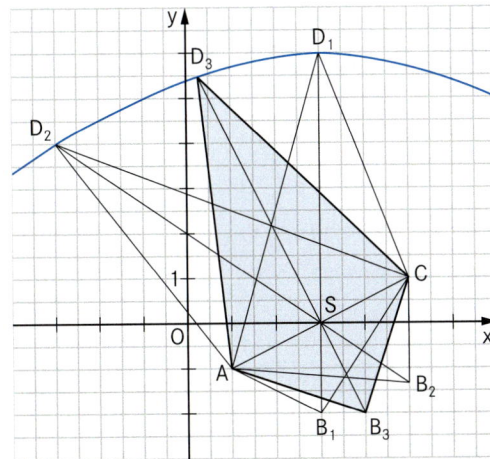

15.2 $\vec{SD_n} = 3 \cdot \vec{B_nS}$; $S = M_{[AC]} \Rightarrow S(3 | 0)$

$\begin{pmatrix} x_D - 3 \\ y_D \end{pmatrix} = 3 \cdot \begin{pmatrix} 3 - 3 - 4\cos\varphi \\ 0 - 1 + 3\sin^2\varphi \end{pmatrix}$

$D_n(3 - 12\cos\varphi | -3 + 9\sin^2\varphi)$

$x = 3 - 12\cos\varphi$; $\cos\varphi = -\frac{1}{12}(x - 3)$

$y = -3 + 9\sin^2\varphi$

$y = -3 + 9(1 - \cos^2\varphi)$

$y = -3 + 9 - 9 \cdot \frac{1}{144}(x - 3)^2$

$y = -\frac{1}{16}(x - 3)^2 + 6$

15.3 $\vec{AS} \odot \vec{B_3S} = 0$ $\begin{pmatrix} 2 \\ 1 \end{pmatrix} \odot \begin{pmatrix} -4\cos\varphi \\ 3\sin^2\varphi - 1 \end{pmatrix} = 0$

$-8\cos\varphi + 3\sin^2\varphi - 1 = 0$

$-3\cos^2\varphi - 8\cos\varphi + 2 = 0$; $D = 88$;

$(\cos\varphi = -2{,}9 \vee) \cos\varphi = 0{,}23$

$\varphi = 76{,}69°$ ($\vee \varphi = 283{,}31°$); $B_3(3{,}92 | -1{,}84)$

15.4 $A(\varphi) = [\frac{1}{2} \begin{vmatrix} 2 + 4\cos\varphi & 4 \\ 2 - 3\sin^2\varphi & 2 \end{vmatrix} + \frac{1}{2} \begin{vmatrix} 4 & 2 - 12\cos\varphi \\ 2 & -2 + 9\sin^2\varphi \end{vmatrix}]$ FE

$A(\varphi) = \frac{1}{2}(48\sin^2\varphi + 32\cos\varphi - 16)$ FE $= (-24\cos^2\varphi + 16\cos\varphi + 16)$ FE

15.5 $A(\varphi) = [-24(\cos^2\varphi - \frac{2}{3}\cos\varphi + (\frac{1}{3})^2 - \frac{1}{9}) + 16]$ FE

$A(\varphi) = [-24(\cos\varphi + \frac{1}{3})^2 + 18{,}67]$ FE

$A_{max} = 18{,}67$ FE für $\varphi = 70{,}53°$ ($\vee \varphi = 289{,}47°$)

Innendeckel vorn

„Reif für die Mittlere Reife?"

1 Wie viel Zeit benötigt man für die Schule?
  a) 30 %: ca. 8 h täglich (ca. ein Drittel des Tages während der Schulzeit)
     10 %: ca. 5 h täglicher Unterricht (ohne Hausaufgaben) einschließlich der Ferien
     [190 Schultage x 5 h : (365 Tage x 24 h) = 0,10]
     5 %: ca. 2,5 h Erledigung von Hausaufgaben an 190 Schultagen
     [190 Schultage x 2,5 h : (365 Tage x 24 h) = 0,05]

2 Warum jobben Schüler?
  a) Mehrfachbenennung bedeutet: Schüler können mehrere Gründe angeben, warum sie jobben.
  b) Die Abbildung zeigt ein „180 %-Diagramm".
     Hier entsprechen 89 % in etwa der Hälfte der Antworten.
     Die Schülerin rechts bezieht sich auf die Anzahl der Befragten und hat dann auch recht.
  c) 534
  d) Die Autoren ordnen dem Vollkreis mit dem Winkelmaß 360° den Prozentsatz 180 % zu. Folglich entfällt auf den Prozentsatz 1 % das Winkelmaß 2°.

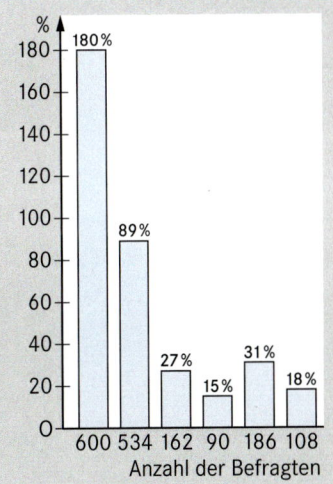

zu Seite 195
Trigonometrie

16 16.1 Planfigur:

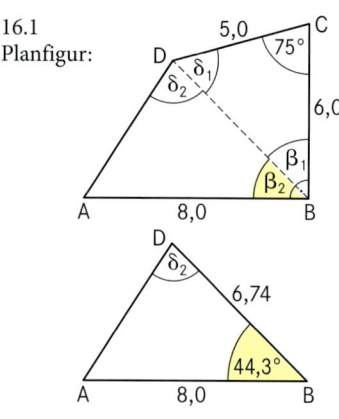

Im Dreieck ABC gilt:
$\overline{AC} = \sqrt{8^2 + 6^2}$ cm; $\overline{AC} = 10{,}00$ cm

Im Dreieck BCD gilt:
$\overline{BD} = \sqrt{6{,}0^2 + 5{,}0^2 - 2 \cdot 6{,}0 \cdot 5{,}0 \cdot \cos 75°}$ cm;
$\overline{BD} = 6{,}74$ cm

$\dfrac{6{,}0}{\sin \delta_1} = \dfrac{6{,}74}{\sin 75°}$; $\delta_1 = 59{,}30°$

$\beta_1 = 180° - (75° + 59{,}30°)$; $\beta_1 = 45{,}70°$
$\beta_2 = 90° - 45{,}70° = 44{,}30°$

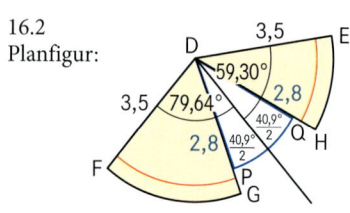

Im Dreieck ABD gilt:
$\overline{AD} = \sqrt{8{,}0^2 + 6{,}74^2 - 2 \cdot 8{,}0 \cdot 6{,}74 \cdot \cos 44{,}30°}$ cm;
$\overline{AD} = 5{,}68$ cm

$\dfrac{8{,}0}{\sin \delta_2} = \dfrac{5{,}68}{\sin 44{,}30°}$; $\delta_2 = 79{,}64°$

∢ ADC = $\delta_1 + \delta_2$; ∢ ADC = $59{,}30° + 79{,}64° = 138{,}94°$

16.2 Planfigur:

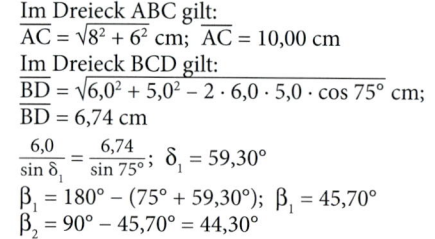

$2{,}0 = \dfrac{\varphi}{360°} \cdot 2 \cdot 2{,}8 \cdot \pi$; $\varphi = 40{,}93°$

∢ FDG = $79{,}64° - \dfrac{40{,}93°}{2}$; ∢ FDG = $59{,}18°$

∢ HDE = $59{,}30° - \dfrac{40{,}93°}{2}$; ∢ HDE = $38{,}84°$

$A_{\text{Sektor DFG}} = \dfrac{59{,}18°}{360°} \cdot 3{,}5^2 \pi$ cm²; $A_{\text{Sektor DFG}} = 6{,}33$ cm²

$A_{\text{Sektor DHE}} = \dfrac{38{,}84°}{360°} \cdot 3{,}5^2 \pi$ cm²; $A_{\text{Sektor DHE}} = 4{,}15$ cm²

16.3 $A_{\text{Sektor DFG}} = \dfrac{79{,}64° - \dfrac{\varphi}{2}}{360°} \cdot 3{,}5^2 \pi$ cm²
$= (8{,}51 - 0{,}05\,\varphi)$ cm²

16.4 Planfigur:

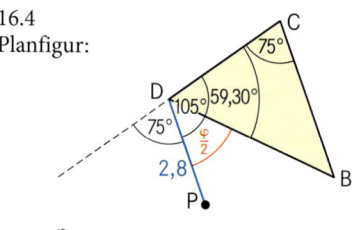

$\dfrac{\varphi}{2} + 59{,}30° = 105°$; $\varphi = 91{,}4°$

$A_{\text{Sektor DPQ}} = \dfrac{91{,}4°}{360°} \cdot 2{,}8^2 \pi$ cm²; $A_{\text{Sektor DPQ}} = 6{,}25$ cm²

16.5 Planfigur:

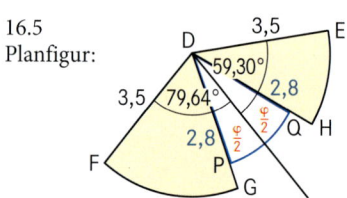

16.5 $A_{\text{Sektor DPQ}} = 0{,}25\,(A_{\text{Sektor DFG}} + A_{\text{Sektor DHE}})$

$\dfrac{\varphi}{360°} \cdot 2{,}8^2 \pi = 0{,}25\,(\dfrac{59{,}3° - \dfrac{\varphi}{2}}{360°} \cdot 3{,}5^2 \pi + \dfrac{79{,}64° - \dfrac{\varphi}{2}}{360°} \cdot 3{,}5^2 \pi)$

$\dfrac{\varphi}{360°} \cdot 2{,}8^2 \pi = 0{,}25\,(\dfrac{59{,}3° - \dfrac{\varphi}{2} + 79{,}64° - \dfrac{\varphi}{2}}{360°} \cdot 3{,}5^2 \pi)$ $\quad | \cdot \dfrac{360°}{\pi}$

$\varphi \cdot 2{,}8^2 = 0{,}25\,(138{,}94° - \varphi) \cdot 3{,}5^2$ $\quad | : 0{,}25$

16.6 Planfigur:

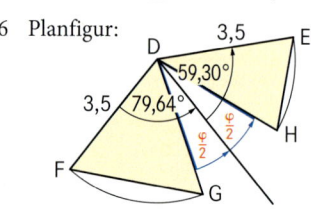

$\varphi \cdot 31{,}36 = 1702{,}02° - 12{,}25\,\varphi$
$43{,}61\,\varphi = 1702{,}02°$
$\varphi = 39{,}03°$

Im Dreieck DFG gilt:
$\overline{FG}^2 = [3{,}5^2 + 3{,}5^2 - 2 \cdot 3{,}5 \cdot 3{,}5 \cos (79{,}64° - \dfrac{\varphi}{2})]$ cm²
$\overline{FG}(\varphi) = \sqrt{24{,}5 - 24{,}5 \cos (79{,}64° - \dfrac{\varphi}{2})}$ cm

16.7 $\overline{FG} = 3{,}5$ cm $\quad\quad \overline{FG}^2 = (3{,}5 \text{ cm})^2$

$3{,}5^2 = 24{,}5 - 24{,}5 \cos (79{,}64° - \dfrac{\varphi}{2})$

$12{,}25 - 24{,}5 = -24{,}5 \cos (79{,}64° - \dfrac{\varphi}{2})$

$\dfrac{-12{,}25}{-24{,}5} = \cos (79{,}64° - \dfrac{\varphi}{2})$

$60° = 79{,}64° - \dfrac{\varphi}{2}$

$\dfrac{\varphi}{2} = 19{,}64°$; $\varphi = 39{,}28°$

Lösungen zu „Vorbereitung Abschlussprüfung"

17 17.1 Schrägbild im Maßstab 1 : 2

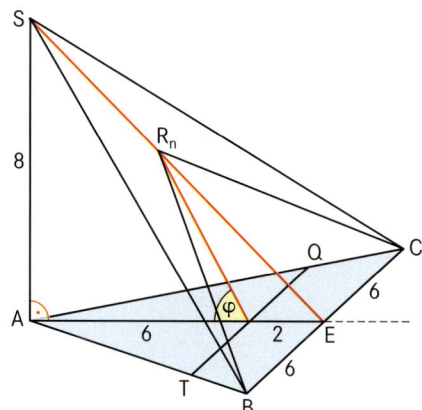

17.2 Planfigur:

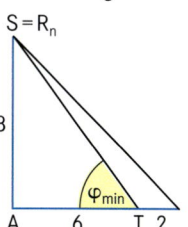

Im Dreieck ATS gilt:

$\tan \varphi_{min} = \frac{8}{6}$

$\varphi_{min} = 53{,}13°$

Intervall: $53{,}13° \leq \varphi \leq 180°$

17.3 Planfigur:

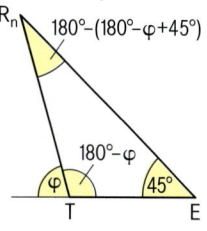

Das Dreieck AES ist gleich-schenklig-rechtwinklig. ($\overline{AE} = \overline{AS} = 8$ cm). Es folgt:
∢ SEA = ∢ ASE = 45°
Im Dreieck TER_n gilt:

$\frac{\overline{TR_n}}{\sin 45°} = \frac{2 \text{ cm}}{\sin[180° - (45° + \varphi)]}$

$\overline{TR_n}(\varphi) = \frac{\sqrt{2}}{\sin(\varphi - 45°)}$ cm

17.4 $1{,}5 = \frac{\sqrt{2}}{\sin(\varphi - 45°)}$

$\sin(\varphi - 45°) = \frac{\sqrt{2}}{1{,}5}$

$\varphi - 45° = 70{,}53° \lor \varphi - 45° = 109{,}47°$

$\varphi = 115{,}53° \lor \varphi = 154{,}47°$

17.5 $\frac{\overline{PQ}}{12 \text{ cm}} = \frac{6 \text{ cm}}{8 \text{ cm}}$ $\overline{PQ} = 9$ cm

$A = \frac{1}{2} \overline{PQ} \cdot \overline{TR_n}$

$A = 0{,}5 \cdot 9 \cdot \frac{\sqrt{2}}{\sin(\varphi - 45°)}$ cm²

$A(\varphi) = \frac{4{,}5\sqrt{2}}{\sin(\varphi - 45°)}$ cm²

17.6 In einem gleichseitigen Dreieck mit der Seitenlänge a und der Höhe h gilt: $h = \frac{a}{2}\sqrt{3}$

Es folgt mit $\overline{TR_n} = h$ und $\overline{PQ} = a$; $\overline{TR_n} = \frac{\overline{PQ}}{2}\sqrt{3}$

$\frac{\sqrt{2}}{\sin(\varphi - 45°)} = \frac{9}{2}\sqrt{3}$

$\frac{\sqrt{2}}{\sqrt{3} \cdot 4{,}5} = \sin(\varphi - 45°)$

$\varphi - 45° = 10{,}45° (\lor \varphi - 45° = 169{,}55°)$

$\varphi = 55{,}45°$

17.7 $\tan 40° = \frac{4{,}5}{\frac{\sqrt{2}}{\sin(\varphi - 45°)}}$

$\frac{\tan 40° \cdot \sqrt{2}}{4{,}5} = \sin(\varphi - 45°)$

$\varphi - 45° = 15{,}29° (\lor \varphi - 45° = 164{,}71°)$

$\varphi = 60{,}29°$

---

zu Seite 196 Trigonometrie

18 18.1 Planfigur:

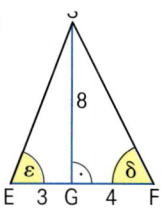

$\tan \varepsilon = \frac{8}{3}$; $\varepsilon = 69{,}44°$

$\tan \delta = \frac{8}{4}$; $\delta = 63{,}43°$

$\overline{ES} = \sqrt{3^2 + 8^2}$ cm $= 8{,}54$ cm

$\overline{FS} = \sqrt{4^2 + 8^2}$ cm $= 8{,}94$ cm

Für $\varphi = 63{,}43°$ (siehe 18.1) gilt: $K_n = S$

18.2 Schrägbild im: Maßstab 1 : 2

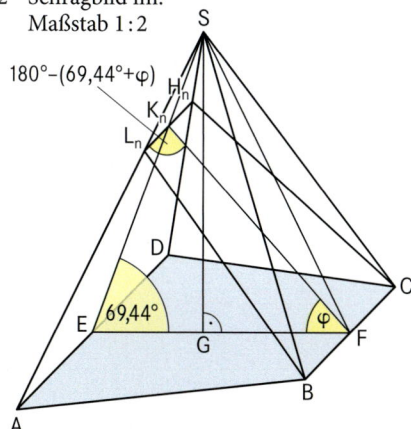

18.3 Im Dreieck EFK_n gilt

$\frac{\overline{FK_n}}{\sin 69{,}44°} = \frac{7 \text{ cm}}{\sin[180° - (69{,}44° + \varphi)]}$

$\overline{FK_n}(\varphi) = \frac{6{,}55}{\sin(69{,}44° + \varphi)}$ cm

18.4 $8 = \frac{6{,}55}{\sin(69{,}44° + \varphi)}$; $\sin(69{,}44° + \varphi) = \frac{6{,}55}{8}$

$69{,}44° + \varphi = 54{,}96° \lor 69{,}44° + \varphi = 180° - 54{,}96°$

$(\varphi = -14{,}48°)$ $\varphi = 55{,}60°$

18.5 Richtige Antwort: **B**
Die Strecke [FK_n] hat minimale Länge, wenn sie senkrecht zur Strecke [ES] verläuft.
Dies gilt für $\varphi = 20{,}56°$. Für die übrigen Winkelmaße sind die Streckenlängen größer als 6,55 cm.

18.6 Planfigur: 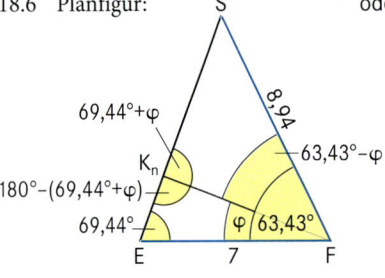 oder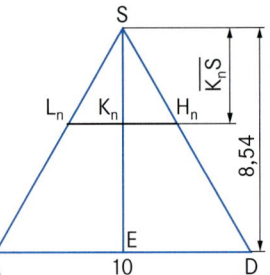

$$\frac{\overline{EK_n}}{\sin \varphi} = \frac{7 \text{ cm}}{\sin[180° - (69{,}44° + \varphi)]}$$

$$\overline{EK_n} = \frac{7 \sin \varphi}{\sin(69{,}44° + \varphi)} \text{ cm}$$

$$\frac{\overline{K_nS}}{\sin(63{,}43° - \varphi)} = \frac{8{,}94 \text{ cm}}{\sin(69{,}44° + \varphi)}$$

$$\overline{K_nS} = \frac{8{,}94 \sin(63{,}43° - \varphi)}{\sin(69{,}44° + \varphi)} \text{ cm} \qquad\qquad \overline{K_nS} = \overline{ES} - \overline{EK_n}$$

$$\frac{\overline{L_nH_n}}{\overline{AD}} = \frac{\overline{K_nS}}{\overline{ES}}; \qquad\qquad \frac{\overline{L_nH_n}}{\overline{AD}} = \frac{\overline{ES} - \overline{EK_n}}{\overline{ES}}$$

$$\frac{\overline{L_nH_n}}{10 \text{ cm}} = \frac{\frac{8{,}94 \sin(63{,}43° - \varphi)}{\sin(69{,}44° + \varphi)}}{8{,}54} \qquad\qquad \frac{\overline{L_nH_n}}{10 \text{ cm}} = \frac{\left(8{,}54 - \frac{7 \sin \varphi}{\sin(69{,}44° + \varphi)}\right)}{8{,}54 \text{ cm}} \text{ cm}$$

$$\qquad\qquad\qquad\qquad\qquad\qquad\qquad\qquad \overline{L_nH_n} = \frac{\left(10 \cdot 8{,}54 - \frac{10 \cdot 7 \sin \varphi}{\sin(69{,}44° + \varphi)}\right)}{8{,}54} \text{ cm}$$

$$\overline{L_nH_n}(\varphi) = \frac{10{,}5 \sin(63{,}43° - \varphi)}{\sin(69{,}44° + \varphi)} \text{ cm} \qquad\qquad \overline{L_nH_n}(\varphi) = \left(10 - \frac{8{,}20 \sin \varphi}{\sin(69{,}44° + \varphi)}\right) \text{ cm}$$

18.7 $\varphi = 48°;\ \overline{BC} = 6 \text{ cm}$

$$\overline{FK_1} = \frac{6{,}55}{\sin(69{,}44° + 48°)} \text{ cm} = 7{,}38 \text{ cm}$$

$$\overline{L_1H_1} = \frac{10{,}5 \sin(63{,}43° - 48°)}{\sin(48° + 69{,}44°)} \text{ cm} = 3{,}15 \text{ cm}$$

$$A_{BCH_1L_1} = 0{,}5 \cdot (10 + 3{,}15) \cdot 7{,}38 \text{ cm}^2 = 33{,}76 \text{ cm}^2$$

18.8 Planfigur: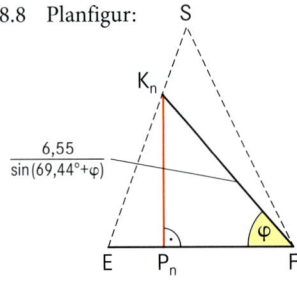

$$\sin \varphi = \frac{\overline{K_nP_n}}{\overline{FK_n}}$$

$$\overline{K_nP_n} = \overline{FK_n} \cdot \sin \varphi$$

$$\overline{K_nP_n} = \frac{6{,}55}{\sin 69{,}44°} \cdot \sin \varphi \text{ cm}$$

$$V_{ABCDK_n} = \frac{1}{3} \cdot A_{ABCD} \cdot \overline{FK_n}$$

$$V_{ABCDK_n} = \frac{1}{3} \cdot [0{,}5 \cdot (10 + 6) \cdot 7] \cdot \frac{6{,}55 \sin \varphi}{\sin 69{,}44°} \text{ cm}^2$$

$$V_{ABCDK_n} = \frac{122{,}27 \sin \varphi}{\sin 69{,}44°} \text{ cm}^2$$

18.9 $V_{ABCDKS} = \frac{1}{3} \cdot [0{,}5 \cdot (10 + 6) \cdot 7] \cdot 8 \text{ cm}^3 = 149{,}33 \text{ cm}^3$

$0{,}4 \cdot V_{ABCDKS} = V_{ABCDK_2}$

$0{,}4 \cdot 149{,}33 = \dfrac{122{,}27 \sin \varphi}{\sin(69{,}44° + 48°)}$ \qquad Mit Hilfe des GTR folgt: $\varphi = 28{,}90°$

Lösungen zu „Vorbereitung Abschlussprüfung"

zu Seite 197
Trigonometrie

19 19.1 Planfigur:

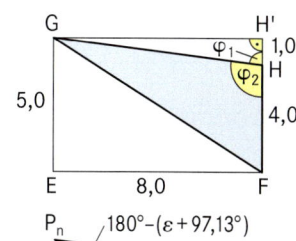

Im Dreieck GHH′ gilt:
$\tan \varphi_1 = \frac{8{,}0}{1{,}0}$; $\varphi_1 = 82{,}87°$
$\varphi_2 = 180° - \varphi_1$; $\varphi_2 = 97{,}13°$

19.2 Planfigur:

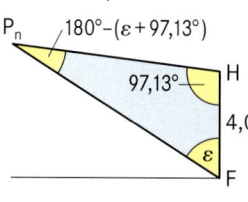

Im Dreieck FHP_n gilt:
$\frac{\overline{FP_n}}{\sin 97{,}13°} = \frac{4{,}0\ m}{\sin[180° - (\varepsilon + 97{,}13°)]}$
$\overline{FP_n}(\varepsilon) = \frac{3{,}97}{\sin(\varepsilon + 97{,}13°)}$ m

$\varepsilon_{min} = 0°$ für $P_n = H$
ε_{max} für $P_n = G$

19.3 Planfigur:

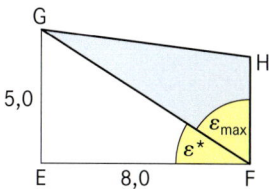

Im Dreieck EFG gilt:
$\tan \varepsilon^* = \frac{5{,}0}{8{,}0}$; $\varepsilon^* = 32{,}01°$
$\varepsilon_{max} = 90° - \varepsilon^*$; $\varepsilon_{max} = 57{,}99°$
Intervall: $0° \leq \varepsilon \leq 57{,}99°$

19.4 Im gleichseitigen Dreieck BCP_1 gilt: $\overline{FP_1} = \frac{\overline{BC}}{2}\sqrt{3}$
Mit $\overline{BC} = \overline{AD} = 10$ m folgt: $\frac{3{,}97}{\sin(\varepsilon + 97{,}13°)} = \frac{10}{2}\sqrt{3}$

$0{,}4584\ldots = \sin(\varepsilon + 97{,}13°)$
$27{,}28° = \varepsilon + 97{,}13° \vee 152{,}72° = \varepsilon + 97{,}13°$
$(-69{,}85° = \varepsilon \vee)\ \varepsilon = 55{,}59°$

19.5 Planfigur:

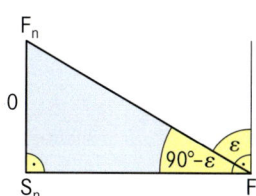

Im Dreieck S_nFF_n gilt:
$\sin(90° - \varepsilon) = \frac{2{,}50\ m}{\overline{FF_n}}$; $\overline{FF_n}(\varepsilon) = \frac{2{,}5}{\cos \varepsilon}$ m

Es gilt: $\frac{\overline{B_nC_n}}{\overline{BC}} = \frac{\overline{F_nP_n}}{\overline{FP_n}}$

$\frac{\overline{B_nC_n}}{10{,}0\ m} = \frac{\frac{3{,}97}{\sin(\varepsilon + 97{,}13°)} - \frac{2{,}5}{\cos \varepsilon}}{\frac{3{,}97}{\sin(\varepsilon + 97{,}13°)}}$

$\overline{B_nC_n}(\varepsilon) = 10\ m \cdot \left[1 - \frac{\frac{2{,}5}{\cos \varepsilon}}{\frac{3{,}97}{\sin(\varepsilon + 97{,}13°)}}\right]$

$= 10\ m \cdot \left[1 - \frac{2{,}5 \sin(\varepsilon + 97{,}13°)}{3{,}97 \cdot \cos \varepsilon}\right]$

$= 10\ m \cdot \left[1 - \frac{0{,}63 \sin(\varepsilon + 97{,}13°)}{\cos \varepsilon}\right]$

$= \left[10 - \frac{6{,}30 \sin(\varepsilon + 97{,}13°)}{\cos \varepsilon}\right]$ m

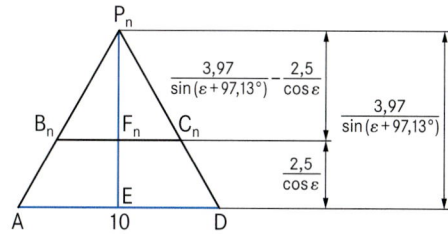

19.6 Planfigur:
$4{,}60 = 10 - \frac{6{,}30 \sin(\varepsilon + 97{,}13°)}{\cos \varepsilon}$
$\varepsilon = 47{,}43°$

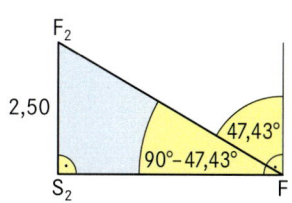

Im Dreieck FF_2S_2 gilt:
$\tan(90° - 47{,}43°) = \frac{2{,}50\ m}{\overline{FS_2}}$
$\overline{FS_2} = 2{,}72$ m
$\overline{E'F_2} = (8{,}0 - 2{,}72)$ m $= 5{,}28$ m
$\overline{A'D'} = \frac{1}{2} \overline{AD} = 5{,}0$ m

Flächeninhalt des Trapezes $A'B_2C_2D'S$
$A = \frac{1}{2}(\overline{A'D'} + \overline{B_2C_2}) \cdot \overline{E'F_2}$
$= \frac{1}{2}(5{,}00 + 4{,}60) \cdot 5{,}28$ m²; $A \approx 25$ m²

19.7 Richtig ist Graph B. Die Deckenfläche ist maximal für $P_n = H$ und minimal für $P_n = G$, d.h. mit zunehmendem Maß von ε sinkt die Deckenfläche.

zu Seite 198
Trigonometrie

20 20.1 Im Dreieck ABC gilt nach dem Kosinussatz:
$10{,}5^2 = 12^2 + 4{,}5^2 - 2 \cdot 12 \cdot 4{,}5 \cos \varepsilon$
$\varepsilon = 60°$
Im Dreieck ABC gilt nach dem Sinussatz:
$\frac{12}{\sin \delta} = \frac{10{,}5}{\sin 60°}$
($\delta = 81{,}79°$ ∨) $\delta = 180° - 81{,}79° = 98{,}21°$

20.2 φ_{min} für E_n = T Hier ist $\varphi = 30°$
φ_{max} für E_n = A Hier ist $\varphi = 98{,}21°$

20.3 Im Dreieck BCE_n gilt:
$\frac{\overline{CE_n}}{\sin \varphi} = \frac{4{,}5 \text{ cm}}{\sin [180° - (60° + \varphi)]}$
$\overline{CE_n}(\varphi) = \frac{4{,}5 \sin \varphi}{\sin (60° + \varphi)}$ cm

20.4 $r = \overline{BT}$; $\sin 60° = \frac{r}{4{,}5 \text{ cm}}$
$r = 2{,}25 \sqrt{3}$ cm ($= 3{,}90$ cm)
$V = \frac{1}{3} r^2 \pi \overline{CE_n}$
$V(\varphi) = \frac{1}{3} (2{,}25 \sqrt{3})^2 \pi \cdot \frac{4{,}5 \sin \varphi}{\sin (60° + \varphi)}$ cm³
$V(\varphi) = \frac{71{,}57 \sin \varphi}{\sin (60° + \varphi)}$ cm³

20.5 $50 = \frac{71{,}57 \sin \varphi}{\sin (60° + \varphi)}$
$50 \cdot \left(\frac{1}{2} \sqrt{3} \cos \varphi + \frac{1}{2} \sin \varphi\right) = 71{,}57 \sin \varphi$
$25 \sqrt{3} \cos \varphi = 46{,}57 \sin \varphi$
$\frac{25 \sqrt{3}}{46{,}57} = \tan \varphi$; $\varphi = 42{,}92°$

20.9 Im Dreieck BCT gilt:
$\cos 60° = \frac{\overline{CT}}{4{,}5 \text{ cm}}$; $\overline{CT} = 2{,}25$ cm
$\sin 60° = \frac{\overline{BT}}{4{,}5 \text{ cm}}$
$\overline{BT} = 3{,}90$ cm
Im Dreieck BCE_n gilt:
$\frac{\overline{BE_n}}{\sin 60°} = \frac{\overline{CE_n}}{\sin \varphi}$
$\overline{BE_n} = \sin 60° \cdot \frac{\overline{CE_n}}{\sin \varphi}$
$\overline{BE_n} = 0{,}5 \sqrt{3} \cdot \frac{\frac{4{,}5 \sin \varphi}{\sin (60° + \varphi)}}{\sin \varphi}$ cm
$\overline{BE_n} = \frac{2{,}25 \sqrt{3}}{\sin (60° + \varphi)}$ cm
$O = M_{Kegel_1} + M_{Kegel_2}$
$O = \overline{BT} \cdot \pi \cdot \overline{CT} + \overline{BT} \cdot \pi \cdot \overline{BE_n}$
$O(\varphi) = \left(3{,}90 \cdot \pi \cdot 2{,}25 + 3{,}90 \cdot \pi \cdot \frac{2{,}25 \sqrt{3}}{\sin (60° + \varphi)}\right)$ cm²
$O(\varphi) = \left(55{,}13 + \frac{47{,}57}{\sin (60° + \varphi)}\right)$ cm²

20.6 Graph **C** ist sicher falsch. Mit zunehmendem Winkelmaß φ nimmt das Volumen zu.

20.7 Planfigur:

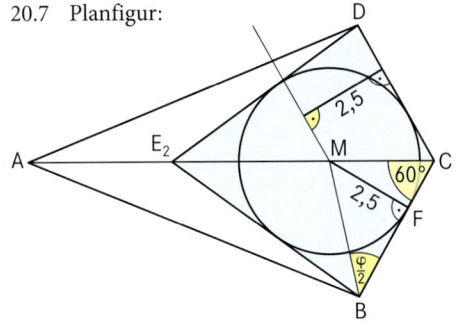

Im Dreieck CMF gilt:
$\tan 60° = \frac{2{,}5 \text{ cm}}{\overline{CF}}$; $\overline{CF} = 1{,}44$ cm
Es folgt: $\overline{BF} = (4{,}5 - 1{,}44)$ cm $= 3{,}06$ cm
$\tan \frac{\varphi}{2} = \frac{2{,}5}{3{,}06}$; $\varphi = 78{,}68°$

20.8 Graph **B**
Die Querschnittsfläche der Kugel wird mit zunehmender Höhe immer größer und wird bei halber Kugelhöhe maximal. Anschließend nimmt die Querschnittsfläche wieder ab.

Planfigur:

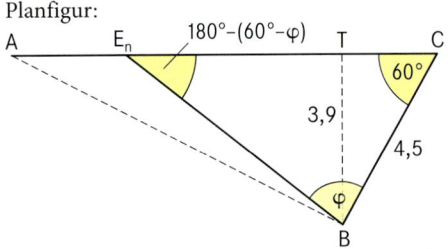

zu Seite 199
Trigonometrie

21 21.1 Im Dreieck A_nE_nD gilt:

$\cos(\varepsilon - 90°) = \frac{4\text{ cm}}{\overline{A_nD}}$

$\overline{A_nD} = \frac{4\text{ cm}}{\cos(\varepsilon - 90°)}$

$\overline{A_nD} = \frac{4}{\sin \varepsilon}$ cm

$\tan(\varepsilon - 90°) = \frac{\overline{A_nE_n}}{4\text{ cm}}$

$\overline{A_nE_n} = 4\tan(\varepsilon - 90°)$ cm

$\overline{A_nB_n} = [3 + 2 \cdot 4 \tan(\varepsilon - 90°)]$cm

$\overline{A_nB_n} = [3 + 8 \tan(\varepsilon - 90°)]$cm

Planfigur: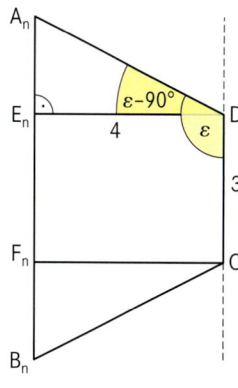

21.2 $V = V_{Zylinder} - 2V_{Kegel}$

$V(\varepsilon) = \overline{DE_n}^2 \cdot \pi \cdot \overline{A_nB_n} - 2 \cdot \frac{1}{3} \cdot \overline{DE_n}^2 \cdot \pi \cdot \overline{A_nE_n}$

$V(\varepsilon) = 4^2\pi[3 + 8\tan(\varepsilon - 90°)]$ cm³ $- 2 \cdot \frac{1}{3} \cdot 4^2\pi \cdot 4\tan(\varepsilon - 90°)$ cm³

$V(\varepsilon) = [48\pi + 128\pi \tan(\varepsilon - 90°) - \frac{128}{3}\pi \tan(\varepsilon - 90°)]$ cm³

$V(\varepsilon) = [48\pi + 85\frac{1}{3}\pi \tan(\varepsilon - 90°)]$ cm³

21.3 $88\pi = 48\pi + 85\frac{1}{3}\pi \tan(\varepsilon - 90°)$

$40\pi = 85\frac{1}{3}\pi \tan(\varepsilon - 90°)$

$0{,}46875 = \tan(\varepsilon - 90°)$

$26{,}11° = \varepsilon - 90°$

$\varepsilon = 115{,}11°$

21.4 $O = 2M_{Kegel} + M_{Zylinder}$

$O(\varepsilon) = 2 \cdot \overline{DE_n} \cdot \pi \cdot \overline{A_nD} + 2 \cdot \overline{DE_n} \cdot \pi \cdot \overline{A_nB_n}$

$O(\varepsilon) = [2 \cdot 4\pi \frac{4}{\sin \varepsilon} + 2 \cdot 4\pi(3 + 8\tan(\varepsilon - 90°))]$ cm²

$O(\varepsilon) = \pi[24 + \frac{32}{\sin \varepsilon} + 64\tan(\varepsilon - 90°)]$ cm²

22 22.1 Planfigur:

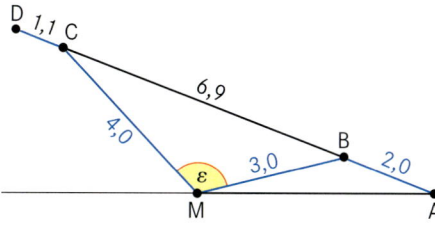

22.2 ε_{max} für $\overline{DC} = 1{,}10$ m bzw. $\overline{AC} = 8{,}90$ m
Im Dreieck MBC gilt:
$6{,}9^2 = 4^2 + 3^2 - 2 \cdot 4 \cdot 3 \cos \varepsilon_{max}$

$\cos \varepsilon_{max} = \frac{16 + 9 - 6{,}9^2}{24}$

$\varepsilon_{max} = 160{,}4°$

Aussage **B**

22.3 $\overline{BC}^2 = [4^2 + 3^2 - 2 \cdot 4 \cdot 3 \cos \varepsilon]$ m²
$\overline{BC}(\varepsilon) = \sqrt{25 - 24\cos \varepsilon}$ m

22.4 $6 = \sqrt{25 - 24\cos \varepsilon}$ | ²
$36 = 25 - 24\cos \varepsilon$

$\cos \varepsilon = \frac{-11}{24}$

$\varepsilon = 117{,}3°$

22.5 Im Dreieck BCM gilt:
$\frac{\sin \beta}{4} = \frac{\sin \varepsilon}{\sqrt{25 - 24\cos \varepsilon}}$

$\sin \beta = \frac{4 \sin \varepsilon}{\sqrt{25 - 24\cos \varepsilon}}$

Für $\varepsilon = 117{,}3°$ gilt: $\overline{BC} = 6$ m
$\frac{\sin \beta}{4} = \frac{\sin 117{,}3°}{6}$

$\beta = 36{,}3°$ ($\vee \beta = 143{,}7°$)

Im Dreieck ABM gilt:
$\overline{AM}^2 = (2^2 + 3^2 - 2 \cdot 2 \cdot 3 \cos 143{,}7°)$
$\overline{AM} = 4{,}76$ m

$\frac{3}{\sin \alpha} = \frac{4{,}76}{\sin 143{,}7°}$; $\alpha = 21{,}9°$

Im Dreieck ADH gilt für $\alpha = 21{,}9°$

$\sin 21{,}9° = \frac{h}{10\text{ m}}$; $h = 3{,}7$ m

22.6 Planfigur:

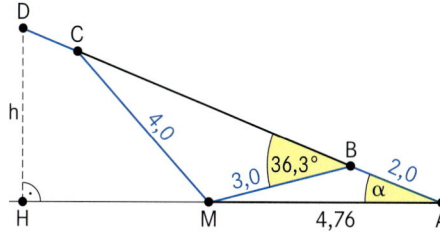

Lösungen zu „Vorbereitung Abschlussprüfung"

zu Seite 200 Abbildungen

1 1.1 $P_1(-2|2);\ P_2(-1|0);\ P_3(1|-4)$
$Q_1(1|4);\ Q_2(2|2);\ Q_3(4|-2)$

1.2 $\begin{pmatrix}x'\\y'\end{pmatrix} = \begin{pmatrix}1 & 0\\0 & 1\end{pmatrix} \odot \begin{pmatrix}x\\-2x-2\end{pmatrix} \oplus \begin{pmatrix}3\\2\end{pmatrix}$

$x' = x + 3$
$x = x' - 3$
$\wedge\ y' = -2x - 2 + 2$
$y' = -2(x' - 3)$
Trägergraph: $y = -2x + 6$

1.3 $-x + 3 = -2x + 6$
$x = 3 \qquad Q_0(3|0)$

$Q_0(3|0) \xmapsto{v^* = \binom{-3}{-2}} P_0(0|-2)$

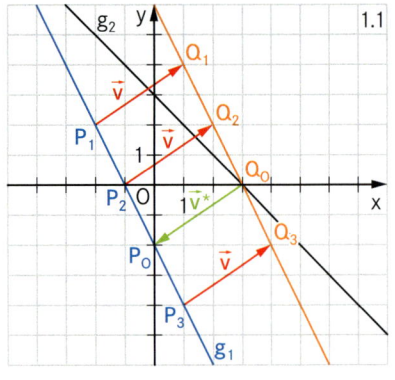

1.1

2 2.2 $\alpha = -26{,}57°;\ 2\alpha = -53{,}14°$

$\begin{pmatrix}x'\\y'\end{pmatrix} = \begin{pmatrix}0{,}6 & -0{,}8\\-0{,}8 & -0{,}6\end{pmatrix} \odot \begin{pmatrix}x\\y\end{pmatrix}$ $\quad x' = 0{,}6x - 0{,}8y$
$\wedge\ y' = -0{,}8x - 0{,}6y$

$x' = -2{,}6 \wedge y' = -3{,}2 \qquad A'(-2{,}6|-3{,}2)$
$x' = -1{,}3 \wedge y' = 3{,}4 \qquad B'(-1{,}3|3{,}4)$
$C \in s \Rightarrow C'(4|-2)$

2.3 $x = x \cos(-53{,}14°) + y \sin(-53{,}14°);\quad 0{,}4x = -0{,}8y$
$\wedge\ y = x \sin(-53{,}14°) - y \cos(-53{,}14°);\quad \wedge\ 1{,}6y = -0{,}8x$

2.4 Mit $F(x|-0{,}5x)$ folgt $y = -0{,}5x$ ist Fixpunktgerade.

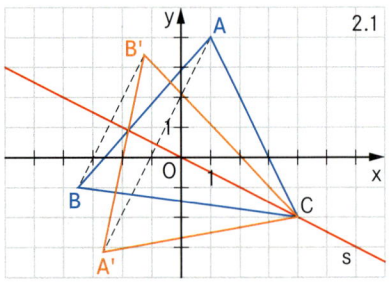

2.1

Innendeckel hinten links

Diagramme machen Meinung!

1 Lohnerhöhung
a) Diagramm (1) zeigt die Lohnerhöhung in € in Abhängigkeit vom Lohn. Bei Variante B erhalten alle Lohngruppen die gleiche Lohnerhöhung von 30 €, deshalb verläuft der Graph parallel zur x-Achse. Im Diagramm (2) ist die Lohnerhöhung in Prozent in Abhängigkeit vom Lohn dargestellt. Die Gerade für Variante A hat die Steigung 0, da die prozentuale Lohnerhöhung vom Lohn in € unabhängig ist. Bei Variante B macht die Lohnerhöhung von 30 € bei Lohngruppen mit höherem Einkommen prozentual weniger aus.
b) Von Variante A profitieren Lohngruppen mit höherem Einkommen, von Variante B Lohngruppen mit niedrigerem Einkommen. Ein Lohn von 1500 € bildet die Grenze zwischen niedrigerem und höherem Einkommen.

2 Aus der Zeitung: Außerirdische unter uns
a) Antwort **B** 80 % (600 von 750 Befragten)
b) Sebastian vergleicht im rechten Diagramm die 300 Befragten, die mit „sicher" antworteten mit den 600 im linken Diagramm, die glauben, dass es Außerirdische gibt. Er hätte die 300 aber mit den insgesamt 750 Befragten in Beziehung bringen müssen (300 : 750 = 40 %).

Innendeckel hinten rechts

Kopfgeometrie

1 Mit dem Schiff unterwegs
Reihenfolge: C – B – F – A – D – E

2 Räumlicher Körper
Der Körper lässt sich in zwei Pyramiden mit je einem rechtwinkligem Dreieck als Grundfläche und der Höhe 9 cm zerlegen
$V = 2 \cdot \frac{1}{3} \cdot (0{,}5 \cdot 9 \cdot 9) \cdot 9\ \text{cm}^3 = 243\ \text{cm}^3$

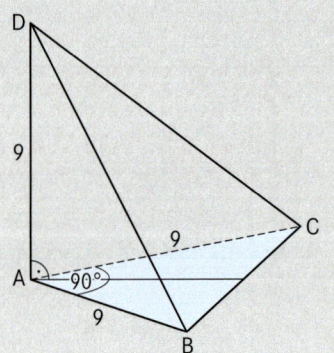

3 Würfelgebäude

Ansicht von oben

7 Würfel wurden entfernt.

Lösungen zu „Vorbereitung Abschlussprüfung"

3 3.1 $\alpha_1 = 36{,}87°$; $2\alpha_1 = 73{,}74°$

3.2 $\begin{pmatrix} x' \\ y' \end{pmatrix} = \begin{pmatrix} 0{,}28 & 0{,}96 \\ 0{,}96 & -0{,}28 \end{pmatrix} \odot \begin{pmatrix} -4 \\ -1 \end{pmatrix}$

$x' = -2{,}08 \wedge y' = -3{,}56$
$A_1(-2{,}08 \mid -3{,}56)$

$x' = -3 \cdot 0{,}28 + 2 \cdot 0{,}96 = 1{,}08$
$\wedge y' = -3 \cdot 0{,}96 - 2 \cdot 0{,}28 = -3{,}44$
$B_1(1{,}08 \mid -3{,}44)$

$x' = -6 \cdot 0{,}28 + 3 \cdot 0{,}96 = 1{,}2$
$\wedge y' = -6 \cdot 0{,}96 - 3 \cdot 0{,}28 = -6{,}6$
$C_1(1{,}2 \mid -6{,}6)$

$\alpha_2 = -53{,}13°$; $2\alpha_2 = -106{,}26°$

$\begin{pmatrix} x' \\ y' \end{pmatrix} = \begin{pmatrix} -0{,}28 & -0{,}96 \\ -0{,}96 & 0{,}28 \end{pmatrix} \odot \begin{pmatrix} -2{,}08 \\ -3{,}56 \end{pmatrix}$

$x' = 4 \wedge y' = 1$; $A_2(4 \mid 1)$

$x' = 1{,}08 \cdot (-0{,}28) - (-3{,}44) \cdot 0{,}96 = 3$
$\wedge y' = 1{,}08 \cdot (-0{,}96) - 3{,}44 \cdot 0{,}28 = -2$
$B_2(3 \mid -2)$; $C_2(6 \mid -3)$

3.1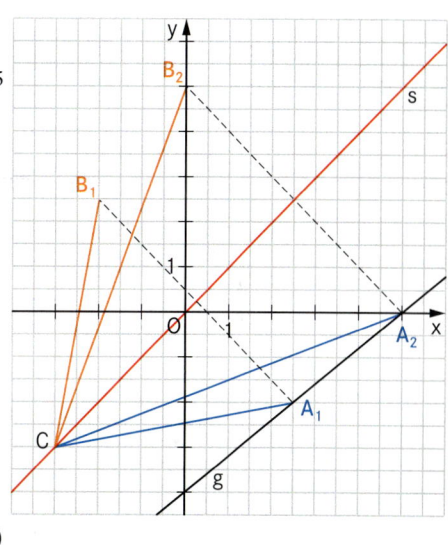

3.3 Punktspiegelung am Ursprung

$\begin{pmatrix} x' \\ y' \end{pmatrix} = \begin{pmatrix} -1 & 0 \\ 0 & -1 \end{pmatrix} \odot \begin{pmatrix} x \\ y \end{pmatrix}$

3.4 $x' = -4 \cdot (-0{,}28) - 1 \cdot (-0{,}96) = 2{,}08$ $A_1(2{,}08 \mid 3{,}56)$ usw.
$\wedge y' = -4 \cdot (-0{,}96) - 1 \cdot 0{,}28 = 3{,}56$ keine Änderung

4 4.1 $x = 2{,}5$ $A_1(2{,}5 \mid -2)$ 4.2 $\begin{pmatrix} x' \\ y' \end{pmatrix} = \begin{pmatrix} 0 & 1 \\ 1 & 0 \end{pmatrix} \odot \begin{pmatrix} x \\ \frac{4}{5}x - 4 \end{pmatrix}$

$x = 5$ $A_2(5 \mid 0)$

$-3 = -(-3) + t$; $t = -6$ $x' = \frac{4}{5}x - 4$; $x = \frac{5}{4}x' + 5$

$-x - 6 = \frac{4}{5}x - 4$ $\wedge y' = x$

$x = -1\frac{1}{9}$; $x > -1\frac{1}{9}$ Trägergraph: $y = \frac{5}{4}x + 5$

4.3 $\overline{A_nB_n} = \overline{A_nC}$, da gleichseitig; $B_n(\frac{4}{5}x - 4 \mid x)$

$\overrightarrow{A_nB_n} = \begin{pmatrix} \frac{4}{5}x - 4 - x \\ x - \frac{4}{5}x + 4 \end{pmatrix}$ $\overrightarrow{A_nC} = \begin{pmatrix} -3 - x \\ -3 - \frac{4}{5}x + 4 \end{pmatrix}$

$\overline{A_nB_n} = \sqrt{(\frac{4}{5}x - 4 - x)^2 + (x - \frac{4}{5}x + 4)^2}$ LE
$= \sqrt{\frac{2}{25}x^2 + \frac{16}{5}x + 32}$ LE

$\overline{A_nC} = \sqrt{(-x - 3)^2 + (-3 - \frac{4}{5}x + 4)^2}$ LE
$= \sqrt{\frac{41}{25}x^2 + 4\frac{2}{5}x + 10}$ LE

$\frac{2}{25}x^2 + \frac{16}{5}x + 32 = \frac{41}{25}x^2 + 4\frac{2}{5}x + 10$

$x_1 = 3{,}39$; $[x_2 = -4{,}16]$; $A_o(3{,}39 \mid -1{,}29)$; $B_o(-1{,}29 \mid 3{,}39)$

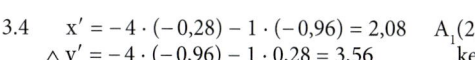

zu Seite 201 Abbildungen

5 5.1 $S_1(0{,}5 \mid 2{,}6)$; $S_2(-1{,}5 \mid 1)$; $S_3(-2{,}5 \mid 0{,}2)$

5.2 mit $C(-4 \mid -1)$ und $B(-1 \mid 3)$ ergibt sich

CB mit $y = \frac{4}{5}x + 2{,}2$; $S_n(x \mid \frac{4}{5}x + 2{,}2)$

$\overrightarrow{RS_n} = \begin{pmatrix} x - 1{,}5 \\ \frac{4}{5}x + 1{,}7 \end{pmatrix}$; $T_n(x' \mid y')$; $\overrightarrow{RT_n} = \begin{pmatrix} x' - 1{,}5 \\ y' - 0{,}5 \end{pmatrix}$

$\begin{pmatrix} x' - 1{,}5 \\ y' - 0{,}5 \end{pmatrix} = \begin{pmatrix} 0 & -1 \\ 1 & 0 \end{pmatrix} \odot \begin{pmatrix} x - 1{,}5 \\ \frac{4}{5}x + 1{,}7 \end{pmatrix}$

$x' - 1{,}5 = -\frac{4}{5}x - 1{,}7$ $x' = -\frac{5}{4}x' - \frac{1}{4}$
$\wedge y' - 0{,}5 = x - 1{,}5$ $\wedge y' - 0{,}5 = x - 1{,}5$

Trägergraph: $y' = -\frac{5}{4}x' - 1{,}25$

5.1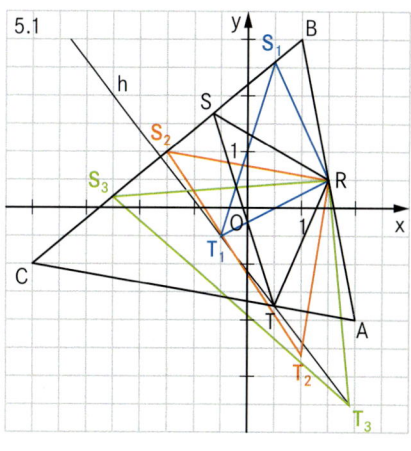

5.3 $m_{AC} = -\frac{1}{6}$; AC mit $y = -\frac{1}{6}x - \frac{5}{3}$ $-\frac{5}{4}x - 1{,}25 = -\frac{1}{6}x - \frac{5}{3}$; $x = \frac{5}{13}$; $T_4(\frac{4}{5} | -1{,}73)$

$\overrightarrow{RT_n} \xmapsto{R;\,-90°} \overrightarrow{RS}$; $\overrightarrow{RT_4} = \binom{-1{,}12}{-2{,}23}$

$\binom{x'-1{,}5}{y'-0{,}5} = \binom{0\ \ 1}{-1\ \ 0} \odot \binom{-1{,}12}{-2{,}23}$ $x' = -0{,}73$; $y' = 1{,}62$; $S_4(-0{,}73 | 1{,}62)$

6 6.1 $y = -\frac{1}{2}x^2 + 2x - 1 = -\frac{1}{2}[x^2 - 4x + 2^2 - 2^2] - 1 = -\frac{1}{2}[(x-2)^2 - 4] - 1$

$y = -\frac{1}{2}(x-2)^2 + 1$

$S(2|1)$; $\overrightarrow{ZS'} = -\frac{3}{2}\overrightarrow{ZS}$; $S'(x'|y')$; $Z(1|-1)$

$\binom{x'-1}{y'+1} = -\frac{3}{2}\binom{2-1}{1+1}$

$\quad x' - 1 = -\frac{3}{2}$

$\wedge\ y' + 1 = -3$; $S'(-0{,}5 | -4)$

$P(0|-1) \xmapsto{Z(1|-1);\,k=-\frac{3}{2}} P'(x'|y')$

$\overrightarrow{ZP'} = -\frac{3}{2}\overrightarrow{ZP}$

$\quad x' - 1 = \frac{3}{2}$

$\wedge\ y' + 1 = 0$; $P'(2{,}5 | -1)$

$y = a(x + \frac{1}{2})^2 - 4$; Koordinaten einsetzen

$a = \frac{1}{3}$

p_1: $y = \frac{1}{3}(x + \frac{1}{2})^2 - 4$

$\quad y = \frac{1}{3}(x^2 + x + \frac{1}{4}) - 4$

$\quad y = \frac{1}{3}x^2 + \frac{1}{3}x - 3\frac{11}{12}$

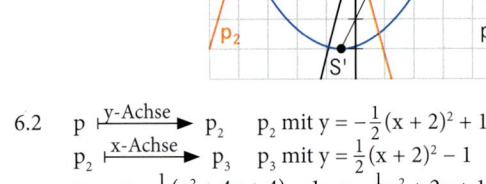

6.2 $p \xmapsto{y\text{-Achse}} p_2$ p_2 mit $y = -\frac{1}{2}(x+2)^2 + 1$

$p_2 \xmapsto{x\text{-Achse}} p_3$ p_3 mit $y = \frac{1}{2}(x+2)^2 - 1$

p_3: $y = \frac{1}{2}(x^2 + 4x + 4) - 1$; $y = \frac{1}{2}x^2 + 2x + 1$

6.3 $p \xmapsto{O(0|0)} p'$ $x' = -x$

oder $\binom{x'}{y'} = \binom{-1\ \ 0}{0\ \ -1} \odot \binom{x}{y}$ $\wedge\ y' = -y$

p: $y = -\frac{1}{2}x^2 + 2x - 1$

$\binom{x'}{y'} = \binom{-1\ \ 0}{0\ \ -1} \odot \binom{x}{-\frac{1}{2}x^2 + 2x - 1}$

(I) $x' = -x$ $x = -x'$ in (II)

(II) $\wedge\ y' = \frac{1}{2}x^2 - 2x + 1$

$y' = \frac{1}{2}(-x')^2 - 2(-x') + 1$ p_3: $y = \frac{1}{2}x^2 + 2x + 1$

7 7.1 $M_n(x | 3x - 7{,}5)$; $M_1(2 | -1{,}5)$
$M_2(2{,}5 | 0)$; $M_3(3{,}5 | 3)$

7.2 $\overrightarrow{AM_n} \xmapsto{A;\,90°} \overrightarrow{AM_n^*}$

$\binom{x^*}{y^*} = \binom{0\ \ -1}{1\ \ \ 0} \odot \binom{x}{3x - 7{,}5}$

$x^* = -3x + 7{,}5 \ \wedge\ y^* = x$

$\overrightarrow{AM_n} \oplus 2 \cdot \overrightarrow{AM_n^*} = \overrightarrow{AC_n}$

$\binom{x}{3x - 7{,}5} \oplus 2 \cdot \binom{-3x + 7{,}5}{x} = \binom{x'}{y'}$

$x' = -5x + 15 \ \wedge\ y' = 5x - 7{,}5$

$C_n(-5x + 15 | 5x - 7{,}5)$

Trägergraph der Punkte C_n:

$y' = 5(-\frac{1}{5}x' + 3) - 7{,}5$

$y' = -x' + 7{,}5$

7.3 $\tan\alpha = \frac{y_M}{x_M}$; $\tan 26{,}57° = \frac{3x - 7{,}5}{x}$; $x = 3$

$M_4(3 | 1{,}5)$; $C_4(0 | 7{,}5)$

$\overrightarrow{AB_n} = 2 \cdot \overrightarrow{AM_n}$; $B_n(2x | 6x - 15)$; $B_4(6 | 3)$

7.4 $\binom{x_S}{y_S} = \frac{1}{3}\left[\binom{0}{0} \oplus \binom{2x}{6x - 15} \oplus \binom{-5x + 15}{5x - 7{,}5}\right]$

$S_n(-x + 5 | \frac{11}{3}x - 7{,}5)$; $x = -x_S + 5$; $y_S' = \frac{11}{3}(-x_S + 5) - 7{,}5$; $y_S = -\frac{11}{3}x_S + 10{,}8$

7.5 $\overrightarrow{B_nS_n} = \binom{-x + 5 - 2x}{\frac{11}{3}x - 7{,}5 - 6x + 15}$; $m_{B_nS_n} = \frac{-\frac{7}{3}x + 7{,}5}{-3x + 5}$; $m_g \cdot m_{B_nS_n} = -1$

$3 \cdot \frac{-\frac{7}{3}x + 7{,}5}{-3x + 5} = -1$; $x = 2{,}75$ $B_5(5{,}5 | 1{,}5)$ $S_5(2{,}25 | 2{,}58)$

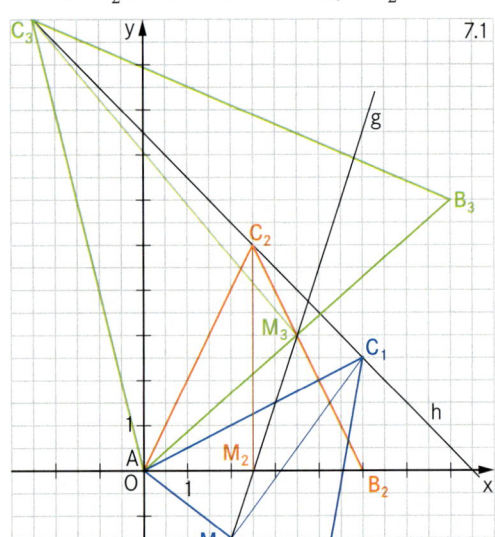

zu Seite 202 Abbildungen

8 8.1 $D_n(x|0{,}5x-3)$; $D_1(2|-2)$; $D_2(4|-1)$; $\overrightarrow{CD_n} \odot \binom{3}{2} = 0$; $\binom{x+3}{0{,}5x-1} \odot \binom{3}{2} = 0$; $x = -1{,}75$; Rauten für $x > -1{,}75$

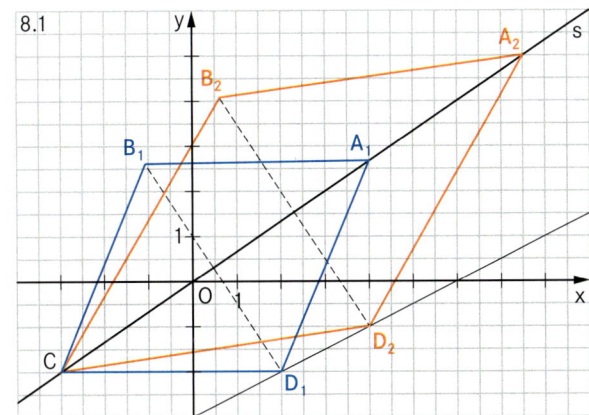

8.2 $D_1(2|-2) \xmapsto{y=\frac{2}{3}x} B_1(x'|y')$
$\tan(\varphi) = \frac{2}{3}$; $\varphi = 33{,}69°$
$\binom{x'}{y'} = \binom{0{,}38 \quad 0{,}92}{0{,}92 \quad -0{,}38} \odot \binom{2}{-2}$
$x' = -1{,}08 \land y' = 2{,}6$; $B_1(-1{,}1|2{,}6)$
$\overrightarrow{CD_1} = \binom{5}{0}$; $\overrightarrow{CB_1} = \binom{1{,}9}{4{,}6}$;
$\cos\alpha = \dfrac{\binom{5}{0} \odot \binom{1{,}9}{4{,}6}}{\sqrt{25} \cdot \sqrt{1{,}9^2 + 4{,}6^2}}$ $\alpha = 67{,}56°$

8.3 $D_n(x|0{,}5x-3) \xmapsto{y=\frac{2}{3}x} B_n(x'|y')$
$\binom{x'}{y'} = \binom{0{,}38 \quad 0{,}92}{0{,}92 \quad -0{,}38} \odot \binom{x}{0{,}5x-3}$
$x' = 0{,}84x - 2{,}76 \land y' = 0{,}73x + 1{,}14$
$B_n(0{,}84x - 2{,}76 | 0{,}73x + 1{,}14)$

Trägergraph der Punkte B_n:
$y' = 0{,}73(1{,}19x' + 3{,}26) + 1{,}14$;
h: $y' = 0{,}87 x' + 3{,}54$

8.4 Quadrat: $\overrightarrow{CD_n} \odot \overrightarrow{CB_n} = 0$ $\overrightarrow{CB_n} = \binom{0{,}84x + 0{,}24}{0{,}73x + 3{,}14}$
$\binom{x+3}{0{,}5x-1} \odot \binom{0{,}84x + 0{,}24}{0{,}73x + 3{,}14} = 0$

$x_1 = 0{,}56$; $[x_2 = -3{,}54]$

$\overrightarrow{OA_4} = \overrightarrow{OC} \oplus \overrightarrow{CD} \oplus \overrightarrow{CD_\perp}$
$\binom{x_A}{y_A} = \binom{-3}{-2} \oplus \binom{3{,}56}{-0{,}72} \oplus \binom{0{,}72}{3{,}56}$

$A_4(1{,}28|0{,}84)$ $B_4(-2{,}29|1{,}55)$ $D_4(0{,}56|-2{,}7)$

9

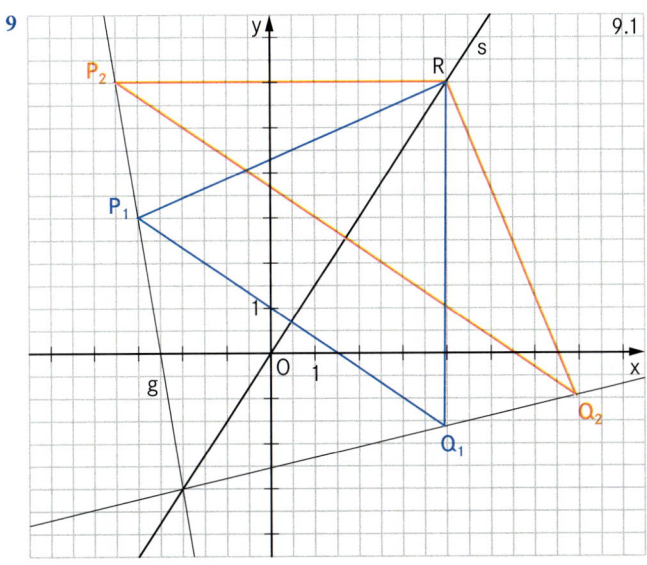

9.2 $P_1(-3|3)$
Neigungswinkel der Symmetrieachse: $\tan\alpha = 1{,}5$; $\alpha = 56{,}3°$
für Q_1 gilt:
$x' = -3\cos 112{,}6° + 3\sin 112{,}6°$
$y' = -3\sin 112{,}6° - 3\cos 112{,}6°$
$Q_1(3{,}92|-1{,}62)$

9.3 Dreiecke existieren, wenn P_n links vom Schnittpunkt von g mit s und rechts vom Schnittpunkt des Lotes auf s in R mit der Geraden g.

Lot: $y = -\frac{2}{3}(x-4) + 6$;
$-\frac{2}{3}x + \frac{26}{3} = -6x - 15$
$x = -\frac{71}{16}$

somit $-4{,}4375 < x < 2$

9.4 $P_n(x|-6x-15) \xmapsto{s} Q_n(x'|y')$
$m = 1{,}5$; $\alpha = 56{,}3°$
$2\alpha = 112{,}6°$
$\binom{x'}{y'} = \binom{-0{,}38 \quad 0{,}92}{0{,}92 \quad 0{,}38} \odot \binom{x}{-6x-15}$

$x' = -0{,}38x - 5{,}52x - 13{,}8$
$\land y' = 0{,}92x - 2{,}28x - 5{,}7$

$x' = -5{,}9x - 13{,}8$
$\land y' = -1{,}36x - 5{,}7$
$Q_n(-5{,}9x - 13{,}8 | -1{,}36x - 5{,}7)$

9.5 $x' = -5{,}9x - 13{,}8$ $5{,}9x = -x' - 13{,}8$
$x = -0{,}17x' - 2{,}34$ in (I)

(I) $y' = -1{,}36(-0{,}17x' - 2{,}34) - 5{,}7$
t mit $y = 0{,}23x - 2{,}52$

9.6 $\overrightarrow{AC} = \binom{5-4}{3+4} = \binom{1}{7}$ $m_{AC} = 7$ $y = 7x + t$ $t = -32$
AC mit $y = 7x - 32$ $0{,}23x - 2{,}52 = 7x - 32$
$29{,}48 = 6{,}77x$ $x = 4{,}35$ $Q_3(4{,}35|-1{,}55)$

$\overrightarrow{BC} = \binom{5-8}{3+1} = \binom{-3}{4}$ $m_{BC} = -\frac{4}{3}$ $y = -\frac{4}{3}x + t$ $t = \frac{29}{3}$
BC mit $y = -\frac{4}{3}x + 9\frac{2}{3}$ $-\frac{4}{3}x + 9\frac{2}{3} = 0{,}23x - 2{,}52$
$12{,}19 = 1{,}56x$ $x = 7{,}81 \Rightarrow Q_4(7{,}81|-0{,}72)$

10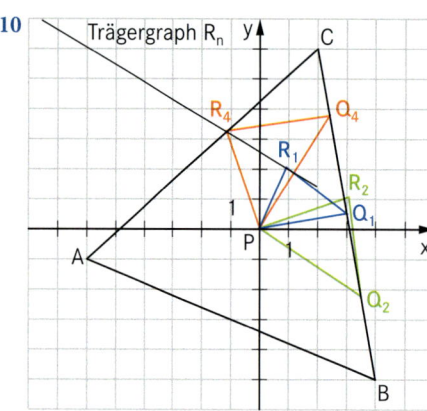

10.1 Schwerpunkt $S\left(\frac{x_1 + x_2 + x_3}{3} \mid \frac{y_1 + y_2 + y_3}{3}\right)$

$P\left(\frac{-6 + 4 + 2}{3} \mid \frac{-1 - 5 + 6}{3}\right)$ $P(0 \mid 0)$

10.2 $\sphericalangle Q_n P R_n = 53{,}13°$; $\overline{PR_n} = 0{,}75 \cdot \overline{PQ_n}$
$Q_1(3 \mid y_1)$; $Q_2(3{,}5 \mid y_2)$

10.3 $\triangle PO_oR_o$

$Q_n \xmapsto{O(0 \mid 0);\ 53{,}13°} R_n$

$\vec{BC} = \binom{2-4}{6+5} = \binom{-2}{11}$ $m_{BC} = -\frac{11}{2}$

$y = -\frac{11}{2}x + t$

$6 = -\frac{11}{2} \cdot 2 + t \Rightarrow t = 17$

BC mit $y = -\frac{11}{2}x + 17$ $Q_n\left(x \mid -\frac{11}{2}x + 17\right)$

$R_n^*: \binom{x^*}{y^*} = \begin{pmatrix}\cos 53{,}13° & -\sin 53{,}13°\\ \sin 53{,}13° & \cos 53{,}13°\end{pmatrix} \odot \binom{x}{-\frac{11}{2}x+17}$; $\binom{x^*}{y^*} = \begin{pmatrix}0{,}6 & -0{,}8\\ 0{,}8 & 0{,}6\end{pmatrix} \odot \binom{x}{-5{,}5x+17}$

$x^* = 0{,}6x - 0{,}8(-5{,}5x + 17)$; $x^* = 0{,}6x + 4{,}4x - 13{,}6$; $x^* = 5x - 13{,}6$

$\wedge\ y^* = 0{,}8x + 0{,}6(-5{,}5x + 17)$; $y^* = 0{,}8x - 3{,}3x + 10{,}2$; $y^* = -2{,}5x + 10{,}2$

$R_n^*: (5x - 13{,}6 \mid -2{,}5x + 10{,}2)$ $R_n^* \xmapsto{O(0\mid 0);\ k = 0{,}75} R_4(x' \mid y')$

$\binom{x'}{y'} = \begin{pmatrix}0{,}75 & 0\\ 0 & 0{,}75\end{pmatrix} \odot \binom{5x - 13{,}6}{-2{,}5x + 10{,}2}$ $x' = 3{,}75x - 10{,}2$ $R_n(3{,}75x - 10{,}2 \mid -1{,}88x + 7{,}65)$
$y' = -1{,}88x + 7{,}65$

$x' = 3{,}75x - 10{,}2$; $3{,}75x = x' + 10{,}2$; $x = 0{,}27x' + 2{,}72$ in (I)

(I) $y' = -1{,}88(0{,}27x' + 2{,}72) + 7{,}65$; Trägergraph der Punkte R_n $y = -0{,}5x + 2{,}54$

$\vec{AC} = \binom{2+6}{6+1} = \binom{8}{7}$; $m_{AC} = \frac{7}{8}$ $y = \frac{7}{8}x + t$ $6 = \frac{7}{8} \cdot 2 + t$; $t = 4{,}25$

AC mit $y = \frac{7}{8}x + 4{,}25$ geschnitten mit Trägergraph $\frac{7}{8}x + 4{,}25 = -0{,}5x + 2{,}54$

$x = -1{,}24$ einsetzen in Gleichung des Trägergraph

$y = -0{,}5 \cdot (-1{,}24) + 2{,}54$; $y = 3{,}16$; $R_4(-1{,}24 \mid 3{,}16)$

---

zu Seite 203
Abbildungen

11 11.1 $\varphi = 15°$ $\vec{AB_1} = \binom{-0{,}96}{4{,}86}$ $B_1(-0{,}96 \mid 4{,}86)$

11.3 $B_n \xmapsto{A;\ 90°} C_n(x' \mid y')$

$B_n \xmapsto{A;\ 90°} C_1$

$\binom{x'}{y'} = \begin{pmatrix}0 & -1\\ 1 & 0\end{pmatrix} \odot \binom{-0{,}96}{4{,}86}$ $C_1(-4{,}86 \mid -0{,}96)$

$\binom{x'}{y'} = \begin{pmatrix}0 & -1\\ 1 & 0\end{pmatrix} \odot \binom{4\sin\varphi - 2}{\frac{1}{\sin\varphi} + 1}$

$x' = -\frac{1}{\sin\varphi} - 1$ $C_n\left(-\frac{1}{\sin\varphi} - 1 \mid 4\sin\varphi - 2\right)$

11.2 $B_n\left(4\sin\varphi - 2 \mid \frac{1}{\sin\varphi} + 1\right)$

$\wedge\ y' = 4\sin\varphi - 2$

$x = 4\sin\varphi - 2 \wedge y = \frac{1}{\sin\varphi} + 1$

$\sin\varphi = -\frac{1}{x' + 1}$

$\sin\varphi = \frac{x + 2}{4}$ $y = \frac{1}{\frac{x+2}{4}} + 1$ h: $y = \frac{4}{x + 2} + 1$

$y' = 4\left(-\frac{1}{x'+1}\right) - 2$ t: $y' = -\frac{4}{x'+1} - 2$

11.4 $4\sin\varphi - 2 = 2\sqrt{2} - 2$; $\varphi = 45°$

11.5 $\vec{B_1C_1} \odot \vec{AC_5} = 0$; $\binom{-3{,}90}{-5{,}82} \odot \binom{-\frac{1}{\sin\varphi} - 1}{4\sin\varphi - 2} = 0$

$-23{,}28 \sin^2\varphi + 15{,}54 \sin\varphi + 3{,}90 = 0$
$\varphi = 59{,}53° \vee \varphi = 120{,}47°$

12 12.1 $1 = a(6 - 4)^2 + 3$; $1 = a \cdot 4 + 3$; $4a = -2$; $a = -0{,}5$; $y = -0{,}5(x - 4)^2 + 3$

12.2 $\vec{ZP^*} = k\ \vec{ZP}$ $P(6 \mid 1)$; $P^*(-9 \mid -1{,}5)$; $Z(0 \mid 0)$ $k \cdot \binom{6}{1} = \binom{-9}{-1{,}5}$ $6k = -9$
$k = -1{,}5$

Abb.: p $\xmapsto{Z(0\mid 0);\ k=-1{,}5}$ p* $\binom{x^*}{y^*} = \begin{pmatrix}-1{,}5 & 0\\ 0 & -1{,}5\end{pmatrix} \odot \binom{x}{y}$

$y' = k \cdot y$ $2{,}25 = k \cdot (-1{,}5)$ $k = -1{,}5$

Abb.: p* $\xmapsto{x\text{-Achse};\ k=-1{,}5}$ p' $\binom{x'}{y'} = \begin{pmatrix}1 & 0\\ 0 & -1{,}5\end{pmatrix} \odot \binom{x^*}{y^*}$

12.3 $C_n(x \mid -0{,}5(x-4)^2 + 3)$ $\vec{AB} = \binom{6-2}{-2+2} = \binom{4}{0}$ $\vec{AC_n} = \binom{x}{-0{,}5(x-4)^2 + 3} \binom{-2}{+2}$

$A_{\triangle ABC_n} = \frac{1}{2}\begin{vmatrix}4 & x-2\\ 0 & -0{,}5(x-4)^2 + 5\end{vmatrix}$ FE $= \frac{1}{2}[-2(x^2 - 8x + 16) + 20]$ FE $= \frac{1}{2}(-2x^2 + 16x - 12)$ FE

$= (-x^2 + 8x - 6)$ FE $= [-(x^2 - 8x + 4^2 - 4^2) - 6]$ FE $= [-(x-4)^2 + 10]$ FE

12.4 $AB \cap p$ $\quad -2 = -0,5 [x^2 - 8x + 16] + 3 \quad | \cdot (-2)$
$\quad\quad\quad\quad\quad\quad 4 = x^2 - 8x + 16 - 6$
$x^2 - 8x + 6 = 0 \quad x_{1/2} = \frac{8 \pm \sqrt{64 - 4 \cdot 1 \cdot 6}}{2} \quad x_1 = 7,16; \, x_2 = 0,84$
$x \in \,]0,84; \, 7,16[\quad$ oder $\quad 0,84 < x < 7,16$

12.5 $\tan 74,05° = \frac{-0,5(x-4)^2 + 5}{x-2}; \quad 3,5(x-2) = -0,5x^2 + 4x - 8 + 5$
$3,5x - 7 = -0,5x^2 + 4x - 3; \quad x^2 - x - 8 = 0; \quad x_{1/2} = \frac{1 \pm \sqrt{1 + 4 \cdot 1 \cdot 8}}{2}; \quad x_1 = 3,37; \, [x_2 = -2,37]$

12.6 $A(2|-2) \xmapsto{Z; k = -1,5} A^\star(-3|3) \quad B(6|-2) \xmapsto{Z; k = -1,5} B^\star(-9|3)$
$C_n(x|-0,5(x-4)^2 + 3) \xmapsto{Z(0|0); k = -1,5} C_n^\star(-1,5x \, | \, 0,75(x-4)^2 - 4,5)$
$A^\star(-3|3) \xmapsto{x\text{-Achse}; k = -1,5} A'(-3|-4,5); \quad B^\star(-9|3) \xmapsto{x\text{-Achse}; k = -1,5} B'(-9|-4,5)$
$C_n^\star(-1,5x \, | \, 0,75(x-4)^2 - 4,5) \xmapsto{x\text{-Achse}; k = -1,5} C_n'(-1,5x \, | \, -1,125(x-4)^2 + 6,75)$
$A_{\triangle A'B'C_n'} = \frac{1}{2} \left| \overrightarrow{A'C_n'} \, \overrightarrow{A'B'} \right|; \quad \overrightarrow{A'C_n'} = \begin{pmatrix} -1,5x & +3 \\ -1,125(x-4)^2 + 6,75 & +4,5 \end{pmatrix} = \begin{pmatrix} -1,5x + 3 \\ -1,125(x-4)^2 + 11,25 \end{pmatrix}$
$\overrightarrow{A'B'} = \begin{pmatrix} -9 & +3 \\ -4,5 & +4,5 \end{pmatrix} = \begin{pmatrix} -6 \\ 0 \end{pmatrix}$
$A'(x) = \frac{1}{2} \begin{vmatrix} -1,5x + 3 & -6 \\ -1,125(x-4)^2 + 11,25 & 0 \end{vmatrix}$ FE $= \frac{1}{2} (6 \cdot [-1,125(x-4)^2 + 11,25])$ FE
$\quad\quad\quad = \frac{1}{2}(-6,75(x-4)^2 + 67,5)$ FE $= (-3,375(x-4)^2 + 33,75)$ FE

12.7 $2,5 = -0,5(x-4)^2 + 3 \quad | \cdot (-2)$
$\quad\, -5 = (x-4)^2 - 6$
$\quad \pm 1 = x - 4; \, x_1 = 5; \, x_2 = 3$
$x = 3; \, A_{\triangle A'B'C'} = 30,375$ FE
$x = 5; \, A_{\triangle A'B'C'} = 30,375$ FE

12.8 $A^\star = |k|^2 \cdot A \quad A' = |k| \cdot A^\star$
$A' = |k| \cdot |k|^2 \cdot A; \, A' = |k|^3 \cdot A$

12.9 $A = 9$ FE $\quad A' = 9 \cdot 4,096$ FE $\quad |k|^3 = \frac{9 \cdot 4,096}{9} \Rightarrow k = 1,6$
allgemein: $\quad A = [-(x-4)^2 + 10]$ FE
$\quad\quad\quad\quad A' = 4,096 \, [-(x-4)^2 + 10]$ FE
$|k|^3 = \frac{4,096[-(x-4)^2 + 10]}{-(x-4)^2 + 10}; \, k = 1,6$

---

zu Seite 204
Abbildungen

13 13.1 $x = 0,5; \, B_1(0,5|4,5)$
$x = 3; \, B_2(3|2)$

13.2 $B_n \xmapsto{A; 60°} C_n(x'|y'); \begin{pmatrix} x' \\ y' \end{pmatrix} = \begin{pmatrix} 0,5 & -0,87 \\ 0,87 & 0,5 \end{pmatrix} \odot \begin{pmatrix} x \\ -x + 5 \end{pmatrix}$
$x' = 1,37x - 4,35$
$\wedge \, y' = 0,37x + 2,5$
$C_n(1,37x - 4,35 \, | \, 0,37x + 2,5)$

Trägergraph der Punkte C_n:
$x' = 1,37x - 4,35; \, x = 0,73x' + 3,18$
$y' = 0,37 \, (0,73x' + 3,18) + 2,5; \, h: y = 0,27x + 3,68$

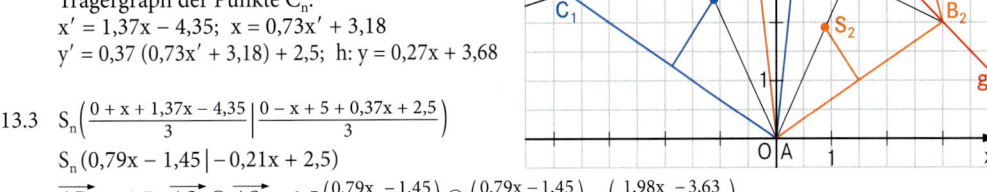

13.3 $S_n \left(\frac{0 + x + 1,37x - 4,35}{3} \, \bigg| \, \frac{0 - x + 5 + 0,37x + 2,5}{3} \right)$
$S_n(0,79x - 1,45 \, | \, -0,21x + 2,5)$
$\overrightarrow{AP_n} = 1,5 \cdot \overrightarrow{AS_n} \oplus \overrightarrow{AS_n} = 1,5 \begin{pmatrix} 0,79x - 1,45 \\ -0,21x + 2,5 \end{pmatrix} \oplus \begin{pmatrix} 0,79x - 1,45 \\ -0,21x + 2,5 \end{pmatrix} = \begin{pmatrix} 1,98x - 3,63 \\ -0,53x + 6,25 \end{pmatrix}$
$P_n(1,98x - 3,63 \, | \, -0,53x + 6,25)$
Trägergraph von P_n: $x' = 1,98x - 3,63; \, x = 0,51x' + 1,83$
$y' = -0,53 \, (0,51x' + 1,83) + 6,25; \, t: y = -0,27x + 5,28$

13.4 $\overrightarrow{AB_n} = \begin{pmatrix} x \\ -x + 5 \end{pmatrix} \quad \overrightarrow{AP_n} = \begin{pmatrix} 1,98x - 3,63 \\ -0,53x + 6,25 \end{pmatrix}$
$A(x) = \begin{vmatrix} x & 1,98x - 3,63 \\ -x + 5 & -0,53x + 6,25 \end{vmatrix}$ FE $= (-0,53x^2 + 6,25x + 1,98x^2 - 3,63x - 9,9x + 18,15)$ FE
$A(x) = (1,45x^2 - 7,28x + 18,15)$ FE
$A(x) = (1,45 \, [x^2 - 5,02x + 2,51^2 - 2,51^2] + 18,15)$ FE; $x = 2,51 \quad \overrightarrow{AP_0} = \begin{pmatrix} 1,34 \\ 4,92 \end{pmatrix}; \, m_{AP_0} = 3,67$
$-1 \cdot 3,67 \neq -1;$ nein, AP_0 verläuft nicht senkrecht zu g.

14 $\mathbb{D}_f = \{x \mid x > -1\}$; h: $x = -1$

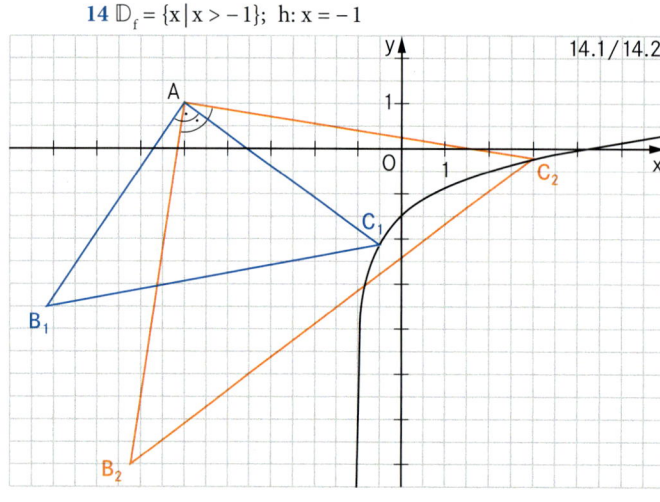

14.1/14.2

14.3 $\overrightarrow{AB_n} = \begin{pmatrix} \cos(-90°) & -\sin(-90°) \\ \sin(-90°) & \cos(-90°) \end{pmatrix} \odot \overrightarrow{AC_n}$

$\begin{pmatrix} x' + 5 \\ y' - 1 \end{pmatrix} = \begin{pmatrix} 0 & 1 \\ -1 & 0 \end{pmatrix} \odot \begin{pmatrix} x + 5 \\ \log_3(x+1) - 2{,}5 \end{pmatrix}$

$\begin{pmatrix} x' + 5 \\ y' - 1 \end{pmatrix} = \begin{pmatrix} \log_3(x+1) - 2{,}5 \\ -x - 5 \end{pmatrix}$

$\Rightarrow B_n(\log_3(x+1) - 7{,}5 \mid -x - 4)$

(I) $x' = \log_3(x+1) - 7{,}5$
(II) $y' = -x - 4$
(I) $x = 3^{x' + 7{,}5} - 1$
(II) $y' = -x - 4$
(I) in (II) $y' = -3^{x' + 7{,}5} - 3$
$\Rightarrow$ t: $y = -3^{x + 7{,}5} - 3$

14.4 $[AB_3] \parallel$ y-Achse
$\Rightarrow x_{B_3} = -5$ und $y_{C_3} = 1$
$B_3(-5 \mid -18{,}59)$
$y_{B_n} = -x_{C_n} - 4$
$-18{,}59 = -x_{C_3} - 4$
$x_{C_3} = 14{,}59 \Rightarrow C_3(14{,}59 \mid 1)$

14.5 $C_4 \in$ y-Achse $\Rightarrow x_{C_4} = 0$ $C_4(0 \mid -1{,}5)$
$\overline{AC_4} = \sqrt{5^2 + (-2{,}5)^2}$ LE $= \sqrt{31{,}25}$ LE $A_{AB_4C_4} = \frac{1}{2} \cdot \sqrt{31{,}25}^2$ FE $= 15{,}625$ FE

15 15.1 $C_1(8{,}74 \mid 3{,}88)$ $C_2(3{,}46 \mid 6{,}52)$

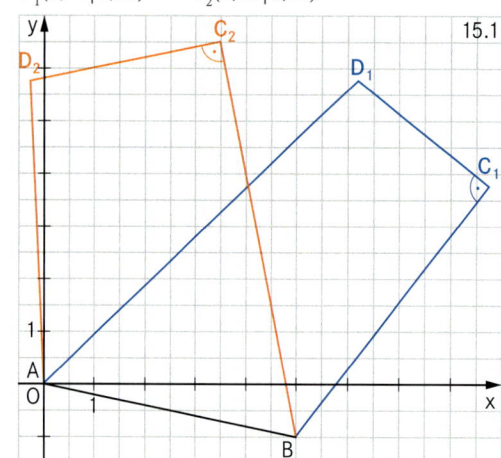

15.1

15.2 $\overrightarrow{C_nB} \xrightarrow{O;\varphi=-90°} \overrightarrow{C_nB^*} \xrightarrow{O;k=\frac{1}{2}} \overrightarrow{C_nD_n}$

$\begin{pmatrix} x - 6\cos\alpha - 4{,}5 \\ y + 3\cos\alpha - 6 \end{pmatrix} = \frac{1}{2} \cdot \left[\begin{pmatrix} \cos(-90°) & -\sin(-90°) \\ \sin(-90°) & \cos(-90°) \end{pmatrix} \odot \begin{pmatrix} 5 - 6\cos\alpha - 4{,}5 \\ -1 + 3\cos\alpha - 6 \end{pmatrix} \right]$

$x = 7{,}5 \cos\alpha + 1$
$\wedge y = 5{,}75$ $D_n(7{,}5\cos\alpha + 1 \mid 5{,}75)$ t: $y = 5{,}75$

15.3 $\overline{AD_3} = \overline{AD_4} = 1{,}5 \cdot \overline{AB} = 1{,}5 \cdot \sqrt{5^2 + (-1)^2}$ LE $= 7{,}65$ LE
$\overline{AD_n}(\alpha) = \sqrt{(7{,}5\cos\alpha + 1)^2 + 5{,}75^2}$ LE
$\sqrt{(7{,}5\cos\alpha + 1)^2 + 5{,}75^2} = 7{,}65$
$(7{,}5\cos\alpha + 1)^2 + 5{,}75^2 = 7{,}65^2$ $\alpha = 57{,}35°$ $\vee$ $\alpha = 143{,}72°$

15.4 $m_{AD_n} = m_{BC_n}$
$m_{AD_n} = \frac{5{,}75}{7{,}5\cos\alpha + 1}$ $m_{BC_n} = \frac{-3\cos\alpha + 7}{6\cos\alpha - 0{,}5}$
$5{,}75(6\cos\alpha - 0{,}5) = (-3\cos\alpha + 7) \cdot (7{,}5\cos\alpha + 1)$
$22{,}5\cos^2\alpha - 15\cos\alpha - 9{,}875 = 0$
$\alpha = 114{,}10°$

15.5 $[AB] \perp [BC_6]$
$\begin{pmatrix} 5 \\ -1 \end{pmatrix} \odot \begin{pmatrix} 6\cos\alpha - 0{,}5 \\ -3\cos\alpha + 7 \end{pmatrix} = 0$
$30\cos\alpha - 2{,}5 + 3\cos\alpha - 7 = 0$
$\alpha = 73{,}27°$

Lösungen zu „Vorbereitung Abschlussprüfung"

zu Seite 205
Abbildungen

16

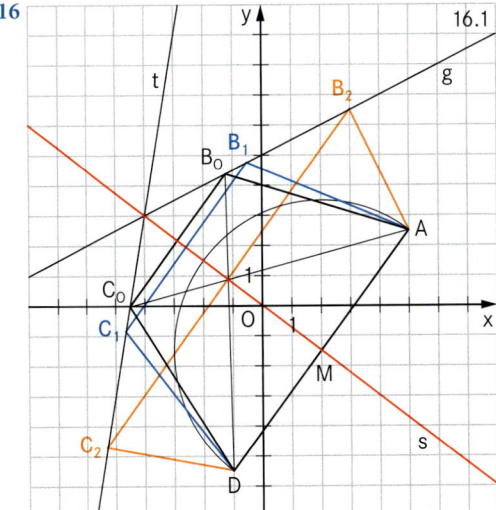

16.1

16.2 $M\left(\frac{5-1}{2}\bigg|\frac{2,5-5,5}{2}\right)$; $M(2|-1,5)$

$\overrightarrow{AD} = \begin{pmatrix} -1 & -5 \\ -5,5 & -2,5 \end{pmatrix} = \begin{pmatrix} -6 \\ -8 \end{pmatrix}$; $m_{AD} = \frac{4}{3}$; $m_S = -\frac{3}{4}$

$\overrightarrow{OB_n} \xrightarrow{s:\, y = -\frac{3}{4}x} \overrightarrow{OC_n}$;

$\tan \varphi = -\frac{3}{4}$; $2\varphi = -73,74°$; $\varphi \in]-90°;\, 90°[$

$\begin{pmatrix} x' \\ y' \end{pmatrix} = \begin{pmatrix} \cos(-73,74°) & \sin(-73,74°) \\ \sin(-73,74°) & -\cos(-73,74°) \end{pmatrix} \odot \begin{pmatrix} x \\ 0,5x+5 \end{pmatrix}$

$\mathbb{G} = \mathbb{R} \times \mathbb{R}$; $x \in]-4;\, 11[$; $x \in \mathbb{R}$

$x' = -0,20x - 4,80$;
$\wedge\ y' = -1,10x - 1,40$;
$\quad C_n(-0,20x - 4,80\,|\,-1,10x - 1,40)$

16.3 $x' = -0,20x - 4,80$
$\wedge\ y' = -1,10x - 1,40$
$x = -5x' - 24$
$\wedge\ y' = -1,10x - 1,40$
$y' = 5,5x' + 25$ $\quad$ t: $y = 5,5x + 25$

16.4 AD: $y = \frac{4}{3}(x-5) + 2,5$; $\ $ AD: $y = \frac{4}{3}x - \frac{25}{6}$

$AD \cap g$: $\frac{4}{3}x - \frac{25}{6} = 0,5x + 5$; $x = 11$

16.5 $y_{C_3} = y_D = -5,5$
in t einsetzen
$-5,5 = 5,5x_{C_3} + 25$
$-5,55 = x_{C_3}$

16.6 $\overrightarrow{AC_n} \odot \overrightarrow{DB_n} = 0$

$\begin{pmatrix} -0,20x - 4,80 - 5 \\ -1,10x - 1,40 - 2,5 \end{pmatrix} \odot \begin{pmatrix} x+1 \\ 0,5x + 5 + 5,5 \end{pmatrix} = 0$

$-0,75x^2 - 23,50x - 50,75 = 0$
$x = -2,33 \quad\quad (\vee\ x = -29)$

17 $x = -2$; $B_1(2,71\,|\,5,15)$ $\quad x = 1$; $B_2(5,44\,|\,4,22)$

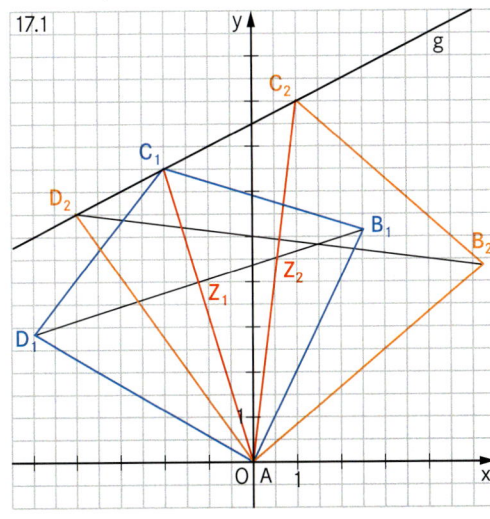

17.1

17.2 $\frac{\overrightarrow{AZ_n}}{\overrightarrow{Z_nC_n}} = \frac{3}{2}$; $\overrightarrow{AZ_n} = \frac{3}{5}\overrightarrow{AC_n}$; $Z(x'\,|\,y')$

$\begin{pmatrix} x' \\ y' \end{pmatrix} = \frac{3}{5} \cdot \begin{pmatrix} x \\ 0,5x + 7,5 \end{pmatrix}$

$x' = \frac{3}{5}x$

$\wedge\ y' = 0,3x + 4,5$; $\quad Z_n(0,6x\,|\,0,3x + 4,5)$

17.3 $\cos 45° = \frac{\overrightarrow{AZ_n}}{\overrightarrow{AB_n}}$; $\frac{1}{2}\sqrt{2} = \frac{\overrightarrow{AZ_n}}{\overrightarrow{AB_n}}$; $\frac{1}{\sqrt{2}} = \frac{\overrightarrow{AZ_n}}{\overrightarrow{AB_n}}$

17.4 $\overrightarrow{AB_n} = \sqrt{2} \cdot \overrightarrow{AZ_n}$;

$\overrightarrow{AZ_n} \xmapsto{A;\, -45°} \overrightarrow{AZ_n^*} \xmapsto{A;\, k=\sqrt{2}} \overrightarrow{AB_n}$

$\begin{pmatrix} x^* \\ y^* \end{pmatrix} = \begin{pmatrix} 0,71 & 0,71 \\ -0,71 & 0,71 \end{pmatrix} \odot \begin{pmatrix} 0,6x \\ 0,3x + 4,5 \end{pmatrix}$

$x^* = 0,43x + 0,21x + 3,20 = 0,64x + 3,2$
$\wedge\ y^* = -0,43x + 0,21x + 3,20 = -0,22x + 3,2$

$Z_n^*(0,64x + 3,2\,|\,-0,22x + 3,2)$

$\begin{pmatrix} x' \\ y' \end{pmatrix} = \begin{pmatrix} \sqrt{2} & 0 \\ 0 & \sqrt{2} \end{pmatrix} \odot \begin{pmatrix} 0,64x + 3,2 \\ -0,22x + 3,2 \end{pmatrix}$

$x' = 0,91x + 4,53 \ \wedge\ y' = -0,31x + 4,53$

$B_n(0,91x + 4,53\,|\,-0,31x + 4,53)$; $x = 1,10x' - 4,98$; $y' = -0,31(1,10x' - 4,98) + 4,53$ t: $y = -0,34x + 6,07$

17.5 $m_g = \frac{1}{2}$; $m_{g\perp} = -2$ $\quad \overrightarrow{AC_n} = \begin{pmatrix} x \\ 0,5x + 7,5 \end{pmatrix}$ $\quad m_{AC} = \frac{0,5x + 7,5}{x}$ $\quad m_{g\perp} = m_{AC}$ $\quad -2 = \frac{0,5x + 7,5}{x}$; $x = -3$

17.6 $A(x) = |\overrightarrow{AB_n} \quad \overrightarrow{AC_n}| = \left|\begin{matrix} 0,91x + 4,53 & x \\ -0,31x + 4,53 & 0,5x + 7,5 \end{matrix}\right|$ FE

$A(x) = [(0,91x + 4,53)(0,5x + 7,5) - x(-0,31x + 4,53)]$ FE $= [0,77x^2 + 4,57x + 33,98]$ FE
$A(x) = [0,77(x^2 + 5,94x + 2,97^2 - 2,97^2) + 33,98]$ FE $\quad x = -2,97 \quad (A_{min} = 27,19\text{ FE}) \quad B_4(1,83\,|\,5,45)$

17.7 Trägergraph z der Punkte Z_n: $\quad x' = 0,6x$; $x = \frac{5}{3}x' \ \wedge\ y' = 0,3x + 4,5$

$y' = 0,3 \cdot \frac{5}{3}x' + 4,5$; $\ $ z: $y = 0,5x + 4,5$; $\ -\frac{1}{16}x^2 + \frac{1}{2}x + 4,5 = 0,5x + 4,5$; $x = 0$

$Z_5(0\,|\,4,5)$; $C_5(0\,|\,7,5)$; $B_5(4,53\,|\,4,53)$; $D_5(-4,53\,|\,4,53)$; $\overrightarrow{C_5D_5} = \begin{pmatrix} -4,53 \\ -2,97 \end{pmatrix}$; $\overrightarrow{C_5B_5} = \begin{pmatrix} 4,53 \\ -2,97 \end{pmatrix}$

$\cos \varphi = \dfrac{\begin{pmatrix} -4,53 \\ -2,97 \end{pmatrix} \odot \begin{pmatrix} 4,53 \\ -2,97 \end{pmatrix}}{\sqrt{4,53^2 + 2,97^2} \cdot \sqrt{4,53^2 + 2,97^2}} = -0,387$; $\quad \varphi = 112,77°$

Mengen

$\mathbb{N}$	Menge der natürlichen Zahlen	$\mathbb{G}$	Grundmenge
$\mathbb{N}_0$	Menge der natürlichen Zahlen einschließlich der Null	$\mathbb{L}$	Lösungsmenge
		$\emptyset$	Leere Menge
$\mathbb{Z}$	Menge der ganzen Zahlen	{a; b; c}	aufzählende Form der Mengendarstellung „Menge mit den Elementen a, b und c"
$\mathbb{Q}$	Menge der rationalen Zahlen		
$\mathbb{R}$	Menge der reellen Zahlen		
$\mathbb{R}\setminus\{0\}$	Menge der reellen Zahlen ohne das Element 0		
		{x | …}	beschreibende Form der Mengendarstellung
$\in$	„… Element von …"	$\notin$	„… nicht Element von …"
$\subseteq$	„… Teilmenge von …"	$\not\subseteq$	„… nicht Teilmenge von …"

Beziehungen zwischen Zahlen

=	„… gleich …"	≠	„… nicht gleich …"
>	„… größer als …"	<	„… kleiner als …"
≧	„… größer oder gleich …"	≦	„… kleiner oder gleich …"
≈	„… ungefähr gleich …"	~	„… direkt proportional …"
≙	„… entspricht …"	↦	„… ist zugeordnet (hat als Bild) …"
a|b	„a ist Teiler von b"	a∤b	„a ist nicht Teiler von b"
|a|	Betrag der Zahl a	a^n	Potenzschreibweise für $\underbrace{a \cdot a \cdot a \cdots a}_{n\text{ Faktoren}}$
$T_1, T_2, \ldots$	Terme	(3|4)	geordnetes Zahlenpaar
∧	und zugleich	∨	oder auch

Geometrie

A, B, C …	Punkte	△ABC $\xrightarrow{Z;\,k}$ △A′B′C′	Zentrische Streckung des Dreiecks ABC mit dem Zentrum Z und dem Streckungsfaktor k
[AB]	Strecke mit den Endpunkten A und B		
$\overline{AB}$	Länge der Strecke [AB]		
k (M; r)	Kreis mit dem Mittelpunkt M und dem Radius r	P(3|4)	Punkt im Gitternetz mit dem x-Wert 3 (Abszisse) und dem y-Wert 4 (Ordinate)
$\overparen{AB}$	positiv orientierter Kreisbogen vom Punkt A zum Punkt B		
		α, β, γ	Winkel und Winkelmaß
g, h, …	Geraden	∢ASB ∢(a, b)	Winkel
d (P; g)	Abstand des Punktes P von der Geraden g		
		△ABC	Dreieck ABC
[AB	Halbgerade durch B mit dem Anfangspunkt A	$\overrightarrow{PQ}$	Pfeil von P (Fuß) nach Q (Spitze); Vektor, dessen Vertreter der Pfeil $\overrightarrow{PQ}$ ist
AB	Gerade durch die Punkte A und B		
g∥h	g ist parallel zu h	$\vec{a}$	Vektor
g⊥h	g ist senkrecht zu h	$\binom{x}{y}$	Vektor mit den Koordinaten x und y
△ABC ≅ △A′B′C′	Dreieck ABC ist kongruent zu Dreieck A′B′C′	$\vec{a} \oplus \vec{b}$	Summe der Vektoren $\vec{a}$ und $\vec{b}$
△ABC ~ △A′B′C′	Dreieck ABC ist ähnlich zu Dreieck A′B′C′	$\begin{vmatrix} a_x & b_x \\ a_y & b_y \end{vmatrix}$	zweireihige Determinante

Stichwortverzeichnis

Abbildungsgleichung 21, 23, 24, 157, 159, 162
Abbildungsvorschrift 21
Abnahmevorgang 56
Achsenspiegelung 23, 162, 163
Additionstheorem 124
Affinitätsachse 20
Affinitätsfaktor 20
Amplitude 103
Anfangswert 55
Ankathete 67, 75
Asymptote 33, 34

BENARES 24
Blickwinkel 90, 119
Bogenlänge 96
Bogenmaß 96
Brechungsindex 87

CÄSAR 156
CAVALIERI 52
Chiffrierscheibe 156

Darlehen 56
DGS (Dynamische Geometriesoftware) 20, 24, 36, 70, 74, 77, 90, 92, 99, 100, 101, 164
DIRICHLET 52
Drehung 157
DÜRER 90

Einheitskreis 70, 77
Erweiterter Sinussatz 116
EULER 52
Exponentialdarstellung 27
Exponentialfunktion 41
~ Graph 41, 42
Exponentielle Zunahme 54

Flächeninhalt eines Dreiecks 112
FREESE, OTTO 155
Frequenz 103
Funktionsbegriff 36

GALILEI 52
GAUSS 106
Gegenkathete 67, 75
Goniometrische Grundformel 79
GTR 31, 37, 38, 41, 42, 52, 62, 84, 92, 98, 130, 131, 136, 138, 154

Halbwertszeit 57
HIPPARCH 83
Hyperbel 31

KAMPENWANDBAHN 98
Kapital 55
Kartesische Koordinaten 93, 94
Komplementbeziehung 79
Koordinatenform 157, 159, 162, 165
Kosinus eines Winkels 75
Kosinusfunktion 100
~ Eigenschaften 102
Kosinussatz 109
Kubikwurzel 28
Kugelkoordinaten 123

Laufzeit 55, 56
LEIBINZ 52
LEONARDOBRÜCKE 139
Lineare Zunahme 54
Logarithmen-Gesetze 48
Logarithmenstäbe 49
Logarithmentafeln 49
Logarithmus 46
~ Basisumrechnung 47
Logarithmusfunktion 50
~ Graph 50
Luftdruck 183, 188
Luftwiderstand 37

Matrix 157
Matrixform 157, 159, 162, 165
Mittelpunktswinkel 96

NAPIER, JOHN 49
Negativ orientierter Winkel 70, 77
Nivellement 121
Normdarstellung 27
n-te Wurzel 28

Orthogonale Affinität 20, 165
~ Eigenschaften 21
Oszilloskop 103

Parabel 31
Parallelverschiebung 24, 165
Polarkoordinaten 93, 94
Potenzen 27
~ mit rationalen Exponenten 28
Potenzfunktion 31

Stichwortverzeichnis

~ Graph 33
~ mit rationalen Exponenten 34
Potenzgesetze 27
Promille 61
Punktspiegelung 23

Quadratische Zunahme 54
Quadratwurzel 28

Restschuld 62

Schwingungsdauer 103
Senkrechte Vektoren 147
SINGAPORE FLYER 98
Sinus eines Winkels 75
Sinusfunktion 99
~ Eigenschaften 102
Sinussatz 107
~ erweiterter 116
Skalarprodukt 147
SNELLIUS 87
Spat 176
Steigung 70
Supplementbeziehung 71, 80

Tabellenkalkulation 54, 59
Tangens eines Winkels 68
Tangensfunktion 101
~ Eigenschaften 102
Tilgung 56
TR 29, 68, 69, 71, 73, 76, 80, 81, 108, 110
Treibhauseffekt 45
Triangulation 66
Trigonometrische Gleichung 127, 128
Turm von IONAH 24

Verknüpfung von Abbildungen 168, 169
Vermessung 66, 106
Verschlüsselung 156

Wachstumsfaktor 55, 56
Wachstumsvorgang 54
Winddreieck 122

Zehnerlogarithmus 47
Zentrische Streckung 165
Zerfall 57
Zinsen 55

Bildquellenverzeichnis

19.1: Katja Mohr, Gössenheim; 24.1: mauritius images GmbH, Mittenwald; 26.1: LOOK-foto, München (Torsten Andreas Hoffmann); 26.2: Getty Images, München (Science Faction); 26.3: fotolia.com, New York (Frank Haub); 26.4: NASA, Houston/Texas; 36.1-5: akg-images GmbH, Berlin; 37.1: Audi AG/Media Services, Ingolstadt; 38.1: Picture-Alliance GmbH, Frankfurt/M. (Helga Lade); 38.2: mauritius images GmbH, Mittenwald; 39.1: Picture-Alliance GmbH, Frankfurt/M. (Okapia/Woithe); 39.2: iStockphoto.com, Calgary (HultonArchive); 39.3: Hannoversche Allgemeine Zeitung, Hannover; 40.1: iStockphoto.com, Calgary (stevegeer); 40.2: fotolia.com, New York; 40.3: Picture-Alliance GmbH, Frankfurt/M. (dpaweb); 41.1: Astrofoto, Sörth; 47.1: F1online digitale Bildagentur GmbH, Frankfurt/M. (denkou images); 49.1: Michael Fabian, Hannover; 54.1: ARD, München (Thorsten Jander); 56.1: Druwe & Polastri, Cremlingen/Weddel; 61.1: Lothar Kraft, Neustadt/Weinstraße; 63.1: mauritius images GmbH, Mittenwald (Photononstop); 66.1: Landesamt für Digitalisierung, Breitband und Vermessung, München (Hist. Karten und Geobasisdaten © Bayerische Vermessungsverwaltung, 2013); 66.2: wikimedia.commons (Deutsche Fotothek); 67.1: Panther Media GmbH (panthermedia.net), München (Peter Pfändle); 67.2: Glow Images GmbH, München; 69.1: fotolia.com, New York (fothoss); 74.1: Picture-Alliance GmbH, Frankfurt/M. (dpa/T. Köhler); 74.2: Druwe & Polastri, Cremlingen/Weddel; 75.1: Julius-Maximilians-Universität Würzburg, Würzburg; 78.1: Druwe & Polastri, Cremlingen/Weddel; 83.1: Picture-Alliance GmbH, Frankfurt/M. (akg); 88.1: urban75; 90.1: wikimedia.commons; 90.2: mauritius images GmbH, Mittenwald; 93.1: IMAGINE Fotoagentur GmbH, Frankfurt/M.; 95.1: bildagentur-online GmbH, Burgkunstadt; 95.2: photothek.net GbR, Radevormwald; 97.1: vario images, Bonn (Ulrich Baumgarten); 98.1: Bildagentur Schapowalow, Stuttgart (Huber); 98.2: fotolia.com, New York (Marsy); 99.1: Hans Tegen, Hambühren; 103.1-2: Druwe & Polastri, Cremlingen/Weddel; 104.1: Shutterstock.com, New York (Manamana); 105.1: Picture-Alliance GmbH, Frankfurt/M. (Berliner Verlag); 106.1: INTERFOTO, München (NG Collection); 106.2: Niedersächsische Staats- und Universitätsbibliothek (SUB) Göttingen, Göttingen; 106.3: INTERFOTO, München (NG Collection); 120.1: Institut Feuerverzinken, Düsseldorf; 120.2: bobsairport limited, Berlin (Christian Anslinger); 120.3: Josef Widl, Vogtareuth; 121.1: Keystone, Frankfurt/M.; 122.1: Picture-Alliance GmbH, Frankfurt/M. (dpa); 123.1: fotolia.com, New York (Kaspars Grinvalds); 139.1: Mathematikum Gießen e.V., Gießen; 141.1, 141.2: Picture-Alliance GmbH, Frankfurt/M. (beide dpa); 146.1-2, 151.1: fotolia.com, New York (Sebastian Scheel); 154.1: Arco Images GmbH, Lünen (M. Delpho); 155.1: Adelheid Freese, Celle; 156.1: akg-images GmbH, Berlin; 176.1: Christa Englmaier, Trostberg; 180.1: Imago, Berlin (KAP/Christiane Müller); 181.1: Josef Widl, Vogtareuth; 181.2: Katja Mohr, Gössenheim; 183.1: Forschungszentrum Jülich GmbH, Jülich; 186.1: Picture-Alliance GmbH, Frankfurt/M. (dpa).

Trotz entsprechender Bemühungen ist es nicht in allen Fällen gelungen, den Rechtsinhaber ausfindig zu machen. Gegen Nachweis der Rechte zahlt der Verlag für die Abdruckerlaubnis die gesetzlich geschuldete Vergütung.

„Diagramme machen Meinung!"

Lösungen auf Seite 238

1 Lohnerhöhung

Der Unternehmer *Granital* stellt zwei verschiedene Varianten (Variante A, Variante B) für Lohnerhöhungen zur Diskussion.

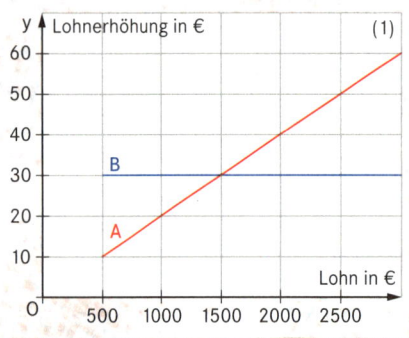
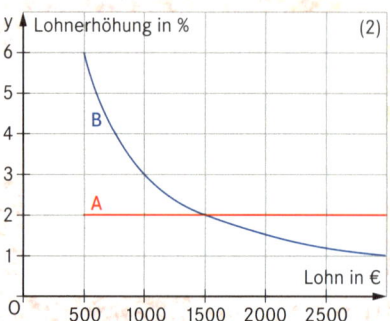

Variante A ist ja gar keine Lohnerhöhung! Das zeigt das Diagramm (2)!

Mit Variante B hat man sogar eine Lohnminderung!

a) Erkläre, wie die beiden Aussagen zustande kommen.
b) Bei welchem Lohn profitiert man von Variante A (Variante B)?

2 Aus der Zeitung: *Außerirdische unter uns*

Die meisten Kinder besitzen einen unerschütterlichen Glauben an außerirdische Lebewesen. Die Diagramme zeigen das Ergebnis einer Umfrage.

Gibt es Außerirdische?   **Waren die Außerirdischen schon auf der Erde?**

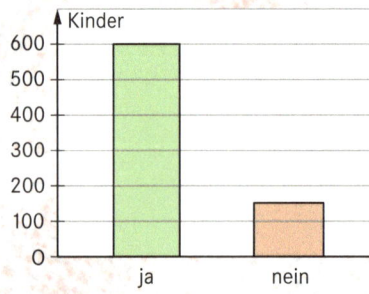
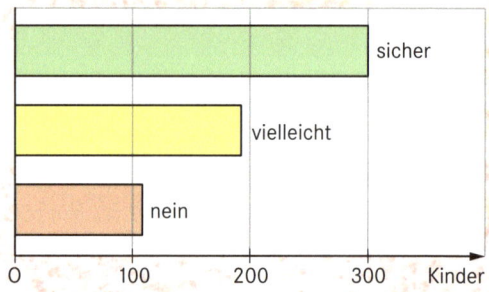

Die Kinder, die an Außerirdische glauben, haben auch ganz konkrete Vorstellungen dazu. So gaben sie auf die Frage, ob diese Außerirdischen schon die Erde besucht hätten, die oben rechts dargestellten Antworten.

a) Wie viel Prozent der Befragten glauben demzufolge an Außerirdische?
    A ca. 90 %   **B** ca. 80 %   **C** ca. 70 %   **D** ca. 60 %   **E** ca. 20 %

b) Erkläre, wie Sebastian zu dieser Aussage kommt. Begründe, dass er nicht Recht hat.

Etwa die Hälfte aller Kinder ist sich sicher, dass Außerirdische schon einmal auf der Erde waren.